U0207753

堰塞湖致灾风险评估技术及应用

钟启明　陈生水　王　琳　著

科学出版社

北京

内 容 简 介

本书介绍作者研究团队在堰塞湖致灾风险评估技术方面的最新研究成果。收集整理国内外具有实测资料的堰塞湖案例，通过挖掘案例中的堰塞体形态特征和材料结构参数、堰塞湖水动力条件，以及已溃堰塞湖溃口几何参数及水力参数等数据，建立堰塞体稳定性快速评价方法和溃决参数快速评估模型；基于堰塞湖溃决现场实测资料、堰塞体溃决小尺度物理模型试验和离心模型试验，揭示堰塞体的溃决机理，在此基础上建立堰塞体溃决过程数学模型和堰塞湖溃决洪水演进过程数值模拟方法；研究提出适合堰塞湖溃决与河道堰塞的生命损失、经济损失、生态损失评估模型；基于 GIS 技术，开发堰塞湖致灾预警与风险评估平台。

本书可供从事堰塞湖风险评估研究和应急抢险的人员以及高等院校水利水电工程和防灾减灾工程专业师生参考。

图书在版编目（CIP）数据

堰塞湖致灾风险评估技术及应用/钟启明，陈生水，王琳著. —北京：
科学出版社，2021.10

ISBN 978-7-03-069383-9

Ⅰ. ①堰⋯　Ⅱ. ①钟⋯　②陈⋯　③王⋯　Ⅲ. ①堰塞湖-风险分析
Ⅳ. ①P941.78

中国版本图书馆 CIP 数据核字（2021）第 139695 号

责任编辑：周　丹　曾佳佳　石宏杰/责任校对：樊雅琼
责任印制：师艳茹/封面设计：许　瑞

科 学 出 版 社 出版

北京东黄城根北街 16 号
邮政编码：100717
http://www.sciencep.com

北京九天鸿程印刷有限责任公司印刷

科学出版社发行　各地新华书店经销

*

2021 年 10 月第 一 版　开本：720 × 1000　1/16
2021 年 10 月第一次印刷　印张：23 3/4
字数：476 000

定价：299.00 元
（如有印装质量问题，我社负责调换）

前　　言

　　我国自然灾害种类多，分布地域广，发生频率高，造成损失重。其中，堰塞湖作为一种重大水旱灾害，具有滑坡方量大、集雨面积大、蓄水量大、对人民群众生命财产安全威胁大等特点，同时应急抢险工程又受基础资料薄弱、水陆交通不便或完全中断、周边环境危险、施工时间极为紧迫等制约，排险处置难度非常大，如稍有不当，将会造成灾难性后果。总体来说，堰塞湖风险评估仍以既有经验、常规方法为主，风险评估的准确性难以保障，亟须在堰塞体危险性评价、堰塞湖溃决过程与洪水演进模拟、灾害损失评估等方面开展系统研究，为提高堰塞湖风险评估的精度和应急决策的科学性提供理论与技术支撑。

　　近年来，作者在国家重点研发计划课题"堰塞湖致灾风险评估技术研究"（2018YFC1508604）、长江水科学研究联合基金重点项目"堰塞体状态相关剪胀理论与坝体溃决演化规律研究"（U2040221）和南京水利科学研究院出版基金的资助下，以地震或降雨等因素诱发的崩滑堰塞湖为研究对象，围绕"堰塞体稳定性快速评价""堰塞体溃决参数快速预测""堰塞体溃决机理与溃决过程模拟""堰塞湖溃决洪水演进过程模拟""堰塞湖溃决与河道堰塞损失评估""堰塞湖致灾预警与风险评估平台"等方面开展了系统研究，主要研究工作如下：①调研收集了国内外 1760 个堰塞湖案例的基础资料，构建了堰塞湖基础资料数据库；②考虑堰塞体几何形态特征、物质组成和堰塞湖水动力条件，提出了基于逻辑回归方法的堰塞体稳定性快速评价方法；③考虑堰塞体几何形态特征、物质组成和堰塞湖水动力条件，提出了基于多元线性回归方法的堰塞体溃决参数快速预测模型；④基于堰塞湖溃决现场实测资料、堰塞体溃决小尺度物理模型试验和离心模型试验，明晰了堰塞体的溃决过程，揭示了堰塞体的冲蚀特性和溃口演化规律，建立了考虑溃决机理和材料、结构特征的堰塞体溃决过程数学模型；⑤基于堰塞体溃决过程数学模型，研究了材料冲蚀特性、结构特征和泄流槽断面型式对堰塞体溃决过程的影响；⑥采用基于 GIS 技术的水文分析方法建立堰塞湖下游淹没区域河道断面数据模型，并结合 HEC-RAS 软件对堰塞湖溃决洪水在河道中的演进过程进行数值模拟；⑦从生命损失、经济损失、生态损失的角度出发，提出了适合堰塞湖溃决与河道堰塞灾害损失的评估方法；⑧集成堰塞体溃决过程和堰塞湖溃决洪水演进模型、堰塞湖溃决损失评估模型，基于 GIS 技术，开发了堰塞湖致灾预警与风险评估平台。

本书是作者团队在该研究领域成果的总结，全书由钟启明、陈生水、王琳统稿撰写，单熠博、林忠、梅胜尧、梅世昂、胡亮、杜镇瀚、刘嘉欣、杨蒙、陈小康等也为本书的出版做出了贡献。

希望本书的出版有助于提高我国堰塞湖致灾风险的预测精度及应急预案编制的科学性，减轻因堰塞湖溃决所造成的灾害损失。

堰塞湖的致灾风险评估研究涉及地貌学、地质工程、岩土力学、流体力学、泥沙运动学等多门学科，受作者学识水平和工程实践经验所限，书中难免存在不足之处，恳请广大读者不吝指教。

作　者

2021 年 4 月

目　　录

1 绪 论

1.1 堰塞湖分类、分布与灾害

堰塞湖是在一定地质和地貌条件下，由地震、降雨或火山喷发等引起的山崩、滑坡、泥石流、熔岩流等堵塞山谷、河道，造成上游段壅水而形成的天然湖泊。阻塞山谷、河道的堆积体称为堰塞体（Costa and Schuster，1988；刘宁等，2016）。堰塞湖在世界范围内广泛分布，依据成因，堰塞湖可分为熔岩堰塞湖、滑坡堰塞湖、崩塌堰塞湖、泥石流堰塞湖和冰碛堰塞湖五类（刘宁等，2013）。一项基于世界范围内 1393 个堰塞湖案例的统计数据表明（Shen et al.，2020a），形成堰塞湖的诱因依次是地震（占 50.5%）、降雨（占 39.3%）、融雪（占 2.4%）、人为原因（占 2.2%）、火山喷发（占 0.9%），其他未知原因的占 4.7%。由此可以看出，地震和降雨是堰塞湖形成的主导因素，两种成因的堰塞湖占总数的 89.8%。

堰塞湖作为重大水旱自然灾害，具有集雨面积广、蓄水量大等特点，作者收集了全球范围内有文献记载的堰塞湖案例共计 1760 个，我国有 851 个，国内外典型的堰塞湖如表 1.1 所示（Ermini and Casagli，2003；刘宁等，2016）。近年来，受地形地貌、地质构造及气象水文等条件综合作用，我国堰塞湖呈多发、频发态势。

表 1.1 全球堰塞湖库容超过 1 亿 m³ 的典型案例

序号	地理位置	经纬度	形成时间	溃决时间	库容/亿 m³	泄流量/亿 m³
1	塔吉克斯坦 Usoi	38°16′23″N 72°36′14″E	1911.02.18	未溃决	170.00	—
2	美国 Gros Ventre	43°37′55″N 110°32′47″W	1925.06.23	1927.05.18	1.05	0.53
3	中国叠溪古镇	32°02′25″N 103°40′29″E	1933.08.25	1933.10.09	4.00	—
4	中国台湾草岭	23°34′35″N 120°40′19″E	1941.12.17	1951.05.18	1.57	1.20
5	印度 Subansiri	27°36′00″N 94°12′42″E	1950.08.15	1950.08.19	3.00	3.00
6	美国 Madison	44°49′44″N 111°25′39″W	1959.08.17	未溃决	1.01	—
7	智利 Rinihue	39°45′S 72°30′W	1960.05.22	1960.07.25	48.00	30.00

续表

序号	地理位置	经纬度	形成时间	溃决时间	库容/亿 m³	泄流量/亿 m³
8	秘鲁 Mayunmarca	12°36′55″S 74°39′25″W	1974.04.25	1974.06.08	3.52	3.50
9	厄瓜多尔 Rio Paute 河	2°51′08″S 78°50′44″W	1993.03.29	1993.05.01	2.10	1.75
10	中国易贡	30°10′58″N 94°55′53″E	2000.04.09	2000.06.10	23.60	21.00

与人工填筑的土石坝不同，堰塞体一般由崩滑土石料快速堆积而成，结构较为复杂、组成物质杂乱，少量堰塞体局部存在由大颗粒骨架组成的高渗透区域，渗流和力学稳定性较差（石振明等，2015）。由于堰塞湖缺乏必要的洪水溢流设施，容易发生溃决造成严重的洪水灾害，对下游公众生命财产和基础设施构成巨大威胁。1933 年，我国叠溪堰塞湖溃决，导致下游河道两岸 235 km 范围内被淹没，伤亡 9300 人（刘宁等，2016）；2000 年，易贡堰塞湖溃决，21.00 亿 m³ 洪水下泄，导致我国墨脱、波密、林芝三县（市）90 余乡近万人受灾，印度布拉马普特拉河沿岸 7 个邦 94 人死亡，250 万人无家可归（Wang et al.，2016）；2008 年，"5·12"汶川地震形成了 257 处滑坡堰塞体（Cui et al.，2009），其中唐家山是集雨面积最广、蓄水量最大、威胁最严重的堰塞湖，在人工干预下于 2008 年 6 月 7 日应急泄流，共转移下游风险人口约 25 万人，所幸未造成人员伤亡（图 1.1）（Liu et al.，2010）；2018 年 10～11 月，我国金沙江和雅鲁藏布江各接连发生两次滑坡事件，形成了白格和加拉堰塞湖（Fan et al.，2019；Chen et al.，2020a），并在短期内发生溃决，对人民群众生命财产安全构成巨大威胁（图 1.2）。

图 1.1　唐家山堰塞体溃决过程

图 1.2　"11·03"白格堰塞体溃决过程

由于灾害后果的严重性，堰塞湖的致灾风险评估一直是国内外研究者关注的焦点，主要表现在以下几个方面：①作为自然力作用的产物，堰塞湖一般瞬间形成，堰塞体由天然宽级配堆石料构成，在上游水动力条件下的作用下，对其稳定性的评价是开展堰塞湖致灾风险评估的基础。②堰塞湖缺乏必要的洪水溢流设施，容易发生漫顶溃决，且溃决水流冲蚀过程呈明显的非线性特点，宽级配堆石料的冲蚀特性、堰塞体溃决机理和溃决过程的研究是合理评估堰塞湖致灾风险的关键。③堰塞湖溃决洪水的演进模拟技术是探究溃决洪水演进特征（洪峰流量、洪水流速、淹没水深、淹没面积、洪峰到达时间）及其致灾后果的核心。④利用遥感数据、地理信息系统（geographic information system，GIS）分析处理技术和数值分析结果，从生命损失、经济损失、生态损失 3 个方面构建损失评估指标体系，建立相应的损失评估模型，定量评估河道堰塞和堰塞湖溃决的损失是堰塞湖致灾后果评价和应急抢险的依据。

我国历来高度重视自然灾害防治，《中共中央关于制定国民经济和社会发展第十四个五年规划和二〇三五年远景目标的建议》中强调："坚持人民至上、生命至上，把保护人民生命安全摆在首位，全面提高公共安全保障能力。""提升洪涝干旱、森林草原火灾、地质灾害、地震等自然灾害防御工程标准，加快江河控制性工程建设，加快病险水库除险加固，全面推进堤防和蓄滞洪区建设。完善国家应急管理体系，加强应急物资保障体系建设，发展巨灾保险，提高防灾、减灾、抗灾、救灾能力。"

综上所述，堰塞湖致灾风险大，破坏力强，严重威胁人们的生命财产和公共安全，亟须开展堰塞湖（堰塞体）稳定性评价、灾变机理、灾害预测、致灾后果评价的基础理论与关键技术研究，为堰塞湖应急抢险和防灾减灾提供科学依据和技术支撑。

1.2　堰塞湖致灾风险评估技术的发展

风险评估是指在风险事件发生之前或之后（但还没有结束），量化测评某一事件带来的影响或损失的可能程度。对于堰塞湖致灾风险评估，可以理解为在风险识别和估计的基础上，综合考虑溃决发生的概率和溃决洪水导致的损失程度，可分解为堰塞体稳定性的评价、非均匀材料冲蚀特性与堰塞体溃决机理研究、土石坝和堰塞体溃决过程数值模拟、溃决洪水演进数值模拟、溃坝洪水灾害损失评估。

国内外学者围绕上述内容开展了大量的研究，取得了系列的成果，本节对目前的研究现状和存在的问题进行综述。

1.2.1　堰塞体稳定性评价方法

堰塞湖形成后，合理评价堰塞体的稳定性对应急抢险或综合治理意义重大。

总地来说，堰塞体的稳定性与其堆积形态、物质组成和结构特征、堰塞湖水动力条件以及次生地质灾害相关。堰塞体的堆积形态影响其内部应力状态分布，对堰塞体的稳定性具有重要影响（Korup，2004；Stefanelli et al.，2016）；不同物质组成的堰塞体的弹性模量、黏聚力和颗粒级配等参数均不同，这些参数直接或间接影响堰塞体的稳定性（Casagli and Ermini，1999；Casagli et al.，2003）；堰塞体的内部经常发育不同的结构形态，如堆积体中存在河床沉积物，结构的强度对堰塞体的稳定性也存在影响（刘怀湘等，2011；Wang et al.，2013）；堰塞湖的水动力条件对堰塞体的稳定性也具有重要影响，水位的抬升造成堰塞体上、下游的水力梯度增大，当水力梯度达到临界值时，堰塞体内部可能发生渗透破坏，影响堰塞体的稳定性（石振明等，2014a，2015）；次生地质灾害对堰塞体的稳定性也会产生巨大威胁，如地震（周亦良等，2017）或堰塞湖区内滑坡导致的涌浪（彭铭等，2017）。

围绕上述影响因素，国内外研究者针对堰塞体稳定性的评价方法开展了系列研究，按其特性可分为定性评价方法和定量评价方法。

1.2.1.1　定性评价方法

定性评价方法主要分为工程类比法和历史分析法。前者是根据形成条件和地质条件与同类堰塞体进行类比分析，后者是针对某一堰塞体的形成历史和发育过程进行推测分析，以此评价堰塞体当前的稳定性情况。定性评价中，常借助 InSAR 监测技术、无人机航拍、地面变形监测等技术手段，主要以堰塞体的形成机制、物质组成和结构特征为基础，判断堰塞体的抗冲蚀性能，最终评价堰塞体的整体稳定性（崔鹏等，2009；何秉顺等，2009；李守定等，2010；许强等，2018）。该方法的特点是不通过数学计算，而是利用收集的资料，通过类比分析得出结论。定性评价综合考虑了多方面因素的影响，其分析结果可作为堰塞体稳定性定量评价的基础。

1.2.1.2　定量评价方法

定量评价方法可概括为统计学法、物理模拟法和数值模拟法三种方法。

统计学法基于收集获取的大量已溃和未溃堰塞体的资料，从中提取参数，采用统计学的方法提出判别准则，并据此评价堰塞体的稳定性（Casagli and Ermini，1999；Ermini and Casagli，2003；Korup，2004；Dong et al.，2011a；Stefanelli et al.，2016），这些评价方法考虑的参数主要包括：堰塞体体积、高度、长度、宽度，堰塞湖的体积，流域面积，被堵塞河道比降，以及来流量等地貌学和水动力学参数。该类方法的优点是避免复杂的计算，缺点是未考虑堰塞体内部的应力应变关系和材料的颗粒组成，可用于堰塞体稳定性初步评价。Shan 等（2020）基于国内外已溃与未溃堰塞体的基础资料，采用逻辑回归的方法建立了一套新的堰塞体稳定性快速评价方法,该方法可以考虑堰塞体的形态特征、颗粒组成及上游堰塞湖的水动力条件,并根据可获取的物质组成信息的多寡,提出了精细化快速评价方法和简化快速评价方法。

物理模拟法是评价某一特定堰塞体最直观的方法。在搜集堰塞体的地质资料之后,利用相似的物理材料制成模型来模拟原型坝体的变形失稳过程,通过改变影响堰塞体稳定性的因素,得出不同因素影响下的坝体稳定性(常东升等,2009;彭铭等,2017)。该方法避免了现场实验操作周期长且易受到外界多种因素干扰等缺点,也优化了利用统计学方法得出的结果。物理模拟从不同的角度可分为不同类别:根据模型精度可以分为简化和原型模型,根据堰塞体的性状可分为整体和分体模型,根据试验目的可分为预测和验证模型。但由于堰塞体内部结构复杂,物理模型不能完全模拟其真实状态,再加上模拟试验的尺寸效应等影响,其结果往往也是不全面的。

数值模拟法能够考虑坝体的力学特性和不同级别结构面的影响,分析滑坡堰塞体的变形过程,对坝体的稳定性做出评价。其中应力应变分析又分为连续介质分析和不连续介质分析。连续介质分析包括有限单元法和边界单元法两大类。不连续介质分析方法引入不连续分块刚体模型,主要包括离散单元法、不连续变形分析和块体单元法。上述方法均为确定性方法,近年来,人们逐渐认识到岩土工程和水利水电工程中存在大量材料参数不确定和荷载不确定的问题,有学者将不确定性方法如可靠度理论、模糊数学、灰色理论等数学方法应用在结构稳定性评价中(刘宁,2001;Fenton and Griffiths,2008;Zhang et al.,2016),取得了较好的成效,但对于堰塞体的稳定性采用不确定性方法的报道较少。

1.2.2 非均匀材料冲蚀特性与堰塞体溃决机理

1.2.2.1 土石材料冲蚀特性试验方法

堰塞体的破坏绝大多数由漫顶水流冲蚀引起,部分由渗透破坏导致,因此水流的冲蚀特性对堰塞体的溃决至关重要。土石材料的冲蚀过程实质上是水流与土石颗粒之间的耦合作用过程,运动水流所产生的径流冲刷力作用于土石颗粒团,引起颗粒团的分散,并将部分分散颗粒或小颗粒团挟带于水流本身之中,不断地对堰塞体造成侵蚀最终导致其失稳。土石材料的冲蚀特性一般通过其起动流速(或临界剪应力)和冲蚀速率表征。目前,常用的测定土石材料冲蚀的方法包括:旋转圆柱试验、孔洞侵蚀试验、喷射冲刷试验、水槽试验等。

旋转圆柱测量装置是通过旋转外层透明的圆柱体带动水流产生作用于圆柱体试样的剪应力测量材料抗冲流速。Moore 和 Masch(1962)首次提出旋转圆柱测试法，采用旋转水流对圆柱体试样产生的剪切力来测量表面侵蚀。随后，众学者对旋转圆柱测量设备进行了改进，与原来的设计相比，新设备能够测定重塑、原状土（Arulanandan et al.，1975；Chapius and Gatien，1986；Lim，2006）。旋转圆柱测量装置的局限性在于不能估计试样在饱和状态下的侵蚀率，且冲刷掉的土颗粒仍在圆柱体内进而影响侵蚀率的结果。

澳大利亚新南威尔士大学的 Wan 和 Fell（2004）研制了孔洞侵蚀试验设备，主要用于研究土体内部侵蚀特征，此设备可研究土体各个参数与侵蚀率的关系，但侵蚀率结果可能受试验过程中孔洞的堵塞、洞直径变化不均匀等因素影响而相差很远。

Hanson（1991）改进了原有的喷射冲刷试验，提出了将侵蚀系数转换为土体抗力，提出了喷射指数的概念并给出了确定方法。目前该方法应用较为广泛，常用于现场定点测定土体的冲蚀速率（Al-Madhhachi et al.，2013），但由于堰塞体材料的宽级配特性，因此测试结果的随机性较大，需广泛开展测试后综合评价堰塞体材料的冲蚀特性。

Gibbs（1962）采用水槽试验研究土体侵蚀，其将 45 种不同土体的试验结果与塑性指数、密度联系起来；随后，各国学者通过开展水槽试验（Wilcock，1993；陆永军和张华庆，1993；张根广等，2019），针对土石材料的冲蚀规律进行了探讨，但研究的重点主要是河道泥沙的冲蚀规律，其颗粒粒径较小且级配较为均匀。

1.2.2.2　非均匀土石材料冲蚀特性试验方法

宽级配土体的起动特性较均匀土体复杂得多，主要是粗细颗粒间受到显著的荫暴作用和床沙粗化作用。Einstein（1950）指出了采用均匀沙代替非均匀沙研究冲蚀特性可能导致的误差。数十年来，国内外学者围绕非均匀颗粒起动特性和运动规律开展了广泛的研究。

对于非均匀颗粒起动问题，Paintal（1971）提出了暴露度的概念来研究大小颗粒之间的相互作用；韩其为（1982）基于床面颗粒相对位置，提出了含义清晰且便于应用的绝对暴露度和相对暴露度概念；其后，众学者（何文杜和杨具瑞，2002；Cheng et al.，2003；杨奉广等，2009；白玉川等，2013；赵天龙等，2020）又开展一系列相关研究，在一定程度上揭示了非均匀颗粒位置的分布特征及其起动特性。但近底水流流速、颗粒非均匀性及随机分布规律对宽级配材料起动特性的影响仍值得深入研究。

对于非均匀颗粒的运动规律，根据颗粒在水流中的运动特征，一般将其分为推移质和悬移质进行研究。非均匀推移质冲蚀率的计算方法可分为三类：直接分组法（孙志林等，2012；陈有华和白玉川，2013；Cao et al.，2016）、修正剪应力法（Parker et al.，1982；Wilcock and Crowe，2003；Rickenmann and Recking，2011；孙东坡等，2015）和级配法（窦国仁等，1987；Hsu and Holly，1992；Tayfur and

Singh，2006；Bombar et al.，2011）。对于悬移质的运动规律，溃坝水流的高含沙特性使其具有与普通挟沙水流不同的运动特性和冲淤规律，国内外学者在悬移质浓度分布（Wang and Ni，1990；倪晋仁和王光谦，1992）、水流挟沙力（沙玉清，1965；钱宁和万兆惠，1983；舒安平和费祥俊，2008；郑委等，2011）等方面取得了一系列研究成果，但高速水流作用下的宽级配颗粒悬浮、扩散与交换机理尚需进一步研究。

1.2.2.3　堰塞体溃决机理

对于土石坝的溃决机理目前主要是通过物理模型试验进行研究。法国是全世界最早开展溃坝水工模型试验的国家，早在 1892 年就通过试验获得了溃坝水力学问题的 Ritter 解（谢任之，1993）。20 世纪 50 年代，美国和奥地利学者针对土石坝溃决问题进行了大量的室内小尺度水工模型试验（陈生水，2012），但早期的研究主要针对溃坝洪峰流量的确定及洪水演进过程的模拟。

20 世纪 90 年代以来，随着土石坝溃决问题研究的深入，各国将溃坝研究的重点逐渐转移到溃坝机理的研究分析上，其中最有代表性的包括欧盟 IMPACT 项目资助的现场溃坝模型试验（最大坝高 6 m）（Morris，2011）、美国农业部开展的现场溃坝模型试验（最大坝高 2.3 m）（Hanson et al.，2005）以及南京水利科学研究院开展的世界上最大坝高（9.7 m）的溃坝模型试验（Zhang et al.，2009）（图 1.3），但试验的主要研究对象都是均质土坝。

(a) $t = 0$ min

(b) $t = 5$ min

(c) $t = 10$ min

(d) $t = 20$ min

(e) $t = 30$ min　　　　　　　　　　　　　　　　　(f) 最终溃口

图 1.3　南京水利科学研究院现场大尺度溃坝模型试验

日本学者小田晃是最早开展堰塞体溃决模型试验的研究者之一，其探讨了堰塞体材料粒径大小、顶宽及下游坡比对溃口洪水流量过程的影响（陈生水，2012）。随后，欧美学者也开展了一系列堰塞体溃决机理的模型试验研究（Davies et al.，2007；Gregoretti et al.，2010）。近年来，特别是"5·12"汶川地震发生之后，国内学者在堰塞体溃决模型试验方面开展了一系列的研究并取得丰富成果，内容主要涉及堰塞体溃口发展规律的研究，以及坝高、顶宽、下游坡比等形态参数，颗粒级配、含水率、孔隙比、干密度等材料参数和上游来水流量等水动力条件参数对溃决过程的影响（张婧等，2010；Cao et al.，2011a；Zhou et al.，2019；Zhao et al.，2019a）。随着试验技术手段的不断提高、模型尺寸的不断增大，测试精度有所提高，但室内小尺度模型试验（也包括现场大尺度模型试验）在堰塞体应力水平、颗粒粒径大小方面与原型相比仍然有较大差别，试验中的缩尺效应将直接影响研究成果的准确性，所得结论能否真实反映原型堰塞体的溃决机理仍值得商榷（Zhong et al.，2021）。

值得一提的是，为有效解决小尺度溃坝试验模型与原型应力水平相差过大，大尺度溃坝试验场地难寻、耗时长、成本高、随着坝高增加风险难以控制等问题，南京水利科学研究院利用离心机高速旋转形成的超重力场具有的"时空放大"效应的原理，成功研发出一套基于 NHRI-400g·t 离心机的高土石坝溃坝离心模型试验系统（陈生水等，2012，2018），创建了溃坝离心模型试验方法，可在较短时间内重现各类 100 m 级土石材料坝的溃决过程，为正确揭示堰塞体的溃决机理提供了科学先进的技术手段。

1.2.3　土石坝和堰塞体溃决过程数值模拟

数值模拟是溃坝过程预测的重要手段，总地来说，土石坝和堰塞体溃决过程数学模型一般分为三类（ASCE/EWRI Task Committee on Dam/Levee Breach，

2011）：第一类是参数模型，第二类是基于溃决机理的简化数学模型，第三类是基于溃决机理的精细化数学模型。

1.2.3.1 参数模型

参数模型大多基于溃坝案例数据进行统计分析，采用经验公式计算获得溃坝相关参数。由于参数模型公式简单、计算快捷，也常用于溃坝致灾后果的快速评价。Kirkpatrick（1977）提出了第一个预测溃口峰值流量的经验公式，随着溃坝调查资料的不断丰富，模型由最初的单参数模型（Kirkpatrick，1977；SCS，1981；USBR，1988）发展为多参数模型（Froehlich，1995a，2016；Xu and Zhang，2009；Pierce et al.，2010；De Lorenzo and Macchione，2014），并可对不同的溃坝模式（Xu and Zhang，2009；De Lorenzo and Macchione，2014）及土石坝不同坝型（Xu and Zhang，2009）的溃口峰值流量进行预测。模型的输出结果也由原来的溃口峰值流量推广到溃口最终宽度（USBR，1988；Von Thun and Gillette，1990；Froehlich，1995b；Xu and Zhang，2009）和溃坝历时（MacDonald and Langridge-Monopolis，1984；USBR，1988；Froehlich，1995b；Xu and Zhang，2009）等重要指标。Zhong等（2020a）也基于国内外 162 座拥有实测资料的土石坝溃坝案例，提出了可考虑土石坝不同坝型漫顶或渗透破坏溃坝模式、坝体形状、水库库容、坝料冲蚀特性的参数模型，可用于预测土石坝溃口峰值流量、溃口最终宽度和溃坝历时。

目前参数模型多用来描述土石坝的溃决，专门针对堰塞体溃决的参数模型较少。美国学者 Costa（1985）最早提出了预测堰塞体溃口峰值流量的参数模型，我国学者 Peng 和 Zhang（2012a）基于 52 座拥有实测资料的已溃堰塞体，也构建了专门用于预测堰塞体溃口峰值流量、溃口最终尺寸与溃决历时的参数模型。虽然参数模型可简单快捷地对溃坝参数进行预测，不失为一种高效快速的评价方法，但参数模型无法提供溃口演化过程和溃坝洪水流量过程线。

1.2.3.2 基于溃决机理的简化数学模型

20 世纪 60 年代，欧美学者基于水力学和河道泥沙输移公式，开始研究基于溃决机理的简化数学模型。美国垦务局的 Cristofano（1965）建立了第一个均质坝漫顶溃决数学模型，其后，各国学者提出了一系列模拟土石坝溃坝的数学模型。随着溃决机理研究的深入，溃坝模型也逐渐由单纯模拟泥沙输移（Cristofano，1965；Fread，1984）发展到考虑坝体局部冲蚀与结构性破坏的动力学机制（Fread，1988；Mohamed et al.，2002；Temple et al.，2006；Wu，2013），溃决模式也由漫顶溃坝推广到渗透破坏溃坝（Fread，1988；Mohamed et al.，2002；Wu，2013），坝型也由均质坝推广到心墙坝（Mohamed et al.，2002；Wu，2013）。近年来，作者研究团队围绕土石坝溃坝数学模型开展了系统的研究工作，建立了主要包括土石坝不同坝型[均质坝（Zhong et al.，2019a）、心墙坝（Zhong et al.，2018a）、面板坝（Zhong et al.，2019b）]和不同溃决模式[漫顶（Zhong et al.，2018a，2019a，2019b）、渗透破坏（Chen et al.，2012，2019）]的"南京水利科学研究院 NHRI-DB"土石坝系列溃坝数学模型。

对于堰塞体的溃决模型，目前大多参照均质坝的模型进行模拟，但由于堰塞体与人工填筑的均质坝在材料特性和结构特点上存在巨大差异，其溃决机理也有明显不同，因此模拟结果的可靠性存疑（Zhong et al.，2021）。值得一提的是，近年来，中国水利水电科学研究院、香港科技大学和四川大学等研究机构基于易贡（Wang et al.，2016；Chen et al.，2020b）、唐家山（Chang and Zhang，2010；Chen et al.，2015，2020b）、小岗剑（Chang and Zhang，2010；Chen et al.，2018）、白格（Zhang et al.，2019；Chen et al.，2020b）、加拉（Chen et al.，2020a）等堰塞体的溃决案例，开发了一些基于物理机理的简化数学模型；作者研究团队（Zhong et al.，2018b，2020b，2020c；Shen et al.，2020b）基于模型试验和现场试验揭示了溃决机理，也建立了考虑材料冲蚀特性沿深度变化的堰塞体溃决过程简化数学模型，并通过唐家山、小岗剑、白格等堰塞体溃决案例验证了模型的合理性。

总地来说，简化数学模型的优势在于其在一定程度上考虑了土石坝和堰塞体的溃决机理，且计算速度较快，在土石坝和堰塞体溃决过程数值模拟中应用最为广泛。

1.2.3.3 基于溃决机理的精细化数学模型

为了描述溃坝过程中的水土耦合作用，近年来，随着计算机性能的提升，以及泥沙科学和计算流体力学的发展，出现了一些以非平衡坝料输移理论为基础、基于浅水假设的精细化溃坝数学模型。该类模型主要基于水流连续性方程、动量方程与能量方程，耦合泥沙运动方程，目前基于水动力坝料冲蚀方程的一维、沿深度平均二维和三维数学模型的研究工作取得了明显进展，可以更详细地模拟土石坝的溃决过程（Wu and Wang，2007；Cao et al.，2011b；Wu et al.，2012；Guan et al.，2014；Kesserwani et al.，2014；Marsooli and Wu，2015；Cantero-Chinchilla et al.，2016；Cristo et al.，2018）。为了处理不连续混合流态组成的漫顶水流，通常采用近似黎曼（Riemann）解法和全变差递减法（TVD）等激波捕捉方法，并采用有限体积法、水平集法、光滑颗粒流体动力学法等数值模拟方法对控制方程进行求解。此类模型可实现对溃坝过程的精细化模拟，但目前仅能用于颗粒较均匀的无黏性土坝溃决过程的模拟。该类方法可考虑溃坝过程中水流与土体的耦合作用，并可模拟复杂边界条件和溃口演化规律。

1.2.4 溃坝洪水演进数值模拟

溃坝洪水兼具激波和稀疏波的特征,与常规河道洪水相比,具有以下特点(谭维炎,1999;Aureli et al.,2000,张大伟,2014):①溃坝洪水洪峰流量大,水位高,水面梯度较大,常存在间断;②自然条件下的地形极不规则,容易形成过渡流态,急流、缓流、临界流常同时发生,洪水运动过程中还常伴有涌波和水跃;③溃坝洪水在演进过程中时常漫溢出河道在干床上运动,存在动边界条件的复杂情况。

1.2.4.1 研究途径

溃坝洪水演进模拟的控制方程一般选用二维浅水方程,溃坝水流的特殊性主要表现在其对应的物理流场存在间断,因此合理模拟的关键在于捕捉强间断或大梯度流动的现象,目前主要有两种途径(谭维炎,1999;Toro,2000):激波拟合法和激波捕捉法。

1)激波拟合法

激波拟合法的基本思想就是把间断看成是内部非连续的边界面,利用间断两侧的水力要素,在间断点直接引用代数形式的间断关系,拟合一个能据此条件衔接两侧流动的间断,而在间断外的光滑区可以使用适合连续流的计算方法。

该类方法精度较高,能够准确模拟间断位置和间断传播速度,主要缺点是计算太过复杂,需要不断追踪运动间断,同时该方法要求所求的流场结构已知。

2)激波捕捉法

激波捕捉法的基本思想是采用计算方法固有的数值耗散效应自动捕捉间断。若使用与守恒微分方程组相容的守恒差分格式,则所得数值解在间断两侧自动满足间断条件,因而不论解中是否存在间断,可以不加区别地统一进行计算,不必进行激波拟合的特殊处理。

该类方法简单通用,易于实现,缺点是对间断位置与传播速度等间断关系的计算是近似的,与激波拟合法的优缺点恰好相反。

值得指出的是,随着计算机技术的迅速发展,激波捕捉法得到了更为广泛的应用。对非守恒型浅水方程使用激波捕捉法可能会导致错误(Toro,2000)。因此,为了正确利用激波捕捉法求解间断,应该使用守恒变量、守恒方程的形式和守恒型数值解法。

目前,自适应捕捉间断的数值解法主要有两种(张大伟,2014):一种是把间断看作梯度很大的连续性特殊情况,可以在求解微分方程组时人为引入一定黏性作用的扩散项以平滑间断解,称为人工黏性法;或者在对微分方程进行离散时,选择本身就带有类似黏性的格式（如 Lax-Wendroff 格式或 Lax-Friedrichs 格式）（Anderson，2007），也可以使间断有一个光滑的过渡，称为格式黏性法，不过该方法一阶精度格式会把间断的过渡区拉得过宽。另一种是以求解 Riemann 近似解的思想为基础的 Godunov 格式（Godunov，1959），该格式不仅适用于光滑的古典解，同时可以适应具有大梯度、大变形解的情况，能够精确自动捕捉间断，已经成为大梯度水面计算的主流方法之一。

1.2.4.2　计算方法

浅水方程计算方法中，按离散基本原理可以分为特征线法（MOC）、有限差分法（FDM）、有限元法（FEM）和有限体积法（FVM）。前 3 种方法在很多缓流问题的计算中取得了很大的成功，但不完全适合求解溃坝洪水的强间断流动。有限体积法相当于守恒方程的直接离散，对由一个或多个控制体组成的任意区域，以至整个计算区域，都严格满足物理守恒定律，不存在守恒误差，并且能正确计算间断。

1）特征线法

林秉南（1956）提出一维水流计算的特征线法，迄今为止仍在不断改进使用。特征线法是求解双曲型偏微分方程的最精确的数值解法，其基本思想在于对一阶拟线性双曲型偏微分方程利用二维空间的特征理论，导出两簇特征曲面和相应的特征关系式，对特征关系式进行离散求解可得到变量的数值解（张家驹，1963；Hunt，1983）。

特征线法物理概念明确，数学分析严谨，计算精度较高，对于溃坝水流这样不连续的现象，它的特征关系仍然存在，因此仍可以用特征线法求解，不过该方法在间断处不能直接计算间断，需采用激波拟合法使两侧衔接起来。在数值求解时，采用差分法离散特征方程会带来守恒误差，当水流状态沿程变化较大时，非齐次项计算较烦琐，可能带来较大误差。

2）有限差分法

有限差分法于 20 世纪 50 年代首次应用于模拟河道水流（胡四一和谭维炎，1991），至今仍是水动力学计算中应用最为广泛的方法。有限差分法相当于点近似，是以泰勒级数展开为工具，对水流运动微分方程中的倒数项用差分式来逼近，从而在每个计算时段可以得到一个差分方程组。如果差分方程组可独立求解，则称为显格式，如果需联立求解，则称为隐格式。

目前工程上常用的差分方法有求解一维圣维南方程组的 Preissmann 格式和求解二维浅水方程的交替方向隐格式（ADI），由于此类算法都是基于连续性的数值逼近思想，因此模拟强间断水面时均遭到失败（张大伟，2014）。

为了正确处理间断问题，很多差分格式采用 Godunov 方法，为了克服该方法在间断附近的解只有一阶精度且计算效率较低等问题，Harten（1983）和 Harten 等（1986）先后构造了 TVD 格式和基本无震荡（ENO）格式，Liu 等（1994）提出了加权基本无震荡（WENO）格式，较好地模拟了间断，但该类方法一般用于矩形网格或正交曲线网格，对复杂边界的适应性较差。

3）有限元法

有限元法从 20 世纪 70 年代开始应用于计算流体力学中，其原理是分单元对解逼近，使微分方程空间积分的加权残差极小化。有限元法在数学上适用于求解椭圆型方程组的边值问题，不适用于求解以对流为主的输运问题，同时有限元法缺乏足够耗散，捕捉锐利波形比较困难，不适用于计算间断。

针对普通有限元方法不能计算间断的特点，20 世纪 90 年代以来，出现了计算间断能力较好的 Runge-Kutta 间断 Galerkin 方法（Cockburn et al.，1990，1998；Schwanenberg and Harms，2004）。它既采用有限元弱解变分形式，又采用单元上的插值逼近，同时允许在时间和空间离散时存在间断。间断有限元法单元之间的连接更加精细和复杂，可以捕捉锐利波形，有效抑制虚假振荡，得到稳定的计算结果（李宏，2004；Schwanenberg and Harms，2004）。但是对非恒定流的计算，每一个时间步要求解一个大型的线性方程组，耗时较多，因而在工程中的应用受到很大限制。

4）有限体积法

有限体积法是 20 世纪 80 年代以来发展起来的一种新型微分方程离散方法，综合了有限差分法和有限元法的优点。与有限元法一样，有限体积法将计算区域划分成若干规则或不规则形状的单元或控制体，而不像经典的有限差分法那样要求网格有结构序列，处理过程具有较强的灵活性，能够满足处理复杂边界问题的需要，同时在间断问题的数值模拟方面显示了独特的效果（谭维炎，1999）。

有限体积法不是直接对方程组进行数值离散，而是从积分形式的守恒性方程组出发，采用非结构网格进行离散，在控制体边界上形成间断解的 Riemann 问题。在求出每个控制体边界沿法向输入（出）的流量和动量通量后，对每个控制体分别进行水量和动量的平衡计算，得到计算时段末各控制体平均水深和流速。

利用 Riemann 近似解的 Godunov 格式是目前求解大梯度流动的主流格式，目前应用较多的还有 Roe 格式（Roe，1981）、Osher 格式（Osher and Solomon，1982）、HLL 格式（Harten et al.，1983）、HLLC 格式（Toro et al.，1994）等；另外，有限差分法捕捉激波的高分辨率方法以及许多格式也可直接利用到有限体积法中。

1.2.5　溃坝洪水灾害损失评估

溃坝作为一种低概率、高风险、重损失的社会灾害，一旦发生将会导致无法挽回的后果，带来严重的社会影响。随着社会经济的发展，国家对大坝安全及风险管理愈加重视，作为风险管理的重要组成部分，溃坝损失评估的过程十分复杂，涉及许多不确定性的影响因素，如何在有限的数据支持下选择合适的数学方法处理各因素间的不确定性成为研究的重点。

国外自 20 世纪 80 年代末开始研究溃坝损失，我国学者自 21 世纪初也开始了相关的研究，但总体来说，国内外的研究仍处于探索阶段，且主要针对人工修筑的水库大坝，河道堰塞和堰塞湖溃决导致的损失更少涉及。目前的溃坝损失研究主要围绕生命损失、经济损失和生态损失等方面开展。总地来说，生命损失与经济损失已有较多的研究成果；由于生态系统的功能与服务的复杂性，还无法较为妥善地区分与量化生态损失，对其研究还较为粗浅。

1.2.5.1　生命损失评估方法

生命损失是指由溃坝产生的洪水冲击、淹没等因素造成的风险人口损失，是大坝溃决所造成的损失中最为严重的后果（周克发，2006）。一旦大坝发生溃决险情，若应急救援部门不能及时有效地采取行动，则会造成大量人口损失，带来社会秩序的紊乱，也容易对政府造成负面影响。因此国内外对于溃坝生命损失评估方法的研究最为广泛和深入。根据数值分析方法的不同，常用的模型主要包括：数理统计模型、模糊数学模型和动态分析模型。

1）数理统计模型

美国是世界上最早开始溃坝生命损失评估方法研究的国家。1988 年，Brown 和 Graham（1988）结合世界各国的历史溃坝数据，利用数理统计对溃坝数据进行回归分析，提出简单的生命损失估算方法（B&M 法）。随后，Graham（1999）、Dekay 和 McClelland（2010）在 B&M 法基础上继续完善评估模型，国内外模型也逐渐考虑淹没区域风险人口、警报时间、溃坝发生时间、天气、救援工作等不同影响因素（McClelland and Bowles，2000；Reiter，2001；周克发，2006），采用不同的数学方法建立了一系列的模型（Peng and Zhang，2012b，2012c；姜振翔等，2014；Huang et al.，2017）。

基于经验统计的数理统计模型操作便捷，计算简单，可快速评估溃坝生命损失范围，但在实际应用中依赖于使用者的风险处置经验，模型主观性较强；且在数理统计模型中，对参数量化的过程没有体现参数间的差异性与不确定性。在历史数据的时效性方面，此类模型多是基于历史统计资料提出的，而随着损失评估研究的深入，影响因素日渐复杂化，影响因素指标体系的评价标准及数据精度是否符合现代模型应用要求也有待研究。

2）模糊数学模型

随着人类活动的日趋频繁，溃坝致灾因子也变得越加复杂，各因子间的不确定性也深刻影响评估结果。为了建立可靠度更高的损失评估模型，众学者引入模糊数学、人工智能等方法（王少伟等，2011；侯保灯，2012；王君和袁永博，2012），建立了一些生命损失评估模型。

模糊数学等模型计算结果的精确度取决于样本数据的均匀性，在已有的样本数据的局限下，模型计算结果在极值处误差较大；若待估样本数据在标准物元范围之外，则计算结果误差较大。另外，模糊数学模型计算精度不仅取决于样本数据的均匀性，也与影响因素的提炼与分析紧密相关，健全的因素指标体系有利于计算待估大坝与标准物元间的拟合度。虽然这些方法都是基于对因素间的不确定性与灰色性的考量，但在实际应用中，很大程度上都是假设各因素间互相独立。

3）动态分析模型

基于数理统计、模糊数学的评估方法提供的是一种静态损失结果，而忽视了生命损失的动态过程，无法考虑风险人口在面临洪水灾害时的撤离行为、避难行为等人的主观行动性。研究人员避难行为与撤离过程，确定在洪水期间被洪水淹没的路段是至关重要的，这样才能确定救援和撤离路线，并及时安排救援人员和物资。

Assaf 等（1997）引入可靠度的概念，利用溃坝洪水数值模拟技术和概率论来估算溃坝生命损失；赵安和王婷君（2013）提出了基于过程机理的生命损失评估模型；王志军和宋文婷（2014）引入可靠度的概念，以溃坝洪水特征为依据对淹没范围进行划分，根据区域受灾的特点研究风险人口的撤离与避难行为；宋明瑞（2016）综合考虑风险人口的撤离行为、溃坝洪水下游演进、避难环境等因素，研究了溃坝生命损失的动态演化过程；赵一梦等（2016）基于生命损失的过程与机理，分析了其他因素在生命损失过程中的作用，建立了警报时间与撤离率、溃坝洪水严重性与避难率的关系曲线。

1.2.5.2　经济损失评估方法

由于溃坝洪水容易造成基础设施损毁、企业停减产、农林牧渔业减产等重大经济损失，国外自 20 世纪 70 年代初期开始研究洪涝灾害造成的经济损失（Hopeman，1973），我国自 80 年代末开始研究洪灾造成的经济损失（郑云鹤，1989）。经济损失一般是指由溃坝洪水造成的可由货币直接计量的各类损失，包括经济产业上的损失、抢险救灾的费用等，主要可分为直接经济损失与间接经济损失（武靖源，1989a，1989b）。直接经济损失的研究由传统的基于主成分分析法和回归分析法等统计方法构建与淹没水深、历时等因素有关的损失率模型，发展到之后的依据模糊数学、灰色关联度等方法进行损失评价，再到 BP 神经网络、混合式模糊神经网络模型等人工智能方法评估经济损失。间接经济损失由于涉及面广，定义划分不统一，界限区分不明确（王宝华等，2007），主要评估方法有直接估算法和折减系数法。目前常用的经济损失评估方法主要包括数理统计模型和模糊数学模型，而研究重点集中于直接经济损失。

1）数理统计模型

经济损失的研究一般通过对受灾地区经济行业的调查，基于受灾地区灾后与灾前经济比值得到损失率值。Das 和 Lee（1988）针对溃坝洪水提出了水深-损失率曲线模型；Ellingwood 等（1993）建立了溃坝损失评估的框架结构，对灾害损失进行分类并建立了洪水损失评估的框架结构，细化了对灾损评估的工作。

众学者也针对研究区域的经济发展情况，提出了适用于溃坝洪水经济损失的评价指标体系，建立了一系列考虑不同影响因素（淹没水深、洪水流速、建筑环境、洪水持续时间等）的溃坝洪水损失预测评价模型（李翔等，1993；施国庆等，1998；康相武等，2006；Penning-Rowsell et al.，2013；McGrath et al.，2015；刘森等，2015）。

基于数理统计的评估方法建立在大量调查的基础上，通过对受灾区经济产业的详细调查，研究各影响因素与损失率之间的关系，但此类方法工作量庞大，成本高昂。

2）模糊数学模型

对溃坝洪水经济损失的评价，目前发展趋势是由传统的统计学定性判断发展为使用模糊数学等方法的半定量评价方法（徐冬梅等，2010；Li et al.，2012）。近年来由于人工智能方法在学习、分类和容错方面表现出较好的能力，在模式识别及趋势分析方面具有显著的效果，因而人工神经网络、遗传算法等人工智能方法逐渐得到青睐（金菊良和魏一鸣，1998；王宝华等，2008）。

在经济损失的评估中，对于间接经济损失的评估还有待进一步的研究，人工神经系统在训练与收敛速度的提升、容错率等方面还有很大的研究空间。目前的成果中多是基于静态损失的研究，但现实中，经济发展是一种动态过程，而且在面临溃坝风险时，政府应急疏散行动及风险人口自发的财物转移行为都对损失评估有着重要影响，所以在经济损失评估方法的研究中可以考虑基于系统动力学等方法研究动态经济损失（周蕾等，2017）。

1.2.5.3　生态损失评估方法

由于溃坝洪水的毁灭性与突发性，溃坝洪水对于河道冲刷和原生环境的破坏都是难以估量的，随着国家对生态文明建设的愈加重视，溃坝生态损失研究的必要性也越来越凸显。

相对于生命损失与经济损失的动态损失过程，生态损失的过程可近似理解为一种静态的过程。生态损失所需研究的内容过于庞杂，评价指标较为抽象、难以量化，指标体系难以建立，且由于溃坝风险的地域性、时变性及社会性等特点（刘来红等，2014），加之以前人们对于生态损失的意识还不够清晰，忽略了生态损失的资料收集，且生态环境具有一定的自我修复能力，所以给溃坝之后的实地调查带来了很大难度。

生态损失评估方法的研究难点在于如何对风险区的影响因子进行分析与提炼，如何量化因子并构建完善的指标体系。近年来，众学者在系统整理溃坝后果的基础上提出了环境影响评价指标体系，并对各评价指标进行评级与量化，初步建立了环境损失评价指标体系，并对溃坝生态损失进行了评价（王仁钟等，2006；何晓燕等，2008；张莹，2010；李奇，2017；李宗坤等，2019；Wu et al.，2019）。

1.3　本书各章节内容设置

快速地评价堰塞体的稳定性、科学地预测堰塞体溃口演化规律和流量过程、准确地模拟堰塞湖溃决洪水演进情况、定量评估洪水灾害损失，对堰塞湖的科学应急处置至关重要。本书针对崩塌型和滑坡型这两类发生频率最高的堰塞湖，重点围绕崩滑堰塞湖全生命周期的孕灾和致灾机理与模拟方法开展研究，介绍作者团队在崩滑堰塞湖致灾风险评估技术与应用方面的研究，主要包括：第1章，绪论；第2章，国内外堰塞湖案例数据库；第3章，堰塞体稳定性快速评价；第4章，堰塞体溃决参数快速预测模型；第5章，堰塞体溃决机理与溃决过程模拟；第6章，泄流槽断面型式对堰塞体溃决过程影响分析；第7章，堰塞湖溃决洪水演进过程模拟；第8章，堰塞湖溃决与河道堰塞损失评估；第9章，堰塞湖致灾预警与风险评估平台应用。另外，附表1给出了本书参数含义的汇总说明，附表2给出了1760个国内外堰塞湖案例的基础数据信息。

2 国内外堰塞湖案例数据库

2.1 数据库案例选择与参数设置

堰塞湖溃决风险评估是一个涉及多学科、多领域的综合研究课题，且堰塞湖个体间差异巨大，这个问题决定了堰塞湖溃决风险评估不能单纯地从机理层面上进行个体的研究，而需要有大量的基础数据做支撑。由于堰塞湖致灾风险评估内容庞杂多样，对数据的要求较高，所以在开展风险评估之前，应建立堰塞湖案例基础资料数据库。

国内外学者为了研究堰塞体的稳定性或溃决参数，建立了一系列包含不同参数的数据库，本章基于前人的统计资料，广泛收集了世界各国具有实测资料的堰塞湖案例（Lee and Duncan，1975；Schuster and Costa，1986；King et al.，1989；Costa and Schuster，1991；Jennings et al.，1993；Mora et al.，1993；Plaza-Nieto and Zevalloous，1994；柴贺军等，1995；Walder and O'Connor，1997；Korup，2002；Casagli et al.，2003；Ermini and Casagli，2003；Hancox et al.，2005；严容，2006；Dunning et al.，2006；Becker et al.，2007；童煜翔，2008；Nash et al.，2008；Cui et al.，2009，2011；O'Connor and Beebee，2009；Xu et al.，2009；Alexander，2010；Dong et al.，2011b；Stephen，2011；Peng and Zhang，2012a；Iqbal et al.，2013；石振明等，2014；Safran et al.，2015；Stefanelli et al.，2015；刘宁等，2016；Zhang et al.，2016，2019；王琳，2017；蒋明子，2018；Shen et al.，2020a），建立了国内外堰塞湖案例数据库。

为了满足堰塞湖致灾风险评估的需求，数据库主要收集堰塞湖所在国家/地区、名称、形成时间和是否稳定等基本参数，堰塞体和上游堰塞湖的地貌学指标，以及堰塞体的物质组成。对于地貌学参数，主要收集堰塞体的长、宽、高和体积，上游堰塞湖的长度、体积和流域面积，以及被阻塞河道的坡度。具体的 17 个指标如下：国家/地区、堰塞体名称、形成时间、稳定性、堰塞体高度、堰塞体长度、堰塞体宽度、堰塞体体积、堰塞湖体积、堰塞湖长度、堰塞湖流域面积、被阻塞河道坡度、溃口峰值流量、溃口最终顶宽、溃口最终底宽、溃口最终深度、堰塞体物质组成。

堰塞体及堰塞湖地貌学指标、溃决参数和物质组成信息统计见表 2.1。

表 2.1 数据库中地貌学指标、溃决参数和物质组成信息综合统计

参数	堰塞体地貌学和物质组成指标					堰塞湖地貌学指标			堰塞湖溃决参数			
	高度/m	长度/m	宽度/m	体积/10⁶m³	物质组成	体积/10⁶m³	流域面积/km²	被阻塞河道坡度/(°)	溃口峰值流量/(m³/s)	溃口最终顶宽/m	溃口最终底宽/m	溃口最终深度/m
案例数	828	569	593	579	677	387	423	296	97	16	21	74
最大值	800	7000	5000	10000	—	40000	173484	24.9	260000	310	128	302
最小值	1	5	5	0.0012	—	0.00014	0.2	0.1	80	10	2.9	2
平均值	51.15	325.88	554.79	81.61	—	390.68	1569.59	3.28	14528.62	106.91	27.17	45.38
中位数	25	160	330	1.2	—	3.65	47.7	2	2000	90	15	26
方差	77.20	579.51	657.88	548.72	—	2562.30	12566.94	3.68	38930.55	90.28	31.51	54.40
标准差	8.79	24.07	25.65	23.42	—	50.62	112.10	1.92	197.31	9.50	5.61	7.38
偏态	4.13	7.24	2.91	13.16	—	11.45	12.54	2.79	4.68	0.95	2.18	2.28
正态	24.85	71.07	10.44	210.41	—	157.77	166.68	9.67	24.40	0.08	4.85	6.66

2.2 数据库结构与功能

2.2.1 数据库主要结构

国内外堰塞湖案例数据库可用于数据采集和数据检索，并在输出时根据不同的用户需求，设置了服务端和客户端（图2.1）。

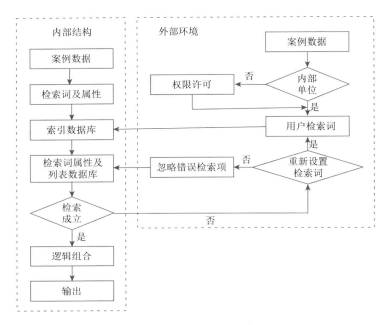

图 2.1 数据库基本结构

2.2.1.1 数据采集模块

堰塞湖案例数据库平台利用 SQL Server 建立，广泛收集了世界各国具有实测资料的堰塞湖案例（共计 1760 个）。设计了数据库表结构和基于服务器客户端的软件架构，在基于视窗的可视化操作界面下，构建服务端与客户端双端接口，可以为其他使用人员提供搜索检阅条件。

2.2.1.2 数据采集模块

服务端检索项可以对堰塞体名称等 17 个关键词进行检索，同时，数据库可以根据个人需要自动统计包括堰塞体高度、堰塞湖体积等 6 个检索项的统计学特征，结果可以通过数据表格、饼图、条形图、折线图等形式呈现。另外，可以对数据库中的数据进行补充、校验、更正，充分保证数据库的时效性、准确性、成长性。

2.2.2 数据库主要功能

2.2.2.1 服务端功能

服务端可对堰塞湖案例数据进行导入、导出、检索、修改、添加、删除、重复数据搜索等操作，对检索结果进行数据导出和统计数据的图表展示。该数据库为堰塞湖信息的存储、查询、分析提供了高效便捷的手段。充分保证了数据库的发展、易操作与安全高效的特性。

2.2.2.2 客户端功能

数据库客户端用于外部的访问与检阅，外单位可通过服务器连入数据库。客户端可提供数据检索、资料统计等服务，在此提供的服务与服务端相同。

2.3 数据库案例特性

2.3.1 堰塞湖案例分布

目前，数据库中的国内外堰塞湖案例共计 1760 个（各堰塞湖的详细信息见附表 2）。表 2.2 给出了数据库中的堰塞湖案例基本信息。其中，中国案例 851 个，占比 48.3%；其次为意大利 362 个，占比 20.6%。该数据库收集的案例也包括近年来形成的堰塞湖，如我国牛栏江的红石岩堰塞湖（2014 年形成），意大利的 Casola Val Senio 堰塞湖（2015 年形成），以及我国金沙江白格堰塞湖（2018 年形成）等。

表 2.2 堰塞湖案例基本信息

国别	案例数/个	占比/%	不同状态堰塞湖案例数/个			
			不稳定型	稳定型	未形成型	未知型
中国	851	48.3	258	7	0	586
意大利	362	20.6	109	113	97	43
日本	127	7.2	67	20	0	40
美国	106	6.0	53	22	0	31
加拿大	42	2.4	21	0	0	21
新西兰	39	2.2	18	5	0	16

国别	案例数/个	占比/%	不同状态堰塞湖案例数/个			
			不稳定型	稳定型	未形成型	未知型
瑞士	23	1.3	7	4	0	12
中东地区	25	1.4	9	16	0	0
印度	17	1.0	11	1	0	5
法国	17	1.0	5	2	0	10
其他国家	151	8.6	87	27	0	37
合计	1760	100.0	645	217	97	801

2.3.2　堰塞湖状态分类

按照数据库中堰塞湖的状态,可将其分为 4 类:不稳定型、稳定型、未形成型和未知型(Stefanelli et al.,2015,2016;Shan et al.,2020),在本章建立的数据库中,不稳定型堰塞湖案例为 645 个,稳定型堰塞湖案例为 217 个,未形成型堰塞湖案例 97 个,未知型堰塞湖案例 801 个(表 2.2)。4 类堰塞湖的定义如下(Stefanelli et al.,2015,2016;Shan et al.,2020)。

(1)不稳定型堰塞湖:滑坡体完全堵塞河道后,在堰塞体上游形成堰塞湖,由于上游持续不断地来水,堰塞湖水位不断上涨。在地震、暴雨、漫顶侵蚀及渗透等外力作用下导致堰塞湖发生溃决(寿命一般从数分钟到数十年不等),通常伴随着大流量、高流速的溃决洪水,严重影响下游人民生命财产安全;对于人为进行干预的堰塞湖,因在行业专家的决策下,认为此类堰塞湖的稳定性较差、危险性较高,堰塞湖的存在将会对下游带来严重的威胁,因此此类也被视为不稳定型堰塞湖。

(2)稳定型堰塞湖:滑坡体完全堵塞河道形成堰塞湖,通过堰塞体自身的渗流或其他泄流通道的泄水,使堰塞湖的来水与泄水达到平衡状态,堰塞湖能够保持稳定,不发生溃决破坏。

(3)未形成型堰塞湖:滑坡体进入河道但未完全堵塞河道,或者对于滑入河道的堰塞体,由于滑坡体方量小、颗粒松散,在滑入河道的同时被水流冲散,上游并未形成堰塞湖。

(4)未知型堰塞湖:滑坡形成的堰塞湖目前的状况尚不清楚。

2.3.3　堰塞体物质组成

不同于人工填筑的土石坝,堰塞体材料存在着宽级配的特点,国外学者很早就依据堰塞体材料的颗粒级配特征，对其进行了分类。Varnes（1958）首先对堰塞体材料进行了分类，将其分为岩石和土体两类；土体根据粒径大于 2 mm 的土颗粒含量进一步分为碎屑和土，碎屑和土分别由粗粒土和细粒土组成。后续的研究沿用了这个分类标准（Varnes，1978；Cruden and Varnes，1996）。Hungr（2014）在岩石、碎屑、土这三大指标描述体系的基础上，提出了新的岩土材料分类方法，对材料的分类进一步细化为采用简化的特征描述或定量的物理力学性能指标表征。然而，三大指标的分类方法仍被广泛使用（Costa and Schuster，1991；Stefanelli et al.，2015；Shen et al.，2020a）。我国学者根据堰塞体堆积物的物质组成，将滑坡类型分为岩质和土质滑坡两种（Cui et al.，2009）。我国水利行业标准《堰塞湖风险等级划分标准》（SL 450—2009）将堰塞体的物质组成分为 4 类：以土质为主、土含大块石、大块石含土、以大块石为主。

总体来说，物质组成对于堰塞体的稳定特性具有较大的影响，也直接影响了堰塞体的危险性（刘宁等，2013）。以土质为主的堰塞体一般被划分为高危险堰塞体，其溃决损失级别也被视为极严重的。对于堰塞体材料参数，主要收集到的是堰塞体的颗粒组成和岩性，但主要是以块石为主、碎石土、块石夹土等定性描述方法，以定量描述物质组成的案例较少。

3 堰塞体稳定性快速评价

3.1 堰塞体稳定性快速定量评价的意义

堰塞体一般由地震或降雨等原因导致山体滑坡或崩塌堵塞河道而形成，一旦发生溃决将对下游人民生命财产安全带来巨大的威胁。美国地质调查局 Costa 和 Schuster（1988）对全球 73 座堰塞湖的寿命统计发现，85%的堰塞湖寿命小于 1 年，溃决模式主要是水流漫顶冲刷、渗透破坏或边坡失稳，其中 89%为水流漫顶冲刷溃决，10%为渗透破坏溃决。我国学者 Peng 和 Zhang（2012a）、石振明等（2014）、Shen 等（2020a）也分别通过对全球 204 座、276 座和 352 座堰塞湖的寿命统计得出了类似结论。堰塞湖的溃决虽然会带来巨大的灾难，但有的堰塞体形成后结构稳定，使得堰塞湖得以保留，至今仍未溃决，如位于塔吉克斯坦的因 1911 年地震形成的 Usoi 堰塞湖，堰塞体体积约为 2200 万 m^3，高度约为 600 m，堰塞湖库容约为 170 亿 m^3，是目前世界上现存库容最大的堰塞湖，其他的典型案例如我国重庆小南海堰塞湖和瑞士 Klontalersee 堰塞湖，以及经过综合治理开发后改建为水电站的叠溪海子堰塞湖、塔吉克斯坦 Sarez 堰塞湖、新西兰 Waikaremoana 堰塞湖和云南红石岩堰塞湖（刘宁等，2016）。

由于堰塞体一般形成于高山峡谷地区，人迹罕至，且可能会在较短的时间内天然溃决，因此，快速合理评估堰塞体的稳定性对于应急抢险方案的制定和防灾减灾工作具有重要的指导意义。我国现行的水利行业标准《堰塞湖风险等级划分标准》（SL 450—2009）根据堰塞湖规模、堰塞体物质组成和堰塞体高度，将堰塞体危险级别划分为极高危险、高危险、中危险和低危险（表 3.1）。但该标准对堰塞危险性的界定以定性描述为主，在实际应急抢险时可操作性较差，因此亟须提出可量化的堰塞体稳定性评价方法。

表 3.1 堰塞体危险级别与分级指标

堰塞体危险级别	分级指标		
	堰塞湖规模	堰塞体物质组成	堰塞体高度/m
极高危险	大型	以土质为主	≥70
高危险	中型	土含大块石	30～70
中危险	小（1）型	大块石含土	15～30
低危险	小（2）型	以大块石为主	<15

3.2　堰塞体稳定性快速评价方法研究现状

为了对堰塞体的稳定性进行快速评判，国内外学者大多基于收集获取的已溃和未溃堰塞体资料，采用统计学的方法提出数学表达式和判别准则。随着堰塞体数据库的扩充和调查资料的增加，评价方法数学表达式的输入参数也逐渐增加，考虑的影响因素也更加全面。最早提出且目前仍广泛应用的是意大利学者 Casagli 和 Ermini（1999）基于亚平宁北部山区的 70 个堰塞体案例提出堆积体指标法（BI），该方法采用堰塞体体积和堰塞湖流域面积两个参数对堰塞体的稳定性进行评价。其后，各国学者基于不同的堰塞体数据库又提出了一系列的堰塞体稳定性快速评估方法。Ermini 和 Casagli（2003）基于 84 个堰塞体案例，在堆积体指标法的基础上引入堰塞体高度这一参数，提出了无量纲堆积体指标法（DBI）。新西兰学者 Korup（2004）基于 232 个新西兰堰塞体案例，提出了可考虑不同输入参数的 I_s、I_a 和 I_r 三个指标来判断堰塞体稳定性的方法，其中 I_s 指标考虑堰塞体的高度和堰塞湖的体积，I_a 指标考虑堰塞体高度和堰塞湖流域面积，I_r 指标考虑堰塞体高度和河道阻塞点对上游的影响距离。我国学者 Dong 等（2011a）基于日本 43 个堰塞体案例，采用逻辑回归算法，提出了可考虑不同输入参数的 L_s(PHWL)、L_s(AHWL) 和 L_s(AHV) 三个指标来判断堰塞体稳定性的方法，其中 L_s(PHWL) 指标考虑堰塞湖上游来流峰值流量，堰塞体高度、宽度和长度；L_s(AHWL) 指标考虑堰塞湖流域面积、堰塞体高度、宽度和长度；L_s(AHV) 指标考虑堰塞湖流域面积、堰塞体高度和体积。意大利学者 Stefanelli 等（2016）基于意大利 300 个堰塞体案例，提出了以堰塞体体积、堰塞湖流域面积及被堵塞河道比降为输入参数的水力形态学指标（HSDI）来判断堰塞体稳定性的方法。表 3.2 给出了各种常用堰塞体稳定性快速评价方法的数学表达式和判别准则（Shan et al.，2020）。

表 3.2　常用堰塞体稳定性快速评价方法简介

序号	作者	年份	案例数	数学表达式	判别准则	
1	Casagli 和 Ermini	1999	70	$BI = \lg\left(\dfrac{V_d}{A_b}\right)$	$BI > 5$ $4 \leqslant BI \leqslant 5$ $3 < BI < 4$	稳定区 不确定区 不稳定区
2	Ermini 和 Casagli	2003	84	$DBI = \lg\left(\dfrac{A_b \times H_d}{V_d{'}}\right)$	$DBI < 2.75$ $2.75 \leqslant DBI \leqslant 3.08$ $DBI > 3.08$	稳定区 不确定区 不稳定区
3	Korup	2004	83	$I_s = \lg\left(\dfrac{H_d{'}^3}{V_l{'}}\right)$	$I_s > 0$ $-3 \leqslant I_s \leqslant 0$ $I_s < -3$	稳定区 不确定区 不稳定区

序号	作者	年份	案例数	数学表达式	判别准则	
3	Korup	2004	110	$I_a = \lg\left(\dfrac{H_d^2}{A_b}\right)$	$I_a > 3$ $I_a \leq 3$	稳定区 不稳定区
			108	$I_r = \lg\left(\dfrac{H_d}{H_r}\right)$	$I_r > -1$ $I_r \leq -1$	稳定区 不稳定区
4	Dong 等	2011a	43	$L_s(\text{PHWL}) = -2.55\lg P - 3.64\lg H_d$ $+2.99\lg W_d + 2.73\lg L_d - 3.87$	$L_s(\text{PHWL}) > 0$ $L_s(\text{PHWL}) \leq 0$	稳定区 不稳定区
			43	$L_s(\text{AHWL}) = -2.22\lg A_b' - 3.76\lg H_d$ $+3.17\lg W_d + 2.85\lg L_d + 5.93$	$L_s(\text{AHWL}) > 0$ $L_s(\text{AHWL}) \leq 0$	稳定区 不稳定区
			84	$L_s(\text{AHV}) = -4.48\lg A_b' - 9.31\lg H_d$ $+6.61\lg V_d' + 6.39$	$L_s(\text{AHV}) > 0$ $L_s(\text{AHV}) \leq 0$	稳定区 不稳定区
5	Stefanelli 等	2016	300	$\text{HDSI} = \lg\left(\dfrac{V_d}{A_b \times S_s}\right)$	$\text{HDSI} > 7.44$ $5.74 \leq \text{HDSI} \leq 7.44$ $\text{HDSI} < 5.74$	稳定区 不确定区 不稳定区

注：BI 为堆积体指标；DBI 为无量纲堆积体指标；I_s 为 backstow 指标；I_a 为 basin 指标；I_r 为 relief 指标；$L_s(\text{PHWL})$、$L_s(\text{AHWL})$、$L_s(\text{AHV})$ 为逻辑回归指标；HDSI 为水力形态学指标；V_d 为堰塞体体积（m^3）；A_b 为堰塞湖流域面积（km^2）；H_d 为堰塞体高度（m）；V_d' 为堰塞体体积（$10^6 m^3$）；H_d' 为堰塞体高度（$10^2 m$）；V_l' 为堰塞湖体积（$10^6 m^3$）；H_r 为河道阻塞点对上游的影响距离（m）；P 为堰塞湖上游来流峰值流量（m^3/s）；W_d 为堰塞体宽度（m）；L_d 为堰塞体长度（m）；A_b' 为堰塞湖流域面积（m^2）；S_s 为被阻塞河道坡度（°）。

通过表 3.2 的对比分析可以发现，目前国内外学者大多基于堰塞体的地貌学指标和堰塞湖的水动力条件来对堰塞体的稳定性进行快速评价。但堰塞体的形成原因各异，导致堰塞体的物质组成（颗粒级配特征）存在巨大差异，如主要由大块石组成的堰塞体较土质堰塞体具有更好的稳定性。而目前缺乏能合理考虑物质组成的堰塞体稳定性快速评价方法。本章基于前人收集的已溃与未溃堰塞体案例，并广泛收集拥有堰塞体物质组成的案例，充分考虑堰塞体的形态特征、物质组成及堰塞湖的水动力条件，建立了一个新的堰塞体稳定性快速评价方法，具体技术细节如下。

3.3　新的堰塞体稳定性快速评价方法与验证

3.3.1　评价方法参数选取原则

一般而言，堰塞体体积是影响堰塞体稳定性的重要因素，自重大的堰塞体稳定性往往较好；堰塞体的高度与宽度（顺河向距离）的比值决定了堰塞体可能的最大水力梯度；流域面积决定了堰塞湖的来流量，是导致堰塞体发生漫顶溃决的重要因素；堰塞体的颗粒组成对堰塞体的稳定性有着重要的影响，通常由堆石组成的堰塞体稳定性高于土质堰塞体，因为颗粒的组成情况决定了堰塞体材料抵抗水流冲蚀的能力。

为了综合考虑堰塞体形态特征、颗粒组成和堰塞湖的水动力条件对其稳定性的影响，本章基于构建的堰塞湖数据库，选取其中有翔实数据的已溃与未溃堰塞体案例，对于未形成和信息不详的堰塞体不予考虑。选取堰塞体高度（H_d）、堰塞体宽度即顺河向距离（W_d）和堰塞体体积（V_d）表征堰塞体的形态特征，选取堰塞湖流域面积（A_b）表征堰塞湖水动力特征；针对堰塞体的颗粒组成，又分为精细化评价方法和简化评价方法，其中精细化评价方法可以考虑堰塞体材料的级配，简化评价方法主要针对大多数只有定性描述堰塞体颗粒组成的案例（如大块石、块石、粗颗粒或细颗粒等）。采用逻辑回归的计算方法，建立了新的堰塞体稳定性快速评价方法，建立精细化评价方法和简化评价方法的案例分别见表 3.3 和表 3.4。

3.3.2 逻辑回归分析模型

逻辑回归分析方法主要用于因变量为分类变量的回归分析。与多元线性回归不同，其自变量可以是连续型变量，也可以是离散型变量，可以不用满足正态分布规律。

在本章的研究中，预测模型因变量为堰塞体的稳定性（稳定型堰塞体和不稳定型堰塞体）。因变量稳定性 Y 是一个二分类变量，其取值 $Y = 0$、1 分别表示为不稳定型堰塞体和稳定型堰塞体。自变量分别为 X_1、X_2、$\cdots$、X_n，在本章研究中，影响堰塞体稳定性的因素分别为堰塞体的高宽比 $I = H_d/W$、堰塞体体积 V_d、堰塞湖流域面积 A_b 和堰塞体材料特征。其逻辑回归模型可表示为

$$L_s = a_0 + a_1 X_1 + a_2 X_2 + \cdots + a_n X_n = \ln\left(\frac{P_s}{1 - P_s}\right) \tag{3.1}$$

$$P_s = \frac{1}{1 + e^{-L_s}} \tag{3.2}$$

式中，a_0 为回归常数；a_n 为回归系数（$n = 1, 2, \cdots, i$）；P_s 为堰塞体稳定概率。

因此，其失稳概率 P_f 可表示为

$$P_f = 1 - P_s = \frac{e^{-L_s}}{1 + e^{-L_s}} \tag{3.3}$$

表 3.3 27 个具有粒径分配曲线的意大利堰塞体案例(Casagli et al., 2003)

序号	名称	形成年份	高度/m	长度/m	宽度/m	堰塞体体积/10⁶m³	堰塞湖流域面积/km²	d_5/mm	d_{10}/mm	d_{16}/mm	d_{30}/mm	d_{50}/mm	d_{60}/mm	d_{84}/mm	d_{90}/mm	d_{95}/mm	稳定性
1	Boccassuolo	1707	30	175	700	3.6	60.8	0.13	0.17	0.21	2.3	31	100	2330	2450	2620	稳定
2	Boesimo	1690	40	150	300	1.5	4.7	0.29	0.33	0.39	0.48	0.7	1.25	23	125	265	稳定
3	Bombiana	—	25	250	700	4.375	260	0.47	0.54	0.61	20.7	95	149	336	401	435	不稳定
4	Campiano	1772	35	150	750	3.5	15.5	0.8	0.105	1.4	9.5	152	302	900	1550	1690	稳定
5	Castel dell'Alpi	1951	45	200	460	4	21.8	0.0005	0.003	0.02	0.2	14	90	455	730	810	不稳定
6	Cerredolo	1725	35	250	500	4.375	341	0.06	0.09	0.13	1.7	32.5	132	525	730	905	不稳定
7	Comineto	1980	15	180	450	0.5	17.6	0.05	0.063	0.12	0.71	8	29.5	140	358	520	不稳定
8	Corniglio	1770	25	250	500	3.125	76.9	0.0007	0.001	0	0.12	1	2	605	1096	1224	不稳定
9	Farfareta	—	15	70	200	0.28	14.8	0.23	0.72	1	1.2	10.1	30	82	175	415	稳定
10	Frassinoro	1598	25	250	1000	6.25	75.2	0.18	0.21	0.25	2	12	27.5	122	151	178	稳定
11	Groppo	1786	80	150	875	10.5	147.3	0.1	1.2	2.3	9.7	22.5	32.8	372	406	436	不稳定
12	Lama Mocogno	1879	30	300	800	8	218.7	0.048	0.053	0.06	8.3	60	290	1120	1210	1300	稳定
13	Lizzano	1814	15	225	500	2	83	0.42	0.89	1.7	21.5	80	132	150	310	390	不稳定
14	Lotta	1590	40	300	1050	12.6	76.7	0.51	0.54	0.59	0.68	19	60	370	405	445	稳定
15	Monteforca	1895	15	200	1000	3	33.6	0.05	0.625	0.14	3	74	137	660	1060	1130	不稳定
16	Popiglio (La Lima)	1933	30	200	275	1.8	107.8	0.45	1.47	1.85	2.65	155	210	2090	3400	3650	稳定
17	Quarto di Savio	1812	70	400	600	16	214.8	0.2	0.22	0.27	0.5	53	94	225	425	530	不稳定

续表

序号	名称	形成年份	高度/m	长度/m	宽度/m	堰塞体体积/10⁶m³	堰塞湖流域面积/km²	d_5/mm	d_{10}/mm	d_{16}/mm	d_{30}/mm	d_{50}/mm	d_{60}/mm	d_{84}/mm	d_{90}/mm	d_{95}/mm	稳定性
18	Roncovetro	—	10	140	180	0.15	87.4	0.046	0.05	0.06	0.08	0.17	0.9	115	180	221	不稳定
19	S. Piero in Bagno (1)	1855	15	280	800	1	81.6	0.2	0.22	0.27	0.5	53	94	225	425	530	不稳定
20	S. Piero in Bagno (2)	1856	20	50	350	0.2625	81.6	0.046	0.05	0.06	0.08	0.17	0.9	115	180	221	不稳定
21	S. Benedetto in Alpe (1)	—	15	100	200	0.4	32.4	0.05	0.058	0.09	0.6	3.2	7	362	1448	1620	稳定
22	S. Benedetto in Alpe (2)	—	15	100	200	0.4	32.4	0.31	0.4	0.48	0.74	1.7	9.6	202	520	605	稳定
23	Serelli	1992	12	80	50	0.05	2.8	0.42	0.49	0.55	1	22.5	80	335	445	1030	不稳定
24	Signatico	—	30	450	620	8.37	151.5	0.001	0.003	0.01	2	16.8	45.2	408	512	621	不稳定
25	Tollara (1)	1886	25	200	800	7	90.8	0.058	0.13	1.65	8.8	41	70	366	1070	1220	稳定
26	Tollara (2)	1895	15	75	250	0.18	9.8	0.09	0.3	0.57	1.5	22	64	232	275	300	不稳定
27	Tramarecchia	1945	20	200	450	1.5	40.8	0.55	0.9	1.4	38	112	255	410	460	515	稳定

注：d_5、d_{10}、d_{16}、d_{30}、d_{50}、d_{60}、d_{84}、d_{90}和d_{95}分别为小于某粒径的质量分数为5%、10%、16%、30%、50%、60%、84%、90%和95%所对应的颗粒粒径。

表 3.4　115 个具有堰塞体材料料组成的案例（Casagli et al., 2003; Stefanelli et al., 2015, 2016; 刘宁等, 2016; Zhang et al., 2016）

序号	国家	名称	形成时间	高度/m	长度/m	宽度/m	堰塞体体积/10⁶ m³	堰塞湖流域面积/km²	被阻塞河道坡度/(°)	稳定性	材料组成
1	加拿大	Yamaska River	1945	3.4	67	330	0.04	27	—	不稳定	以细粒土为主
2	意大利	Acquaviva	—	12	160	180	0.15	19	1.2	不稳定	以粗粒土为主
3	意大利	Antelao	1814	7	350	550	0.6	294.7	1.2	稳定	以块石为主
4	意大利	Antermoia	史前	10	100	190	0.075	4.2	2.6	稳定	以块石为主
5	意大利	Arsicciola	1728	20	175	250	0.3	17.3	3.1	不稳定	块石夹土
6	意大利	Becca de Luseney	1952	10	300	300	0.405	84	16.7	不稳定	以粗粒土为主
7	意大利	Benedello	1979	10	420	340	0.5	18	1.7	稳定	块石夹土
8	意大利	Birbo (Riganati Stream)	1783	30	150	350	0.75	5	6.6	不稳定	以粗粒土、细粒土为主
9	意大利	Boccassuolo	1707	30	175	700	3.6	60.8	1.7	稳定	块石夹土
10	意大利	Boesimo（2）	1690	40	150	300	1.5	4.7	3.6	稳定	以块石为主
11	意大利	Bombiana	—	25	250	700	4.375	260	0.4	不稳定	以粗粒土、细粒土为主
12	意大利	Bormio	史前	40	1100	1170	20	136.9	1	稳定	以块石为主
13	意大利	Boschi di Valoria	2001	4	190	340	0.15	77.6	1.7	稳定	以细粒土为主
14	意大利	Cà di Rico	2005	5	95	100	0.025	2.8	2.7	稳定	以细粒土为主
15	意大利	Camorone	2002	20	110	230	0.5	32	1.5	不稳定	以粗粒土、块石为主
16	意大利	Campiano	1772	35	150	750	3.5	15.5	1.2	稳定	以块石为主
17	意大利	Campogalli	1898	15	150	200	0.4	15.3	3.5	稳定	以块石为主
18	意大利	Camporella	1792	20	350	250	0.9	79	1.9	稳定	以细粒土为主
19	意大利	Caselle	1952	8	110	320	0.2	23.3	0.6	不稳定	以粗粒土为主
20	意大利	Casola Val Senio	2015	10	70	150	0.055	126.8	0.6	不稳定	以块石为主

续表

序号	国家	名称	形成时间	高度/m	长度/m	宽度/m	堰塞体体积/10⁶m³	堰塞湖流域面积/km²	被阻塞河道坡度/(°)	稳定性	材料组成
21	意大利	Castello di Serravalle	1279	10	180	230	0.2	54	2.6	不稳定	以粗粒土为主
22	意大利	Cavallerizzo	2005	9	70	600	0.192	3	8.4	不稳定	块石夹土
23	意大利	Cavallico	—	20	150	850	2.5	2.7	6.4	稳定	以粗粒土为主
24	意大利	Cerredolo	1725	35	250	500	4.375	341	0.4	不稳定	块石夹土
25	意大利	Chiotti Sant'Anna	1966	20	650	850	5	14.6	9.5	稳定	以粗粒土、块石为主
26	意大利	Cima Dosdé	史前	30	525	1100	7	8.5	3.3	稳定	以块石为主
27	意大利	Cimego	—	60	470	450	4	255	0.8	稳定	以粗粒土、块石为主
28	意大利	Cimitero di Ragusa（1）	—	35.5	75	575	1.725	17.3	5.3	稳定	以粗粒土、块石为主
29	意大利	Comineto	1980	15	180	450	0.5	17.6	3.4	不稳定	以粗粒土为主
30	意大利	Contr. Billona	—	26	225	450	1.316	53	0.3	稳定	以块石为主
31	意大利	Contr. Ufra	—	28	125	325	0.569	18.2	1.1	稳定	以块石为主
32	意大利	Corella	1992	6	50	200	0.06	4.8	3.5	稳定	以粗粒土为主
33	意大利	Cormiglio	1770	25	250	500	3.125	76.9	1.4	不稳定	以粗粒土为主
34	意大利	Costa San Nicola	1693	50	125	125	0.391	89.9	1.2	稳定	以块石为主
35	意大利	Covatta	1996	5	200	400	0.2	606	0.3	不稳定	以细粒土为主
36	意大利	Cozzo Pirato Grande	—	57	175	325	1.621	44	1.4	稳定	以块石为主
37	意大利	Crespino	中世纪	15	200	350	1	22	1	稳定	以块石为主
38	意大利	Draga	2010	10	550	350	1	4	3.8	不稳定	以细粒土为主
39	意大利	Fadalto	史前	100	730	2400	120	187.3	1.1	稳定	块石夹土
40	意大利	Farfareta	—	15	70	200	0.28	14.8	2.7	稳定	以块石为主
41	意大利	Fenestrelle	史前	40	700	1200	30	124	1.1	稳定	块石夹土

续表

序号	国家	名称	形成时间	高度/m	长度/m	宽度/m	堰塞体体积/10⁶m³	堰塞湖流域面积/km²	被阻塞河道坡度/(°)	稳定性	材料组成
42	意大利	Forni di Sotto	公元前8000年	80	1100	1000	20	131.8	0.8	不稳定	以粗粒土、块石为主
43	意大利	Fosso Falterona	1960	20	100	200	0.4	2.1	10	稳定	以粗粒土为主
44	意大利	Frassinoro	1598	25	250	1000	6.25	75.2	1.7	稳定	以粗粒土、细粒土为主
45	意大利	Gamberara	1899	15	150	312	0.93	22.1	2.2	稳定	以块石为主
46	意大利	Ghigo	史前	30	700	400	6	36.9	1.2	稳定	以粗粒土为主
47	意大利	Groppo	1786	80	150	875	10.5	147.3	1.2	不稳定	块石夹土
48	意大利	Kummersee	1401	50	300	600	6	85	1.1	不稳定	块石夹土
49	意大利	La Marogna	1117	20	550	650	7	91	0.6	稳定	以粗粒土为主
50	意大利	Laghi	史前	10	620	450	1	20.6	1.9	稳定	以粗粒土为主
51	意大利	Lago Costantino	1972	100	220	530	6	41	3.4	稳定	以粗粒土、细粒土为主
52	意大利	Lago Nero	史前	15	250	350	1.3	0.5	9	稳定	以块石为主
53	意大利	Le Casse	史前	30	480	500	3	120.3	1.2	稳定	以块石为主
54	意大利	Loppio	史前	40	800	450	4	14	—	稳定	以粗粒土为主
55	意大利	Monte Avi	史前	20	650	700	4	2435.1	0.3	稳定	块石夹土
56	意大利	Monteforca	1895	15	200	1000	3	33.6	2	不稳定	以粗粒土、块石为主
57	意大利	Montelago	公元前3000年	15	280	310	0.7	2	6.5	稳定	·块石夹土
58	意大利	Moscardo	1829	5	620	950	2.5	57.7	0.2	不稳定	以粗粒土为主
59	意大利	Noasca	史前	40	350	800	5	116.8	6.8	稳定	以块石为主
60	意大利	Noto Antica	—	60	125	475	1.781	0.7	4.3	稳定	以块石为主

续表

序号	国家	名称	形成时间	高度/m	长度/m	宽度/m	堰塞体体积/10⁶m³	堰塞湖流域面积/km²	被阻塞河道坡度/(°)	稳定性	材料组成
61	意大利	Novale	史前	60	1100	800	23.76	113.2	0.6	稳定	以粗粒土、块石为主
62	意大利	Ossola（1）	1977	15	180	210	0.3	42	1.1	不稳定	以粗粒土为主
63	意大利	Ossola（2）	1977	10	85	115	0.09	42	1.1	不稳定	以粗粒土为主
64	意大利	P.ve S.Stefano	1855	25	400	450	4.5	106.9	0.9	不稳定	块石夹土
65	意大利	Palagione	—	10	100	270	0.15	11	1.2	不稳定	以细粒土为主
66	意大利	Pertusio	1665	10	400	600	1	97	3.1	不稳定	以粗粒土为主
67	意大利	Pian de' Romiti	—	20	160	150	0.6	13.2	0.5	稳定	以块石为主
68	意大利	Piano degli Angeli（1）	—	80	225	675	6.075	9.2	2.8	稳定	以块石为主
69	意大利	Piazzette-Usseglio	史前	40	1000	1100	18	93.3	1	稳定	以块石为主
70	意大利	Piuro	—	7	520	800	1.5	222.8	3.6	不稳定	以粗粒土、块石为主
71	意大利	Ponsin	史前	20	550	500	2	9.6	1.7	稳定	以粗粒土、块石为主
72	意大利	Popiglio（La Lima）	1933	30	200	275	1.8	107.8	1.1	稳定	以粗粒土为主
73	意大利	Portella Colla（2）	1931	20	150	320	0.48	23.3	3.5	不稳定	块石夹土
74	意大利	Prà	史前	20	550	850	4	17.7	1.2	稳定	块石夹土
75	意大利	Prali	史前	30	400	700	7	47.7	1.2	稳定	以粗粒土为主
76	意大利	Rasciesa	史前	100	700	620	15	156.8	2.3	稳定	块石夹土
77	意大利	Ridanna	史前	35	570	1400	10	95.9	1.2	稳定	以粗粒土、块石为主
78	意大利	Rio Brusago	1882	5	270	1500	1	795.9	6.9	不稳定	以粗粒土为主
79	意大利	Roccalbegna	2014	10	170	110	0.075	9	10.2	不稳定	以细粒土为主
80	意大利	Roncovetro	—	10	140	180	0.15	87.4	3.4	不稳定	以粗粒土为主
81	意大利	S. Cristina（Lago Stream）	1783	50	450	850	10	21	3	不稳定	以粗粒土为主

续表

序号	国家	名称	形成时间	高度/m	长度/m	宽度/m	堰塞体体积/10⁶ m³	堰塞湖流域面积/km²	被阻塞河道坡度/(°)	稳定性	材料组成
82	意大利	S. Giacomo	867	8	550	900	1.5	130.2	2.1	不稳定	以粗粒土为主
83	意大利	S. Giovanni	1958	10	150	600	0.4	314.7	1.4	不稳定	块石夹土
84	意大利	S. Martino di Castrozza	史前	30	260	900	3.5	7.1	6.6	稳定	以块石为主
85	意大利	S.Benedetto in Alpe	—	15	100	200	0.4	32.4	1.6	稳定	以块石为主
86	意大利	Salto	—	10	240	200	0.24	1.3	3.6	稳定	块石夹土
87	意大利	Serre delle Forche	1980	20	450	500	2.355	715	0.2	稳定	以粗粒土、细粒土为主
88	意大利	Serre la Voute	公元前7500年	45	600	1000	20	559.4	0.9	稳定	块石夹土
89	意大利	Settefrati	—	8	75	150	0.06	2	17.2	稳定	块石夹土
90	意大利	Signatico	—	30	450	620	8.37	151.5	0.7	不稳定	以粗粒土为主
91	意大利	Sorbano	罗马时期	20	250	410	2.6	309.6	1.1	稳定	以块石为主
92	意大利	Sturaia di Galiga	1898	15	150	160	0.36	8.5	2.5	稳定	以粗粒土为主
93	意大利	Succisa	2009	5	75	120	0.25	19.3	1.9	不稳定	块石夹土
94	意大利	Sutrio	史前	50	1050	1800	40	149	1	稳定	块石夹土
95	意大利	Tajolo	1855	20	100	900	2.5	13.2	3.5	稳定	以粗粒土为主
96	意大利	Testi	—	12.5	90	260	0.15	0.7	9.8	不稳定	以粗粒土为主
97	意大利	Tollara (1)	1886	25	200	800	7	90.8	4	稳定	以细粒土为主
98	意大利	Tollara (2)	1895	15	75	250	0.18	9.8	4.7	不稳定	以粗粒土为主
99	意大利	Torre	公元前1000年	40	90	320	1.5	26	4.5	稳定	以块石为主
100	意大利	Torre di Santa Maria	1987	5	230	480	0.2	26.2	13.5	不稳定	以粗粒土为主

续表

序号	国家	名称	形成时间	高度/m	长度/m	宽度/m	堰塞体体积/10⁶m³	堰塞湖流域面积/km²	被阻塞河道坡度/(°)	稳定性	材料组成
101	意大利	Tramarecchia	1945	20	200	450	1.5	40.8	2	稳定	块石夹土
102	意大利	Ussolo	史前	40	600	1250	13.5	159.5	1.3	稳定	块石夹土
103	意大利	Vajont	1963	90	1000	1200	50	60.3	—	稳定	以粗粒土、块石为主
104	意大利	Val Vanoi	1825	40	500	1000	10	167	1.6	不稳定	以粗粒土为主
105	意大利	Val Visdende	史前	30	350	550	2.5	67.8	1	稳定	以块石土为主
106	意大利	Vallone della Ginestra	1969	30	100	125	0.184	22.7	—	不稳定	以细粒土为主
107	意大利	Villar	史前	30	400	1200	6.48	203.9	1.3	稳定	以块石为主
108	意大利	Villaretto	—	30	300	1300	5	94.5	2.8	稳定	块石夹土
109	意大利	Zillona	—	10	110	130	0.1	240	1.1	不稳定	块石夹土
110	意大利	Zuel	公元前6000~公元前5年	30	750	1000	10	200.3	1.4	稳定	块石夹土
111	日本	Azusa River (1)	1915	4.5	300	600	0.9	110	—	稳定	以粗粒土、块石为主
112	日本	Otaki River	1984	40	250	2500	12.5	120	—	稳定	以粗粒土为主
113	美国	Gros Ventre River (1)	1909~1910	25	1000	3500	37.5	225	—	稳定	以碎石土为主
114	美国	Jackson Creek Lake	1980	4.5	975	317.5	0.77	47	—	不稳定	以碎石土为主
115	美国	Madison River	1959	65	500	1600	26	1181	—	稳定	以碎石土为主

3.3.3 考虑堰塞体颗粒组成的精细化快速评价方法

选择堰塞体高度（H_d）、堰塞体宽度（W_d）、堰塞体体积（V_d）表征堰塞体的形态特征，选择堰塞湖流域面积（A_b）表征堰塞湖水动力特征，选择 d_{90}、d_{60}、d_{30} 和 d_5 等代表粒径表征堰塞体的颗粒组成特征，采用逻辑回归的数值计算方法，通过收集的 27 个具有详细数据的意大利堰塞体案例（表 3.3），建立了堰塞体稳定性快速评价方法，数学表达式如下：

$$L_s(\text{IVAS}) = -0.264 \lg I + 1.166 \lg V_d - 1.551 \lg A_b - 0.168 \lg S_d - 4.847 \quad (3.4)$$

式中，$L_s(\text{IVAS})$ 为堰塞体稳定性评价指标，当 $L_s(\text{IVAS}) > 0$ 时，堰塞体是稳定的，当 $L_s(\text{IVAS}) < 0$ 时，堰塞体是不稳定的；I 为堰塞体高度与宽度的比值，即 $I = H_d/W_d$；S_d 为颗粒组成指标，全面考虑了堰塞体的颗粒组成，表示为 $S_d = (d_{90}-d_{60})/(d_{30}-d_5)$。

3.3.4 考虑堰塞体颗粒组成的简化快速评价方法

由于大多数案例中堰塞体的颗粒特征均为定性描述，为此，选择堰塞体高度（H_d）、堰塞体宽度（W_d）、堰塞体体积（V_d）表征堰塞体的形态特征，选择堰塞湖流域面积（A_b）表征堰塞湖水动力特征，选择颗粒特征参数（M_i）表征堰塞体的物质组成特征，采用逻辑回归的数值计算方法，基于 115 个具有详细堰塞体材料组成特征的堰塞体案例（表 3.4），建立了堰塞体稳定性快速评价方法，数学表达式如下：

$$L_s(\text{IVAM}) = -0.198 \lg I + 1.387 \lg V_d - 1.432 \lg A_b + 4.169 M_i - 8.674 \quad (3.5)$$

式中，$L_s(\text{IVAM})$ 为堰塞体稳定性评价指标，当 $L_s(\text{IVAM}) > 0$ 时，堰塞体是稳定的；当 $L_s(\text{IVAM}) < 0$ 时，堰塞体是不稳定的。M_i 的取值方法：当堰塞体材料以大块石为主时（其中粒径 > 2 mm 的颗粒重量超过 80%，且粒径 > 200 mm 的颗粒重量超过 50%），M_i 取 0.75～1.00；当堰塞体材料为块石加土时（其中粒径 > 2 mm 的颗粒重量超过 80%，且粒径 > 200 mm 的颗粒重量不超过 50%），M_i 取 0.50～0.75；当堰塞体材料以粗粒土为主时（其中粒径 > 2 mm 的颗粒重量占 20%～80%），M_i 取 0.25～0.50；当堰塞体材料以细粒土为主时（其中粒径 ≤ 2 mm 的颗粒重量超过 80%），M_i 取 0.00～0.25。当颗粒含量位于某一取值范围之内，M_i 采用线性插值法进行计算。

3.4 与国内外常用评价方法比较

为了比较新的评价方法与国内外常用评价方法的优劣，重新选择数据库中拥有实测资料的国内外已溃与未溃堰塞体案例，共计 67 个（表 3.5）。分别采用 Casagli 和 Ermini（1999）提出的 BI 法、Ermini 和 Casagli（2003）提出的 DBI 法、Korup（2004）提出的 I_s 法和 I_a 法（由于 I_r 法中参数 H_r 选取较为困难，本章不做比较）、Dong 等（2011a）的提出的 L_s(AHWL) 和 L_s(AHV) 法[由于 L_s(PHWL) 法中参数 P 选取较为困难，本章不做比较]。由于大多数案例缺乏颗粒级配曲线，67 个案例中仅筛选出 15 个具有详细颗粒级配参数的堰塞体案例（表 3.6），用于 L_s(IVAS) 方法的验证。

为了验证公式评价结果的合理性，分别采用绝对准确率、保守准确率与错判率对新评价方法的计算结果进行分析。其中，绝对准确率指的是堰塞体的实际状态与计算状态完全一致的概率；保守准确率指的是实际状态为稳定的堰塞体而计算结果为不稳定的概率，并加上绝对准确率后的结果；错判率指的是实际上不稳定的堰塞体而计算结果是稳定的概率，计算结果见表 3.7。

由表 3.7 的计算结果可以看出，由于 BI 法、DBI 法、I_s 法的判别均存在不确定区，因此影响其绝对准确率，尤其对于 I_s 法，在计算的案例中，大多数都位于不确定区，严重影响了判断结果；但由于存在大量不确定的结果，该类方法的错判率较低。从绝对准确率来看，L_s(IVAM) 和 L_s(IVAS) 这两种判别方法结果较好，其次是 L_s(AHV) 法，I_s 法较差；从保守准确率来看，I_a 法的计算结果较好，其次是 L_s(AHWL) 法、L_s(IVAM) 和 L_s(IVAS)，I_s 法较差；从错判率来看，I_s 法虽然错判率较低，但 I_s 法的不确定组数较多，其他含有不确定组数的方法错判率也较低，对于没有不确定组数的方法，I_a 法错判率最低，随后是 L_s(AHWL) 法，L_s(IVAM) 和 L_s(IVAS) 这两种判别方法次之，L_s(AHV) 法较高。综合来看，作者提出的 L_s(IVAM) 和 L_s(IVAS) 这两种判别方法准确性较高。

表 3.5　67 个具有实测资料的国内外堰塞体案例（Casagli et al., 2003; Stefanelli et al., 2015, 2016; Zhang et al., 2016; 刘宁等，2016）

序号	国家	名称	形成时间	高度/m	长度/m	宽度/m	堰塞体体积/10⁶m³	堰塞湖体积/10⁶m³	堰塞湖流域面积/km²	稳定性	堰塞体材料组成
1	中国	易贡	2000	80	2500	3000	300	3000	13533	不稳定	以砂石夹土为主，其中砂石占主要部分
2	中国	白果村	2008	15	200	100	0.4	0.8	3564	不稳定	以块石和碎土为主
3	中国	东河口	2008	20	500	750	12	6	1236	不稳定	黏土夹块石构成，块石直径一般为 30～50 cm，个别粒径可达 1.5 m 以上
4	中国	凤鸣桥	2008	10	100	300	0.14	1.8	442	不稳定	以土质为主，夹碎块石
5	中国	罐滩	2008	60	200	120	1.2	10	226	不稳定	堰塞体左岸主要由孤石及少量块石、碎石组成，右岸表面 5～8 m 深度范围内主要由碎石土组成
6	中国	罐子铺	2008	27.5	450	400	2	5.85	243	不稳定	主要为块碎石，块石含量 10%，砾石含量约 20%，其余为细粒；块石占 60%～70%，其余约 20%，宽约 20 m，细粒堆积物前缘（左岸）细粒物质含量较多，抗冲刷能力差
7	中国	海子坪	2008	50	50	500	1.5	3	357	不稳定	以土质为主，夹碎石
8	中国	红石河	2008	50	400	500	12	4	1223	不稳定	主要由松散土夹石构成，普遍存在大孤石
9	中国	火石沟	2008	120	40	500	2.4	1.5	341	不稳定	以土质为主，夹碎块石
10	中国	苦竹坝	2008	60	300	200	0.8	2	3235	不稳定	以块石和碎石土为主
11	中国	老鹰岩	2008	123	130	240	4.7	10.1	29	不稳定	由孤石和块碎石组成，粒径 2～3 m 的孤石占 15%～20%，块碎石占 60%～70%，粒径一般为 0.6～2 m；其余为砾石土，占 0%～25%
12	中国	六顶沟	2008	60	50	500	1.5	3	296	不稳定	以土质为主，夹带块石
13	中国	马鞍石	2008	67.6	270	950	11.2	11.5	75.1	不稳定	由块石和泥松散堆积而成，大孤石较少
14	中国	马槽滩下游	2008	30	100	60	0.14	0.1	53	不稳定	堆积体由大块石、块石和碎石组成

续表

序号	国家	名称	形成时间	高度/m	长度/m	宽度/m	堰塞体体积/10⁶m³	堰塞湖体积/10⁶m³	堰塞湖流域面积/km²	稳定性	堰塞体材料组成
15	中国	马槽滩中游	2008	45	90	80	0.2	0.25	53	不稳定	由大块磷矿石堆积而成
16	中国	马槽滩上游	2008	45	160	300	2	0.6	53	不稳定	堆积体由大块石、块石和碎石组成
17	中国	木瓜坪	2008	15	20	100	0.2	0.04	53	不稳定	以碎石土为主
18	中国	南坝	2008	50	625	200	5.32	6.86	161	不稳定	土石堆积体
19	中国	石板沟	2008	52.5	450	800	15	11	3546	稳定	以块石为主
20	中国	孙家院子	2008	50	180	400	1.6	5.6	1785	不稳定	以松散碎石土为主
21	中国	唐家山	2008	82	611.8	802	20.37	316	3550	不稳定	以碎石土为主，粒径多小于20 cm，其中粉质壤土占60%，碎石占30%~35%，块石(5~20 cm)占5%~10%
22	中国	唐家湾	2008	30	300	600	4	15.2	1395	不稳定	以松散碎石土为主，孤石最大粒径约3 m，含量约10%；粒径为20~30 cm的块石含量约占20%，粒径6~10 cm的碎石土约占40%，土含量约占30%
23	中国	小岗剑下游	2008	30	150	150	0.45	2	378	不稳定	以块石为主
24	中国	小岗剑上游	2008	95	300	300	2	12	376	不稳定	主要以孤石和块石为主，含少量碎石。其中孤石直径在1~3 m范围内，约占50%；块石直径为30~60 cm，约占25%；碎石直径为10~20 cm，约占10%，其余为细粒土填充于块石骨架之间
25	中国	肖家桥	2008	62	260	390	2.42	10	231	不稳定	主要由孤石、块石、碎石组成。粒径大于40 cm的块石占30%~40%
26	中国	谢家店子	2008	10	70	250	0.12	1	613	稳定	以土质为主，夹带块石
27	中国	新街村	2008	20	350	200	0.7	2	3546	稳定	以松散土壤夹杂碎石、块石为主
28	中国	燕子岩	2008	10	40	20	0.006	0.03	18	不稳定	以块石、碎石为主

续表

序号	国家	名称	形成时间	高度/m	长度/m	宽度/m	堰塞体体积/10⁶m³	堰塞湖体积/10⁶m³	堰塞湖流域面积/km²	稳定性	堰塞体材料组成
29	中国	竹根桥	2008	90	68	500	3	4.5	241	不稳定	以土质为主、夹带块石
30	中国	红石岩	2014	83	286	753	12	260	11832	稳定	堆积物中巨石块体约占10%，块径30 cm以上的约占30%，块径10～30 cm的约占40%，块径10 cm以下的约占20%
31	中国	白格（1）	2018	61	580	1400	26	290	173484	不稳定	砂砾石夹碎石土，土体含量占70%～80%，碎石含量占20%～30%
32	中国	白格（2）	2018	81	600	1400	10	790	173484	不稳定	砂砾石夹碎石土，土体含量占70%～80%，碎石含量占20%～30%
33	意大利	Alleghe	1771	16	550	1375	5.5	15	248	稳定	以粗粒土、块石为主
34	意大利	Anterselva	—	45	960	1000	7	2.7	19.5	稳定	块石夹土
35	意大利	Antrona	1642	50	900	1800	20	6.7	40.8	稳定	以粗粒土、块石为主
36	意大利	Borta	1692	70	600	1150	23	91	190	不稳定	以粗粒土、块石为主
37	意大利	Bracca	1989	4	530	350	0.4	0.2	29.6	不稳定	以粗粒土为主
38	意大利	Braies	—	20	540	900	8	5.52	29	稳定	块石夹土
39	意大利	Cava S. Giuseppe Nord	—	30	100	375	0.563	0.1	2.8	稳定	以块石为主
40	意大利	Cava S. Giuseppe Sud	—	30	100	550	0.825	0.1	0.6	稳定	以块石为主
41	意大利	Contr. Bellicci（1）	1693	75	175	370	2.428	0.18	6.3	稳定	以块石为主
42	意大利	Contr. Lenzevacche	—	55	150	350	1.444	1.28	13.8	稳定	以块石为主
43	意大利	Contr. Monte	距今6500年前	60	375	960	10.8	2.2	6	稳定	以粗粒土、块石为主

续表

序号	国家	名称	形成时间	高度/m	长度/m	宽度/m	堰塞体体积/10⁶ m³	堰塞湖体积/10⁶ m³	堰塞湖流域面积/km²	稳定性	堰塞体材料组成
44	意大利	Contr. Oliva	—	40	150	575	1.725	0.21	5	稳定	以块石为主
45	意大利	Contr. Torazza	1966	17.5	250	100	0.219	0.375	207.5	不稳定	以细粒土为主
46	意大利	Contr. Utra（2）	距今5000年前	75	150	450	2.53125	2.47	12.1	稳定	以块石为主
47	意大利	Cucco（Serra Torrent）	1783	12	200	270	0.3	1.835	7	不稳定	以粗粒土、细粒土为主
48	意大利	Cumi（Lago Stream）	1783	40	560	750	8	28.574	44	不稳定	以粗粒土、细粒土为主
49	意大利	Idro-Cima d'Antegolo	史前	25	450	510	2.5	33.5	615.2	稳定	以粗粒土为主
50	意大利	Lago Morto	史前	40	540	2000	20	23.69	17.2	稳定	块石夹土
51	意大利	Marro	1783	25	190	470	1.2	9.42	38	不稳定	以粗粒土为主
52	意大利	Molveno	公元前1000年	30	1300	3200	40	161	73.1	稳定	以块石为主
53	意大利	Piaggiagrande-Renaio	2014	15	90	100	0.1	0.002	1.3	稳定	块石夹土
54	意大利	Ponte Pia	—	20	200	480	0.85	3.76	582.7	稳定	块石夹土
55	意大利	Prato Casarile, Cartagenova	1953	40	200	450	1.75	0.3	1.5	稳定	以粗粒土为主
56	意大利	Ronchi	—	20	160	190	0.3	0.471	24.5	稳定	以粗粒土为主
57	意大利	Rovina	史前	15	400	900	2	1.2	17.2	稳定	以粗粒土、块石为主
58	意大利	Scanno（1）	—	33.1	500	2000	17	26	95	稳定	以块石为主
59	意大利	Scascoli	2002	5	30	70	0.01	0.039	91	不稳定	以块石为主

续表

序号	国家	名称	形成时间	高度/m	长度/m	宽度/m	堰塞体体积/10⁶m³	堰塞湖体积/10⁶m³	堰塞湖流域面积/km²	稳定性	堰塞体材料组成
60	意大利	Schiazzano	2012	15	40	65	0.02	0.0088	5.6	不稳定	以粗粒土、细粒土为主
61	意大利	Sernio	1807	43	300	930	2	22	891	不稳定	以粗粒土为主
62	意大利	Tenno	—	50	900	650	10	5	19.3	稳定	以粗粒土为主
63	意大利	Tovel	史前	45	1300	1700	40	7.37	40.4	稳定	以块石为主
64	意大利	Valderchia	1997	9	110	160	0.1	0.006	4.5	不稳定	以粗粒土为主
65	日本	Hime River (1)	1911	60	250	500	1.9	16	360	不稳定	以粗粒土、块石为主
66	日本	Sai River	1847	82.5	1000	650	21	350	2630	不稳定	以碎石土为主
67	美国	East Fork Hood River	1980	11	100	225	0.1	0.105	11	不稳定	以碎石土为主

表3.6　15个具有详细颗粒级配的堰塞体案例（刘伟，2002；刘宁等，2016；王琳，2017；Zhang et al., 2019）

序号	名称	国别	形成时间	高度/m	宽度/m	长度/m	堰塞体体积/10⁶m³	堰塞湖体积/10⁶m³	堰塞湖流域面积/km²	d_5/mm	d_{10}/mm	d_{16}/mm	d_{30}/mm	d_{50}/mm	d_{60}/mm	d_{84}/mm	d_{90}/mm	d_{95}/mm	稳定性
1	易贡	中国	2000	80	3000	2500	300	3000	13533	1	2	3.7	10	30	54	296	503	687	不稳定
2	罐滩	中国	2008	27.5	400	450	2	5.85	243	13.4	17.9	25.2	56.8	174.2	299.1	920	1607	2874	不稳定
3	老鹰岩	中国	2008	123	240	130	4.7	10.1	29	16.7	28.6	52.4	127.3	262.7	358.4	710	1020	2375	不稳定
4	红石河	中国	2008	50	500	400	12	4	1223	10	16.2	25.3	57	159.3	236	590	749	995	不稳定
5	肖家桥	中国	2008	62	390	260	2.42	10	231	1	2	3.7	10	22.4	31.5	74.5	101	412	不稳定
6	火石沟	中国	2008	120	500	40	2.4	1.5	341	1	3	6.8	20	59	100	350	508	995	不稳定
7	唐家山	中国	2008	82	802	611.8	20.37	316	3550	1	2	5	20	83	149	475	659	980	不稳定
8	小岗剑上游	中国	2008	95	300	300	2	12	376	2.3	10	25.3	132	378	566	975	1580	2500	不稳定
9	唐家湾	中国	2008	30	600	300	4	15.2	1395	0.006	0.03	0.12	0.9	5	9	75	163	293	不稳定
10	谢家店子	中国	2008	10	250	70	0.12	1	613	0.25	1.12	7.2	37.5	88.1	125.5	231	254	274	不稳定
11	舟曲	中国	2010	9	1500	140	1.4	1.5	>58.7	0.009	0.03	0.16	2.2	8.65	15.5	42.2	47.6	52.6	不稳定
12	红石岩	中国	2014	83	753	286	12	260	11832	0.05	0.47	0.97	3.1	9.44	17.5	55.1	76	167	稳定
13	白格(1)	中国	2018	61	1400	580	26	290	173484	0.008	0.03	0.177	1.5	4.3	6.5	21.3	29	39	不稳定
14	白格(2)	中国	2018	81	1400	600	10	790	173484	0.008	0.03	0.177	1.5	4.3	6.5	21.3	29	39	不稳定
15	Caso	意大利	2015	10	150	70	0.055	—	126.8	0.1	0.3	0.6	7	200	500	980	1200	1430	不稳定

表 3.7　各种堰塞体稳定性快速评价方法计算结果对比

模型指标	案例数	错判组数	准确组数	保守组数	不确定组数	绝对准确率/%	保守准确率/%	错判率/%
BI	67	4	38	3	22	56.72	61.19	5.97
DBI	67	4	53	5	5	79.10	86.57	5.97
I_s	67	1	8	2	56	11.94	14.93	1.49
I_a	67	0	46	21	0	68.66	100.00	0.00
L_s(AHWL)	67	3	54	10	0	80.60	95.52	4.48
L_s(AHV)	67	6	55	6	0	82.09	91.04	8.96
L_s(IVAS)	15	1	13	1	0	86.67	93.33	6.67
L_s(IVAM)	67	4	59	4	0	88.06	94.03	5.97

4 堰塞体溃决参数快速预测模型

4.1 常用堰塞体溃决参数预测模型的特点

堰塞湖的风险评估是以潜在的生命损失和经济损失为基础的，因此，对堰塞体溃决参数尤其是溃口流量的科学预测是进行洪水演进模拟和致灾后果评价的基础。而堰塞体的几何形态指标和堰塞湖的水动力条件是溃决模拟的先验信息。

如绪论中所述，土石坝和堰塞体溃决过程数学模型一般分为参数模型、基于溃决机理的简化数学模型和基于溃决机理的精细化数学模型三类（ASCE/EWRI Task Committee on Dam/Levee Breach，2011）。基于溃决机理的数学模型能够预测溃口流量过程和溃口尺寸演化过程，但参数模型可快速预测溃决参数，使用更简单方便，并且对于不同的用户通常具有恒定的输出。因此，参数模型在实践中仍被广泛使用。

20 世纪 70 年代以来，国内外研究者使用回归分析方法开发了一系列参数模型来预测土石坝的溃决参数，如溃口峰值流量、溃口最终宽度、溃坝历时等（Zhong et al.，2020a）。然而，由于坝体结构和材料等方面的差异，堰塞体的溃决不同于土石坝，但目前可用于堰塞体溃决参数预测的参数模型较为缺乏（Zhong et al.，2021）。Costa（1985）在 10 例堰塞体溃决案例的基础上，提出了 3 个预测溃口峰值流量的回归方程。在这些表达式中，溃口峰值流量是通过堰塞体高度和堰塞湖体积这两个参数及其组合进行预测（表 4.1）。随后，Costa 和 Schuster（1988）根据 12 例堰塞体的溃决案例，提出新的溃口峰值流量表达式，主要体现堰塞湖势能与峰值流量之间的关系；在这个关系式中，势能是堰塞体高度、堰塞湖体积和水的容重的乘积（表 4.1）。1997 年，Walder 和 O'Connor（1997）提出了 3 个预测峰值流量的参数模型；堰塞湖下泄水量和水位下降高度，以及这两个参数的组合是这三种表达式中使用的变量（表 4.1）。然而，早期的参数模型仅简单考虑了堰塞湖的水动力条件，只能粗略地预测溃口峰值流量。此外，这些模型中只给出了溃口峰值流量的表达式，未提供其他溃决参数的表达式。2012 年，Peng 和 Zhang（2012a）开发了一种溃决参数快速预测模型，可综合考虑堰塞体形态、堰塞湖水动力条件以及堰塞体材料的冲蚀特性。利用该模型可以预测溃口峰值流量、溃口最终尺寸（顶宽、底宽、深度）以及溃坝历时（表 4.1 和表 4.2）。对于每个溃决参数，模型可提供精细化和简化方程两类，精细化方程采用了 5 个控制变量（堰塞体高度、高宽比、堰塞体形态系数、堰塞湖形态系数、冲蚀率），简化方程采用了 3 个控制变量（堰塞体高度、堰塞体形态系数、冲蚀率）。

表 4.1 堰塞体溃口峰值流量参数模型统计

序号	作者	案例数	表达式	
1	Costa（1985）	10	$Q_\mathrm{p} = 6.3 H_\mathrm{d}^{1.59}$	(4.1)
			$Q_\mathrm{p} = 672 V_1'^{0.56}$	(4.2)
			$Q_\mathrm{p} = 181 (H_\mathrm{d} V_1')^{0.43}$	(4.3)
2	Costa 和 Schuster（1988）	12	$Q_\mathrm{p} = 0.0158 (\mathrm{PE})^{0.41}$	(4.4)
3	Walder 和 O'Connor（1997）	18	$Q_\mathrm{p} = 1.6 V_0^{0.46}$	(4.5)
			$Q_\mathrm{p} = 6.7 d_\mathrm{d}^{1.73}$	(4.6)
			$Q_\mathrm{p} = 0.99 (d_\mathrm{d} \cdot V_0)^{0.40}$	(4.7)
4	Peng 和 Zhang（2012a）	45	精细化方程：$\dfrac{Q_\mathrm{p}}{g^{\frac{1}{2}} H_\mathrm{d}^{\frac{5}{2}}} = \left(\dfrac{H_\mathrm{d}}{H_\mathrm{r}'}\right)^{-1.417} \left(\dfrac{H_\mathrm{d}}{W_\mathrm{d}}\right)^{-0.265} \left(\dfrac{V_\mathrm{d}^{\frac{1}{3}}}{H_\mathrm{d}}\right)^{-0.471} \left(\dfrac{V_1^{\frac{1}{3}}}{H_\mathrm{d}}\right)^{1.569} \mathrm{e}^a$	(4.8)
			简化方程：$\dfrac{Q_\mathrm{p}}{g^{\frac{1}{2}} H_\mathrm{d}^{\frac{5}{2}}} = \left(\dfrac{H_\mathrm{d}}{H_\mathrm{r}'}\right)^{-1.371} \left(\dfrac{V_1^{\frac{1}{3}}}{H_\mathrm{d}}\right)^{1.536} \mathrm{e}^a$	(4.9)

注：Q_p 为溃口峰值流量（m³/s）；V_d 为堰塞体体积（m³）；V_1 为堰塞湖体积（m³）；V_1' 为堰塞湖体积（10^6m³）；H_d 为堰塞体高度（m）；W_d 为堰塞体宽度（m）；H_r' 为单位长度，取 1（m）；g 为重力加速度（m/s²）；PE 为堰塞湖势能（J）；d_d 为堰塞湖水位下降高度（m）；V_0 为堰塞湖下泄水量（m³）。

对于式（4.8），当土体冲蚀率为"高"时，$a = 1.276$；当土体冲蚀率为"中"时，$a = -0.336$；当土体冲蚀率为"低"时，$a = -1.532$。对于式（4.9），当土体冲蚀率为"高"时，$a = 1.236$；土体冲蚀率为"中"时，$a = -0.380$；土体冲蚀率为"低"时，$a = -1.615$。

表 4.2 堰塞体溃口最终尺寸和溃坝历时参数模型统计

序号	溃决参数	作者	案例数	表达式	
1	B_f	Peng 和 Zhang（2012a）	13	精细化方程：$\dfrac{B_\mathrm{f}}{H_\mathrm{r}'} = \left(\dfrac{H_\mathrm{d}}{H_\mathrm{r}'}\right)^{0.752} \left(\dfrac{H_\mathrm{d}}{W_\mathrm{d}}\right)^{0.315} \left(\dfrac{V_\mathrm{d}^{\frac{1}{3}}}{H_\mathrm{d}}\right)^{-0.243} \left(\dfrac{V_1^{\frac{1}{3}}}{H_\mathrm{d}}\right)^{0.682} \mathrm{e}^a$	(4.10)
				简化方程：$\dfrac{B_\mathrm{f}}{H_\mathrm{r}'} = \left(\dfrac{H_\mathrm{d}}{H_\mathrm{r}'}\right)^{0.911} \left(\dfrac{V_1^{\frac{1}{3}}}{H_\mathrm{d}}\right)^{0.271} \mathrm{e}^a$	(4.11)

续表

序号	溃决参数	作者	案例数	表达式
2	b_f	Peng 和 Zhang（2012a）	10	精细化方程：$\dfrac{b_f}{H_r'} = 0.004\left(\dfrac{H_d}{H_r'}\right) + 0.050\left(\dfrac{H_d}{W_d}\right) - 0.044\left(\dfrac{V_d^{\frac{1}{3}}}{H_d}\right) + 0.088\left(\dfrac{V_l^{\frac{1}{3}}}{H_d}\right) + a$ （4.12） 简化方程：$\dfrac{b_f}{H_r'} = 0.003\left(\dfrac{H_d}{H_r'}\right) + 0.070\left(\dfrac{V_l^{\frac{1}{3}}}{H_d}\right) + a$ （4.13）
3	D_f	Peng 和 Zhang（2012a）	21	精细化方程：$\dfrac{D_f}{H_r'} = \left(\dfrac{H_d}{H_r'}\right)^{0.882}\left(\dfrac{H_d}{W_d}\right)^{-0.041}\left(\dfrac{V_d^{\frac{1}{3}}}{H_d}\right)^{-0.099}\left(\dfrac{V_l^{\frac{1}{3}}}{H_d}\right)^{0.139}\mathrm{e}^a$ （4.14） 简化方程：$\dfrac{D_f}{H_r'} = \left(\dfrac{H_d}{H_r'}\right)^{0.923}\left(\dfrac{V_l^{\frac{1}{3}}}{H_d}\right)^{0.118}\mathrm{e}^a$ （4.15）
4	T_f	Peng 和 Zhang（2012a）	14	精细化方程：$\dfrac{T_f}{T_r} = \left(\dfrac{H_d}{H_r'}\right)^{0.262}\left(\dfrac{H_d}{W_d}\right)^{-0.024}\left(\dfrac{V_d^{\frac{1}{3}}}{H_d}\right)^{-0.103}\left(\dfrac{V_l^{\frac{1}{3}}}{H_d}\right)^{0.705}\mathrm{e}^a$ （4.16） 简化方程：$\dfrac{T_f}{T_r} = \left(\dfrac{H_d}{H_r'}\right)^{0.293}\left(\dfrac{V_l^{\frac{1}{3}}}{H_d}\right)^{0.723}\mathrm{e}^a$ （4.17）

注：B_f 为溃口最终顶宽（m）；H_r' 为单位长度，取 1（m）；H_d 为堰塞体高度（m）；W_d 为堰塞体宽度（m）；b_f 为溃口最终底宽（m）；D_f 为溃口最终深度（m）；T_f 为溃坝历时（h）；T_r 为单位时间，取 1（h）。

对于式（4.10），当土体冲蚀率为"高"时，$a = 1.683$；当土体冲蚀率为"中"时，$a = 1.201$；当土体冲蚀率为"低"时，a 无法获取。对于式（4.11），当土体冲蚀率为"高"时，$a = 0.588$；当土体冲蚀率为"中"时，$a = 0.148$；当土体冲蚀率为"低"时，a 无法获取。对于式（4.12），当土体冲蚀率为"高"时，$a = 0.775$；当土体冲蚀率为"中"时，$a = 0.532$；当土体冲蚀率为"低"时，a 无法获取。对于式（4.13），当土体冲蚀率为"高"时，$a = 0.624$；当土体冲蚀率为"中"时，$a = 0.344$；当土体冲蚀率为"低"时，a 无法获取。对于式（4.14），当土体冲蚀率为"高"时，$a = -0.316$；当土体冲蚀率为"中"时，$a = -0.520$；当土体冲蚀率为"低"时，a 无法获取。对于式（4.15），当土体冲蚀率为"高"时，$a = -0.500$；当土体冲蚀率为"中"时，$a = -0.673$；当土体冲蚀率为"低"时，a 无法获取。对于式（4.16），当土体冲蚀率为"高"时，$a = -0.635$；当土体冲蚀率为"中"时，$a = -0.518$；当土体冲蚀率为"低"时，a 无法获取。对于式（4.17），当土体冲蚀率为"高"时，$a = -0.805$；当土体冲蚀率为"中"时，$a = -0.674$；当土体冲蚀率为"低"时，a 无法获取。

对典型堰塞体溃决参数模型的统计显示，考虑堰塞体物质组成的参数模型较少。实际溃决案例表明，堰塞体的材料特性对堰塞体的溃决参数具有显著影响，冲蚀率一般不易直接获取，而颗粒分布特征可体现材料的冲蚀特性，且易于通过实测获取（Zhong et al.，2020c）。由于不同的物质来源和堰塞体崩滑运动特征，堰塞体堆积物的颗粒分布具有显著的差异。例如，不丹的 Tsatichhu River 堰塞体

（2003 年形成）和我国的唐家山堰塞体（2008 年形成）的形态学指标类似，且上游堰塞湖的体积相当，但溃口峰值流量差别明显（Dunning et al.，2006；Liu et al.，2010；石振明等，2014）。因此，本章旨在建立一个可考虑堰塞体形态特征、堰塞湖水动力条件和堰塞体颗粒分布特征的参数模型，以预测堰塞体的溃决参数（溃口峰值流量、溃口最终顶宽、溃口最终底宽、溃口最终深度）。值得一提的是，由于堰塞体溃坝历时的统计资料具有显著的不确定性且目前对于溃坝历时的定义也不尽相同，因此本章提出的溃决参数快速预测模型不包括溃坝时间。

　　大量的研究表明，粒径分布特征对堰塞体的溃决过程有重要影响（陈生水等，2019）。然而，由于不同的堰塞体堆积形态和颗粒分布规律各异，目前对材料的宽级配特征和分布规律的认识有限，对堰塞体材料的分布特征大多还采用定性或简化的定量方法进行分类。为了预测堰塞体的溃决参数，本章提出了一种依据堰塞体颗粒特征进行分类的方法，该方法可以方便地将堰塞体材料分为两类：一类是粒径大于 200 mm 的大块石；另一类是粒径小于 200 mm 的粗颗粒和细颗粒土。颗粒级配的影响是一个可变系数，用于预测堰塞体溃决参数。

4.2　新的堰塞体溃决参数快速预测模型

　　数据库中虽然有 1760 个堰塞湖案例，但大多数案例的基础数据资料极其有限，而影响堰塞体溃决的因素很多，为了充分考虑堰塞体几何形态、堰塞湖水动力特征和材料冲蚀特性对溃决参数的影响，选择拥有实测资料的案例，通过对几何参数、水文参数与堰塞体溃决参数相关性的统计分析发现（表 4.3）：由于溃口峰值流量受多因素作用的影响，因此单个几何或水文参数对溃口峰值流量的影响较小；堰塞体的几何形态决定了它的规模，而且一般高度越大，堰塞湖的体积也随之增大，水动力条件亦越强，溃决后溃口的深度越大，因此溃口深度与堰塞体高度和堰塞体长度（横河向距离）有很强的相关性；此外，由于受水动力强度的影响，溃口宽度（包括顶宽和底宽）受堰塞体高度、长度、堰塞湖体积等因素影响较大，而堰塞体宽度（顺河向距离）对其结果影响较小。

表 4.3　几何参数、水文参数与堰塞体溃决参数的相关性

参数		相关系数	案例数
	H_d	0.2121	89
	W_d	0.3093	55
Q_p	L_d	0.1728	49
	V_d	0.2155	51
	V_l	0.3156	86

参数		相关系数	案例数
D_f	H_d	0.5845	70
	W_d	0.2188	31
	L_d	0.4129	28
	V_d	0.3141	28
	V_l	0.1346	62
B_f	H_d	0.6928	17
	W_d	0.1356	16
	L_d	0.5390	15
	V_d	0.2821	16
	V_l	0.5674	15
b_f	H_d	0.3797	19
	W_d	0.1768	18
	L_d	0.3987	14
	V_d	0.2207	17
	V_l	0.4433	18

为了研究堰塞体的溃决参数,选择了 55 座拥有较完整实测资料的堰塞体溃决案例作为研究对象。在所选案例之中,堰塞体的形态特征参数(少量缺少堰塞体长度)和堰塞湖的体积参数全部具备,至少含有 1 项堰塞体的溃决参数(如溃口峰值流量、溃口最终顶宽、溃口最终底宽、溃口最终深度),部分案例拥有堰塞体材料物质组成的描述(表 4.4)。将堰塞体溃决的最主要影响因素及材料物质组成指标纳入模型中,采用多元回归分析的方法,建立一个新的堰塞体溃决参数快速预测模型,用于预测堰塞体的溃决参数。值得一提的是,很多堰塞体的溃决都有人工干预的成分,且溃决历时的统计方式也各不相同,因此本章不讨论堰塞体溃决历时这一参数。

4.2.1 多元回归分析方法

多元回归分析方法被广泛应用于因变量与多个自变量之间的线性关系表述。近年来,该方法已被多次应用于土石坝或堰塞体溃决参数的预测模型之中(Peng and Zhang,2012a;Rong et al.,2020;Zhong et al.,2020a)。数学表达式为

$$y = \beta_0 + \beta_1 x_1 + \beta_2 x_2 + \cdots + \beta_p x_p + \varepsilon \tag{4.18}$$

式中,y 为因变量(如溃口峰值流量、溃口宽度、溃口深度等);x_p 为自变量(如堰塞体高度、高宽比、堰塞体体积、堰塞湖体积、材料物质组成等),其中 $p = 0, 1, 2, \cdots, n$;β_p 为模型系数,其中 $p = 0, 1, 2, \cdots, n$;ε 为随机误差。

表4.4　已溃堰塞体的地貌学指标、溃决参数和材料特性

序号	国家/地区	名称	形成时间	高度/m	长度/m	宽度/m	堰塞体体积/10⁶ m³	堰塞湖体积/10⁶ m³	溃口峰值流量/(m³/s)	溃口最终顶宽/m	溃口最终底宽/m	溃口最终深度/m	堰塞体物质组成	参考文献	模型验证溃决参数
1	不丹	Tsatichuu River	2003	110	580	700	5	1.5	6900	—	—	—	—	Duming等, 2006; 石振明等, 2014b; Shen等, 2020a	Q_p
2	中国	白格(1)	2018	61	580	1400	26	290	10000	—	—	—	20%~30%为砂砾石, 70%~80%为土	Zhang等, 2019	Q_p
3	中国	白格(2)	2018	96	600	1400	10	790	31000	261	103	60	20%~30%为砂砾石, 70%~80%为土	Zhang等, 2019	Q_p, B_f, $B_{f(ave)}$
4	中国	东河口	2008	20	500	750	12	6	800~1000	25	15	10	含土破碎岩石, 岩石直径30~50cm, 少量>1.5m	Xu等, 2009; Cui等, 2011; Peng和Zhang, 2012a; 石振明等, 2014b; Shen等, 2020a	Q_p, b_f, $B_{f(ave)}$
5	中国	凤鸣桥	2008	10	100	300	0.14	1.8	500	—	—	—	含土破碎岩石	Xu等, 2009; Cui等, 2011	Q_p
6	中国	红石河	2008	50	400	500	12	4	500	—	9	10	大块石和含土破碎岩石	Xu等, 2009; Cui等, 2011; Peng和Zhang, 2012a; Shen等, 2020a	Q_p, b_f, D_f
7	中国	马鞍石	2008	67.6	270	950	11.2	11.5	2200	—	—	—	大块石和含泥岩石	Cui等, 2011; 石振明等, 2014b	Q_p
8	中国	木瓜坪	2008	15	20	100	0.2	0.04	—	—	20	—	以土为主	Xu等, 2009; Cui等, 2011; 石振明等, 2014b; Shen等, 2020a	b_f

续表

序号	国家/地区	名称	形成时间	高度/m	长度/m	宽度/m	堰塞体体积/10⁶m³	堰塞湖体积/10⁶m³	溃口峰值流量/(m³/s)	溃口最终顶宽/m	溃口最终底宽/m	溃口最终深度/m	堰塞体物质组成	参考文献	模型验证溃决参数
9	中国	石板沟	2008	52.5	450	800	15	11	—	—	—	8	大块石和破碎岩石	Xu 等, 2009; Cui 等, 2011; 石振明等, 2014b	Q_p, D_f
10	中国	塘沽东	1967	175	—	3000	68	680	53000	—	55	88	含土岩石, 10%～25%为淤泥, 70%～80%粒径<30cm破碎岩石, 10%～25%为粒径>30cm破碎岩石	Costa 和 Schuster, 1991; 严容, 2006; 石振明等, 2014b; Shen 等, 2020a	Q_p[式(4.38)和式(4.40)除外]
11	中国	唐家山	2008	82	611.8	802	20.37	316	6500	190	90	42	60%为粉砂, 30%～35%为破碎岩石, 5%～10%为块石	Xu 等, 2009; Cui 等, 2009; 石振明等, 2014b; Shen 等, 2020a	Q_p, B_f, b_f, $B_{f(ave)}$, D_f
12	中国	小岗剑上游	2008	95	300	300	2	12	3950	80	—	30	50%为1～3m大块石, 25%为30～60cm块石, 10%为10～20cm碎石, 15%为碎石和土	Xu 等, 2009; Cui 等, 2011; 石振明等, 2014b; Shen 等, 2020a	Q_p, B_f, D_f
13	中国	肖家桥	2008	62	260	390	2.42	20	1000	131.6	8	37.3	45%为岩石碎片, 15%为大块石, 35%为块石	Xu 等 2009; Cui 等, 2011; 石振明等, 2014b; Shen 等, 2020a	Q_p, B_f, b_f, $B_{f(ave)}$, D_f
14	中国	燕子岩	2008	10	40	20	0.006	0.03	—	—	20	—	大块石和破碎岩石	Xu 等, 2009; Cui 等 2011; 石振明等, 2014b; Shen 等, 2020a	b_f

续表

序号	国家/地区	名称	形成时间	高度/m	长度/m	宽度/m	堰塞体体积/10⁶m³	堰塞湖体积/10⁶m³	溃口峰值流量/(m³/s)	溃口最终顶宽/m	溃口最终底宽/m	溃口最终深度/m	堰塞体物质组成	参考文献	模型验证决参数
15	中国	一把刀	2008	25	120	160	0.15	3.79	3900	—	15	8	50%为2~4m的大块石，30%为20~50cm的块石，10%为10~20cm的破碎岩石，10%为砂砾石	Xu 等，2009；Cui 等，2011；石振明 等，2014b；Shen 等，2020a	b_f, D_f
16	中国	易贡	2000	80	2500	2500	300	3000	124000	—	128	58.39	岩石与土	严容 等，2006；石振明 等，2014b；Shen 等，2020a	Q_p, b_f, D_f
17	中国	小林村	2009	56	370	1500	15.4	9.9	70649	—	—	43	—	Dong 等，2011b；石振明等，2014b；Shen 等，2020a	Q_p, D_f
18	哥斯达黎加	Rio Toro River	1992	85	75	600	3	0.5	400	60	—	40	—	Mora 等，1993；石振明等，2014b	Q_p, B_f, D_f
19	厄瓜多尔	La Josefina	1993	100	300	1100	32	200	10000	—	—	43	—	Plaza-Nieto 和 Zevallous，1994；石振明等，2014b；Shen 等，2020a	Q_p, D_f
20	厄瓜多尔	Pisque River	1990	58	60	450	1	2.5	700	50	—	30	软凝灰岩、角砾岩和浮石	Plaza-Nieto 等，1990；Costa 和 Schuster，1991；石振明等，2014b；Shen 等，2020a	Q_p, B_f, D_f
21	厄瓜多尔	Rio Paute	1993	112	—	800	25	210	8250	—	—	—	—	Mora 等，1993；石振明等，2014b；Shen 等，2020a	Q_p[式(4.38)和式(4.40)除外]

续表

序号	国家/地区	名称	形成时间	高度/m	长度/m	宽度/m	堰塞体体积/$10^6 m^3$	堰塞湖体积/$10^6 m^3$	溃口峰值流量/(m^3/s)	溃口最终顶宽/m	溃口最终底宽/m	溃口最终深度/m	堰塞体物质组成	参考文献	模型验证溃决参数
22	印度	Birehi Ganga River	1893	274	760	2750	286	460	56650	—	—	97.5	白云石块、大块石和细碎屑	Costa 和 Schuster, 1991; Ermini 和 Casagli, 2003; 石振明 和 等, 2014b; Shen 等, 2020a	Q_p, D_f
23	意大利	Buonamico River	1973	90	400	700	21	7.5	—	—	—	50	—	Costa 和 Schuster, 1991; 石振明 等, 2014b; Shen 等, 2020a	D_f
24	日本	Arida River (1)	1953	10	80	150	0.18	0.047	890	—	—	—	砂岩岩石	Costa 和 Schuster, 1991; 童煜翔, 2008	Q_p
25	日本	Arida River (2)	1953	60	300	500	2.6	17	750	—	—	—	沉积岩岩石	Costa 和 Schuster, 1991; 童煜翔, 2008	Q_p
26	日本	Hime River (1)	1911	60	250	500	1.9	16	1800	—	—	—	安山岩和凝灰角砾岩岩石	Costa 和 Schuster, 1991; Ermini 和 Casagli, 2003; 童煜翔, 2008	Q_p
27	日本	Iketsu River	1889	140	400	180	3.4	26	480	—	—	—	沉积岩岩石	Costa 和 Schuster, 1991; 童煜翔, 2008; Shen 等, 2020a	Q_p
28	日本	Kano River (1)	1889	15	130	130	0.094	1.3	1600	—	—	—	沉积岩岩石	Costa 和 Schuster, 1991; 童煜翔, 2008; Shen 等, 2020a	Q_p
29	日本	Kano River (2)	1889	20	200	150	0.1	0.6	1300	—	—	—	沉积岩岩石	Costa 和 Schuster, 1991; 童煜翔, 2008; Shen 等, 2020a	Q_p

续表

序号	国家/地区	名称	形成时间	高度/m	长度/m	宽度/m	堰塞体体积/10⁶m³	堰塞湖体积/10⁶m³	溃口峰值流量/(m³/s)	溃口最终顶宽/m	溃口最终底宽/m	溃口最终深度/m	堰塞体物质组成	参考文献	模型验证溃决参数
30	日本	Kawarabitsu River	1889	80	300	700	13	40	2000	—	—	—	沉积岩岩石	Costa 和 Schuster, 1991; 童燈翔, 2008; Shen 等, 2020a	Q_p
31	日本	Naka River	1893	80	250	330	3.3	75	5600	—	—	—	沉积岩岩石	Costa 和 Schuster, 1991; 童燈翔, 2008; Shen 等, 2020a	Q_p
32	日本	Nishi River (1)	1889	20	200	250	0.6	1.3	980	—	—	—	沉积岩岩石	Costa 和 Schuster, 1991; 童燈翔, 2008; Shen 等, 2020a	Q_p
33	日本	Nishi River (2)	1889	20	120	160	0.63	0.4	1100	—	—	—	沉积岩岩石	Costa 和 Schuster, 1991; 童燈翔, 2008; Shen 等, 2020a	Q_p
34	日本	Nishi River (3)	1889	25	200	250	0.63	1.8	1200	—	—	—	沉积岩岩石	Costa 和 Schuster, 1991; 童燈翔, 2008; Shen 等, 2020a	Q_p
35	日本	Ojika River	1683	70	400	700	3.8	64	620	—	—	—	流纹岩岩石	Costa 和 Schuster, 1991; 童燈翔, 2008; Shen 等, 2020a	Q_p
36	日本	Sai River	1847	82.5	1000	650	21	350	3700	—	—	—	泥岩岩石	Casagli, 2003; 童燈翔, 2008; Shen 等, 2020a	Q_p
37	日本	Shiratani River	1889	190	600	500	10	38	580	—	—	—	沉积岩岩石	Costa 和 Schuster, 1991; 童燈翔, 2008; Shen 等, 2020a	Q_p

续表

序号	国家/地区	名称	形成时间	高度/m	长度/m	宽度/m	堰塞体体积/10⁶m³	堰塞湖体积/10⁶m³	溃口峰值流量/(m³/s)	溃口最终顶宽/m	溃口最终底宽/m	溃口最终深度/m	堰塞体物质组成	参考文献	模型验证溃决参数
38	日本	Sho River	1586	100	900	600	19	150	1900	—	—	—	流纹岩岩石	Costa 和 Schuster, 1991; 童煜翔, 2008; Shen 等, 2020a	Q_p
39	日本	Susobana River	1847	54	250	300	1.2	16	510	—	—	—	—	Costa 和 Schuster, 1991; 童煜翔, 2008; Iqbal 等, 2013; Shen 等, 2020a	Q_p
40	日本	Totsu River (1)	1889	18	100	450	0.036	0.78	3400	—	—	—	沉积岩岩石	Costa 和 Schuster, 1991; 童煜翔, 2008; Shen 等, 2020a	Q_p
41	日本	Totsu River (2)	1889	7	100	250	0.073	0.65	6900	—	—	—	沉积岩岩石	Costa 和 Schuster, 1991; 童煜翔, 2008; Shen 等, 2020a	Q_p
42	日本	Totsu River (3)	1889	10	130	380	0.23	0.93	3500	—	—	—	沉积岩岩石	Costa 和 Schuster, 1991; Tahata 等, 2002; 童煜翔, 2008; Shen 等, 2020a	Q_p
43	日本	Totsu River (4)	1889	80	100	350	2.5	17	2400	—	—	—	沉积岩岩石	Costa 和 Schuster, 1991; 童煜翔, 2008; Shen 等, 2020a	Q_p
44	日本	Totsu River (5)	1889	110	200	690	3.1	42	4800	—	—	—	沉积岩岩石	Costa 和 Schuster, 1991; 童煜翔, 2008; Shen 等, 2020a	Q_p
45	新西兰	Mt Adams	1999	90	—	700	12.5	6	2500	100	30	45	—	Hancox 等, 2005; Becker 等, 2007; 石振明 等, 2014b; Shen 等, 2020a	Q_p[式(4.38)和式(4.40)除外]

续表

序号	国家/地区	名称	形成时间	高度/m	长度/m	宽度/m	堰塞体体积/10^6m³	堰塞湖体积/10^6m³	溃口峰值流量/(m³/s)	溃口最终顶宽/m	溃口最终底宽/m	溃口最终深度/m	堰塞体物质组成	参考文献	模型验证溃决参数
46	新西兰	Poerua	1999	120	450	700	12.5	6	2500	125	/	45	—	O'Connor 和 Beebee, 2009; 刘宁等, 2016; 蒋明子等, 2018; Shen 等, 2020a	Q_p, B_f, D_f
47	新西兰	Ram Creek	1968	25	150	1200	2.8	1.1	1000	100	30	30	花岗岩和杂砂岩岩石	Costa 和 Schuster, 1991; Nash 等, 2008; 石振明等, 2014b; Shen 等, 2020a	Q_p, B_f, b_f, $B_{f(ave)}$, D_f
48	新西兰	Tunawaea Stream	1991	70	270	550	4	0.9	250	—	—	17.5	—	Jennings 等, 1993; Walder 和 O'Connor, 1997; Ermini 和 Casagli, 2003; 石振明等, 2014b; Shen 等, 2020a	Q_p, D_f
49	巴布亚新几内亚	Bairaman River	1985	200	1000	3000	200	50	8000	—	—	70	页岩岩石、石灰石，最大粒径3m	King 等, 1989; Costa 和 Schuster, 1991; 石振明等, 2014b; Shen 等, 2020a	Q_p, D_f
50	秘鲁	Mantaro River (1)	1945	133	250	580	3.5	301	35400	—	—	56	破碎风化花岗闪长岩岩石、多砂，有粒径>6m的大块石	Costa 和 Schuster, 1991; 石振明等, 2014b; Shen 等, 2020a	Q_p, D_f
51	秘鲁	Mantaro River (2)	1974	160	1000	3800	1300	670	10000	243	30	107	黏土、粉砂、砂砾和卵石的混合体	Lee 和 Duncan: 1975; Costa 和 Schuster, 1991; 石振明等, 2014b; Shen 等, 2020a	Q_p, B_f, b_f, $B_{f(ave)}$, D_f

续表

序号	国家/地区	名称	形成时间	高度/m	长度/m	宽度/m	堰塞体体积/10⁶m³	堰塞湖体积/10⁶m³	溃口峰值流量/(m³/s)	溃口最终顶宽/m	溃口最终底宽/m	溃口最终深度/m	堰塞体物质组成	参考文献	模型验证溃决参数
52	美国	Cedar Creek	1988	3	30	150	1.7	0.053	—	10	8	2	页岩岩石	Costa 和 Schuster, 1991; 石振明等, 2014b; Shen 等, 2020a	B_r, b_r, $B_{f(ave)}$, D_f
53	美国	Gros Ventre River	1925	72.5	600	3000	29.4	80	—	—	—	15	砂岩岩石、石灰石、页岩岩石石和碎屑	Schuster 和 Costa, 1986; Costa 和 Schuster, 1991; 石振明等, 2014b; Shen 等, 2020a	D_f
54	美国	Jackson Creek Lake	1980	4.5	975	317.5	0.77	2.47	477	—	—	—	火山灰	Schuster, 1985; Costa 和 Schuster, 1991; 石振明等, 2014b; Shen 等, 2020a	Q_p
55	俄罗斯	Tegermach River	1835	120	—	60	20	6.6	4960	310	55	90	含土的碎页岩岩石	Costa 和 Schuster, 1991; 石振明等, 2014b; Shen 等, 2020a	Q_p[式(4.38)和式(4.40)除外]

由于评估未知系数 $\beta_0, \beta_1, \cdots, \beta_p$ 是建立多元回归方程的关键，为了数据拟合，多元回归方程可表示为

$$\hat{y} = \hat{\beta}_0 + \hat{\beta}_1 x_1 + \hat{\beta}_2 x_2 + \cdots + \hat{\beta}_p x_p \tag{4.19}$$

式中，$\hat{y}$ 为因变量预测值；$\hat{\beta}_0$ 为预测系数，可用普通最小二乘法确定。

4.2.2 溃口峰值流量预测模型

为了建立堰塞体溃口峰值流量的预测模型，选取了表 4.4 中 48 座拥有实测资料的堰塞体溃决案例，以堰塞体高度（H_d）、堰塞体宽度（W_d）和堰塞体体积（V_d）来表征堰塞体的形态特征，以堰塞湖体积（V_l）来表征堰塞湖的水动力条件，并利用新定义的参数 C_m 来表征堰塞体的冲蚀特性，且 C_m 随堰塞体材料组成不同而发生变化。利用多元回归方法，提出了堰塞体溃口峰值流量的预测模型，表达式如下：

$$\frac{Q_p}{g^{\frac{1}{2}}H_d^{\frac{5}{2}}} = \left(\frac{H_d}{H_z}\right)^{-1.661}\left(\frac{W_d}{H_d}\right)^{0.568}\left(\frac{V_l}{V_d}\right)^{0.207}e^{C_m} \tag{4.20}$$

式中，H_z 为堰塞体高度参数，取 100 m；C_m 为考虑颗粒组成的冲蚀因子，$C_m = -10.299C_r - 2.297C_s$，其中，$C_r$ 为粒径大于 200 mm 的岩石含量，C_s 为粒径小于 200 mm 的岩石与土的含量，$C_r + C_s = 1$。

48 座堰塞体的溃口峰值流量预测值与实测值的对比如图 4.1 所示。

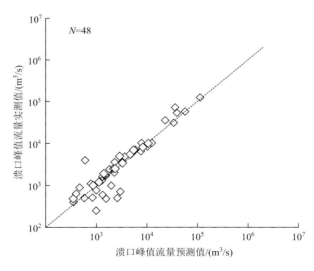

图 4.1 溃口峰值流量预测值与实测值的对比

4.2.3　溃口最终深度预测模型

为了建立堰塞体溃口最终深度的预测模型，选取了表 4.4 中 23 座拥有实测资料的堰塞体溃决案例，以堰塞体高度（H_d）、堰塞体长度（L_d）和堰塞体体积（V_d）来表征堰塞体的形态特征，以堰塞湖体积（V_l）来表征堰塞湖的水动力条件，同样利用 C_m 来表征堰塞体的冲蚀特性，只是 C_m 的表达式与 4.2.2 节有所不同。利用多元回归方法，提出了堰塞体溃口最终深度的预测模型，表达式如下：

$$\frac{D_f}{H_z}=\left(\frac{H_d}{H_z}\right)^{0.835}\left(\frac{L_d}{H_d}\right)^{-0.148}\left(\frac{V_l}{V_d}\right)^{0.043}\mathrm{e}^{C_m} \tag{4.21}$$

式中，$C_m = -1.600C_r + 0.255C_s$。

23 座堰塞体的溃口最终深度预测值与实测值的对比如图 4.2 所示。

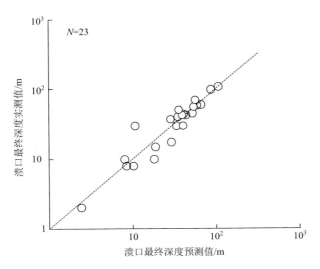

图 4.2　溃口最终深度预测值与实测值的对比

4.2.4　溃口最终顶宽预测模型

为了建立堰塞体溃口最终顶宽的预测模型，选取了表 4.4 中 11 座拥有实测资料的堰塞体溃决案例，以堰塞体高度（H_d）、堰塞体长度（L_d）和堰塞体体积（V_d）来表征堰塞体的形态特征，以堰塞湖体积（V_l）来表征堰塞湖的水动力条件，同样利用 C_m 来表征堰塞体的冲蚀特性，只是 C_m 的表达式与 4.2.2 节和 4.2.3 节有所不同。利用多元回归方法，提出了堰塞体溃口最终顶宽的预测模型，表达式如下：

$$\frac{B_{\mathrm{f}}}{H_{\mathrm{z}}} = \left(\frac{H_{\mathrm{d}}}{H_{\mathrm{z}}}\right)^{0.693} \left(\frac{L_{\mathrm{d}}}{H_{\mathrm{d}}}\right)^{0.162} \left(\frac{V_{\mathrm{l}}}{V_{\mathrm{d}}}\right)^{0.103} \mathrm{e}^{C_{\mathrm{m}}} \tag{4.22}$$

式中，$C_{\mathrm{m}} = -0.460C_{\mathrm{r}} + 0.440C_{\mathrm{s}}$。

11 座堰塞体的溃口最终顶宽预测值与实测值的对比如图 4.3 所示。

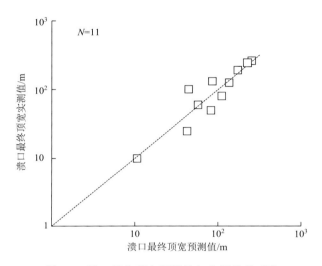

图 4.3　溃口最终顶宽预测值与实测值的对比

4.2.5　溃口最终底宽预测模型

为了建立堰塞体溃口最终底宽的预测模型，选取了表 4.4 中 12 座拥有实测资料的堰塞体溃决案例，以堰塞体高度（H_{d}）、堰塞体长度（L_{d}）和堰塞体体积（V_{d}）来表征堰塞体的形态特征，以堰塞湖体积（V_{l}）来表征堰塞湖的水动力条件，同样利用 C_{m} 来表征堰塞体的冲蚀特性，只是 C_{m} 的表达式与 4.2.2～4.2.4 节有所不同。利用多元回归方法，提出了堰塞体溃口最终底宽的预测模型，表达式如下：

$$\frac{b_{\mathrm{f}}}{H_{\mathrm{z}}} = \left(\frac{H_{\mathrm{d}}}{H_{\mathrm{z}}}\right)^{0.267} \left(\frac{L_{\mathrm{d}}}{H_{\mathrm{d}}}\right)^{0.055} \left(\frac{V_{\mathrm{l}}}{V_{\mathrm{d}}}\right)^{0.154} \mathrm{e}^{C_{\mathrm{m}}} \tag{4.23}$$

式中，$C_{\mathrm{m}} = -2.814C_{\mathrm{r}} + 0.266C_{\mathrm{s}}$。

12 座堰塞体的溃口最终底宽预测值与实测值的对比如图 4.4 所示。

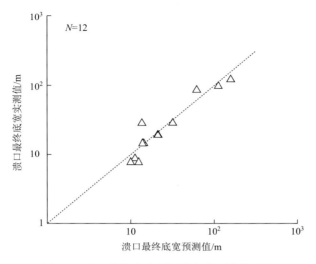

图4.4 溃口最终底宽预测值与实测值的对比

4.3 本章模型与国内外常用模型比较

为了将新模型预测的溃决参数与现有典型模型预测的溃决参数进行比较，选择均方根误差（RMSE）和可决系数（R^2）来评估各模型溃决参数的预测精度。两个系数的表达式如下：

$$\text{RMSE} = \sqrt{\frac{\text{SSE}}{n}} \qquad (4.24)$$

$$R^2 = 1 - \frac{\text{SSE}}{\text{SST}} \qquad (4.25)$$

式中，SSE 为误差平方和，$\text{SSE} = \sum_{i=1}^{n}\left(y_{mi} - \hat{y}_i\right)^2$，其中，$y_{mi}$ 为第 i 个因变量的实测值，$\hat{y}_i$ 为第 i 个因变量的预测值；SST 为离差平方和，$\text{SST} = \sum_{i=1}^{n}\left(\hat{y}_i - \bar{y}_m\right)^2$，其中，$\bar{y}_m$ 为该因变量所有测量值的平均值。

对于 RMSE，计算值越小，模型预测值的精度越高。此外，R^2 的取值范围为 $0\sim1$，当 R^2 越接近 1 时，说明预测值与实测值的拟合程度越高。

值得一提的是，由于堰塞体溃决参数快速评估模型总体较少，在实践中，许多用于预测土石坝溃决参数的快速评估模型也被广泛采用。为了分析比较各模型的优劣，选择国内外已有的堰塞体和土石坝溃决参数快速评估模型，与本章模型进行比较，计算结果见表 4.5 和表 4.6。

表 4.5　各模型溃口峰值流量预测精度对比

序号	坝型	作者	表达式		案例数	RMSE	R^2
1	堰塞体	Costa（1985）	$Q_p = 6.3H_d^{1.59}$	(4.1)	48	0.726	0.291
			$Q_p = 672I_l^{0.56}$	(4.2)	48	0.546	0.599
			$Q_p = 181(H_d I_l')^{0.43}$	(4.3)	48	0.561	0.577
2	堰塞体	Costa 和 Schuster（1988）	$Q_p = 0.0158(PE)^{0.41}$	(4.4)	48	0.668	0.399
3	堰塞体	Peng 和 Zhang（2012a）	$\dfrac{Q_p}{g^{\frac{1}{2}}H_d^{\frac{5}{2}}}=\left(\dfrac{H_d}{W_d}\right)^{-1.417}\left(\dfrac{H_d}{W_d}\right)^{-0.265}\left(\dfrac{V_l^{\frac{1}{3}}}{H_d}\right)^{-0.471}\left(\dfrac{V_l^{\frac{1}{3}}}{H_d}\right)^{1.569}\mathrm{e}^{a}$	(4.8)	48	0.320	0.863
			$\dfrac{Q_p}{g^{\frac{1}{2}}H_d^{\frac{5}{2}}}=\left(\dfrac{H_d}{H_r'}\right)^{-1.371}\left(\dfrac{V_l^{\frac{1}{3}}}{H_d}\right)^{1.536}\mathrm{e}^{a}$	(4.9)	48	0.325	0.858
4	土石坝	Kirkpatrick（1977）	$Q_p = 1.268(h_w + 0.3)^{2.5}$	(4.26)	48	1.411	-1.677
5	土石坝	SCS（1981）	$Q_p = 16.6h_w^{1.85}$	(4.27)	48	1.270	-1.169
6	土石坝	Hagen（1982）	$Q_p = 0.54(h_d S)^{0.5}$	(4.28)	48	0.941	-0.190
7	土石坝	Singh 和 Snorrason（1984）	$Q_p = 13.4h_d^{1.89}$	(4.29)	48	1.259	-1.130
			$Q_p = 1.776S^{0.47}$	(4.30)	48	0.539	0.609
8	土石坝	MacDonald 和 Langridge-Monopolis（1984）	$Q_p = 1.154(V_w h_w)^{0.412}$	(4.31)	48	0.613	0.494
9	土石坝	Costa（1985）	$Q_p = 0.981(h_d S)^{0.42}$	(4.32)	48	0.617	0.488

续表

序号	坝型	作者	表达式		案例数	RMSE	R^2
10	土石坝	Evans（1986）	$Q_p = 0.72V_w^{0.53}$	(4.33)	48	0.566	0.569
11	土石坝	USBR（1988）	$Q_p = 19.1h_w^{1.85}$	(4.34)	48	1.319	-1.338
12	土石坝	Froehlich（1995a）	$Q_p = 0.607V_w^{1.85}h_w^{1.24}$	(4.35)	48	0.921	-0.139
13	土石坝	Walder 和 O'Connor（1997）	$Q_p = 0.031g^{0.5}V_w^{0.47}h_w^{0.15}h_b^{0.94}$	(4.36)	48	1.089	-0.594
14	土石坝	Xu 和 Zhang（2009）	$Q_p = 0.175g^{0.5}V_w^{\frac{5}{6}}\left(\dfrac{h_d}{h_r}\right)^{0.199}\left(\dfrac{V_w^{\frac{1}{3}}}{h_w}\right)^{-1.274}e^{B_4}$	(4.37)	48	1.729	-3.018
15	土石坝	Thornton 等（2011）	$Q_p = 0.1202L^{1.7856}$	(4.38)	44	1.323	-1.353
			$Q_p = 0.863V_w^{0.335}h_d^{1.833}w_{ave}^{-0.663}$	(4.39)	48	0.909	-0.110
16	土石坝	Lorenzo 和 Macchione（2014）	$Q_p = 0.012V_w^{0.493}h_d^{1.205}L^{0.226}$	(4.40)	44	1.600	-2.442
			$Q_p = 0.321g^{0.258}(0.07V_w)^{0.485}h_b^{0.802}$	(4.41)	48	0.908	-0.108
17	土石坝	Hooshyaripor 等（2014）	$Q_p = 0.0212V_w^{0.5429}h_w^{0.8713}$	(4.42)	48	0.771	0.200
			$Q_p = 0.0454V_w^{0.448}h_w^{1.156}$	(4.43)	48	0.859	0.009
18	土石坝	Azimi 等（2015）	$Q_p = 0.0166(gV_w^{0.5})h_w$	(4.44)	48	0.937	-0.179
19	土石坝	Froehlich（2016）	$Q_p = 0.0175K_MK_H\left[\dfrac{gV_wh_w(h_b)^2}{w_{ave}}\right]^{0.5}$	(4.45)	48	0.834	0.065
20	土石坝	Rong 等（2020）	$Q_p = 0.0755V_w^{0.444}h_w^{1.240}$	(4.46)	48	1.083	-0.578

续表

序号	坝型	作者	表达式	案例数	RMSE	R^2
21	土石坝	Zhong 等（2020a）	$Q_p = V_w g^{0.5} h_w^{-0.5} \left(\dfrac{V_w^{\frac{1}{3}}}{h_w}\right)^{-1.58} \left(\dfrac{h_w}{h_b}\right)^{-0.76} h_d^{0.10} e^{4.55}$ （4.47）	48	0.925	-0.149
22	堰塞体	本章模型	$\dfrac{Q_p}{g^{\frac{1}{2}} H_d^{\frac{5}{2}}} = \left(\dfrac{H_d}{H_z}\right)^{-1.661} \left(\dfrac{W_d}{H_d}\right)^{0.568} \left(\dfrac{V_l}{V_d}\right)^{0.207} e^{C_m}$ （4.20）	48	0.250	0.916

注：Q_p 为溃口峰值流量（m³/s）；H_d 为堰塞体高度（m）；V_l' 为堰塞湖体积（m³）；V_d 为堰塞体宽度（m³）；V_l 为堰塞湖体积（m³）；PE 为堰塞湖势能（J）；g 为重力加速度，$g=9.8$ m/s²；a 为土体冲蚀率高低判别值；h_w 为溃坝时溃口底部以上水深（m）；S 为水库库容（m³），取 15（m）；h_f 为土石坝坝高参数，取 15（m）；h_b 为溃口深度（m）；L 为土石坝坝长（m）；H_z 为堰塞体高度参数，取 100（m）；C_m 为考虑颗粒组成的冲蚀因子。W_d 为堰塞体宽度（m）；V_w 为溃坝时溃口底部以上水库库容（m³）；h_d 为土石坝右坝高（m）；h_t' 为单位长度，取 1（m）；w_{ave} 为土石坝平均宽度（m）；H_z 为堰塞体高度参数。

对于式（4.37），将堰塞体视为均质坝，指数 $B_4 = b_3 + b_4 + b_5$，$b_3 = 0.649$，$b_4 = -0.705$，$b_5 = 0.375$（高冲蚀率）或 0.375（中冲蚀率）或 1.039（渗透破坏）或 1（漫顶），$K_M = 1.85$（漫顶），$K_M = 1$，当 $h_b \leq 6.1$ m 时，$K_H = 1$，当 $h_b > 6.1$ m 时，$K_H = (h_b/6.1)^{1.8}$。

1.362（低冲蚀率）。对于式（4.45），$b_5 = -0.007$（渗透破坏）。

表4.6　各模型溃口最终尺寸预测精度对比

溃口尺寸	序号	坝型	作者	表达式		案例数	RMSE	R^2
B_f	1	堰塞体	Peng 和 Zhang (2012a)	精细化方程：$\dfrac{B_t}{H_r'} = \left(\dfrac{H_d}{H_r'}\right)^{0.752}\left(\dfrac{H_d}{W_d}\right)^{0.315}\left(\dfrac{V_d^{\frac{1}{3}}}{H_d}\right)^{-0.243}\left(\dfrac{V_l^{\frac{1}{3}}}{H_d}\right)^{0.682} e^a$	(4.10)	11	39.910	0.755
				简化方程：$\dfrac{B_t}{H_r'} = \left(\dfrac{H_d}{H_r'}\right)^{0.911}\left(\dfrac{V_l^{\frac{1}{3}}}{H_d}\right)^{0.271} e^a$	(4.11)	11	41.741	0.732
	2	堰塞体	本章模型	$\dfrac{B_t}{H_z} = \left(\dfrac{H_d}{H_z}\right)^{0.693}\left(\dfrac{L_d}{H_d}\right)^{0.162}\left(\dfrac{V_l}{V_d}\right)^{0.103} e^{C_m}$	(4.22)	11	27.426	0.884
b_f	3	堰塞体	Peng 和 Zhang (2012a)	精细化方程：$\dfrac{b_t}{H_r'} = 0.004\left(\dfrac{H_d}{H_r'}\right) + 0.050\left(\dfrac{H_d}{W_d}\right) - 0.044\left(\dfrac{V_d^{\frac{1}{3}}}{H_d}\right) + 0.088\left(\dfrac{V_l^{\frac{1}{3}}}{H_d}\right) + a$	(4.12)	12	74.444	−2.416
				简化方程：$\dfrac{b_t}{H_r'} = 0.003\left(\dfrac{H_d}{H_r'}\right) + 0.070\left(\dfrac{V_l^{\frac{1}{3}}}{H_d}\right) + a$	(4.13)	12	64.929	−1.598
	4	堰塞体	本章模型	$\dfrac{b_t}{H_z} = \left(\dfrac{H_d}{H_z}\right)^{0.267}\left(\dfrac{L_d}{H_d}\right)^{0.055}\left(\dfrac{V_l}{V_d}\right)^{0.154} e^{C_m}$	(4.23)	12	14.680	0.867
$B_{f(ave)}$	5	土石坝	USBR (1988)	$B_{f(ave)} = 3h_w$	(4.48)	7	149.12	−5.078
	6	土石坝	Von Thun 和 Gillette (1990)	$B_{f(ave)} = 2.5h_w + C_b$	(4.49)	7	145.00	−4.747
	7	土石坝	Froehlich (1995b)	$B_{f(ave)} = 0.1803K_0(V_w)^{0.32}(h_b)^{0.19}$	(4.50)	7	162.10	−6.181

续表

溃口尺寸	序号	坝型	作者	表达式		案例数	RMSE	R^2
$B_{f(ave)}$	8	土石坝	Xu 和 Zhang（2009）	$B_{f(ave)} = 0.787 h_b \left(\dfrac{h_d}{h_r}\right)^{0.133} \left(\dfrac{V_w^{\frac{1}{3}}}{h_w}\right)^{0.652} e^{B_1}$	（4.51）	7	445.78	−53.311
	9	土石坝	Froehlich（2016）	$B_{f(ave)} = 0.27 K_M V_w^{\frac{1}{3}}$	（4.52）	7	94.599	−1.446
	10	土石坝	Rong 等（2020）	$B_{f(ave)} = 0.352 V_w^{0.282} h_w^{0.313}$	（4.53）	7	205.797	−10.373
	11	土石坝	Zhong 等（2020a）	$B_{f(ave)} = h_b \left(\dfrac{V_w^{\frac{1}{3}}}{h_w}\right)^{0.84} \left(\dfrac{h_w}{h_b}\right)^{2.30} h_d^{0.06} e^{-0.90}$	（4.54）	7	118.004	−2.806
	12	堰塞体	Peng 和 Zhang（2012a）	精细化方程：$B_{f(ave)} = \dfrac{4.10 + 4.12}{2}$	（4.55）	7	40.766	0.546
	13			简化方程：$B_{f(ave)} = \dfrac{4.11 + 4.13}{2}$	（4.56）	7	52.436	0.248
	14	堰塞体	本章模型	$B_{f(ave)} = \dfrac{4.22 + 4.23}{2}$	（4.57）	7	17.884	0.913
D_f	15	堰塞体	Peng 和 Zhang（2012a）	精细化方程：$\dfrac{D_f}{H_r'} = \left(\dfrac{H_d}{H_r'}\right)^{0.882} \left(\dfrac{H_d}{W_d}\right)^{-0.041} \left(\dfrac{V_d^{\frac{1}{3}}}{H_d}\right)^{-0.099} \left(\dfrac{V_1^{\frac{1}{3}}}{H_d}\right)^{0.139} e^a$	（4.14）	23	14.320	0.715
				简化方程：$\dfrac{D_f}{H_r'} = \left(\dfrac{H_d}{H_r'}\right)^{0.923} \left(\dfrac{V_1^{\frac{1}{3}}}{H_d}\right)^{0.118} e^a$	（4.15）	23	13.785	0.736

续表

溃口尺寸	序号	坝型	作者	表达式	案例数	RMSE	R^2
D_f	16	堰塞体	本章模型	$$\frac{D_f}{H_z} = \left(\frac{H_d}{H_z}\right)^{0.835}\left(\frac{L_d}{H_d}\right)^{-0.148}\left(\frac{V_l}{V_d}\right)^{0.043}e^{C_m} \quad (4.21)$$	23	8.213	0.906

注：B_f 为溃口最终顶宽（m）；b_f 为溃口最终底宽（m）；$B_{f(ave)}$ 为溃口最终平均宽度（m）；D_f 为溃口最终深度（m）；D_l 为溃口最终深度（m）；H_r' 为单位长度，取 1（m）；H_d 为堰塞体高度（m）；W_d 为堰塞体宽度（m）；V_d 为堰塞体体积（m³）；V_l 为堰塞湖湖体体积（m³）；H_z 为堰塞体高度参数，取 100（m）；L_d 为堰塞体长度（m）；C_m 为考虑颗粒组成的冲蚀因子；h_w 为溃坝时溃口底部以上水深（m）；V_w 为溃坝时溃口底部以上水库库容（m³）；h_b 为溃口深度（m）。

对于式(4.49)，当 $S<1.2335\times10^6$ m³ 时[其中 S 为水库库容（m³）]，$C_b = 6.096$；当 $1.2335\times10^6 \le S<6.1676\times10^6$ m³ 时，$C_b = 18.288$；当 6.1676×10^6 m³$\le S<1.2335\times10^7$ m³ 时，$C_b = 42.672$；当 $S\ge1.2335\times10^7$ m³ 时，$C_b = 54.864$。

对于式(4.50)，当土石坝溃决模式为漫顶时，$K_0 = 1.4$；当土石坝溃决模式为渗透破坏时，$K_0 = 1.0$。

对于式(4.51)，将堰塞体视为均质坝，指数 $B_3 = b_3+b_4+b_5$，$b_3 = 0.226$，$b_4 = -0.149$（漫顶），$b_4 = 0.389$（渗透破坏），$b_5 = 0.291$（高冲蚀率）或 0.14（中冲蚀率）或 0.391（低冲蚀率）。

对于式(4.52)，当土石坝的溃决模式为漫顶时，$K_M = 1.3$；当土石坝溃决模式为渗透破坏时，$K_M = 1.0$。

　　此外，为了进一步比较国内外常用模型与本章模型的优势和劣势，选用箱形图来展示各模型预测值与实测值之间差距。箱形图的优点是结果不受异常值影响，且能展示更多的细节，如最小值、最大值、平均值、下四分位数（$Q1$）、中位数（$Q2$）和上四分位数（$Q3$）。各模型的箱形图如图 4.5～图 4.9 所示。

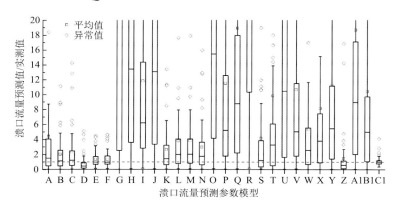

图 4.5　各模型溃口峰值流量预测值与实测值之比箱形图

A 为 Costa（1985）模型，式（4.1）；B 为 Costa（1985）模型，式（4.2）；C 为 Costa（1985）模型，式（4.3）；D 为 Costa 和 Schuster（1988）模型，式（4.4）；E 为 Peng 和 Zhang（2012a）模型，式（4.8）；F 为 Peng 和 Zhang（2012a）模型，式（4.9）；G 为 Kirkpatrick（1977）模型，式（4.26）；H 为 SCS（1981）模型，式（4.27）；I 为 Hagen（1982）模型，式（4.28）；J 为 Singh 和 Snorrason（1984）模型，式（4.29）；K 为 Singh 和 Snorrason（1984）模型，式（4.30）；L 为 MacDonald 和 Langridge-Monopolis（1984）模型，式（4.31）；M 为 Costa（1985）模型，式（4.32）；N 为 Evans（1986）模型，式（4.33）；O 为 USBR（1988）模型，式（4.34）；P 为 Froehlich（1995a）模型，式（4.35）；Q 为 Walder 和 O'Connor（1997）模型，式（4.36）；R 为 Xu 和 Zhang（2009）模型，式（4.37）；S 为 Thornton 等（2011）模型，式（4.38）；T 为 Thornton 等（2011）模型，式（4.39）；U 为 Thornton（2011）模型，式（4.40）；V 为 Lorenzo 和 Macchione（2014）模型，式（4.41）；W 为 Hooshyaripor 等（2014）模型，式（4.42）；X 为 Hooshyaripor 等（2014）模型，式（4.43）；Y 为 Azimi 等（2015）模型，式（4.44）；Z 为 Froehlich（2016）模型，式（4.45）；A1 为 Rong 等（2020）模型，式（4.46）；B1 为 Zhong 等（2020a）模型，式（4.47）；C1 为本章模型，式（4.20）

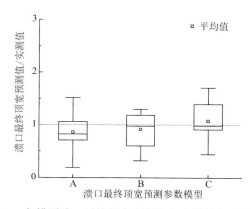

图 4.6　各模型溃口最终顶宽预测值与实测值之比箱形图

A 为 Peng 和 Zhang（2012a）模型，式（4.10）；B 为 Peng 和 Zhang（2012a）模型，式（4.11）；C 为本章模型，式（4.22）

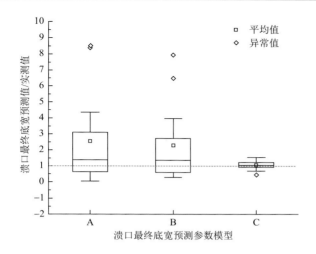

图 4.7   各模型溃口最终底宽预测值与实测值之比箱形图

A 为 Peng 和 Zhang（2012a）模型，式（4.12）；B 为 Peng 和 Zhang（2012a）模型，式（4.13）；C 为本章模型，
式（4.23）

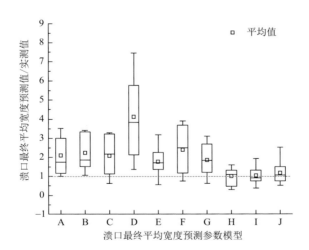

图 4.8   各模型溃口最终平均宽度预测值与实测值之比箱形图

A 为 USBR（1988）模型，式（4.48）；B 为 Von Thun 和 Gillette（1990）模型，式（4.49）；C 为 Froehlich（1995b）
模型，式（4.50）；D 为 Xu 和 Zhang（2009）模型，式（4.51）；E 为 Froehlich（2016）模型，式（4.52）；F 为 Rong
等（2020）模型，式（4.53）；G 为 Zhong 等（2020a）模型，式（4.54）；H 为 Peng 和 Zhang（2012a）模型，式
（4.55）；I 为 Peng 和 Zhang（2012a）模型，式（4.56）；J 为本章模型，式（4.57）

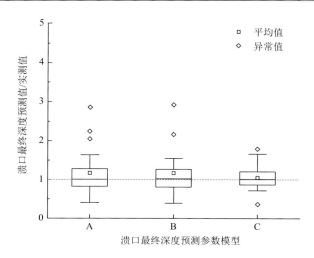

图 4.9　各模型溃口最终深度预测值与实测值之比箱形图

A 为 Peng 和 Zhang（2012a）模型，式（4.14）；B 为 Peng 和 Zhang（2012a）模型，式（4.15）；C 为本章模型，
式（4.21）

　　由表 4.5 各模型的计算结果比较发现，在所有的模型中，本章模型[式（4.20）]溃口峰值流量预测值的均方根误差（ERMS）最小，可决系数（R^2）最大；Peng 和 Zhang（2012a）模型[式（4.8）和式（4.9）]溃口峰值流量预测值的均方根误差仅大于本章模型，可决系数仅小于本章模型；与其他堰塞体溃决参数模型相比，Costa（1985）模型[式（4.1）]溃口峰值流量预测值的均方根误差最大，可决系数最小；但结果优于很多土石坝溃决参数模型。

　　对于图 4.5，虚线表示预测值与实测值的比率为 1，因此平均值和中位数更接近虚线，从下四分位数到上四分位数的范围表明预测的波动性。如图 4.5 所示，Peng 和 Zhang（2012a）模型[式（4.8）和式（4.9）]与本章模型的预测结果均存在四个异常值，然而，预测的误差比其他模型的误差要小。从数据的分布来看，土石坝溃口峰值流量预测模型计算结果的中位数一般都远高于虚线[Froehlich（2016）模型除外]，说明土石坝参数模型的计算结果普遍高估了溃口洪峰流量，从而夸大了灾难后果，究其原因，土石坝的参数模型大多假设溃口发展到坝基，而堰塞体溃决后一般存在残留坝高，堰塞湖库容未完全下泄，导致溃口峰值流量比完全溃决时偏小。

　　总地来说，与土石坝的溃口峰值流量预测模型相比，堰塞体的溃口峰值流量预测模型具有更好的预测精度，另外，根据表 4.5 和图 4.5，本章模型[式（4.20）]与 Peng 和 Zhang（2012a）模型[式（4.8）和式（4.9）]的预测结果更为准确。

　　由于堰塞体的形态不规则，溃口几何形态的测量数据较为匮乏，由于可靠的案例数较少，堰塞体溃口几何参数的预测准确率一直较低。基于目前可以获取的有限数据，国内外常用模型和本章模型对堰塞体溃口几何形状预测结果的均方根误差和可决系数统计见表 4.6。

对于溃口最终顶宽，本章模型[式（4.22）]预测值的均方根误差最小，可决系数最大；Peng 和 Zhang（2012a）模型[式（4.10）和式（4.11）]预测值次之。如图 4.6 所示，Peng 和 Zhang（2012a）模型[式（4.11）]与本章模型[式（4.22）]的平均值和中位数接近于 1 的比值，而 Peng 和 Zhang（2012a）模型[式（4.10）]的平均值和中位数相对较小。由于土石坝溃决参数模型中一般只考虑溃口平均宽度，在此不做比较。

对于溃口最终底宽，本章模型[式（4.23）]预测值的均方根误差最小，可决系数最大；相比之下，Peng 和 Zhang（2012a）模型[式（4.12）和式（4.13）]预测值的均方根误差较大，甚至出现负的可决系数。如图 4.7 所示，本章模型[式（4.23）]的平均值和中位数更加接近于 1，Peng 和 Zhang（2012a）模型[式（4.12）和式（4.13）]的平均值和中位数偏离较远。由于土石坝溃决参数模型中一般只考虑溃口平均宽度，在此不做比较。

对于溃口最终平均宽度，选择了常用的土石坝溃决参数模型[式（4.48）～式（4.54）]进行比较。通过表 4.6 的计算结果可以看出，土石坝溃决参数模型的预测结果均不理想，Peng 和 Zhang（2012a）模型[式（4.55）和式（4.56）]与本章模型[式（4.57）]模拟结果较为理想。由图 4.8 也可得出类似的结论，土石坝溃决参数模型的平均值和中位数均明显大于 1，因此采用土石坝溃决模型预测溃口最终平均宽度时一般会产生比实际情况更大的值，规律也与高估溃口峰值流量一致，即溃口峰值流量越大，对应的溃口越宽。

综上所述，本章建立的模型对于所选择的堰塞体溃决案例具有最佳的预测精度；此外，Peng 和 Zhang（2012a）模型对堰塞体溃决参数的预测结果也较为准确。然而，由于本章模型的建立和验证基于相同的案例，因此利用这些案例将本章模型与其他参数模型进行比较还缺乏一定的客观性，但可较为合理地比较其他模型的预测精度。

5 堰塞体溃决机理与溃决过程模拟

5.1 堰塞体溃决机理与数值模拟研究的意义

作为自然力作用的产物，堰塞体的形态特征、物质组成和内部结构都与人工土石坝存在明显差别（陈生水，2012）：①堰塞体沿河流运动方向堆积大多较人工土石坝长，且坝顶凹凸不平；②堰塞体一般由崩滑土石料快速堆积而成，结构较为复杂、不均匀性强，粒径级配范围变化大；③由于堰塞体没有泄洪设施，如上游持续来水使得堰塞湖水位超过坝顶，将发生漫顶溃决。通过调查分析发现（Costa and Schuster，1988；Korup，2004；Shi et al.，2018），堰塞体的溃决主要由漫顶或渗透破坏导致，且超过90%已溃堰塞体的失事原因是上游壅水无法下泄而导致的漫顶溃决。

我国独特的地理环境极易发生堰塞体堵塞河谷的事件，仅2008年汶川地震时就形成了257处滑坡堰塞体（Cui et al.，2009），其中堵塞规模最大、潜在危害最高的唐家山堰塞体的处置引起了国内外广泛关注。堰塞体应急抢险工作常常会遇到基础资料薄弱、现场交通条件差、施工时间紧迫等困难，若不能及时进行应急处置，极有可能造成不可估量的灾难（蔡耀军等，2020a）。因此，深入研究堰塞体的溃决机理，对崩滑堰塞体的溃决过程进行科学快速地预测，获取合理的溃口流量过程线，对指导下游疏散、制定应急处置方案等防灾减灾措施都具有重要意义。

鉴于堰塞体溃决产生的巨大威胁，研究其溃决机理对后续的应急处置至关重要。近年来，国内外学者基于物理模型试验开展了一系列堰塞体溃决机理的研究工作。物理模型试验主要是开展小尺度水槽试验，但由于真实堰塞体的材料结构特征和几何形态较为复杂，故大多数学者将堰塞体作为形状规则、颗粒较为均匀的土石坝来处理，研究了各因素对堰塞体溃决的影响（Zhong et al.，2021）。此外，作者研究团队利用离心机的时空放大效应，通过还原真实应力场开展了堰塞体的溃决离心模型试验（赵天龙等，2016，2017；Zhao et al.，2018，2019a，2019b）。

总体来说，土石坝/堰塞体的溃决数学模型可分为参数模型和基于溃决机理的数学模型（ASCE/EWRI Task Committee on Dam/Levee Breach，2011）。参数模型一般基于已溃案例，采用逻辑回归的方法，预测溃口峰值流量、溃口最终宽度与溃坝历时等溃坝特征参数，但参数模型无法给出溃坝洪水流量过程，且大多数参数模型无法考虑坝体材料的物理力学特性（Zhong et al.，2016，2021）。基于溃决机理的数学模型又可分为简化模型和精细化模型：简化模型通过假定溃口的断面形状（矩形、梯形、三角形等），采用冲蚀公式模拟溃口的发展，通过堰流或孔流公式模拟溃口的流量，溃口边坡的稳定性大多采用极限平衡法进行分析，模型一般采用按时间步长迭代的数值计算方法模拟溃口的流量过程和溃口发展过程，该类模型也是目前应用最为广泛的溃坝数学模型（ASCE/EWRI Task Committee on Dam/Levee Breach，2011；陈生水等，2019）；精细化模型的控制方程一般基于Naiver-Stokes 方程（简称 N-S 方程），并考虑溃决过程中的水土耦合作用，通常采用近似黎曼解法和全变差递减差分法（TVD）等激波捕捉方法，并采用有限体积法、水平集法、光滑颗粒流体动力学法等数值模拟方法对控制方程进行求解（ASCE/EWRI Task Committee on Dam/Levee Breach，2011；阎志坤，2019）。

　　与土石坝相比，堰塞体具有宽级配的材料特征和复杂的结构特征，目前常用基于溃决机理的简化数学模型来模拟堰塞体的溃决过程。另外，堰塞体地质调查和材料试验研究也表明堰塞体材料的冲蚀特性和临界剪应力沿深度方向均会发生变化，且在溃决后大多会存在残留坝高（Zhong et al.，2018b），因此用土石坝溃决过程的数学模型模拟堰塞体的溃决过程往往存在较大误差。Zhong 和 Wu（2016）将国际上常用的 3 种土石坝溃决过程数学模型[分别为美国国家气象局 NWS BREACH 模型（Fread，1988）、英国 HR Wallingford 公司的 HR BREACH 模型（Mohamed et al.，2002）和 Wu（2013）提出的 DLBreach 模型]应用于唐家山堰塞体溃决案例，其中 NWS BREACH 模型和 HR BREACH 模型都无法考虑残留坝高，而 DLBreach 模型可以通过预设最终溃口底高程来设置残留坝高。通过计算得到的溃口流量发现：不考虑残留坝高的 HR BREACH 模型计算得到的溃口峰值流量约为实测值的 6 倍，而 NWS BREACH 模型虽然峰值流量误差较小，但由于溃口发展至堰塞体底部，下泄水量明显偏大；DLBreach 模型由于设置了残留坝高，因此反馈分析的结果较为合理（图 5.1），但若用于未溃决堰塞体的溃口流量过程预测，残留坝高的选择却存在较大的不确定性。

　　近年来，我国学者对堰塞体漫顶溃决机理和数值模拟方法进行了深入广泛的研究，开发了一系列基于堰塞体溃决机理的简化数学模型，通过易贡（Wang et al.，2016）、唐家山（Chang et al.，2010；Chen et al.，2015；Zhong et al.，2018b）、小岗剑（Chang et al.，2010；Shen et al.，2020b）、加拉（Chen et al.，2020a）等拥有实测资料的堰塞体溃决案例的反馈分析验证了模型的合理性，并应用于 2018 年10 月与 11 月两次白格堰塞体应急处置（Zhang et al.，2019；Cai et al.，2020；Chen et al.，2020b；Zhong et al.，2020b），为下游群众的转移和防灾减灾工作提供了有力的技术支撑。

　　值得一提的是，地质调查资料显示，近年来发生的易贡、白格等高速滑坡具有"远程"和"碎屑流"的特点，坝料含有较多细颗粒（钟启明等，2020a，2021）；

唐家山高速滑坡则属于"中陡倾角顺层岩质高速短程滑坡"，正是由于"岩质"和"短程"，才会导致堰塞体具备良好的"似层状结构"，坝体拥有较多的大块石（胡卸文等，2009）。另外，由于堰塞体是天然形成的坝体，与人工坝相比没有经过碾压，具有更加复杂的结构和颗粒分布特征，且坝料冲蚀特性沿深度方向存在明显差异，残留坝高的问题仍需进一步探讨。鉴于堰塞体形态结构和材料冲蚀特征的复杂性，其溃决过程的模拟还值得深入探究。

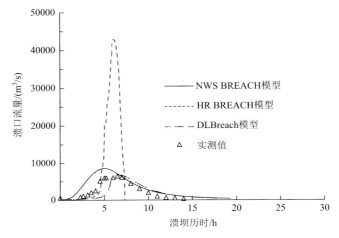

图 5.1　不同土石坝模型模拟唐家山堰塞体溃决过程

　　本章针对崩塌和滑坡这两类发生频率最高的致灾因子形成的堰塞体，从"滑坡—堵江—溃决"的灾害形成过程出发，基于其颗粒分布特征，总结崩滑堰塞体的形成和溃决机理，提出能快速识别和计算崩滑堰塞体溃决过程的数学模型和数值计算方法，选择我国 21 世纪形成的几种典型崩滑堰塞体案例，验证模型的合理性。

5.2　崩滑堰塞体形成机理与颗粒分布特征

5.2.1　崩滑堰塞体形成机理

　　研究表明，崩滑堰塞体的几何形态、粒径分布和材料力学性质等重要特征取决于其形成过程，并极大地影响了堰塞湖的孕灾和致灾过程（Fan et al.，2020；郑鸿超等，2020）。根据国内外常用的分类方法（Turner and Schuster，1996；严祖文等，2009；Hungr et al.，2014），并考虑崩滑体的运动特征，可将崩滑堰塞湖的形成原因细分为 3 类：崩塌、滑坡和碎屑流。

　　崩塌形成堰塞湖是指岸坡上部岩土体被裂缝切割、拉裂后，在外荷载作用下失稳,脱离母岩急剧向下翻滚、跳跃,从而堵塞河道(严祖文等,2009;Evans et al.,2011)。

滑坡形成堰塞湖是指岸坡在外荷载作用下,当坡内软弱结构面上的剪应力超过了抗剪强度,滑坡体沿滑裂面发生整体滑动。一般可将滑坡形成堰塞湖的过程概括为岸坡上部拉裂、下部滑移隆起、中段快速剪断及整体的高速滑动(程谦恭等,1999)。

碎屑流形成堰塞湖是指在滑坡或崩塌过程中,坡体物质在差异滑移速度和相互碰撞作用下产生平移剪切运动、跳跃及滚动等综合流动形式,将高速滑坡碎屑流冲到河对岸并阻挡停积于河床上,从而堵塞河道(严祖文等,2009;Hungr et al.,2014)。

5.2.2 堰塞体颗粒分布特征

目前,国内外对崩滑堰塞湖基本特性的研究主要集中在堰塞湖事件的统计与类型识别、堰塞体的形态特征、堰塞湖形成的影响因素等方面(郑鸿超等,2020)。调查研究发现(刘宁等,2013,2016),堰塞体的颗粒组成对于堰塞体的稳定性和溃决过程有重要影响。一般而言(郑鸿超等,2020),岩质整体滑坡形成的堰塞体稳定性好,溃决时溃口发展速度慢、溃决程度低;少量崩塌块石堆积形成的堰塞体可达成入流和渗流平衡而避免溃决;崩滑碎屑流形成的堰塞体易于快速溃决,危害性更大。

我国学者 Fan 等(2017,2020)基于崩滑发生区域的地质条件、堰塞体的地貌特征和材料物理力学特性,根据崩滑堰塞体的颗粒分布特征将 2008 年"5·12"汶川地震形成的堰塞体分为 3 类。第 1 类,堰塞体由深部岩体的滑塌导致,内部结构可分为两层或三层,底部由较为完整的岩层构成,顶部为岩石碎屑和细颗粒土体[图 5.2(a)];第 2 类,堰塞体由边坡崩塌滑落的石块形成,内部结构可分为两层,底部为高度破碎的岩石碎屑和细颗粒土体,顶部由颗粒较大的碎石组成[图 5.2(b)];第 3 类,堰塞体由远程高速滑坡的碎屑流构成,由于滑坡体经过较长的移动,堰塞体颗粒较为松散且含有较多细颗粒[图 5.2(c)]。

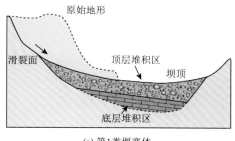

(a) 第1类堰塞体

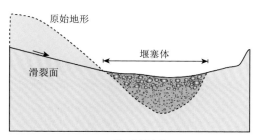

(b) 第2类堰塞体

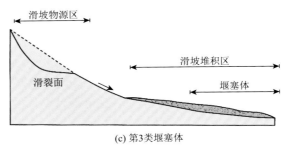

(c) 第3类堰塞体

图 5.2　基于颗粒分布特征的堰塞体分类

5.3　崩滑堰塞体漫顶溃决机理

鉴于堰塞体溃决对人民生命财产和环境造成的极大危害，开展其漫顶溃决机理的研究对堰塞湖的风险评估与排险处置至关重要。由于堰塞体溃决过程的复杂性，加上溃决过程历史资料稀缺，开展小尺度物理模型试验和溃坝离心模型试验是研究堰塞体漫顶溃决机理的主要手段（陈生水等，2019）。近年来，国内开展了诸如易贡、唐家山、白格等堰塞湖的抢险应急处置工作（刘宁等，2013，2016；Cai et al.，2020；蔡耀军等，2020b），使得我国堰塞湖应急处置技术研究取得快速发展，并积累了丰富的现场实测资料，为堰塞体漫顶溃决机理的研究提供了重要的基础资料。

由于堰塞体沿河流运动方向一般堆积较长，应重点关注溃决过程中堰塞体沿河流运动方向溃口形态的变化，同时研究溃口在堰塞体顶部和下游坝坡的发展过程（钟启明等，2018）。一系列堰塞体漫顶溃决小尺度物理模型试验（张婧等，2010；Niu et al.，2012；Zhou et al.，2019），以及作者团队开展的溃坝离心模型试验均表明（Zhao et al.，2019b），堰塞体的漫顶溃决过程可以概括为坝坡冲蚀→冲槽深切→侧壁淘刷→边坡失稳→坝坡粗化；另外，堰塞体在漫顶溃决过程中下游边坡呈逐渐变缓的趋势（图 5.3）。

由于"11·03"白格堰塞体的溃决过程被全程记录，依据实测资料，将堰塞体的冲蚀过程分为三个阶段（Cai et al.，2020；Zhong et al.，2020b）：均匀冲蚀、溯源冲蚀和沿程侵蚀阶段。对于"11·03"白格堰塞体，当流速小于 3 m/s 时，水流侵蚀主要表现为均匀冲蚀，此阶段持续时间约为 24 h；当流速大于 3 m/s 时，表现为溯源冲蚀，当溯源冲蚀发展至上游堰塞湖时，本阶段结束，持续时间约为 4.5 h，此时流速约为 5.5 m/s；此后水流冲蚀表现为沿程侵蚀，溃口流速和流量继续快速增大，溃口很快达到峰值流量，经历约 3.5 h；随后随着堰塞湖水位的降低，溃口流量开始下降，直至溃决过程结束，经历约 14 h。

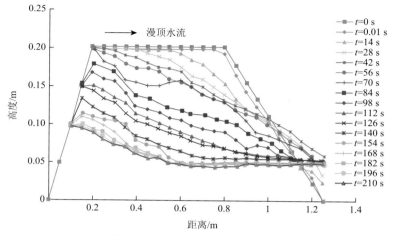

(a) 张婧等(2010)开展的小尺度堰塞体漫顶溃决模型试验

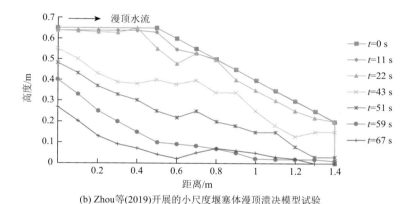

(b) Zhou等(2019)开展的小尺度堰塞体漫顶溃决模型试验

图5.3 小尺度堰塞体漫顶溃决模型试验坝体纵坡面演化过程

　　对于堰塞体顶部和下游坝坡的溃口，由小尺度物理模型试验和白格堰塞湖泄流过程可以看出（Zhong et al.，2020c），溃口的宽度和深度在过坝水流作用下逐渐增加，并伴随间歇性失稳坍塌，且失稳坍塌时滑动面一般为经过溃口底部的平面（图5.4）。对于下游坝坡处的溃口，由于重力的作用，水流的冲蚀更加强烈，溃口的宽度往往大于坝顶处的溃口（Zhong et al.，2018b）。

　　通过对唐家山、小岗剑和"11·03"白格堰塞体的地质调查和堰塞体材料试验分析发现（胡卸文等，2009；Chang and Zhang，2010；Chang et al.，2011；Zhang et al.，2019），堰塞体存在分层现象。总地来说，唐家山堰塞体属于第1类堰塞体，自顶部向下可分为三层结构，颗粒自上而下逐渐增大，孔隙率逐渐减小；小岗剑堰塞体属于第2类堰塞体，自上而下可分为两层结构，颗粒呈现上层大、下层小的分布，由于自密实作用，孔隙率自上而下逐渐减小；"11·03"白格堰塞体属于第 3 类堰塞体，整体来说颗粒分布比较均匀，孔隙率自顶部向下有逐渐减小的趋势。3 个堰塞体的分层特征如图 5.5～图 5.7 所示。

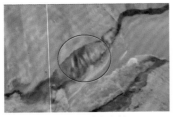
(a) 溃口边坡失稳前

(b) 溃口边坡失稳时

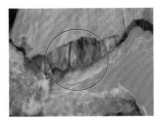
(c) 溃口边坡失稳后

图 5.4　白格堰塞湖泄流时边坡失稳过程

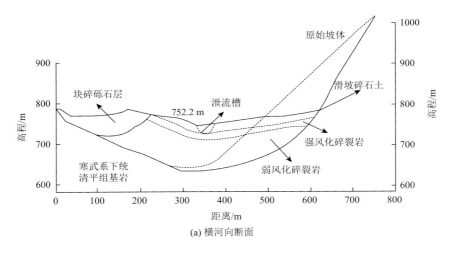
(a) 横河向断面

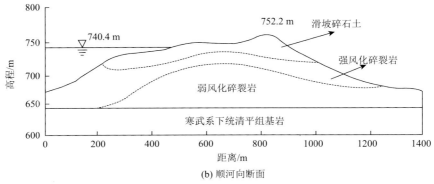
(b) 顺河向断面

图 5.5　唐家山堰塞体断面图

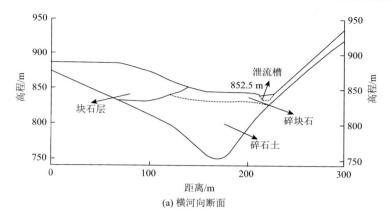

(a) 横河向断面

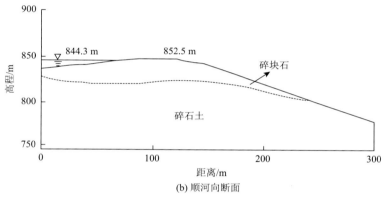

(b) 顺河向断面

图 5.6　小岗剑堰塞体断面图

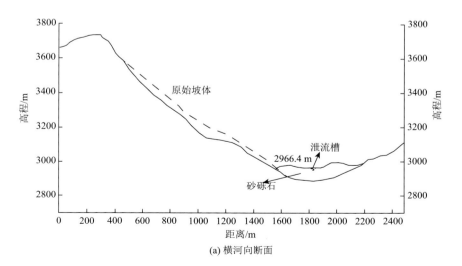

(a) 横河向断面

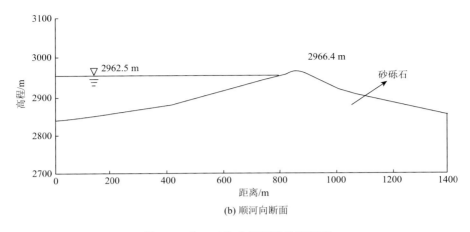

(b) 顺河向断面

图 5.7　"11·03" 白格堰塞体断面图

综上可知，在对崩滑堰塞体开展溃决过程数值模拟时，应充分考虑堰塞体的分层特征和溃决机理，建立可合理模拟溃口演化规律的数学模型，科学预测堰塞体的溃口流量过程。

5.4　崩滑堰塞体漫顶溃决过程数学模拟

基于对崩滑堰塞体漫顶溃决机理的认识，在数值模拟中对溃口演化过程采用以下假设（Zhong et al.，2020c）：①为简便起见，将堰塞体的横断面和纵断面均视为梯形；②通过地质调查，对堰塞体进行分层，并视各层水平分布；③堰塞体各层土层顶部和底部的冲蚀系数由原位试验或经验公式确定，且各层的冲蚀系数由上至下呈线性变化；④在堰塞体溃决过程中，溃口边坡角度一直保持不变，直至失稳；⑤由于堰塞体各层物理力学指标不同，因此溃口边坡失稳后的坡角根据溃口底部所在位置的土体特性来确定；⑥溃口边坡失稳时的破坏面为平面，且滑塌土体瞬间被溃口水流冲走；⑦堰塞体横断面方向溃口的溯源冲蚀速率可通过溃口下切速率除以该时刻下游坡面比（垂直/水平）获得；⑧堰塞体横断面下游坡脚处的冲蚀深度为 0，沿下游坡脚至堰塞体顶部呈线性增大，可根据溃口底部下切深度和溯源冲蚀厚度确定下游坡角的减少量。

因此，基于上述假设，建立了一个可描述堰塞体漫顶溃决过程的数学模型。模型主要包括 3 个组成部分：水动力模块、材料冲蚀模块和溃口发展模块。具体技术细节如下。

5.4.1　水动力模块

堰塞体在发生漫顶溃决时，上游堰塞湖水位是一个动态变化的过程，在计算堰塞湖水位变化时，需同时考虑不同水位的湖面面积、入流量及溃口出流量，使得整个过程服从水量平衡关系（图 5.8）：

$$A_s(z_s)\frac{dz_s}{dt} = Q_{in} - Q_b \tag{5.1}$$

式中，$A_s(z_s)$ 为堰塞湖湖面面积；z_s 为堰塞湖水位；t 为时间；Q_{in} 为入流量；Q_b 为溃口流量。

采用宽顶堰公式计算溃口流量（Singh，1996）：

$$Q_b = k_{sm}\left(c_1 b H^{1.5} + c_2 m_0 H^{2.5}\right) \tag{5.2}$$

式中，b 为溃口底宽；H 为溃口处水深，$H = z_s - z_b$，其中 z_b 为溃口底部高程；m_0 为溃口边坡系数（水平/垂直）；c_1、c_2 为修正系数，模型选取 $c_1 = 1.7\ \mathrm{m^{0.5}/s}$，$c_2 = 1.1\ \mathrm{m^{0.5}/s}$（Singh，1996）；$k_{sm}$ 为尾水淹没修正系数（Fread，1984），可由式（5.3）计算：

$$k_{sm} = \begin{cases} 1.0 & \dfrac{z_t - z_b}{z_s - z_b} < 0.67 \\[3mm] 1.0 - 27.8\left(\dfrac{z_t - z_b}{z_s - z_b} - 0.67\right)^3 & \text{其他} \end{cases} \tag{5.3}$$

式中，z_t 为尾水高度。

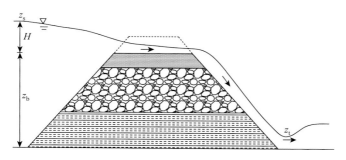

图 5.8　模型水动力学条件

假设过坝水流的流态为临界流，从而对应获取溃口冲蚀过程中坝顶溃口的水流深度（图 5.9）。临界流满足如下关系式：

$$\frac{Q_b}{A_c\sqrt{g\,A_c/B_c}} = 1 \tag{5.4}$$

式中，A_c 为顶部溃口的过流面积，$A_c = h_c(b + m_0 h_c)$，其中 h_c 为溃口的临界水深；B_c 为顶部溃口的水面宽度，$B_c = b + 2\,m_0 h_c$，b 为溃口底宽；g 为重力加速度。

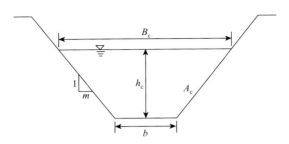

图 5.9　堰塞体溃口水流

为了获取堰塞体下游坡溃口的水深，假设下游坡面上的水流为均匀流，流量公式可采用曼宁公式表达：

$$Q_b = \frac{1}{n} A_d R^{\frac{2}{3}} S_0^{\frac{1}{2}} \qquad (5.5)$$

式中，A_d 为下游坡溃口的过流面积，$A_d = h_s(b + m_0 h_s)$，其中 h_s 为下游坡溃口水深；R 为水力半径，$R = A_d/[b + 2h_s(1 + m_0^2)^{0.5}]$；$S_0$ 为下游坡溃口的坡比（垂直/水平）；n 为糙率，$n = D_{50}^{1/6}/A_n$，其中 D_{50} 为平均粒径，A_n 为模型经验系数，取 12（Wu，2013）。

5.4.2　材料冲蚀模块

一般而言，堰塞体材料的冲蚀率沿深度呈线性减小的趋势，并且有分层的特点。因此，首先根据地勘资料将堰塞体分层，随后通过现场试验或经验公式确定每层材料顶部和底部的冲蚀特性，并假设冲蚀特性从顶部向底部呈线性变化。

选择基于水流剪应力原理的冲蚀率公式模拟每层堰塞体材料的冲蚀（Graf，1984）（图 5.10）：

$$\frac{\mathrm{d}z_b}{\mathrm{d}t} = k_d(\tau_b - \tau_c) \qquad (5.6)$$

式中，k_d 为冲蚀系数；τ_b 为溃口底床处的水流剪应力，可通过曼宁公式确定，$\tau_b = \rho_w g n^2 Q_b^2/(A_c^2 R^{1/3})$，其中 ρ_w 为水的密度（Wu，2013）；τ_c 为堰塞体材料的临界剪应力。k_d 与 τ_c 可通过试验确定（Hanson and Cook，2004）。

当参数无法通过试验获取时，对于冲蚀系数，采用 Chang 等（2011）在汶川地震后依据现场实测资料拟合得出的经验公式计算：

$$k_d = 20075 e^{4.77} C_u^{-0.76} \qquad (5.7)$$

式中，e 为土体的孔隙比；C_u 为土体的不均匀系数，$C_u = d_{60}/d_{10}$。

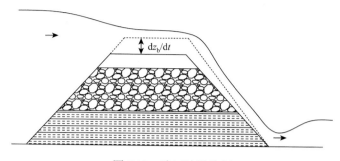

图 5.10 溃口冲蚀特征

考虑到堰塞坝材料宽级配的特征，临界剪应力采用 Annandale（2006）提出的针对粗颗粒材料的计算公式：

$$\tau_c = \frac{2}{3} g D_{50} (\rho_s - \rho_w) \tan \varphi \qquad (5.8)$$

式中，ρ_s 为土体的密度；φ 为土体的内摩擦角。

5.4.3 溃口发展模块

通过唐家山、白格等堰塞体的溃决过程发现，溃口边坡坡角在冲蚀过程中基本上不变直至失稳。式（5.6）可用于计算给定时间段 Δt 内溃口的冲蚀深度增量 $\Delta \varepsilon$，依据相关研究成果（Knight et al.，1984；Javid and Mohammadi，2012），假设溃口的纵向下切与横向扩展速度一致。当溃口处水深小于溃口深度时，按理论分析，溃口水流仅能冲蚀水面线以下的坝体材料（图 5.11）；但根据物理模型试验与现场观测结果发现，由于堰塞体多为散粒材料构成，且未经碾压，当水面以下土体被冲蚀后，上部土体会发生滑落，形成新的溃口（图 5.12）。

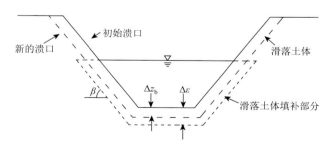

图 5.11 溃口实际发展情况

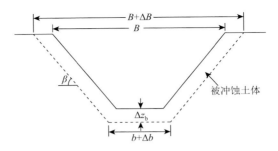

图 5.12　溃口顶宽和底宽发展过程

假设在溃决水流作用下，每层材料的纵向下切与横向扩展速度一致，则溃口顶宽横向扩展速度可表示为

$$\frac{\mathrm{d}B}{\mathrm{d}t} = \frac{n_{\mathrm{loc}}(\mathrm{d}z_{\mathrm{b}}/\mathrm{d}t)}{\sin\beta} \tag{5.9}$$

式中，B 为溃口顶宽；n_{loc} 为溃口位置表征参数，其中，$n_{\mathrm{loc}} = 1$ 表示溃口只能向一侧发展，$n_{\mathrm{loc}} = 2$ 表示溃口可向两侧发展；β 为溃口边坡坡角。

溃口底宽横向扩展速度可表示为

$$\frac{\mathrm{d}b}{\mathrm{d}t} = n_{\mathrm{loc}}\frac{\mathrm{d}z_{\mathrm{b}}}{\mathrm{d}t}\left(\frac{1}{\sin\beta} - \frac{1}{\tan\beta}\right) \tag{5.10}$$

由于下游坡的溃口宽度通常大于堰塞体顶部的溃口宽度，借鉴前人的模拟方法（Wu，2013），模型引入下游坡修正系数 c_{b} 来描述下游坡溃口的发展（图 5.13），下游坡溃口顶宽表示为

$$\frac{\mathrm{d}B}{\mathrm{d}t} = \frac{n_{\mathrm{loc}}c_{\mathrm{b}}(\mathrm{d}z_{\mathrm{b}}/\mathrm{d}t)}{\sin\beta} \tag{5.11}$$

其中：

$$c_{\mathrm{b}} = \min\left[1, \quad \max\left(0, \quad 1.8\frac{b_{\mathrm{up}}}{b_{\mathrm{down}}} - 0.8\right)\right] \tag{5.12}$$

式中，b_{up} 为坝顶溃口的底宽；b_{down} 为下游坡溃口的底宽。

对应于下游坡溃口顶宽的计算方法，下游坡溃口底宽可表示为

$$\frac{\mathrm{d}b}{\mathrm{d}t} = n_{\mathrm{loc}}\frac{\mathrm{d}z_{\mathrm{b}}}{\mathrm{d}t}\left[\max\left(\frac{c_{\mathrm{b}}}{\sin\beta},\frac{1}{\tan\beta}\right) - \frac{1}{\tan\beta}\right] \tag{5.13}$$

由模型试验和现场实测数据发现，堰塞体沿河流运动方向的下游坡在溃决过程中逐渐变缓，对于堰塞体在溃决过程中顺河向方向坝坡坡角的变化，模型假设堰塞体下游坡脚处的冲蚀深度为 0，并沿下游坡向上线性增加直至堰塞体顶部，由于顶部的冲蚀深度可通过式（5.6）计算，便可通过线性差值获取下游坡角的变化（图 5.14）。

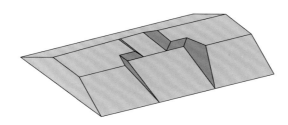

图 5.13 堰塞体顶部与下游坡溃口三维形状图

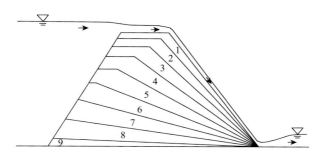

图 5.14 堰塞体漫顶溃决过程中沿河流运动方向溃口形态演化示意图

溃口的持续下切与横向扩展会导致边坡的失稳，采用极限平衡法模拟溃口边坡的失稳，并假设滑动面为平面。由于堰塞体每层材料的物理力学指标不同，假设边坡失稳后的坡角由溃口所在位置的土体材料特性确定（图 5.15）。溃口边坡失稳条件为

$$F_d > F_r \qquad (5.14)$$

式中，F_d 为驱动力，$F_d = W_G \sin\alpha = 0.5\gamma_s H_s^2 (1/\tan\alpha - 1/\tan\beta)\sin\alpha$，其中 W_G 为滑坡体的重量，α 为失稳后溃口边坡的坡角，γ_s 为土体的容重，H_s 为溃口边坡高度；F_r 为抵抗力，$F_r = W_G\cos\alpha\tan\varphi + CH_s/\sin\alpha = 0.5\gamma_s H_s^2 (1/\tan\alpha - 1/\tan\beta)\cos\alpha\tan\varphi + CH_s/\sin\alpha$，其中 C 为土体的黏聚力。

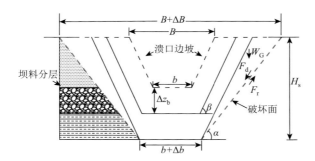

图 5.15 堰塞体溃口边坡稳定性分析

5.5　模型数值计算方法

采用按时间步长迭代的数值计算方法模拟堰塞体溃决过程中的水土耦合作用，输入初始参数，设置计算时长 t_c 和时间步长 Δt，采用如图 5.16 所示的流程图计算堰塞体的溃决过程。

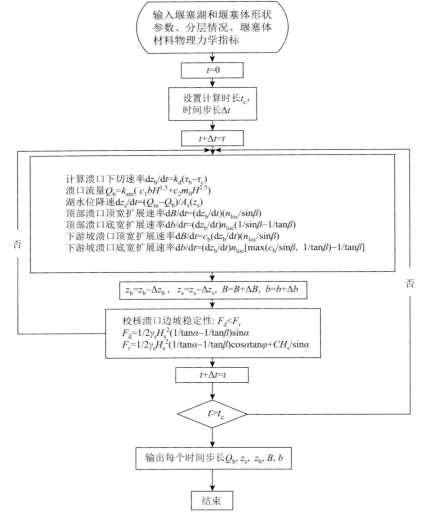

图 5.16　堰塞体溃决过程模拟计算流程图

5.6 白格堰塞体溃决案例反馈分析

为了验证模型的合理性，选择近期发生的、拥有完整实测资料的"11·03"白格堰塞体溃决案例进行反馈分析，由堰塞体的形成机理和颗粒分布情况来看，"11·03"白格堰塞体属于第 3 类堰塞体，本节将重点分析其溃决过程。

5.6.1 案例介绍

2018 年 10 月 10 日 22:06，中国四川省与西藏自治区交界的白格村（31°4′56.41″N，98°42′17.98″E）金沙江右岸发生滑坡（Ouyang et al.，2019），形成堰塞体，完全堵塞了金沙江，据实测分析，"10·10"白格堰塞体的体积约为 $2750 \times 10^4 m^3$（Cai et al.，2020；钟启明等，2020b）。由于水位上涨迅速，且道路不畅，无法及时采取人工干预措施，堰塞湖于 10 月 12 日自然漫顶溃决（Cai et al.，2020）。2018 年 11 月 3 日 17:21，同一地点发生了二次滑坡（Fan et al.，2019）。"11·03"白格滑坡体的体积约为 $160 \times 10^4 m^3$，滑坡体在下滑过程中沿途裹挟约 $140 \times 10^4 m^3$ 的坡面残留碎屑和风化岩石高速下滑，堵塞"10·10"白格堰塞湖溃决形成的新流道，造成二次堵江（蔡耀军等，2019）（图 5.17）。两次白格堰塞体的形态特征参数见表 5.1，图 5.18 给出了两次白格堰塞体的断面形态示意图（Zhang et al.，2019）。

图 5.17 两次滑坡形成的白格堰塞体堆积形态

表 5.1 两次白格堰塞体形态特征

堰塞体名称	垭口高程/m	堰塞体高度/m	堰塞体顺河向顶宽/m	堰塞体顺河向长度/m	堰塞体横河向长度/m	堰塞湖库容/$10^8 m^3$
"10·10"白格	2931	61	200	1500	700	2.49
"11·03"白格	2966	96	200	1500	700	7.57

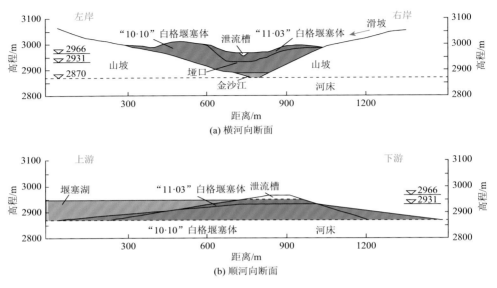

图 5.18　两次白格堰塞体的断面形态示意图

"11·03" 白格堰塞湖形成后，在对比了爆破、水冲、人工开挖、机械开挖形成泄流槽的可行性和安全性后，经过专家组的审慎研判、商讨，最终采用机械开挖泄流槽的方式进行人工干预。自 11 月 8 日泄流槽开始施工，至 11 月 11 日 11:00，泄流槽开挖完成。倒梯形泄流槽顺河向长 220 m，底宽 3 m，顶宽 42 m，最大深度 15 m，断面平均坡比 1∶1.3。另外，长江水利委员会水文局充分利用干流已建水文站（岗拖、波罗、叶巴滩、巴塘、奔子栏、塔城、石鼓、上虎跳峡），同时，四川水文部门在堰塞体上、下游 3 km 处分别设立了水位观测站（程海云，2019），这些站点相互配套，构成了应急监测站网，用于测报堰塞湖入湖流量、溃决洪水流量和水位变化。对于入湖流量，采用了预报模型参数移植和上下游水文站倍比放缩等传统方法，与耦合气象数值预报的分布式水文模型等新技术结合的方法进行预报（程海云，2019）；对于溃口流量，基于 GIS 和数字高程模型（digital elevation model，DEM）网格数据相结合的快速空间信息处理技术，获取了白格堰塞湖的水位-库容关系曲线（程海云，2019），通过实测堰塞湖的水位变化过程推求溃口流量。

"11·03" 白格堰塞湖形成时的水位为 2892.84 m，金沙江的流量约为 700 m³/s（Cai et al.，2020）。2018 年 11 月 12 日 04:45，堰塞湖水位上升至 2952.52 m，达到泄流槽进口处底高程，湖水进入泄流槽；11 月 12 日 10:50，泄流槽全程进水，流量为 1～3 m³/s；11 月 12 日白天，泄流槽入口处水流流速为 1～1.5 m/s；入夜，水流流速增加至 1.5～2.4 m/s；11 月 13 日 10:00 流速增加至 3.0 m/s；11 月 13 日 13:45，堰塞湖达到最高水位 2956.4 m，相应库容为 $5.78 \times 10^8 \text{m}^3$；11 月 13 日 14:30，泄流槽入口处水流流速上升至 6.5 m/s；11 月 13 日 18:00，溃口出现峰值流量，为 31000 m^3/s，此时的水流流速为 10 m/s；11 月 13 日 20:00，溃口流量下降至 7700 m^3/s；截至 11 月 14 日 08:00，溃口流量与基流流量基本一致，堰塞湖水位下降至 2905.75 m，溃决过程停止。"11·03"白格堰塞体溃决过程如图 5.19 所示。

图 5.19　"11·03"白格堰塞体溃决过程实拍图

5.6.2　输入参数

由于"11·03"白格堰塞体的溃决过程拥有较为翔实的实测资料，本次案例反馈分析将选择此次堰塞体的溃决过程进行模拟。

选择"11·03"白格堰塞体垭口高程为堰塞体顶高程,以原河床底高程 2870 m 为堰塞体底高程,通过地勘资料,确定堰塞体的高度为 96 m,堰塞体顶部对应的高程为 2966 m,堰塞体顺河向顶宽和横河向长度分别为 200 m 和 700 m。由于堰塞体的形态不规则,为了便于计算分析,选取初始溃口处的断面形态作为代表,上、下游坡比分别设定为 1∶2.7 和 1∶5.5。根据堰塞体材料的冲蚀特性现场试验结果(Zhang et al.,2019)确定堰塞体材料的物理力学指标。根据堰塞湖的水位-库容关系曲线(陈祖煜等,2019),推导出堰塞湖水位-湖面面积关系曲线如图 5.20 所示。为了模拟堰塞湖溃决过程,初始湖水位设置为泄流槽入口处底高程 2952.52 m;初始溃口(泄流槽)底宽为 3 m,通过比较堰塞体顶高程和初始水位,可得初始溃口深度为 13.48 m,溃口边坡坡比为 1∶1.3(垂直/水平)。模型的计算参数见表 5.2 和表 5.3。

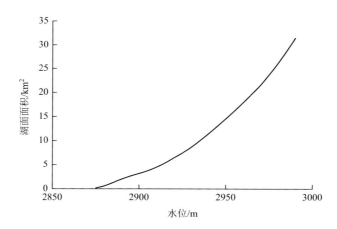

图 5.20 白格堰塞湖水位-湖面面积关系曲线

表 5.2 "11.03"白格堰塞体物理力学指标

参数名称	输入值
堰塞体顶高程/m	2966
堰塞体高度/m	96
堰塞体顶宽/m	270
堰塞体长度/m	600
上游坡比(垂直/水平)	1∶2.7
下游坡比(垂直/水平)	1∶5.5
初始溃口底宽/m	3

续表

参数名称	输入值
初始溃口深度/m	13.48
初始溃口边坡坡比（垂直/水平）	1 : 1.3
堰塞湖初始水位/m	2952.52
堰塞湖湖面面积/m²	$A_s(z_s)\text{-}h$
C/kPa	3
φ/(°)	32.8

表 5.3　"11·03"白格堰塞体分层计算输入参数

序号	层厚/m	e	D_{50}/m	ρ_s/(kg/m³)	k_d/[mm³/(N·s)]	τ_c/Pa
1	96	0.6	0.003	1854	180.2	13.2

5.6.3　模拟结果分析

为了验证模型的合理性，对计算获得的"11·03"白格堰塞体的溃口流量过程、溃口发展过程和堰塞湖水位变化过程与实测结果进行比对（图 5.21～图 5.23），并提取溃口峰值流量（Q_p）、溃口最终顶宽（B_f）、溃口最终底宽（b_f）、溃口最终深度（D_f）以及溃口峰值流量出现时间（T_p）等堰塞体溃决特征参数与实测值进行比对（表 5.4）。值得一提的是，对于溃口发展过程，由于"11·03"白格堰塞体溃决时水下的溃口未能测量，故而提取溃口发展过程的计算值，并与堰塞体溃决后的实测溃口最终尺寸进行比较。

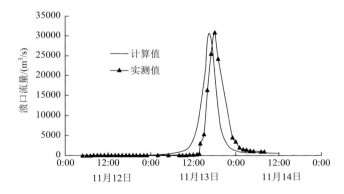

图 5.21　"11·03"白格堰塞体溃口流量过程计算值与实测值比较

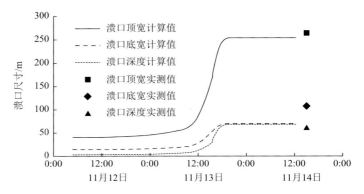

图 5.22　　"11·03" 白格堰塞体溃口发展过程计算值与实测值比较

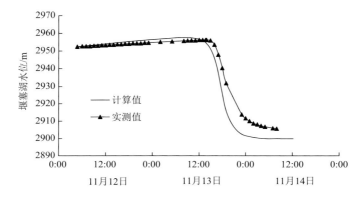

图 5.23　　"11·03" 白格堰塞体溃决过程中堰塞湖水位变化计算值与实测值比较

表 5.4　　"11·03" 白格堰塞体溃决输出参数计算值与实测值比较

参数	$Q_p/(m^3/s)$	B_f/m	b_f/m	D_f/m	T_p/h
实测值	31000	264.1	107.8	62.0	37.25
计算值	30831.1	254.0	68.6	70.2	35.88
相对误差/%	−0.5	−3.8	−36.4	13.2	−3.7

　　由图 5.21～图 5.23 和表 5.4 可以看出，"11·03" 白格堰塞体溃决时的溃口峰值流量、溃口最终顶宽和峰值流量出现时间的计算误差控制在 ±5% 以内，溃口最终深度的计算误差控制在 ±15% 以内，溃口最终底宽的误差较大，超过 ±30%。由图 5.21 和图 5.23 可以看出，溃口流量过程及堰塞湖水位变化过程的计算值与实测值基本吻合。另外，图 5.24 给出了 "11·03" 白格堰塞体漫顶溃决时溃口形态的演化过程，图 5.25 展示了 "11·03" 白格堰塞体溃决过程中某次溃口边坡失稳坍塌

前后溃口形态的变化，模拟结果表明，该数值方法能够有效地反映堰塞体漫顶溃决过程中的溃口演化机理。综上所述，本章建立的数学模型可较好地反馈分析"11·03"白格堰塞体的溃决过程，计算值和实测值的比对结果验证了模型的合理性。

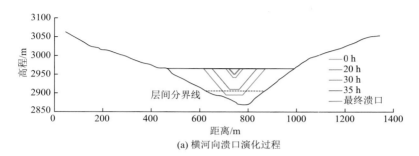

(a) 横河向溃口演化过程

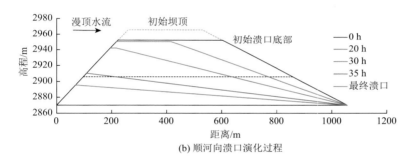

(b) 顺河向溃口演化过程

图 5.24　"11·03"白格堰塞体漫顶溃决时溃口形态的演化过程

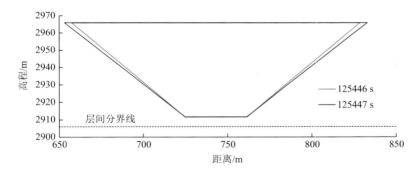

图 5.25　"11·03"白格堰塞体溃决过程中某次溃口边坡失稳坍塌前后溃口形态的变化

5.6.4　参数敏感性分析

堰塞体由天然的力量形成，各类堰塞体之间存在着巨大的差异，存在着荷载和材料不确定性等问题，堰塞体的溃决过程也受诸多因素影响。通过研究发现，堰塞体材料的冲蚀特性对于堰塞体的溃决过程具有重要的影响（Zhong et al.，2018b）。体现堰塞体材料冲蚀特性的指标主要包括堰塞体材料的冲蚀系数（k_d）和堰塞体材料的临界剪应力（τ_c）。

为了研究堰塞体材料冲蚀系数和堰塞体材料的临界剪应力对堰塞体溃决过程的影响，对"11·03"白格堰塞体的溃决过程开展参数敏感性分析。

对于堰塞体材料的冲蚀系数，将 k_d 分别乘以 0.5 和 2.0，其他参数保持不变，然后对溃决过程进行模拟。冲蚀系数敏感性分析结果见表 5.5。为了更直观地展示模拟结果，图 5.26 给出了选取不同冲蚀系数获得的溃口流量过程线。

表 5.5　堰塞体材料的冲蚀系数敏感性分析

参数	结果分析	$Q_p/(\mathrm{m^3/s})$	B_f/m	b_f/m	D_f/m	T_p/h
0.5k_d	结果	13534.7	231.0	62.5	64.2	54.26
	变化率/%	−56.1	−9.1	−8.9	−8.5	51.2
k_d	结果	30831.1	254.0	68.6	70.2	35.88
	变化率/%	—	—	—	—	—
2.0k_d	结果	52067.4	273.8	74.0	75.2	24.11
	变化率/%	68.9	7.8	7.9	7.1	−32.8

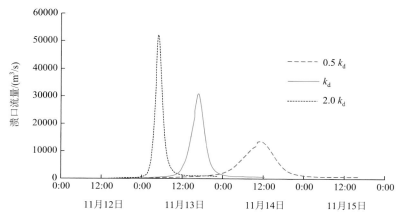

图 5.26　选取不同堰塞体材料的冲蚀系数的溃口流量过程线

通过表 5.5 和图 5.26 可以看出，溃口峰值流量和峰值流量出现时间对冲蚀系数较为敏感，且溃口峰值流量最为敏感，溃口尺寸对冲蚀系数敏感性较差，说明了冲蚀系数的合理选择对堰塞体溃决过程模拟的重要性。

对于堰塞体材料的临界剪应力，将 τ_c 分别乘以 0.5 和 2.0，其他参数保持不变，然后对溃决过程进行模拟。堰塞体材料的临界剪应力敏感性分析结果见表 5.6。为了更直观地展示模拟结果，图 5.27 给出了选取不同堰塞体材料的临界剪应力获得的溃口流量过程线。

表 5.6　堰塞体材料的临界剪应力敏感性分析

参数	结果分析	$Q_p/(\mathrm{m}^3/\mathrm{s})$	B_f/m	b_f/m	D_f/m	T_p/h
$0.5\tau_c$	结果	29857.2	261.3	65.7	73.7	34.09
	变化率/%	−3.2	2.9	−4.2	5.0	−5.0
τ_c	结果	30831.1	254.0	68.6	70.2	35.88
	变化率/%	—	—	—	—	—
$2.0\tau_c$	结果	32567.7	252.0	76.5	65.7	37.93
	变化率/%	5.6	−0.8	11.5	−6.4	5.7

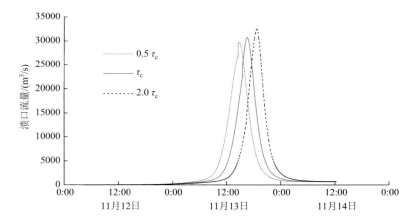

图 5.27　选取不同堰塞体材料的临界剪应力的溃口流量过程线

通过表 5.6 和图 5.27 可以看出，各输出参数对堰塞体材料临界剪应力的敏感性均较差，说明了堰塞体材料临界剪应力不是堰塞体溃决模拟中的关键输入参数。

5.6.5　本章模型与其他模型比较

选择目前常用的堰塞体漫顶溃决过程数学模型，与本章提出的模型进行比较。本节选用 Zhang 等（2019）和 Chen 等（2020b）提出的模型，之所以选择这两种模型，是因为这两个模型均用于模拟"11·03"白格堰塞体的漫顶溃决过程，本节使用的两个模型的模拟成果均为公开发表的内容。

表 5.7 给出了三个模型对白格堰塞体溃决过程模拟结果的比较。Chen 等（2020b）的模型提供的结果是溃口处的水面宽度，而溃口顶宽和底宽并不是输出参数，并根据地质和水文情况，在计算前预先设定了堰塞体溃决后的死水位。因此，在表 5.7 中，Chen 等（2020b）的模型未提供溃口的尺度数据。

表 5.7 基于不同模型的"11·03"白格堰塞体溃决输出结果对比

模型	结果分析	Q_p/(m³/s)	B_f/m	b_f/m	D_f/m	T_p/h
Zhang 等（2019）	结果	34348.0	337.4	139.8	70.5	38.32
	相对误差/%	10.8	27.8	29.7	13.7	2.9
Chen 等（2020b）	结果	31041.1	—	—	—	37.72
	相对误差/%	0.1	—	—	—	1.3
本章模型	结果	30831.1	254.0	68.6	70.2	35.88
	相对误差/%	−0.5	−3.8	−36.4	13.2	3.7
实测数据	结果	31000.0	264.1	107.8	62.0	37.25
	相对误差/%					

表 5.7 的对比分析表明，三种模型均能合理地反映"11·03"白格堰塞体的溃决过程；本章模型由于考虑到土体材料的冲蚀特性随深度的变化，因此无须预先设定堰塞体溃决后的残留坝高。但是，仅根据一个案例无法对各模型的表现进行系统地判断。在数值模拟中，堰塞体材料的冲蚀系数仍然存在较大的不确定性，本章提出的模型和其他已有模型还需要更多的实际案例验证、比较和完善。

5.7 唐家山、小岗剑堰塞体溃决案例反馈分析

为了更进一步验证本章建立的模型对于其他类型的堰塞体的适用性，选择我国"5·12"汶川地震中形成的拥有溃决过程实测资料的唐家山（第 1 类）和小岗剑（第 2 类）堰塞体进行简要的反馈分析。

5.7.1 输入参数

图 5.5 和图 5.6 给出了唐家山和小岗剑两个堰塞体的剖面图，从图中可以反映崩滑堰塞体的颗粒分布特征和分层情况。可将唐家山堰塞体分为三层，顶层为碎

石土，第 2 层为块碎砾石，第 3 层为似层状风化碎裂岩；小岗剑堰塞体可分为两层，顶层为大块石，下部为细粒土和碎石土。堰塞体的基本信息和每层材料的物理力学指标见表 5.8 和表 5.9。

表 5.8　唐家山和小岗剑堰塞体物理力学指标

参数	唐家山	小岗剑
堰塞体高度/m	103	72
堰塞体顶宽/m	300	80
堰塞体长度/m	612	300
上游坡比（垂直/水平）	1∶2.8	1∶2.8
下游坡比（垂直/水平）	1∶4.2	1∶1.7
初始溃口底宽/m	8	30
初始溃口深度/m	13	8
初始溃口坡比（垂直/水平）	1∶1.5	1∶2
堰塞湖初始水位高度/m	92.5	64.7
堰塞湖湖面面积/m^2	$A_s(z_s)$-h	$A_s(z_s)$-h
Q_{in}/(m^3/s)	80	15
C/kPa	25	42
φ/(°)	22	19

表 5.9　唐家山和小岗剑堰塞体每层材料的物理力学指标

名称	层数	层厚/m	e	D_{50}/m	ρ_s/(kg/m^3)	k_d/[mm^3/(N·s)]	τ_c/Pa
唐家山	1	15	0.87	0.010	1825	1061.1	4.7
	2	25	0.75	0.026	2216	249.0	17.7
	3	63	0.59	0.071	2408	36.9	330.4
小岗剑	1	32	0.94	0.030	2045	1126.8	31.7
	2	40	0.70	0.018	1813	276.2	14.6

5.7.2　模拟结果分析

为了验证数学模型的适用性，对计算得到的两个崩滑堰塞体的溃口流量过程、溃口发展过程和堰塞湖水位变化过程与实测结果进行比对，如图 5.28～图 5.33 所示。其中，由于应急处置时很难获取实时溃口形态演变数据，尤其是水下部分溃口的演化过程，因此本节提供计算获取的溃口尺寸演化过程，并与溃口的最终尺寸进行比较。此外，提取溃口峰值流量（Q_p）、溃口最终顶宽（B_f）、溃口最终底宽（b_f）、溃口最终深度（D_f）以及溃口峰值流量出现时间（T_p）等堰塞体溃决特征参数与实测值进行比对（表 5.10）。

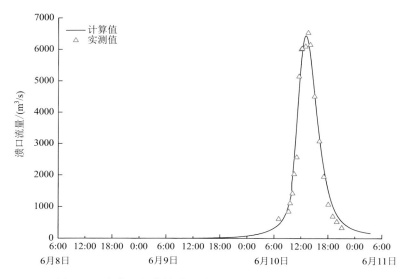

图 5.28　唐家山堰塞体溃口流量过程计算值与实测值比较

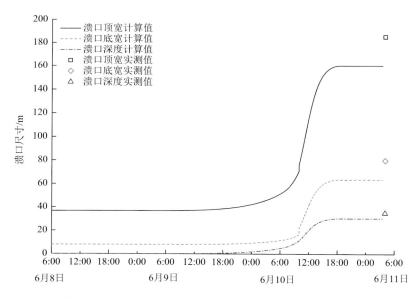

图 5.29　唐家山堰塞体溃口发展过程计算值与实测值比较

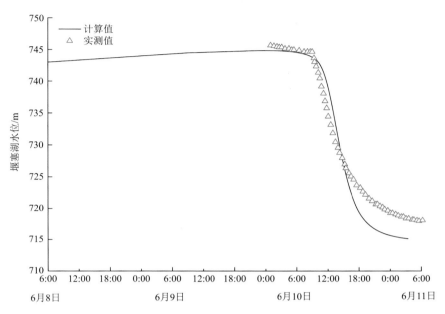

图 5.30　唐家山堰塞体溃决过程中堰塞湖水位变化计算值与实测值比较

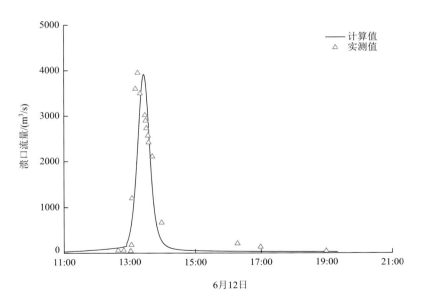

图 5.31　小岗剑堰塞体溃口流量过程计算值与实测值比较

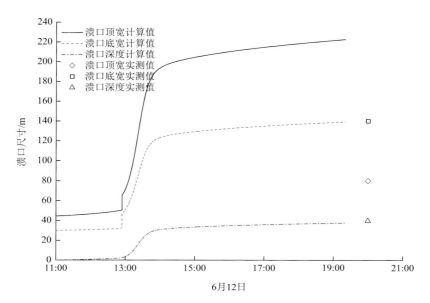

图 5.32　小岗剑堰塞体溃口发展过程计算值与实测值比较

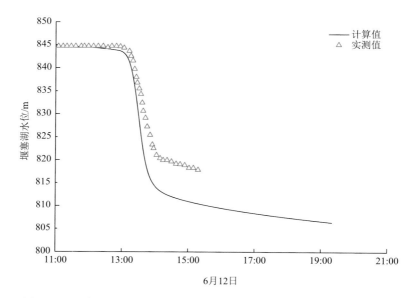

图 5.33　小岗剑堰塞体溃决过程中堰塞湖水位变化计算值与实测值比较

表 5.10 唐家山和小岗剑堰塞体溃决参数计算值与实测值对比

名称	参数	Q_p/(m³/s)	B_f/m	b_f/m	D_f/m	T_p/h
唐家山	实测值	6500	186.2	83.8	35.0	49.92
	计算值	6358.6	165.3	64.9	31.9	47.50
	相对误差/%	−2.18	−11.22	−22.55	−8.86	−4.85
小岗剑	实测值	3950	142.0	80.0	40.0	3.00
	计算值	3799.3	217.5	126.8	36.2	3.23
	相对误差/%	−3.82	53.17	58.50	−9.50	7.67

从表 5.10 的对比结果可以看出,唐家山堰塞体溃决过程数值模拟得到的溃口峰值流量、溃口最终顶宽和最终深度、溃口峰值流量出现时间 4 个溃决参数与实测值的相对误差均在±15%以内,溃口最终底宽计算值与实测值的相对误差在±25%以内。小岗剑堰塞体溃决过程数值模拟得到的溃口峰值流量、溃口最终深度、溃口峰值流量出现时间 3 个溃决参数与实测值的相对误差均在±10%以内,然而溃口最终顶宽和底宽计算值与实测值的相对误差超过了±50%,这可能与其采取爆破法开挖初始泄流槽导致溃口处颗粒破碎有很大关系。

综上所述,通过"11·03"白格、唐家山和小岗剑堰塞体溃决过程的反馈分析,验证了本章提出的考虑颗粒分布特征的堰塞体溃决过程数学模型,计算值与实测值的对比表明本章模型可较好地预测三类堰塞体溃决时的溃口流量过程、库水位变化和溃口形态的演化过程,模型具有合理性和适用性。

6 泄流槽断面型式对堰塞体溃决过程影响分析

6.1 开挖泄流槽的意义

崩滑堰塞体是在一定的地质地貌条件下，由于地震、降雨以及岸坡地质作用堵塞河道等形成的堆积体（Costa and Schuster，1988；刘宁等，2016；钟启明等，2018）。堰塞体由于其特殊的材料和结构特性，在受到上游持续来流后极易发生溃决，崩滑堰塞体常用的工程除险方式主要包括：流量分流、水泵或虹吸管抽水、修建泄水洞、开挖泄流槽等（Schuster and Evans，2011；刘宁等，2013；Peng et al.，2014）。开挖泄流槽的方法可以追溯到 500 年前（Bonnard，2011），其被证明是减轻堰塞体溃决灾害最有效的手段，我国 2008 年汶川地震形成的 37 处高危堰塞体均采用开挖泄流槽的方式进行除险（Peng et al.，2014）。

我国西南地区因其地形地貌和地质活动特征更易形成堰塞湖，仅 2008 年汶川大地震期间就形成了 257 处堰塞体，其中唐家山堰塞体的体量最大（Cui et al.，2009）。为有效降低唐家山堰塞体高度和上游堰塞湖库容，2008 年 5 月 26 日开始利用推土机和履带挖掘机在堰塞体右侧开挖泄流槽，历时 7 天 6 夜，最终形成的泄流槽深 13 m，底宽 8 m，全长 475 m，泄流槽边坡坡比 1∶1.5（垂直/水平），挖掘的土石料总量为 $13.5 \times 10^4 \mathrm{m}^3$（Liu et al.，2010）（图 6.1）。2018 年 10 月 10 日和 11 月 3 日，在中国四川省与西藏自治区交界的白格村接连发生两次滑坡，形成

图 6.1 唐家山堰塞体泄流槽

堰塞体堵塞金沙江（钟启明等，2020b）。由于水位上涨迅速，且道路不畅，无法及时采取人工干预措施，"10·10"白格堰塞体于 10 月 12 日自然漫顶溃决（Cai et al.，2020）。针对"11·03"白格堰塞体高度及堰塞湖水位上涨速度，采取了开挖泄流槽降低堰塞湖溃决时水位的人工干预措施。2018 年 11 月 8 日 15:00，泄流槽开始施工，至 11 月 11 日 11:00 泄流槽开挖完成，泄流槽最大深度 15 m，底宽 3 m，顺河向长 220 m，泄流槽边坡坡比 1：1.3（垂直/水平），挖掘的土石料总量为 $8.5 \times 10^4 \mathrm{m}^3$（Cai et al.，2020）（图 6.2）。

图 6.2　"11·03"白格堰塞体泄流槽

6.2　泄流槽除险研究现状

6.2.1　物理模型试验

对于泄流槽而言，高效排泄溃决洪水并减轻对下游造成的灾损是衡量其作用的重要考量。崩滑堰塞体大多形成于交通不便的山区，并在短时间内发生漫顶溃决（Shen et al.，2020b），因此，需充分考虑堰塞湖水位上涨速度和施工条件的限制，以及堰塞体下游河道的过流能力，对泄流槽断面设计方案进行优化。为了研究泄流槽的开挖对堰塞体溃决过程的影响，众学者基于物理模型试验、理论分析和数值模拟，开展了一系列的研究，取得了很多重要的认识。

赵万玉等（2011）以唐家山堰塞体为原型，开展了不同泄流槽条件下的堰塞体溃决试验。选取的泄流槽横断面型式分别为倒梯形、倒三角形和复式（上部为倒梯形，梯形底部接倒三角形）断面，以溃口流量增长率高或溃口洪水到达时间短为判定泄流效率高的标准，对比 3 组泄流槽溃决实验，泄流效率由高到低依次为倒三角形、复式、倒梯形。但是 3 组模型试验泄流槽断面面积相差较大，且泄流槽初始深度也有一定的差异，因此试验结果能否真实反映开挖量相等条件下的泄流情况值得商榷。

赵天龙等（2017）以唐家山堰塞体材料级配曲线为参考，针对倒梯形、倒三角形和复式断面 3 种泄流槽断面型式，开展了堰塞体漫顶溃决离心模型试验。试验结果表明，复式断面在初期泄流效率高、峰值流量较小，残留堰塞体高度较小，下泄库容较大，且溃口流量过程线呈"矮胖形"，是一种相对安全高效的泄流槽型式。

杨兴国等（2018）基于堰塞体三维激光扫描高精度 DEM 模型，采用 D8 算法模拟水流在堰塞体上的流动状态，结合现场地质、水文等情况，优化计算结果，确定泄水槽中心线并设计泄水槽横断面。对于红石岩堰塞体，建议采用复式断面泄流槽。

6.2.2　理论分析与数值模拟

在理论分析方面，陈晓清等（2010）和赵万玉等（2010）结合唐家山堰塞体泄流案例，对泄流槽横、纵断面如何优化可提高泄流效率进行了分析，认为复式断面较倒梯形断面增大了过水面积，增加初期泄流量；并认为增大泄流槽纵向坡度，可有效提升初期过流能力。周宏伟等（2009）和 Yang 等（2010）认为对于断面面积相等的泄流槽，拥有不同宽度和深度的泄流槽，其溃口流量过程和溃口发展过程有所差异，进而影响溃口峰值流量。

理论分析大多给出定性的分析方法，近年来，众学者采用数值模拟的方法，对泄流槽的影响进行了定量模拟。You 等（2012）依据谢才-曼宁公式提出梯形断面优化设计方法，但该方法未考虑堰塞体溃决过程中泄流槽遭受冲刷发生动态变化对泄流能力提升的影响。Peng 等（2014）基于溃坝数学模型 DABA，探讨了不同倒梯形泄流槽断面对不同冲蚀性堰塞体的适用性，认为宽浅断面泄流槽适用于低冲蚀性堰塞体，窄深断面的泄流槽适用于高冲蚀性堰塞体；纵坡较陡峭的泄流槽有利于高冲蚀性、顶部宽大、下游坡平缓的堰塞体；对于靠近岸坡的泄流槽，如果岸坡是坚固岩体，则可以降低溃口峰值流量。陈生水等（2015）基于可考虑粗、细颗粒之间相互作用的堰塞体漫顶溃决数学模型，比较分析了泄流槽断面型式对唐家山堰塞体泄流过程的影响，发现增加泄流槽深度可明显提高泄流效率，但堰塞体下游将承受更大的风险；对于同样深度的倒梯形和复式泄流槽，后者的泄流过程更为平缓，最大洪峰流量减小，出现的时间滞后，堰塞湖下游承受的风险也将降低。石振明等（2016）根据溃坝水力学参数和材料冲蚀参数动态计算堰塞体瞬时冲蚀率，分析泄流槽对溃决全过程的影响，从而计算最优泄流槽的设计方案,并得出如下结论:保持开挖量不变,增加泄流槽两侧开挖坡度,有利于降低溃口峰值流量;增大泄流槽纵坡坡比可提高泄洪效率,有效降低溃口峰值流量;与相同深度的倒梯形泄流槽相比,复式断面的泄流槽拥有更大的溃口峰值流量,当堰塞湖库容较大时,其对溃决风险的降低效果不如倒梯形断面。

　　一般而言,一个实用高效的泄流槽应具备以下特点:①选择堰塞体顶部高程较低处开挖,且泄流槽断面开挖量应较小;②堰塞体溃决初期泄流槽能较快下切,保持泄流槽过流量的快速增长,有效降低堰塞湖水位;③溃决发展时期,溃口持续下切,但泄流槽侧壁由洪水淘刷导致的坍塌展宽较小,溃决洪水能在下游河道中演进,溃口流量过程呈"矮胖形"而非"尖峰形";④溃决结束时,溃口下切深度较大,能有效降低堰塞湖库容。

　　从模型试验、理论分析和数值模拟的结论可以看出,大多数研究成果建议开挖复式泄流槽断面,但在实际施工过程中,此类泄流槽施工难度较大,不易执行。地质勘查资料表明(Zhang et al.,2019;Fan et al.,2020),堰塞体的颗粒分布呈明显的结构性特征,因此采用小尺度物理模型试验和均一化材料的数值分析均无法合理考虑堰塞体的特性。为了统一认识,本章基于拥有实测资料的崩滑堰塞体溃决案例,利用作者团队提出的堰塞体溃决过程数学模型,研究不同的泄流槽断面型式对堰塞体溃决过程的影响。

6.3 泄流槽断面型式对堰塞体溃决过程影响分析

　　利用第 5 章建立的堰塞体溃决过程数学模型对泄流槽断面型式的影响进行数值分析。分别选择唐家山、小岗剑和"11·03"白格这三个拥有实测溃决过程资料的堰塞体案例,选择倒梯形横断面,分别从深度、底宽和边坡坡比这三个方面设计泄流槽横断面,另外考虑不同的泄流槽纵坡,综合分析泄流槽断面型式对堰塞体溃决过程的影响,针对不同类型的堰塞体,提出高效的泄流槽断面型式,为堰塞体除险科学决策的制定提供科技支撑。

6.3.1 输入参数

　　由地勘资料可以发现(Chen et al.,2015;Chang and Zhang,2010;Cai et al.,2020),唐家山属于第 1 类堰塞体,自上而下可以分为三层;小岗剑属于第 2 类堰塞体,自上而下可以分为两层;"11·03"白格属于第 3 类堰塞体,可按照一层处理。3 个堰塞体的形态、水动力和力学指标参数取值见表 6.1,各堰塞体分层情况与各层物理力学参数见表 6.2。

表 6.1 堰塞体的形态、水动力和力学指标参数取值

参数	唐家山	小岗剑	"11·03"白格
高度/m	103	72	96
顶宽/m	300	80	270
长度/m	612	300	600
上游坡比（垂直/水平）	1：2.8	1：2.8	1：2.7
下游坡比（垂直/水平）	1：4.2	1：1.7	1：5.5
上游来流量/(m³/s)	80	15	700
黏聚力/kPa	30	42	3
内摩擦角/(°)	35	35	38

表 6.2 堰塞体分层情况与各层物理力学参数取值

堰塞体名称	层数	层厚/m	e	D_{50}/m	ρ_s/(kg/m³)	k_d/[mm³/(N·s)]	τ_c/Pa
	1	15	0.87	0.010	1825	1061.1	4.7
唐家山	2	25	0.75	0.026	2216	249.0	17.7
	3	63	0.59	0.071	2408	36.9	330.4
小岗剑	1	32	0.94	0.030	2045	1126.8	31.7
	2	40	0.70	0.018	1813	276.2	14.6
"11·03"白格	1	96	0.60	0.003	1854	180.2	13.2

6.3.2 泄流槽断面型式设置

对于唐家山、小岗剑、"11·03"白格三个堰塞体，为了便于施工，均选择倒梯形横断面的泄流槽，工况 1 为实际施工情况，为体现开挖泄流槽效果，工况 2 设置为不开挖泄流槽。分别改变泄流槽深度（工况 3、4）和底宽（工况 5、6），泄流槽横断面边坡坡比（工况 7、8）和纵断面底坡坡比（工况 9、10），各个堰塞体的泄流槽断面型式参数见表 6.3。

表 6.3 不同泄流槽断面型式参数

堰塞体名称	工况序号	深度/m	底宽/m	横断面边坡坡比	纵断面底坡坡比
	1	13.00	8.0	1：1.5	1：4.2
唐家山	2	—	—	—	—
	3	15.00	8.0	1：1.5	1：4.2
	4	17.00	8.0	1：1.5	1：4.2

续表

堰塞体名称	工况序号	深度/m	底宽/m	横断面边坡坡比	纵断面底坡坡比
唐家山	5	13.00	4.0	1∶1.5	1∶4.2
	6	13.00	16.0	1∶1.5	1∶4.2
	7	13.00	8.0	1∶2.0	1∶4.2
	8	13.00	8.0	1∶2.5	1∶4.2
	9	13.00	8.0	1∶1.5	1∶3.2
	10	13.00	8.0	1∶1.5	1∶5.2
小岗剑	1	8.00	30.0	1∶2.0	1∶1.7
	2	—	—	—	—
	3	9.00	30.0	1∶2.0	1∶1.7
	4	10.00	30.0	1∶2.0	1∶1.7
	5	8.00	20.0	1∶2.0	1∶1.7
	6	8.00	40.0	1∶2.0	1∶1.7
	7	8.00	30.0	1∶2.5	1∶1.7
	8	8.00	30.0	1∶3.0	1∶1.7
	9	8.00	30.0	1∶2.0	1∶1.5
	10	8.00	30.0	1∶2.0	1∶1.9
"11·03"白格	1	13.48	3.0	1∶1.3	1∶5.5
	2	—	—	—	—
	3	18.48	3.0	1∶1.3	1∶5.5
	4	23.48	3.0	1∶1.3	1∶5.5
	5	13.48	1.0	1∶1.3	1∶5.5
	6	13.48	6.0	1∶1.3	1∶5.5
	7	13.48	3.0	1∶1.6	1∶5.5
	8	13.48	3.0	1∶1.9	1∶5.5
	9	13.48	3.0	1∶1.3	1∶5.0
	10	13.48	3.0	1∶1.3	1∶6.0

6.3.3　模拟结果分析

本节主要利用经过验证的堰塞体溃决模型计算不同泄流槽断面型式（包括不开挖泄流槽）下（工况2～10）3个堰塞体的溃决参数，并对比其与实际工况计算结果的差异，分析泄流槽对溃决过程的影响。为了便于比较，对于不开挖泄流槽的工况，计算从水流漫溢过堰塞体顶部开始；对于开挖泄流槽的工况，计算从水位抬升至泄流槽底板开始。不同工况下唐家山、小岗剑、"11·03"白格这三个堰塞体的计算结果分别见表6.4~表6.6。

表 6.4　唐家山堰塞体模拟结果统计

工况序号	深度/m	底宽/m	横断面边坡坡比	纵断面底坡坡比	结果比较	峰值流量/(m³/s)	洪峰时间/h	溃口顶宽/m	溃口底宽/m	残余高度/m
1	13.0	8.0	1：1.5	1：4.2	实际值	6358.6	47.50	165.3	64.9	71.1
2	—	—	—	—	计算值	16291.8	17.20	240.9	88.8	61.5
					变化率/%	156.22	−63.79	45.74	36.83	−13.50
3	15.0	8.0	1：1.5	1：4.2	计算值	4480.0	60.23	175.4	65.3	66.3
					变化率/%	−29.54	26.80	6.11	0.62	−6.75
4	17.0	8.0	1：1.5	1：4.2	计算值	3106.4	83.48	163.6	57.2	67.5
					变化率/%	−51.15	75.75	−1.03	−11.86	−5.06
5	13.0	4.0	1：1.5	1：4.2	计算值	6152.2	59.17	182.6	68.2	64.8
					变化率/%	−3.25	24.57	10.47	5.08	−8.86
6	13.0	16.0	1：1.5	1：4.2	计算值	6160.3	38.18	193.1	82.3	66.0
					变化率/%	−3.12	−19.62	16.82	26.81	−7.17
7	13.0	8.0	1：2.0	1：4.2	计算值	5305.0	56.31	218.1	76.3	67.5
					变化率/%	−16.57	18.55	31.94	17.57	−5.06
8	13.0	8.0	1：2.5	1：4.2	计算值	4624.9	67.07	247.2	80.0	69.5
					变化率/%	−27.27	41.20	49.55	23.27	−2.25
9	13.0	8.0	1：1.5	1：3.2	计算值	6528.2	47.24	194.1	78.9	64.6
					变化率/%	2.67	−0.55	17.42	21.57	−9.14
10	13.0	8.0	1：1.5	1：5.2	计算值	5650.2	46.62	178.3	67.7	66.1
					变化率/%	−11.14	−1.85	7.86	4.31	−7.03

表 6.5　小岗剑堰塞体模拟结果统计

工况序号	深度/m	底宽/m	横断面边坡坡比	纵断面底坡坡比	结果比较	峰值流量/(m³/s)	洪峰时间/h	溃口顶宽/m	溃口底宽/m	残余高度/m
1	8.0	30.0	1：2.0	1：1.7	实际值	3799.3	3.23	217.5	126.8	35.8
2	—	—	—	—	计算值	—	—	—	—	—
					变化率/%	—	—	—	—	—
3	9.0	30.0	1：2.0	1：1.7	计算值	3059.8	3.94	209.3	119.9	36.2
					变化率/%	−19.46	21.98	−3.77	−5.44	1.12

续表

工况序号	深度/m	底宽/m	横断面边坡坡比	纵断面底坡坡比	结果比较	峰值流量/(m³/s)	洪峰时间/h	溃口顶宽/m	溃口底宽/m	残余高度/m
4	10.0	30.0	1:2.0	1:1.7	计算值	2327.6	5.48	199.7	112.2	36.7
					变化率/%	−38.74	69.66	−8.18	−11.51	2.51
5	8.0	20.0	1:2.0	1:1.7	计算值	398.8	3.55	209.5	114.1	35.2
					变化率/%	0.78	9.91	−3.68	−10.02	−1.68
6	8.0	40.0	1:2.0	1:1.7	计算值	3715.0	3.22	225.4	139.3	36.4
					变化率/%	−2.22	−0.31	3.63	9.86	1.68
7	8.0	30.0	1:2.5	1:1.7	计算值	2857.2	4.12	233.2	128.1	37.5
					变化率/%	−24.80	27.55	7.22	1.03	4.75
8	8.0	30.0	1:3.0	1:1.7	计算值	2114.5	5.51	246.0	128.6	39.1
					变化率/%	−44.35	70.59	13.10	1.42	9.22
9	8.0	30.0	1:2.0	1:1.5	计算值	3763.4	3.43	221.1	130.7	35.8
					变化率/%	−0.94	6.19	1.66	3.08	−0.00
10	8.0	30.0	1:2.0	1:1.9	计算值	3815.2	3.06	214.1	123.2	35.9
					变化率/%	0.42	−5.26	−1.56	−2.84	0.28

表6.6 "11·03"白格堰塞体模拟结果统计

工况序号	深度/m	底宽/m	横断面边坡坡比	纵断面底坡坡比	结果比较	峰值流量/(m³/s)	洪峰时间/h	溃口顶宽/m	溃口底宽/m	残余高度/m
1	13.48	3.0	1:1.3	1:5.5	实际值	30831.1	35.88	254.0	68.6	25.8
2	—	—	—	—	计算值	100047.4	19.18	437.9	108.3	3.2
					变化率/%	224.50	−46.54	72.40	57.87	−87.60
3	18.48	3.0	1:1.3	1:5.5	计算值	16572.2	51.19	216.6	50.9	28.2
					变化率/%	−46.25	42.67	−14.72	−25.80	9.30
4	23.48	3.0	1:1.3	1:5.5	计算值	11271.9	62.27	195.5	41.4	29.6
					变化率/%	−63.44	73.55	−23.03	−39.65	14.73
5	13.48	1.0	1:1.3	1:5.5	计算值	32336.6	42.18	254.7	67.6	25.3
					变化率/%	4.88	17.56	0.28	−1.46	−1.94
6	13.48	6.0	1:1.3	1:5.5	计算值	29645.1	30.49	255.0	70.8	26.3
					变化率/%	−3.85	−15.02	0.39	3.21	1.94
7	13.48	3.0	1:1.6	1:5.5	计算值	28320.5	37.44	289.5	70.3	27.4
					变化率/%	−8.14	4.35	13.98	2.48	6.20

工况序号	深度/m	底宽/m	横断面边坡坡比	纵断面底坡坡比	结果比较	峰值流量/(m³/s)	洪峰时间/h	溃口顶宽/m	溃口底宽/m	残余高度/m
8	13.48	3.0	1∶1.9	1∶5.5	计算值	26182.5	38.91	317.3	72.1	28.8
					变化率/%	−15.08	8.44	24.92	5.10	11.63
9	13.48	3.0	1∶1.3	1∶5.0	计算值	32525.5	35.50	261.2	71.5	25.2
					变化率/%	5.50	−1.06	2.83	4.23	−2.33
10	13.48	3.0	1∶1.3	1∶6.0	计算值	29366.5	36.33	247.7	66.1	26.3
					变化率/%	−4.75	1.25	−2.48	−3.64	1.94

由表 6.4 可以看出，对于唐家山堰塞体，若不开挖泄流槽（工况 2），溃口峰值流量增加 156.22%，且溃口峰值流量出现时间提前 63.79%，致灾后果将明显加重，因此开挖泄流槽的作用非常明显。增加泄流槽深度（工况 3、4）可以明显降低溃口峰值流量，迟滞峰值流量出现时间，减小下泄水量，且残留堰塞体高度变化不大（意味着溃决后残留的库容基本相当），能起到明显的减灾效果，因此在条件允许的情况下尽可能开挖深槽。改变泄流槽底宽（工况 5、6）对于唐家山堰塞体溃决过程有一定的影响，但影响程度明显低于改变泄流槽深度，其影响主要在于溃口峰值流量出现时间，泄流槽底宽越大，洪峰流量出现时间越早。改变泄流槽横断面边坡坡比（工况 7、8）对唐家山堰塞体溃决过程具有一定影响，泄流槽边坡越陡峭，洪峰流量越大，且峰值流量出现时间越早；改变纵断面底坡坡比（工况 9、10）对唐家山堰塞体溃决过程也具有一定影响，但整体影响较小；对于工况 7~10，由于堰塞体溃决对泄流槽断面坡度的重塑作用较强（横断面溃口边坡失稳和纵断面坡度变缓），初始泄流槽纵横断面坡度对溃决过程的影响相对较小。

由表 6.5 可以看出，对于小岗剑堰塞体，若不开挖泄流槽（工况 2），堰塞体不会发生溃决，究其原因，应为其结构型式和上层粗大的颗粒抗冲蚀能力较强所致，另外，由于上游来流量较少（仅 15 m³/s），水流的冲蚀能力较弱，因而堰塞体未溃决，但后期如果上游来流突然增加，仍有溃决的风险。与唐家山类似，增加泄流槽深度（工况 3、4）可以明显降低溃口峰值流量，迟滞峰值流量出现时间，减小下泄水量，起到明显的减灾效果。改变泄流槽底宽（工况 5、6）对于小岗剑堰塞体溃决过程的影响较为微弱，主要原因在于上层材料的抗冲蚀能力较强，且堰塞湖的水动力条件较弱。改变泄流槽横断面边坡坡比（工况 7、8）和纵断面底坡坡比（工况 9、10）对小岗剑堰塞体溃决过程的影响与唐家山基本一致，泄流槽横断面边坡越陡峭，洪峰流量越大，且峰值流量出现时间越早；泄流槽纵断面坡度对溃决过程的影响较小。

由表 6.6 可以看出，对于"11·03"白格堰塞体，若不开挖泄流槽（工况 2），溃口峰值流量剧烈增大，峰值流量出现时间明显提前，下泄水量大幅增加，致灾后果将明显加重，开挖泄流槽作用明显。与唐家山和小岗剑类似，增加泄流槽深度（工况3、4）可以明显降低溃口峰值流量，迟滞峰值流量出现时间，减小下泄水量，起到明显的减灾效果。与唐家山类似，改变泄流槽底宽（工况5、6）对于"11·03"白格堰塞体溃决过程影响较小，其影响主要在于溃口峰值流量出现时间，泄流槽底宽越大，洪峰流量出现时间越早。改变泄流槽横断面边坡坡比（工况7、8）和纵断面底坡坡比（工况9、10）对"11·03"白格堰塞体溃决过程的影响与唐家山和小岗剑基本一致。

7 堰塞湖溃决洪水演进过程模拟

7.1 洪水模拟方法分类

堰塞湖的溃决会给下游淹没区域带来生命、经济和生态损失，因此基于堰塞体的溃口流量过程，开展堰塞湖溃决洪水演进过程的数值分析，模拟出洪水的淹没范围、下游某一位置的淹没水深（流速）和洪峰到达时间，对应急抢险和防灾减灾决策的制定和实施具有重要的指导意义。

对于在河道中演进的洪水，计算时通常采用一维水动力学模型（圣维南方程），其模拟的方法一般是将一维河道划分为若干个控制断面，通过求解这些断面上的水动力参数来完成一维河道区域的洪水演进模拟。对于漫溢出河道或溃堤的洪水，由于洪水演进时在平面上的尺寸一般比水深大得多，通常采用二维水动力学模型（浅水方程），模型通常将模拟区域划分成多个规则或者不规则网格，通过求解各网格节点的数据来完成二维区域的模拟。当洪水进入城市区域后，沿水深方向的水流运动一般不应当被忽略，因此通常采用三维水动力学模型（N-S 方程），而如何对 N-S 方程的边界条件进行设定，以及求解方法的选取是模拟的难点。

7.2 常用溃坝洪水演进数值模拟软件简介

国内外常用于溃坝洪水演进数值模拟的通用计算软件主要包括 MIKE、InfoWorks、HEC-RAS 等。

7.2.1 MIKE 软件

MIKE 软件是丹麦水资源及水环境研究所（DHI）的产品，用于模拟洪水演进的模块主要有 MIKE11 中的 HD 模块和 MIKE21 中的 FLOW 模块。

MIKE11 是一维河道、河网综合模拟软件，主要用于河口、河流、灌溉系统和其他内陆水域的水文学、水力学、水质和泥沙传输模拟。MIKE11 HD 是 MIKE11 中的水动力模块，其控制方程主要是圣维南方程。MIKE11 HD 对方程的离散采用有限差分法，应用六点中心隐式差分格式，该离散格式在每一个网格节点按顺序交替计算水位和流量。数值计算采用传统的追赶法。该模型可根据不同地区的水流条件调整差分计算模式，以描述超临界水流条件及亚临界水流，还可以处理分汊河道、环状河网以及冲积平原的准二维水流模拟。MIKE21 是二维数学模拟系统，MIKE21 FLOW 是 MIKE21 中的水动力模块，其控制方程为二维浅水方程，模型采用的数值方法是矩形交错网格上的交替方向隐格式 ADI 法，并采用半隐式离散和追赶法求解。作为二维模型，MIKE21 适用于水体分层不明显的宽浅型（即水平尺度远大于垂直尺度）水域。

7.2.2　InfoWorks 软件

InfoWorks RS 软件是英国 Wallingford 软件公司开发的基于开放模型接口标准的河流综合模拟系统软件。它采用 ISIS 仿真引擎，内嵌了 GIS 和关系数据库，集模型构建、网络分析、模型计算、结果图形显示于一体，包含对复杂河网和常见水工建筑物如堤坝、水闸、桥梁、涵管、水泵、虹吸管、孔口、入流和排水口等各类建筑物的模拟程序，可仿真复杂的河汊和树形网络，以及有堤防或防洪堤保护的复杂滞洪区。二维洪水演进模型 InfoWorks 2D 采用有限体积法求解浅水方程，基于 Godunov 数值模拟方案和黎曼解算子进行求解。求解器具有全守恒和激波捕捉能力，能够用来处理流体范围内的任意变化，该软件特别适合对如溃坝洪水事件激变流的模拟。InfoWorks 2D 采用非结构网格形式，能灵活适应于复杂的地理地形。

7.2.3　HEC-RAS 软件

HEC-RAS 是由美国陆军工程师兵团（United States Army Corps of Engineers，USACE）水文工程中心开发的河流水力分析模型，可在多目标环境中交互使用。可针对自然河道或人工河道进行恒定流水面线计算、模拟非恒定流、泥沙运移计算和水质分析等，洪水演进的计算方法主要包含只考虑一维方向洪水运动的圣维南方程（河道型洪水），考虑二维方向的浅水方程（蓄洪区，洪泛区），以及考虑三维水流运动的 N-S 方程（城市洪水）。

本章主要采用基于 GIS 技术的水文分析方法建立研究区域河道断面数据模型，并结合 HEC-RAS 软件对堰塞湖溃决洪水在河道中的演进过程进行数值模拟。

7.3　恒定流模拟计算方法

HEC-RAS 的恒定流计算模块一般用于计算渐变流、混合流及急变流的水面线，模拟计算的基本方程为能量方程：

$$Z_1 + H_1 + \frac{\alpha_1 v_1^2}{2g} + h_\mathrm{f} = Z_2 + H_2 + \frac{\alpha_2 v_2^2}{2g} \tag{7.1}$$

式中，Z_1、Z_2 分别为河道断面 1 和河道断面 2 的底部高程；H_1、H_2 分别为河道断面 1 和河道断面 2 的水深；α_1、α_2 分别为河道断面 1 和河道断面 2 的流速系数；v_1、v_2 分别为河道断面 1 和河道断面 2 的水流平均流速；h_f 为河道断面 1 和河道断面 2 之间的水头损失。

根据曼宁公式，h_f 可采用式（7.2）计算：

$$h_\mathrm{f} = \overline{L}\,\overline{S}_\mathrm{f} + \sigma \left| \frac{\alpha_2 v_2^2}{2g} - \frac{\alpha_1 v_1^2}{2g} \right| \tag{7.2}$$

式中，$\overline{L}$ 为河槽及两岸漫滩两相邻断面之间距离的加权平均值；$\overline{S}_\mathrm{f}$ 为两相邻河道断面之间的水力梯度；σ 为扩展或收缩系数。$\overline{L}$ 可采用式（7.3）计算：

$$\overline{L} = \frac{L_\mathrm{ro}\overline{Q}_\mathrm{ro} + L_\mathrm{ch}\overline{Q}_\mathrm{ch} + L_\mathrm{lo}\overline{Q}_\mathrm{lo}}{\overline{Q}_\mathrm{ro} + \overline{Q}_\mathrm{ch} + \overline{Q}_\mathrm{lo}} \tag{7.3}$$

式中，$\overline{Q}_\mathrm{ch}$、$\overline{Q}_\mathrm{lo}$、$\overline{Q}_\mathrm{ro}$ 分别为主河槽和左右两岸漫滩的平均流量；L_ch、L_lo、L_ro 分别为主河槽和左右两岸漫滩的两个相邻断面之间的距离。

$\overline{S}_\mathrm{f}$ 可采用式（7.4）计算：

$$\overline{S}_\mathrm{f} = \left(\frac{Q}{K} \right)^2 \tag{7.4}$$

式中，Q 为断面洪水流量；K 为流量模数。

HEC-RAS 中有四种方法来计算 $\overline{S}_\mathrm{f}$，分别为平均流量公式法、平均梯度公式法、几何平均梯度法与调和平均梯度法，其计算公式如式（7.5）～式（7.8）所示：

$$\overline{S}_\mathrm{f} = \left(\frac{Q_1 + Q_2}{K_1 + K_2} \right)^2 \tag{7.5}$$

$$\overline{S}_\mathrm{f} = \frac{S_\mathrm{f1} + S_\mathrm{f2}}{2} \tag{7.6}$$

$$\overline{S}_\mathrm{f} = \sqrt{S_\mathrm{f1} \times S_\mathrm{f2}} \tag{7.7}$$

$$\overline{S}_\mathrm{f} = \frac{\sqrt{S_\mathrm{f1} \times S_\mathrm{f2}}}{S_\mathrm{f1} + S_\mathrm{f2}} \tag{7.8}$$

式中，Q_1 和 Q_2 分别为河道断面 1 和河道断面 2 的洪水流量；K_1 和 K_2 分别为河道断面 1 和河道断面 2 的流量模数；S_f1 和 S_f2 分别为河道断面 1 和河道断面 2 的水力梯度。

为了保证计算精度，这四种方法均要求选取的相邻两个河道断面之间的距离不宜过长。一般情况下，HEC-RAS 默认以平均流量方程为平均水力梯度，即采用式（7.5）进行计算。

对于自然或人工河道的渐变流，能量方程是适用的，而当出现断面收缩，坡度突变、跌坎，以及河流交汊点等河道断面变化的情况时，必须采用动量方程来计算，计算公式如下：

$$Q\rho_{\mathrm{w}}\Delta v_x = P_2 - P_1 + G_x - F_{\mathrm{f}} \tag{7.9}$$

式中，Δv_x 为流向方向的流速变化量；P_1 和 P_2 分别为河道断面 1 和河道断面 2 的水压力；G_x 为流向方向的重力分量；F_{f} 为两相邻河道断面之间的摩擦阻力。

以上即为 HEC-RAS 中恒定流计算的原理，在进行水面线计算时，HEC-RAS 采用迭代的方法，精度一般为 0.003 m，最大迭代次数为 40 次。

7.4   非恒定流模拟计算方法

非恒定流模拟计算主要是运用圣维南方程组，可采用式（7.10）表示：

$$\begin{cases} \text{连续方程} \qquad \dfrac{\partial A}{\partial t} + \dfrac{\partial Q}{\partial x} = q \\[4mm] \text{运动方程} \quad \dfrac{\partial Q}{\partial t} + \dfrac{\partial\left(\alpha\dfrac{Q^2}{A}\right)}{\partial t} + gA\dfrac{\partial h}{\partial x} + \dfrac{gQ}{\sigma^2}\dfrac{|Q|}{AR} = 0 \end{cases} \tag{7.10}$$

式中，A 为河道断面的过水面积；t 为时间；x 为河道断面宽度；q 为侧向入流量；R 为水力半径。

目前对圣维南方程组的解法有有限单元法、瞬时流量法、特征线法、有限体积法等方法，而 HEC-RAS 在计算时采用特征线法进行 Preissmann 四点隐式差分求其数值解。

7.5   河道三维模型建立方法

首先在 ArcGIS 中扩展加载 HEC-GeoRAS 工具条，该工具条上包括 RAS Geometry、RAS Mapping、ApUtilities 和 Help 四个选项（图 7.1）。RAS Geometry 用于预处理地形数据，建立河道中心线、河岸线、横断面（应与河道中心线正交）、桥梁、水工建筑物等图层数据，RAS Mapping 用于对 HEC-RAS 的计算结果进行后处理，制作洪水淹没范围图，ApUtilities 用于管理 GeoRAS 中创建的数据层，Help 用于提供用户手册及在线访问平台。

图 7.1　HEC-GeoRAS 工具条

基于 HEC-GeoRAS 的河道三维模型的建立可通过如下步骤完成。

（1）将获取的研究区域 DEM 数据导入 ArcGIS 中，添加 HEC-GeoRAS 工具条，将文件保存为.mdb 格式。

（2）选择 RAS Geometry 中的 Create RAS Layer，建立空的 RAS 层。

（3）分别在 River 层、Banks 层、Flowpaths 层、XS Cut Lines 层、Bridges 层以及其他所需的图层创建河道数据。

（4）将以上图层的属性提取出来，单击 RAS Geometry 中的 Layer Setup，检查图层是否存在问题，检查无误后单击 Export RAS Data，生成 SDF 文件。

（5）在 HEC-RAS 中创建新的文件，将 SDF 文件导入，至此，数据预处理工作完成，河道三维模型建立完成。

7.6　白格堰塞湖下游河道模型构建

首先，根据研究区域 DEM 数据和影像图，绘制金沙江上游白格堰塞湖至梨园水电站段的河道中泓线、河岸线，并确定出所选择的横断面、桥以及水库所在的位置。白格堰塞湖至梨园水电站全长 670 km，在 ArcGIS 中将 DEM 数据导入（图 7.2）。

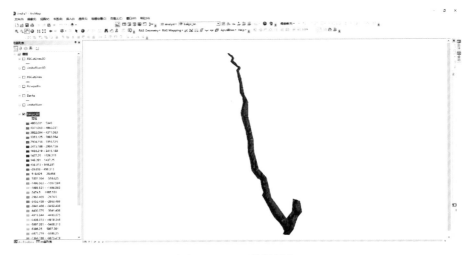

图 7.2　DEM 数据导入

　　以 SHP 文件存储河道中泓线、河岸线、桥梁以及横断面信息,并导入 ArcGIS 中。在 ArcGIS 的 GeoRAS 操作栏中建立 Stream Centerline、Bank Lines、Bridges、XS Cut Lines 等在 RAS 图层中,将 SHP 文件中的河道中泓线、河岸线、桥梁、横断面等基本数据复制到 RAS 层中,白格堰塞湖至梨园水电站全长 670 km,每隔 2~3 km 截取断面,并在特殊位置进行加密,在 HEC-GeoRAS 中的数据预处理结果如图 7.3 所示。将处理结果导出为 SDF 文件,完成 GeoRAS 河道模型构建。在 HEC-RAS 中建立新的 PRJ 文件,将前期处理好的 SDF 文件导入 HEC-RAS 中的 Geometry Data 中,导入后的白格堰塞湖河道三维图如图 7.4 所示。

图 7.3　数据预处理结果

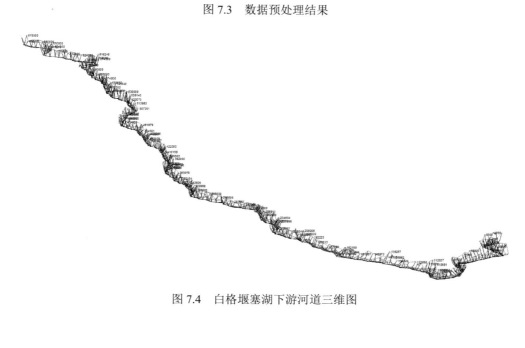

图 7.4　白格堰塞湖下游河道三维图

　　白格堰塞湖下游河道模型建立后，对几个特殊控制断面进行检查，主要包括：白格堰塞体断面、叶巴滩断面、拉哇断面、巴塘断面、苏洼龙断面、奔子栏断面、石鼓断面、梨园断面（图 7.5），以保证断面数据基本符合实际情况。

　　图 7.5 中断面中的左右两个红点为河岸所在位置，其外侧为河漫滩，河道的曼宁系数取 0.05。从图中的典型断面形态可以看出，白格堰塞体到梨园水电站之间的河道地形基本属于"V"字形河谷断面，因此利用 HEC-RAS 进行的恒定流、非恒定流洪水演进分析的结论可以作为实际洪水进程的参考依据。金沙江流域河道两侧虽然山势陡峭，但其流经城镇大多位于河谷平坦低洼地带，因此当白格堰塞湖溃决洪水流量高于河道的过流能力时，河道两侧城镇将会面临被淹没的险情。另外，河道中心线高程图如图 7.6 所示。

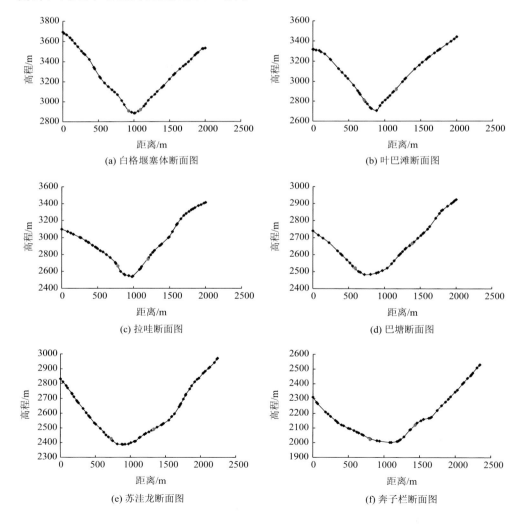

(a) 白格堰塞体断面图

(b) 叶巴滩断面图

(c) 拉哇断面图

(d) 巴塘断面图

(e) 苏洼龙断面图

(f) 奔子栏断面图

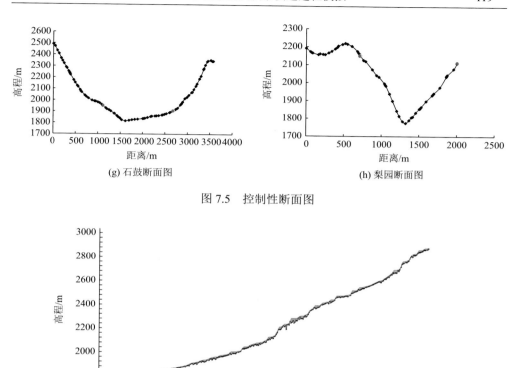

(g) 石鼓断面图　　　　　　　　　　　(h) 梨园断面图

图 7.5　控制性断面图

图 7.6　河道中心线高程图

从图 7.6 中可以看出，白格堰塞体至梨园水电站长度为 670 km，共取 327 个断面，断面底高程基本平顺，河道没有明显的凸起或凹陷，选择的断面基本能够模拟原河道的地形，可用于白格堰塞湖溃决洪水长距离演进过程模拟。

7.7　白格堰塞湖溃决洪水演进过程模拟

7.7.1　白格堰塞湖溃决洪水实测结果

2018 年 10 月 10 日 22:06，西藏自治区昌都市和四川省甘孜藏族自治州交界处的金沙江河道右岸发生山体滑坡，堵塞金沙江干流，形成白格堰塞湖。至 11 月 3 日，由于原处滑坡再次发生崩塌，覆盖残余坝体，形成"11·03"白格堰塞湖。堰塞体的堰顶宽约为 195 m，长约 273 m，堰顶高程约 2966.5 m，堰塞体高出水面

58.24 m，如果蓄满最大库容将达 $7.9 \times 10^8 m^3$，开挖引流槽成为降低白格堰塞湖风险的关键工程措施。11 月 8 日，现场抢险挖掘机抵达堰塞体坝顶，通过 3 天的施工，一条长 220 m，顶宽 42 m，底宽 3 m，最大深度 15 m 的倒梯形导流槽施工完成。堰塞体垭口高程降低至 2952.52 m。11 月 12 日 04:45，引流槽开始进水，整个引流槽河道在 10:50 被淹没；13 日 8:00，通过引流槽的过水流量增大，13 日 12:00 溃决冲蚀迅速加快；13 日 13:40，堰塞湖库容达 $5.79 \times 10^8 m^3$，相应的最高水位为 2956.40 m；13 日 18:00 溃决洪峰流量达到 31000 m^3/s 左右；14 日 8:00 退至基流。堰塞体过流后形成新河道，平面上呈向右岸凸出的弧形，开口宽 180～240 m。

2018 年 11 月 13 日 18:00 溃口处出现峰值洪峰后，历时 1.83 h，下游 54 km 处的叶巴滩水电站于 11 月 13 日 19:50 出现洪峰流量 28300 m^3/s，相应水位为 2760.16 m；历时 5.25 h，11 月 13 日 23:15，溃决洪水演进至下游 135 km 的拉哇水电站，洪峰流量削减至 22000 m^3/s；历时 7.92 h，11 月 14 日 01:55，洪峰演进至巴塘水电站坝址，最大洪峰流量 20900 m^3/s；历时 9.83 h，11 月 14 日 03:50，洪峰演进至苏洼龙水电站，最大洪峰流量 19620 m^3/s；历时 19 h，11 月 14 日 13:00，洪峰演进至奔子栏水文站，最大洪峰流量 15700 m^3/s；历时 38.67 h，11 月 15 日 08:40，洪峰演进至石鼓，最大洪峰流量 7120 m^3/s；历时 41.25 h，11 月 15 日 11:15，洪峰演进至苏洼龙水电站，最大洪峰流量 7200 m^3/s。表 7.1 和图 7.7 分别给出了白格堰塞湖溃决洪水流量的实测值（时间间隔 1 h）和溃决洪水流量过程线图，表 7.2 和图 7.8 分别给出了"11·03"白格堰塞湖溃决洪水下游演进过程实测数据和堰塞体至梨园段不同断面实测洪水流量过程线。

表 7.1　白格堰塞湖溃决洪水流量

日期	时间	流量/(m^3/s)
	14:00	540.76
	15:00	4596.42
	16:00	15817.10
	17:00	24807.20
	18:00	31000.00
2018/11/13	19:00	25483.10
	20:00	13992.00
	21:00	9463.22
	22:00	6624.25
	23:00	4593.42

续表

日期	时间	流量/(m³/s)
	00:00	3379.72
	01:00	2027.83
	02:00	1487.08
	03:00	1284.29
	04:00	1216.70
	05:00	1149.11
	06:00	1013.92
2018/11/14	07:00	1013.92
	08:00	811.13
	09:00	743.54
	10:00	608.35
	11:00	540.75
	12:00	405.57
	13:00	337.97

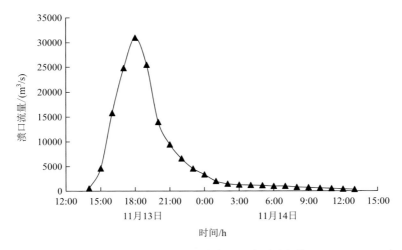

图 7.7 白格堰塞湖溃决洪水流量过程线

表 7.2 "11·03" 白格堰塞湖溃决洪水下游演进过程实测数据

断面位置	洪峰流量/(m³/s)	洪峰到达时间	距堰塞体距离/km	演进历时/h
白格	31000	2018/11/13 18:00	0	0.00

断面位置	洪峰流量/(m³/s)	洪峰到达时间	距堰塞体距离/km	演进历时/h
叶巴滩	28300	11/13　19:50	54	1.50
拉哇	22000	11/13　23:15	135	4.92
巴塘	20900	11/14　01:55	158	7.33
苏洼龙	19620	11/14　03:50	224	9.50
奔子栏	15700	11/14　13:00	380	19.00
石鼓	7170	11/15　08:40	557	38.66
梨园	7200	11/15　12:30	671	42.50

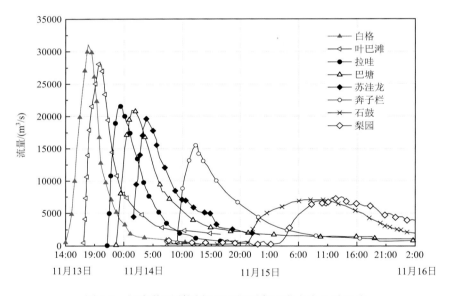

图 7.8　堰塞体至梨园段不同断面实测洪水流量过程线

7.7.2　白格堰塞湖溃决洪水演进计算结果（恒定流）

根据 2018 年 11 月 13 日白格堰塞湖溃决时测得的实际溃口流量过程数据可知，溃口峰值流量为 31000 m³/s，将此值作为恒定流计算的流量输入，根据实际地形，自白格堰塞湖到下游梨园水电站的平均坡度约为 2‰，将其设置为边界条件（图 7.9 和图 7.10）。

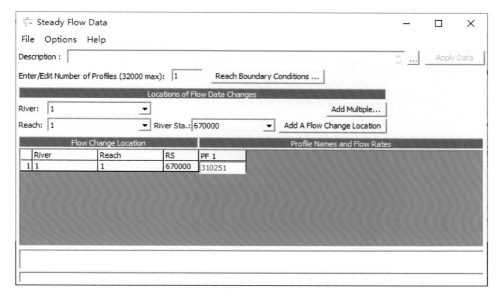

图 7.9　恒定流流量设置

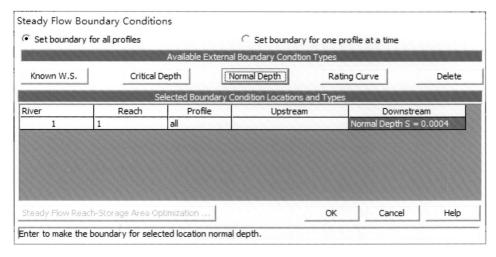

图 7.10　恒定流边界条件设置

设置完恒定流计算数据后即可进行演算，整个河道水面线的运行结果如图 7.11 所示。

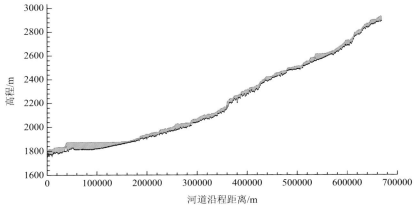

图 7.11　河道水面线计算值

由图 7.11 可以看出,水面比较平顺,典型断面的水位计算结果统计值见表 7.3。

表 7.3　恒定流典型断面水位值

典型断面	水位/m	断面底部高程/m	水深/m
叶巴滩	2758.34	2729.15	29.19
拉哇	2567.27	2538.41	28.86
巴塘	2514.75	2484.06	30.69
苏洼龙	2421.68	2380.00	41.68
奔子栏	2038.53	2006.53	32.00
石鼓	1857.87	1816.00	41.87
梨园	1820.91	1774.73	46.18

由表 7.3 可以得出,若采用恒定流模拟白格堰塞湖演进过程,其下游各典型断面水深最大达到 46.18 m,位于梨园断面处,水位最低处位于拉哇断面处,最大水深 28.86 m。

7.7.3　白格堰塞湖溃决洪水演进计算结果（非恒定流）

白格堰塞湖到下游梨园水电站处全长约 670 km 的干流河段,天然落差1516 m,河道平均坡降 2%。“11·03”白格堰塞湖溃决时,入库流量为 850 m³/s。HEC-RAS 一维非恒定流边界条件包括入流条件、下游出口临界梯度、河道基流流量。

以上即为进行非恒定流计算所需的上、下游边界条件，以下将详细介绍基于 HEC-GeoRAS 和 HEC-RAS 的非恒定流计算。

与恒定流计算相同，首先在 ArcGIS 的插件 HEC-GeoRAS 中建立金沙江上游自白格堰塞湖处至梨园水电站处的河道漫滩模型，由于 7.6 节中已说明模型建立过程，此处不再赘述。

在 HEC-RAS 中创建新的项目，将其命名为 Unsteady Flow，创建其中的 Geometry Data，将河道漫滩模型的 SDF 文件导入 HEC-RAS 中，对上述建立的 Geometry Data 进行保存，再编辑非恒定流计算的边界条件及初始条件（图 7.12）。

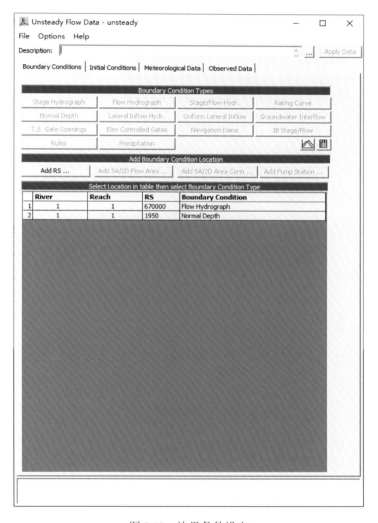

图 7.12　边界条件设定

由图 7.12 可以看出，边界条件分为上游边界和下游边界，上游边界为白格堰塞湖溃决时的水位降低过程或者流量过程线，计算采用白格堰塞湖溃决实测流量过程线作为上游边界（图 7.13）。下游边界为梨园水电站的水位过程线、流量过程线、平均水深或平均梯度，计算采用河道的平均梯度作为下游边界（图 7.14）。

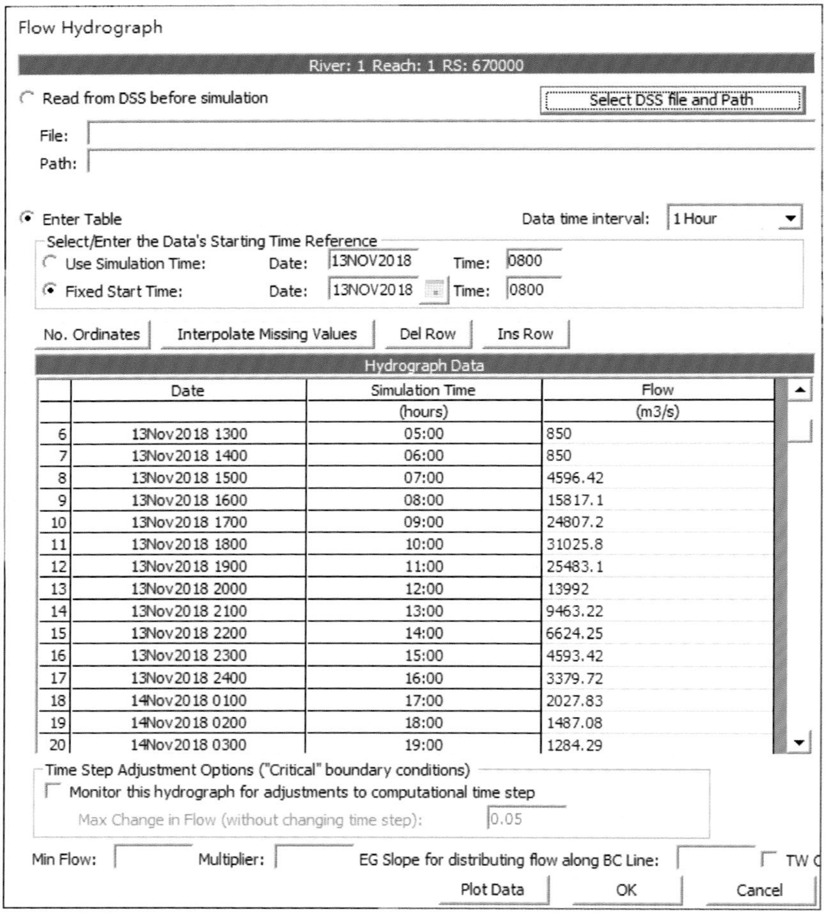

图 7.13　上游边界条件设定

将金沙江上游河道的基流流量 850 m³/s 设置为初始条件（图 7.15）。

时间步长的设置对于溃决洪水的演进过程具有重要影响，时间步长过大，则计算结果误差将很大；时间步长太短，则导致计算效率低下。综合考虑各因素，模拟时的时间步长设置为 30s，输出结果的间隔时长为 10 min，模拟时间为 2018 年 11 月 13 日 08:00～2018 年 11 月 16 日 24:00，计算时间的设置如图 7.16 所示。

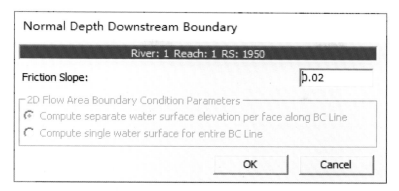

图 7.14   下游边界条件设定

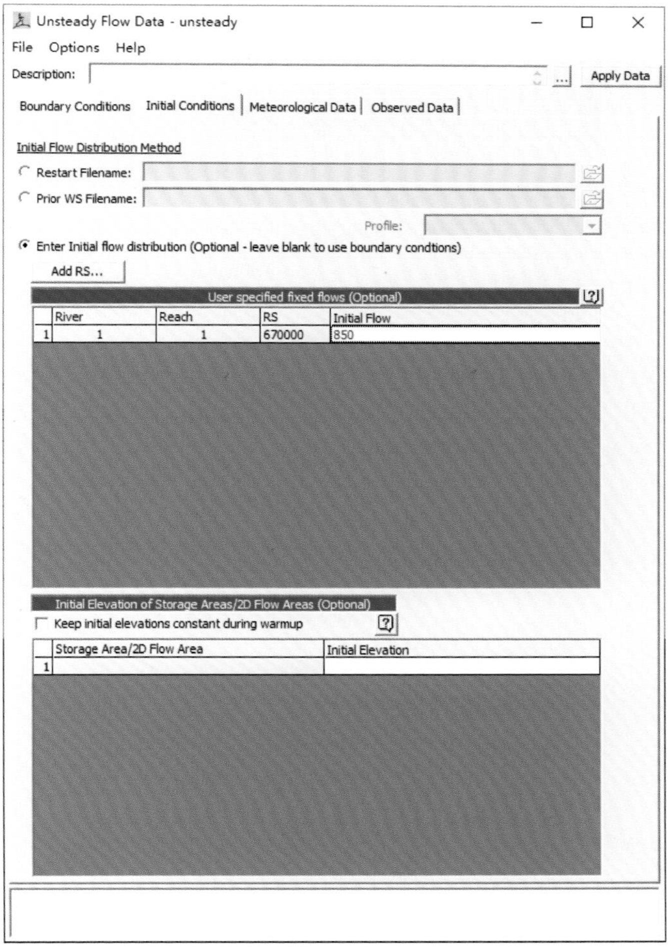

图 7.15   初始条件设置

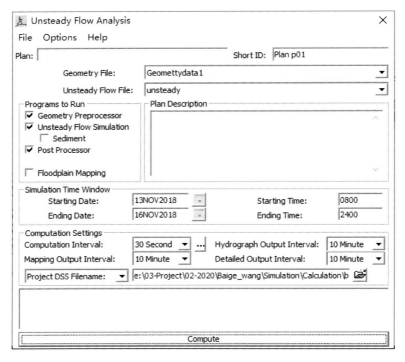

图 7.16　计算时间设置

HEC-RAS 计算结果可沿河道显示，可进行可视化检查洪水演进计算结果。图 7.17～图 7.19 分别给出了计算区域内不同时刻洪水演进的情况，从图中可以看出，白格堰塞湖溃决洪水随着演进距离的增加而逐渐坦化，洪峰流量也随着流程的增加而随之减小。

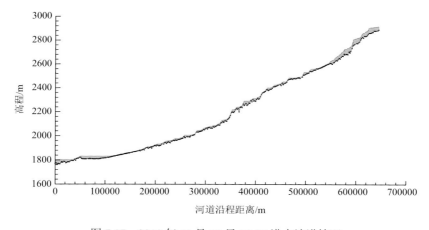

图 7.17　2018 年 11 月 13 日 20:00 洪水演进情况

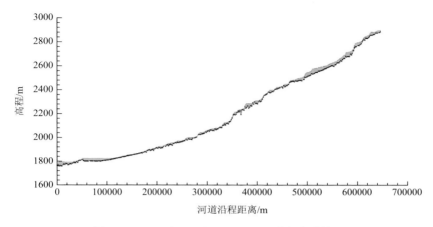

图 7.18　2018 年 11 月 14 日 00:00 洪水演进情况

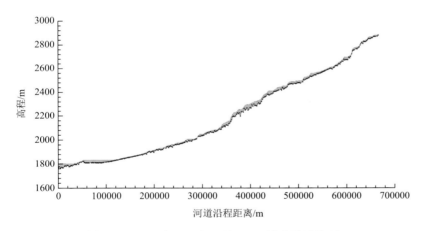

图 7.19　2018 年 11 月 14 日 20:00 洪水演进情况

7.8　基于非恒定流的白格堰塞湖溃决洪水演进过程计算结果分析

基于非恒定流计算成果，分别对典型断面处溃决洪水演进流量、水深和流速计算结果进行提取，对白格堰塞湖溃决洪水的演进过程计算结果进行分析。

7.8.1　流量过程计算结果分析

提取"11·03"白格堰塞湖及下游各站点的洪水流量过程计算结果，并与实测结果进行比较，洪水演进过程计算值与实测值对比情况如图 7.20 所示。

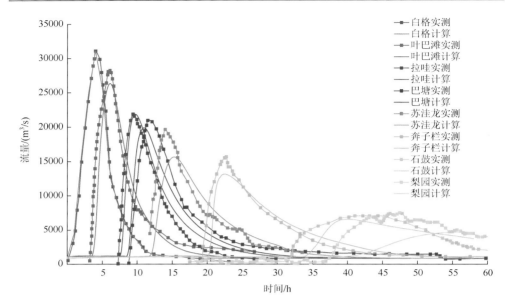

图 7.20　白格堰塞湖溃决洪水演进过程计算值与实测值对比

　　计算结果显示，白格堰塞湖溃决洪水下游演进后，历时 6.17 h 叶巴滩断面出现峰值流量，此时断面洪峰流量为 26296.98 m³/s；实测结果是白格堰塞湖溃决洪水演进 5.50 h 后，叶巴滩水电站到达洪峰流量 28300.00 m³/s，计算值与实测值比对发现，洪峰流量偏小 2003.02 m³/s，洪峰流量出现时间滞后 0.67 h。对于拉哇断面，计算结果显示历时 9.67 h，断面出现洪峰流量，其值为 21827.48 m³/s；实测洪峰历时 8.92 h 到达拉哇水电站，洪峰流量为 22000 m³/s，计算值与实测值比对发现，洪峰流量偏小 172.52 m³/s，洪峰流量出现时间滞后 0.75 h。对于巴塘断面，计算结果显示历时 11.00 h，断面出现洪峰流量，其值为 19870.52 m³/s；实测洪峰历时 11.33 h 到达巴塘水电站，洪峰流量为 20900 m³/s，计算值与实测值比对发现，洪峰流量偏小 1029.48 m³/s，洪峰流量出现时间提前 0.33 h。对于苏洼龙断面，计算结果显示历时 15.17 h，断面出现洪峰流量，其值为 15628.46 m³/s；实测洪峰历时 13.50 h 到达苏洼龙水电站，洪峰流量为 19620 m³/s，计算值与实测值比对发现，洪峰流量偏小 3991.54 m³/s，洪峰流量出现时间滞后 1.67 h。对于奔子栏断面，计算结果显示历时 22.50 h，断面出现洪峰流量，其值为 13155.00 m³/s；实测洪峰历时 23.00 h 到达奔子栏水文站，洪峰流量为 15700 m³/s，计算值与实测值比对发现，洪峰流量偏小 2545.00 m³/s，洪峰流量出现时间提前 0.50 h。对于石鼓断面，计算结果显示历时 40.00 h，断面出现洪峰流量，其值为 6554.29 m³/s；实测洪峰历时 42.66 h 到达石鼓，洪峰流量为 7170 m³/s，计算值与实测值比对发现，洪峰流量偏小 615.71 m³/s，洪峰流量出现时间提前 2.66 h。对于梨园断面，计算结果显示历时 56.50 h,断面出现洪峰流量,其值为 4679.36 m³/s;实测洪峰历时 46.50 h 到达梨园水电站,洪峰流量为 7200 m³/s,计算值与实测值比对发现,洪峰流量偏小 2520.64 m³/s,洪峰流量出现时间滞后 10.00 h。

表 7.4 为白格堰塞湖溃决洪水演进过程典型断面计算值与实测值的对比汇总表,从表中可以看出,随着洪水演进距离的增长,洪峰流量误差有变大的趋势,最大误差发生在梨园水电站处,究其原因,应为梨园水电站处洪峰流量较小且演进距离过长所致。

表 7.4 白格堰塞湖溃决洪水演进过程典型断面计算值与实测值对比汇总表

典型断面	洪峰流量计算值/(m³/s)	洪峰流量实测值/(m³/s)	洪峰流量相对误差/%	洪峰流量到达时间计算值/h	洪峰流量到达时间实测值/h	洪峰流量到达时间相对误差/%
叶巴滩	26296.98	28300	−7.08	6.17	5.50	12.18
拉哇	21827.48	22000	−0.78	9.67	8.92	8.41
巴塘	19870.52	20900	−4.93	11.00	11.33	−2.91
苏洼龙	15628.46	19620	−20.34	15.17	13.50	12.37
奔子栏	13155.00	15700	−16.21	22.50	23.00	−2.17
石鼓	6554.29	7170	−8.59	40.00	42.66	−6.24
梨园	4679.36	7200	−35.01	56.50	46.50	21.51

7.8.2 水位高程计算结果分析

图 7.21～图 7.27 为各典型断面的洪水水位变化过程图,图 7.28～图 7.34 为各典型断面洪水最高水位计算值图,表 7.5 汇总了各典型断面的最大水深。

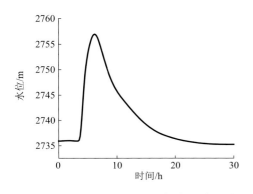

图 7.21 叶巴滩断面洪水水位变化过程图

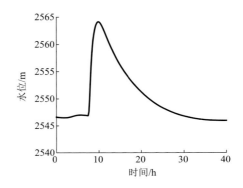

图 7.22 拉哇断面洪水水位变化过程图

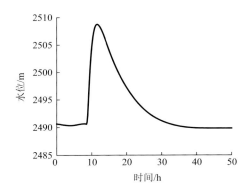

图 7.23　巴塘断面洪水水位变化过程图

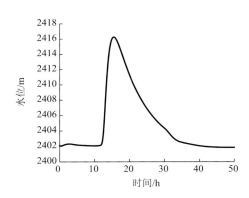

图 7.24　苏洼龙断面洪水水位变化过程图

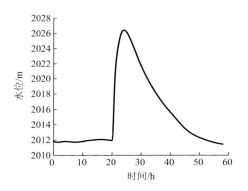

图 7.25　奔子栏断面洪水水位变化过程图

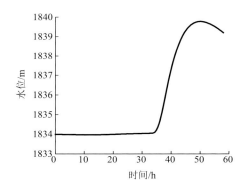

图 7.26　石鼓断面洪水水位变化过程图

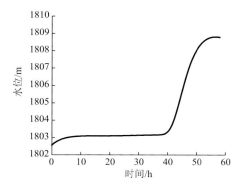

图 7.27　梨园断面洪水水位变化过程图

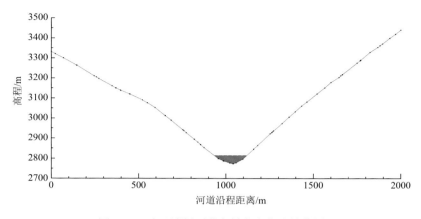

图 7.28 叶巴滩断面洪水最高水位计算值图

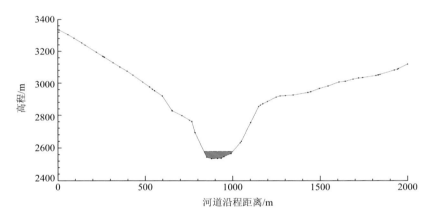

图 7.29 拉哇断面洪水最高水位计算值图

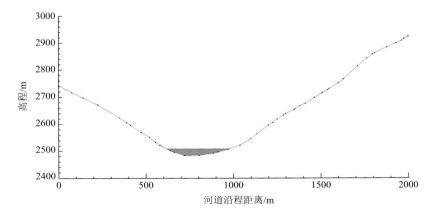

图 7.30 巴塘断面洪水最高水位计算值图

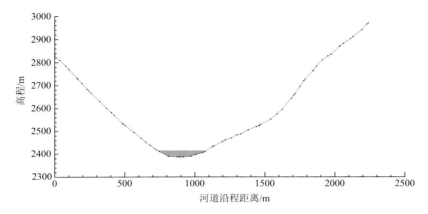

图 7.31　苏洼龙断面洪水最高水位计算值图

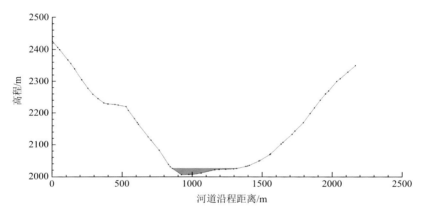

图 7.32　奔子栏断面洪水最高水位计算值图

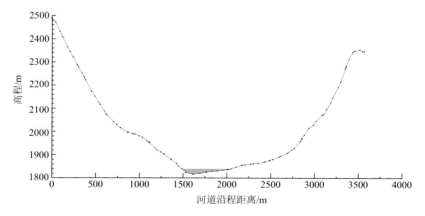

图 7.33　石鼓断面洪水最高水位计算值图

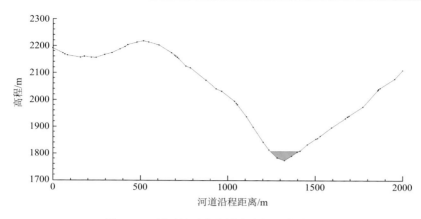

图 7.34 梨园断面洪水最高水位计算值图

表 7.5 各典型断面水深表

典型断面	水位/m	河道底高程/m	最大水深/m
叶巴滩	2756.95	2729.15	27.80
拉哇	2564.14	2538.41	25.73
巴塘	2508.75	2484.06	24.69
苏洼龙	2416.26	2388.00	28.26
奔子栏	2026.40	2006.53	19.87
石鼓	1839.77	1816.00	23.77
梨园	1808.80	1774.73	34.07

由表 7.5 可以看出,叶巴滩断面处河道底高程为 2729.15 m,洪峰时对应的水位为 2756.95 m,最大水深为 27.80 m;拉哇断面处河道底高程为 2538.41 m,洪峰时对应的水位为 2564.14 m,最大水深为 25.73 m。典型断面中水深最大的是梨园断面,最大水深为 34.07 m,水深最小的是奔子栏断面,由于断面较宽,洪峰时对应的水位为 2026.40 m,最大水深为 19.87 m。

7.9 唐家山堰塞湖溃决洪水演进过程模拟

下面以唐家山堰塞湖溃决案例为研究对象,进一步介绍对堰塞湖溃决洪水演进过程的模拟情况。

2008 年 5 月 12 日,受汶川 8.0 级地震影响,四川通口河右岸发生特大滑坡,堵塞河道形成唐家山堰塞湖。堰塞体距下游北川县城 6 km,绵阳市 70 km,下游有将近 130 万居民,还有宝成铁路、输油管道等重要基础设施(图 7.35)(Liu et al.,

2010）。为减少唐家山堰塞湖溃决带来的巨大灾害，开挖了宽 8 m、深 13 m、总长 475 m 的引流槽。随着上游来流不断汇入，唐家山堰塞湖水位于 2008 年 6 月 10 日 01:30 达到最大值 743.1 m；至 6 月 10 日 12:36，溃口达到峰值流量 6500 m³/s；至 6 月 10 日 20:00，溃口流速及流量基本保持不变，堰塞湖溃决过程基本结束，此时堰塞湖水位为 720.3 m，整个过程中唐家山堰塞湖的下泄水量约 2.3×10⁸ m³（Liu et al., 2010; Zhong et al., 2018b）。溃口最终深度为 42 m，顶部宽度为 145～235 m，底部宽度为 80～100 m（Liu et al., 2009）。6 月 10 日 15:15，洪峰到达绵阳市，影响较小，排险成功结束。唐家山堰塞湖拥有珍贵的溃决全过程实测资料，为堰塞湖溃决研究提供了翔实的基础数据。下游北川（距唐家山坝址 8 km）、通口（距唐家山坝址 31 km）、涪江桥（距唐家山坝址 78 km）等水文站的实测洪水特征值见表 7.6（Liu et al., 2010）。

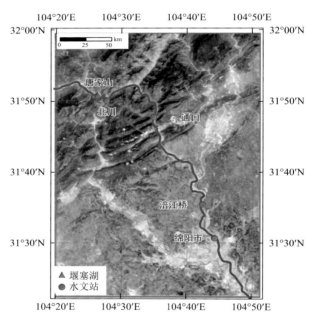

图 7.35　唐家山堰塞湖及附近水文站

表 7.6　唐家山堰塞湖及下游水文站的水文特征值

名称	洪峰流量/(m³/s)	最高水位/m	洪峰出现时间
唐家山堰塞湖	6500	742.57	6/10　12:30
北川水文站	6540	549.52	6/10　13:00
通口水文站	6210	532.90	6/10　14:24
涪江桥水文站	6100	465.28	6/10　17:18

唐家山堰塞湖位于通口河,沿通口河向下游途经北川县城、通口镇①、含增镇、青莲镇、龙凤镇、石马镇、绵阳市等城市和乡镇,约有 120 万居民。因此,选取的溃决计算及演进计算区域为唐家山堰塞湖所在地沿通口河至绵阳市的矩形区域(104°24′E~104°48′E、31°29′N~31°50′N),基于 HEC-GeoRAS 插件共确定 20 个断面,河道中心线长度 84.79 km。

唐家山堰塞湖高程约为 640 m,计算区域高程急剧下降约 200 m(图 7.36),另外,图 7.36 中还标注了沿河段的三个典型水文站位置。将基于 HEC-GeoRAS 插件构建的河道模型导入 HEC-RAS 软件,构建溃决洪水演进模型。在唐家山至绵阳市河道选择 20 个断面作为典型断面,其中 1 号、4 号、19 号、20 号断面分别为唐家山堰塞湖、北川水文站、通口水文站、涪江桥水文站、绵阳市(图 7.37)。

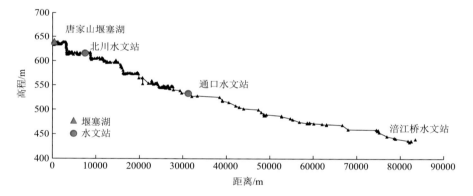

图 7.36 通口河段剖面图

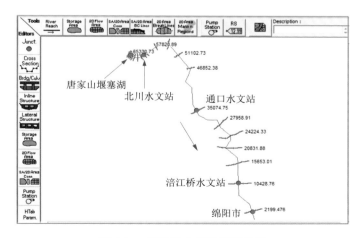

图 7.37 溃决洪水演进模型构建

---

① 通口镇已于 2019 年 12 月 25 日撤销,改设通泉镇。

　　将唐家山堰塞湖溃口流量过程作为边界条件输入溃决洪水演进模型，各计算参数见表 7.7。将计算结果与具有实测资料的下游三个水文站资料进行分析对比，实测值与计算值对比结果如表 7.8 和图 7.38 所示。

表 7.7　　洪水演进输入参数表

断面					边界		
n（左岸）	n（右岸）	n（主河道）	缩放	扩张	$Q/(m^3/s)$	上游	下游
0.035	0.035	0.03	0.1	0.3	非恒定流	Q-t 曲线	坡度/10^{-3}

注：n 为糙率。

表 7.8　　唐家山堰塞湖下游三个水文站实测值与计算值对比

水文站名称	洪峰流量/(m³/s)			洪峰到达时间/h			最大水深/m		
	实测值	计算值	误差/%	实测值	计算值	误差/%	实测值	计算值	误差/%
北川	6540.0	6414.0	−1.9	6/10 13:00	6/10 13:22	3.2	620.29	641.00	3.3
通口	6210.0	6306.5	1.6	6/10 14:24	6/10 15:10	5.6	549.73	572.50	4.1
涪江桥	6100.0	6039.6	−1.0	6/10 15:18	6/10 16:14	6.3	465.28	480.50	3.3

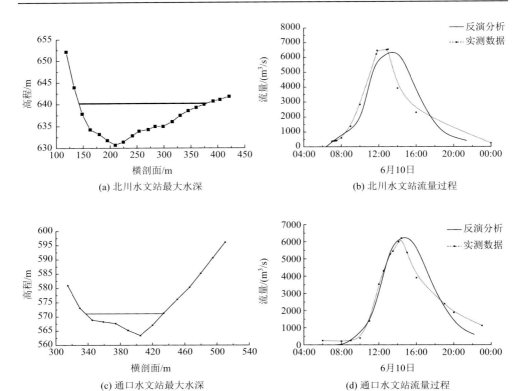

(a) 北川水文站最大水深　　　　　　(b) 北川水文站流量过程

(c) 通口水文站最大水深　　　　　　(d) 通口水文站流量过程

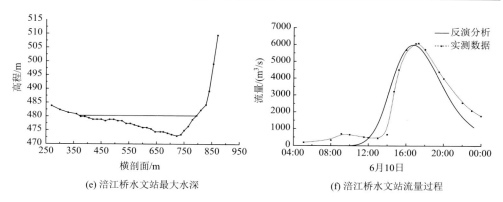

(e) 涪江桥水文站最大水深 (f) 涪江桥水文站流量过程

图 7.38 唐家山堰塞湖下游三个水文站洪水流量过程实测值与计算值对比

对于北川水文站，实测洪峰到达时间为 6 月 10 日 13:00，洪峰流量为 6540.0 m³/s，对应最大水深为 620.29 m；计算洪峰到达时间为 6 月 10 日 13:22，洪峰流量为 6414.0 m³/s，对应最大水深为 641.00 m。洪峰流量的误差为−1.9%，最大水深的误差为 3.3%，洪峰到达时间的误差为 3.2%。

对于通口水文站，实测洪峰到达时间为 6 月 10 日 14:24，洪峰流量为 6210.0 m³/s，对应最大水深为 549.73 m；计算洪峰到达时间为 6 月 10 日 15:10，洪峰流量为 6306.5 m³/s，对应最大水深为 572.50 m。洪峰流量的误差为 1.6%，最大水深的误差为 4.1%，洪峰到达时间的误差为 5.6%。

对于涪江桥水文站，实测洪峰到达时间为 6 月 10 日 15:18，洪峰流量为 6100.0 m³/s，对应最大水深为 465.28 m；计算洪峰到达时间为 6 月 10 日 16:14，洪峰流量为 6039.6 m³/s，对应最大水深为 480.50 m。洪峰流量的误差为−1.0%，对应最大水深的误差为 3.3%，洪峰到达时间的误差为 6.3%。

通过对比实测值与计算值可以发现，唐家山堰塞湖溃决后，到达下游北川、通口、涪江桥水文站的洪峰流量、洪峰到达时间、最大水深等溃决参数的计算误差均在±10%以内，验证了洪水演进模拟结果的可靠性。

8 堰塞湖溃决与河道堰塞损失评估

8.1 损失评估的意义与分类

与人工填筑的土石坝不同，堰塞湖一般是崩滑土石料快速堆积导致上游壅水而形成的，堰塞体没有经过充分压实，结构较为松垮，组成物质杂乱，局部存在由大颗粒骨架架空形成的高渗透区域，渗流和力学稳定性较差，且缺乏必要的洪水溢流设施，容易发生溃决造成严重的洪水灾害；另外，堰塞体截断河道后，上游来流无法及时下泄，从而导致堰塞体上游水位不断上涨而产生淹没。因此，河道堰塞和堰塞湖溃决均会对公众生命财产和基础设施安全构成巨大威胁，但两者的表现形式有所区别，相对而言，河道堰塞后水位上涨较为缓慢，若及时采取措施，造成公众的生命财产损失相对小；堰塞湖溃决后产生的洪水相较于一般的河道洪水，具有发生时间短、洪峰流量大的特点，若不及时采取措施，对公众进行避险转移，往往会导致巨大的灾难。

目前国内外针对水库大坝的溃决损失评估开展了相关的研究工作，但堰塞湖溃决和河道堰塞导致的损失较少涉及。类似于水库大坝溃坝损失评估，堰塞湖溃决和河道堰塞损失评估也主要围绕生命损失、经济损失和生态损失等方面开展。与堰塞湖溃决相比，河道堰塞后堰塞湖水位的抬升过程相对较为平缓，两者的损失评估的差异主要在于生命损失，本章主要关注堰塞湖溃决导致的生命损失、经济损失和生态损失，以及河道堰塞的生命损失评估，河道堰塞的经济损失和生态损失评估可参照堰塞湖溃决采用的方法。

溃决洪水造成的损失主要包括三个部分：第一是堰塞湖溃决洪水冲击作用造成下游风险群众伤亡的生命损失；第二是溃决洪水对淹没区域的各经济产业造成破坏的经济损失；第三是冲击洪水对河流沿岸生态环境造成破坏的生态损失。

目前国内外对于溃坝损失的研究主要围绕生命损失、经济损失和生态损失等方面开展。本章 8.2～8.4 节分别从三个方面介绍国内外的研究现状，8.5～8.7 节介绍作者的研究成果。

8.2　国内外常用生命损失评估模型

8.2.1　数理统计模型

Brown 和 Graham（1988）提出了第一个基于回归分析的生命损失评估模型（B&M 模型）。随后，众学者在 B&M 模型的基础上进行了进一步的完善（Graham，1999；Dekay and McCelland，2010）。芬兰学者 Reiter（2001）不仅考虑了风险人口、警报时间等主要影响因素，而且分析了生命损失的其他影响因素，包括溃坝发生时间、天气、救援工作等，对 B&M 模型进行了修正。此外，McClelland 和 Bowles（2000）提出了下游淹没区域分区与风险分析相结合的生命损失评估模型。

近年来，国内学者也开展了大量的溃坝生命损失评估模型研究。周克发（2006）初步探寻了我国溃坝生命损失的主要影响因素，并基于 B&M 模型提出考虑我国国情的死亡率建议表，可快速确定生命损失范围；吴欢强等（2010）基于周克发的研究进一步改进了风险人口的死亡率建议值与生命损失的计算公式；Peng 和 Zhang（2012b，2012c）基于贝叶斯网络建立了一个人口风险分析模型，利用统计数据、现有物理模型、经验模型对贝叶斯网络基本节点进行量化；姜振翔等（2014）基于贝叶斯支持向量机构建了溃坝概率与下游库区损失人数的函数曲线，用以评估溃坝生命损失的风险等级；Huang 等（2017）考虑溃坝模式等因素，并基于生命损失的影响因素构建了四个生命损失模块，采用多元非线性回归方法，建立了生命损失的评估模型。

为了研究生命损失评估方法的合理性，选择国内外有代表性的模型，基于我国具有实测生命损失资料的 8 组溃坝案例，进行分析比较，计算结果见表 8.1。由计算结果可以看出，周克发（2006）模型计算结果的相对误差在 ±50% 以内的案例数占比达到 75%，B&M 模型计算结果的相对误差在 ±50% 以内的案例数占比为 50%，周克发（2006）模型的相对误差较小。

表 8.1　生命损失数理统计方法比较

大坝名称	实测值			周克发（2006）模型			B&M 模型		
	风险人口/人	实际死亡人口/人	死亡率	计算死亡人口/人	死亡率	相对误差	计算死亡人口/人	死亡率	相对误差/%
洞口庙	4700	186	0.0396	160	0.0340	−13.98	47	0.0100	−74.73
李家咀	1034	516	0.4990	596	0.5764	15.50	259	0.2505	−49.81

大坝名称	实测值			周克发（2006）模型			B&M 模型		
	风险人口/人	实际死亡人口/人	死亡率	计算死亡人口/人	死亡率	相对误差	计算死亡人口/人	死亡率	相对误差/%
史家沟	300	81	0.2700	42	0.1400	−48.15	75	0.2500	−7.41
沟后	30000	320	0.0107	1015	0.0338	217.19	300	0.0100	−6.25
刘家台	64941	937	0.0144	1062	0.0164	13.34	773	0.0119	−17.50
横江	145000	941	0.0065	1028	0.0071	9.25	4755	0.0328	405.31
石漫滩	204490	2517	0.0123	8205	0.0401	225.98	4571	0.0224	81.61
板桥	402500	19701	0.0489	15456	0.0384	−21.55	5585	0.0139	−71.65

8.2.2　模糊数学模型

随着经济社会的发展，水库大坝溃决的致灾因子也变得愈加复杂，在评估溃坝灾害损失研究时，各因子间的不确定性对评估结果的影响愈加突出。尤其在秉持以人为本发展理念的当今社会，社会对评估结果精确性的要求日益提高，为了建立可靠度更高的损失评估模型，许多学者引入模糊数学、人工智能等方法。王志军等（2009）建立了一种基于模糊物元法与指数平滑法相结合的评估模型，通过比较待估大坝与已溃决标准大坝的贴近度，计算风险人口的死亡率，但是由于溃坝资料的匮乏，数据均匀连续性较差，模型在极值处误差较大；王少伟等（2011）结合对大坝溃决致灾机理的分析，对模糊物元法结果进行了修正；侯保灯（2012）引入灰色关联分析模型，通过对已有数据的分析建立标准物元，探讨了关联度与死亡率之间的关系，但由于数据的局限性，是否可以真正代表死亡率仍需要更加详尽的资料加以验证；王君和袁永博（2012）考虑溃坝数据匮乏及不均匀性，建立基于可变模糊聚类模型的溃坝生命损失预测模型，对待估样本和已知样本进行二次筛选，将求出的死亡率进行修正。

同样选择表 8.1 中的 8 组溃坝案例，对王志军等（2009）模型和王少伟等（2011）模型进行分析比较，计算结果见表 8.2。由计算结果可以看出，王志军等（2009）模型计算结果的相对误差在±50%以内的案例数占比为 37.5%，王少伟等（2011）模型计算结果的相对误差在±50%以内的案例数占比为 50%，王少伟等（2011）模型的相对误差较小。

表 8.2　生命损失模糊数学方法比较

大坝名称	实测值			王志军等（2009）模型			王少伟等（2011）模型		
	风险人口/人	实际死亡人口/人	死亡率	计算死亡人口/人	死亡率	相对误差/%	计算死亡人口/人	死亡率	相对误差/%
洞口庙	4700	186	0.0396	47	0.0100	−74.73	36	0.0076	−80.65
李家咀	1034	516	0.4990	114	0.1106	−77.91	88	0.0853	−82.95
史家沟	300	81	0.2700	83	0.2769	2.47	59	0.1967	−27.16
沟后	30000	320	0.0107	2982	0.0994	831.88	2254	0.0751	604.38
刘家台	64941	937	0.0144	1351	0.0208	44.18	946	0.0146	0.96
横江	145000	941	0.0065	3176	0.0219	237.51	2042	0.0141	117.00
石漫滩	204490	2517	0.0123	4376	0.0214	73.86	3488	0.0171	38.58
板桥	402500	19701	0.0489	13846	0.0344	−29.72	11229	0.0279	−43.00

8.2.3　动态分析模型

Cai 等（2007）研究了洪水的范围和深度以及被洪水淹没的路段以确定洪水期间洪水路段识别预报系统，与传统的通过比较水面和地形来确定洪水范围和深度的方法不同，利用地理信息系统中的光探测和测距数据来确定洪水范围和深度；Abdulwahid 和 Pradhan（2017）利用机载激光扫描数据快速评估多灾害情况下的滑坡风险区，为撤离路线的确定提供依据。

同样选择表 8.1 中的 6 组溃坝案例（其中沟后和石漫滩的参数无法满足计算要求），对赵一梦等（2016）模型和王志军和宋文婷（2014）模型的计算结果进行分析，计算结果见表 8.3。由计算结果可以看出，赵一梦等（2016）模型、王志军和宋文婷（2014）模型的计算误差普遍较大，而王志军和宋文婷（2014）模型比赵一梦等（2016）模型的精度更高。基于生命动态损失过程的研究方法相较于静态损失的模型，对生命损失过程机理的研究更加深入，但是如何合理地考虑多因素对个体死亡率的影响仍值得深入研究。

表 8.3　动态分析模型计算结果分析

大坝名称	实测值			赵一梦等（2016）模型			王志军和宋文婷（2014）模型		
	风险人口/人	实际死亡人口/人	死亡率	计算死亡人口/人	死亡率	相对误差/%	计算死亡人口/人	死亡率	相对误差/%
洞口庙	4700	186	0.0396	18	0.0038	−90.32	47	0.0100	−74.73
李家咀	1034	516	0.4990	1034	1.0000	100.39	1034	1.0000	100.39

大坝名称	实测值			赵一梦等（2016）模型			王志军和宋文婷（2014）模型		
	风险人口/人	实际死亡人口/人	死亡率	计算死亡人口/人	死亡率	相对误差/%	计算死亡人口/人	死亡率	相对误差/%
史家沟	300	81	0.2700	290	0.9667	258.02	49	0.1626	−39.51
刘家台	64941	937	0.0144	5168	0.0796	451.55	2460	0.0379	162.54
横江	145000	941	0.0065	16742	0.1155	1679.17	881	0.0061	−6.38
板桥	402500	19655	0.0488	7402	0.0184	−62.34	4326	0.0107	−77.99

　　表 8.4 给出了国内外目前常用的溃坝生命损失评估模型简介。通过三类模型的比较分析可以发现（表 8.5），目前情况下，采用数理统计模型获取的计算结果较为可靠，其他类型的模型计算精度较低，但动态分析方法是未来溃坝损失评估的发展方向，应进一步加强研究。

表 8.4　国内外常用的溃坝生命损失评估模型简介

类别	作者	时间	国家	理论方法	研究基础
数理统计模型	Brown 和 Graham	1988	美国	数理统计	各国历史资料
	Graham	1999	美国	对数回归分析	B&G 法、D&M 法
	周克发	2006	中国	经验统计与分析	Graham 法
	Dekay 和 McClelland	2010	美国	对数回归分析	拓展 B&G 法
	Huang 等	2017	中国	回归分析	中国溃坝资料
模糊数学模型	王志军等	2009	中国	模糊物元法	物元对比分析
	王少伟等	2011	中国	模糊物元法	物元对比分析
	王君和袁永博	2012	中国	可变模糊集	物元对比分析
	侯保灯	2012	中国	灰色理论	物元对比分析
	Peng 和 Zhang	2012b, 2012c	中国	贝叶斯网络	因素作用机理分析
	姜振翔等	2014	中国	支持向量机	优化函数
动态分析模型	Assaf 等	1997	加拿大	概率理论	经验统计与概率分析
	McClelland 和 Bowles	2000	美国	概率理论	调查统计与分区
	Reiter	2001	芬兰	概率理论	Graham 法
	王志军和宋文婷	2014	中国	概率理论	个体风险分析
	赵一梦等	2016	中国	概率理论	个体风险分析

表 8.5 国内外常用溃坝生命损失评估模型对比

类别	作者及时间	公式或特点
数理统计模型	Brown 和 Graham (1988)	$$L_{OL} = \begin{cases} 0.5P_{AR} & W_T < 0.25h \\ P_{AR}^{0.56} & W_T < 1.5h \\ 0.0002P_{AR} & W_T > 1.5h \end{cases}$$
	Graham (1999)	提出了生命损失评估步骤，建立死亡率建议表
	周克发 (2006)	基于 Graham 法完善了死亡率取值建议表
	Dekay 和 McClelland (2010)	$$L_{OL} = \begin{cases} 0.075(P_{AR}^{0.56})e^{(-0.759W_T+3.790S_D-2.223W_T \cdot S_D)} & 低洪水严重性 \\ 0.075(P_{AR}^{0.56})e^{(-2.982W_T+3.790)} & 高洪水严重性 \end{cases}$$
	Huang 等 (2017)	$$L_{OL} = P_{AR}\left(\frac{-0.0001}{M_1} + 0.0109\ln M_2 - 0.004\ln M_3 - 0.1962M_4^3 + 0.3332M_4 - 0.1004\right)$$
模糊数学模型	王志军等 (2009)	$L_{OL} = P_{AR} \times f$
	王少伟等 (2011)	$L_{OL} = P_{AR} \times f \times \beta_m$
	王君和袁永博 (2012)	$L_{OL} = P_{AR} \times f$
	侯保灯 (2012)	$L_{OL} = P_{AR} \times f$
	Peng 和 Zhang (2012b, 2012c)	$L_{OL} = P_{AR} \times f$
	姜振翔等 (2014)	$L_{OL} = P_{AR} \times f$
动态分析模型	Assaf 等 (1997)	$L_{OL} = P_{AR} \times (1-P_S)$，其中 $P_S = (1-P_T) \times P_{SIE} + P_T \times P_{SIC}$
	McClelland 和 Bowles (2000)	结合洪水淹没区域与风险分析计算损失人口

续表

类别	作者及时间	公式或特点
动态分析模型	Reiter（2001）	$L_{OL} = P_{AR} \times f \times i \times c$
	王志军和朱文婷（2014）	$L_{OL} = (1 - N_{EXP}) \times R_{D}$
	赵一梦等（2016）	$L_{OL} = (1 - R_e)(1 - N_{EXP})R_D B_f P_{AR}$

注：L_{OL} 为生命损失；P_{AR} 为风险人口；S_D 为溃坝洪水严重性；W_T 为警报时间；P_T 为风险个体被洪水冲倒的概率；$P_{S/E}$ 为风险个体撤退到安全地区的生还率；$P_{S/C}$ 为被洪水围困后的生还率；i 为溃坝影响因子；β_m 为风险人口死亡率；f 为风险人口死亡率；M_1、M_2、M_3、M_4 分别为各因素矩阵计算值；f 为风险人口生还率；P_S 为风险生还率；P_S 为风险人口生还率；R_e 为暴露风险概率；R_D 为撤离率；N_{EXP} 为修正因子；B_f 为避难率；c 为死亡率修正系数。

8.2.4 国内外常用生命损失评估模型参数

由于溃坝造成生命损失涉及因素多，影响机理复杂，所以对于生命损失影响因素指标的提炼与分析影响着损失评估模型的准确性、适用性。影响因素的选取应遵从科学性、典型性、综合性、系统性、实用性等原则，表 8.6 给出了目前生命损失评估模型常用参数，从中可以看出，随着研究的不断深入，溃坝生命损失评估方法中考虑的影响因素越来越多，但各因素在模型中的赋值和相互关系仍需深入探究。

8.3 国内外常用经济损失评估模型

8.3.1 数理统计模型

经济损失与淹没水深之间存在着直接的关系，Das 和 Lee（1988）最早提出了针对溃坝洪水的水深-损失率数学模型；Ellingwood 等（1993）对洪水造成的经济损失评估工作进行了细化处理，通过对损失进行分类，初步建立了洪水损失评估框架体系。我国学者李翔等（1993）提出建立一种适用于洪水灾害损失的经济统计系统，并根据灾害统计系统建立相应的评价指标系统。随后，施国庆等（1998）分析了水库溃决及其损失的特点，提出了洪灾损失计算结构体系，其中将直接经济损失组成分为实物性损失与收益性损失；王延红等（2001）在国内外洪灾损失率研究成果和国内有关地区洪灾损失调查资料的基础上，结合黄河下游大堤保护区洪灾损失的特点，提出了各类财产不同水深等级的洪灾损失率成果；康相武等（2006）基于黄河地区洪水损失调查结果，提出各行业的损失率建议值；周克发和李雷（2008）将溃坝经济损失变化与社会经济发展的速度相结合，建立了溃坝洪水损失动态预测评价模型；肖琦等（2009）综合分析了溃坝洪水的特征，提出了损失率与溃坝洪水最大流速等 8 个相关因素的关系；杨建明等（2010）建立了与水深相关的损失率曲线图；李奔等（2012）分析了黄河下游滩区洪灾损失率的影响因素，构建了分类财产洪灾损失率的计算方法；Penning-Rowsell 等（2013）根据对太湖流域经济发展趋势的预测及农业土地使用状况的调查分析，对太湖流域建立了与洪水深度有关的损失率模型；王志军等（2014）根据洪水淹没程度的划分建立了损失率取值建议表，这种取值建议表实用性较强，但在全面性方面有一定的局限性，不能全面考虑洪水特征；刘森等（2015）考虑到洪水灾害的复杂性与影响环境的多样性，考虑

表 8.6　生命损失评估模型常用参数

影响因素	周克发（2006）模型	Brown和Graham（1988）模型	Graham（1999）模型	Dekay和McClelland（2010）模型	McClelland和Bowles（2000）模型	吴欢强等（2010）模型	Peng和Zhang（2012b）模型	Huang等（2017）模型	王志军等（2009）模型	王少伟等（2011）模型	Assaf等（1997）模型	赵一梦等（2016）模型
风险人口	√	√	√	√	√		√	√			√	√
人口密度	√											
溃坝洪水严重性	√		√	√	√		√	√	√	√	√	√
理解程度	√		√	√	√		√	√	√	√	√	√
警报时间	√	√	√	√	√		√	√	√	√	√	√
青壮年/老幼比例	√				√	√	√					√
溃坝发生时间	√					√			√			
溃坝时的天气	√				√	√		√	√	√		
与坝址距离	√				√	√	√			√		
应急预案	√				√	√	√	√		√	√	
坝高、库容	√				√							
下游坡降、地形	√				√	√		√		√		
建筑物抗冲击	√					√				√		√
气温	√											
救援能力								√	√	√	√	
建筑与交通因素								√				√
溃坝模式							√					
洪水上升速度												
溃坝原因及类型					√							

续表

影响因素	周克发（2006）模型	Brown 和 Graham（1988）模型	Graham（1999）模型	Dekay 和 McClelland（2010）模型	McClelland 和 Bowles（2000）模型	吴欢强等（2010）模型	Peng 和 Zhang（2012b）模型	Huang 等（2017）模型	王志军等（2009）模型	王少伟等（2011）模型	Assaf 等（1997）模型	赵一梦等（2016）模型
建筑层数							√					
建筑类型							√					
疏散距离							√					
疏散能力							√					
溃坝历时							√					
与大坝平均距离							√	√				

根据产值评估洪水经济损失的方法，提出研究来水频率与洪灾损失率之间的关系；McGrath 等（2015）对洪水损失评估影响因素的敏感性进行分析，研究发现建筑环境、洪水位和恢复持续时间对洪水损失影响较大；刘欣欣等（2016）对溃坝洪水进行了影响分区，定量地分析了溃坝洪水流速和预警时间对损失率的影响并建立流速与修正系数，研究了警报时间对经济损失的影响；孟晓路等（2016）在洪水分析模拟结果的基础上，分析人民生活、农业、第二产业及第三产业等相关统计指标，应用 GIS 及中国水利水电科学研究院研发的损失评估软件建立了灾情统计和损失评估模型，评估洪水影响及损失。

以河南省安阳县崔家桥滞洪区的经济损失为例（孙玉贤，2018），选择可用于计算的数理统计模型（王延红等，2001；康相武等，2006；李奔等，2012；孟晓路等，2016），表 8.7 给出了经济损失实际值与不同模型计算值的比较结果。计算结果显示，在农业损失方面，各模型计算结果较好，这是由于农业对于洪灾敏感性强，抗灾能力差，洪水灾害对于农业造成的损失往往是毁灭性的；在居民房屋、家庭财产等产业损失方面，各模型计算结果误差较大，主要是由于损失率的计算方法不同，总体来说，康相武等（2006）模型的精度最高。

表 8.7　崔家桥滞洪区经济损失实际值与计算值比较

损失类型	实际损失/万元	王延红等（2001）模型		康相武等（2006）模型		李奔等（2012）模型		孟晓路等（2016）模型	
		计算损失/万元	相对误差/%	计算损失/万元	相对误差/%	计算损失/万元	相对误差/%	计算损失/万元	相对误差/%
家庭财产	824	4038.14	390.07	2280.01	176.70	3395.36	312.06	2162.13	162.39
居民房屋	2108	6675.17	216.66	1347.52	−36.08	12476.42	491.86	5639.03	167.51
农业	7534	8349.64	10.83	8731.11	15.89	7383.82	−1.99	8210.99	8.99

8.3.2　模糊数学模型

对溃坝洪水损失的评价，其趋势都是由传统的定性分析发展为定性与定量相结合并使整个评价过程定量化（魏一鸣等，1997），对经济损失评价方法的选择也从传统的统计学定性判断发展为使用模糊数学等方法的半定量评价方法。徐冬梅等（2010）采用可变模糊集的方法评估灾害损失；Li 等（2012）基于灾害风险的不确定性与模糊性，建立了一种基于变量模糊集和信息扩散法的灾害风险评估方法，用不完全数据集评估洪水风险。

近年来人工神经网络、遗传算法等人工智能方法逐渐得到青睐。曲丽英（2015）引用 GIS 技术评价水库溃坝造成的直接经济损失；刘小生和旷雄（2015）基于空间信息格网与 BP 神经系统建立了灾损快速评估系统。虽然人工神经网络系统在学习、模式识别方面有较为明显的优势，但对数据的需求量较大，考虑到数据不足对人工神经网络系统的影响，许多学者考虑结合模糊数学等数学方法优化神经网络系统，建立经济损失评估体系，金菊良和魏一鸣（1998）针对训练数据不足导致训练网格收敛缓慢的情况，使用加速遗传算法优化遗传算法网格参数；王宝华等（2008）结合模糊数学建立混合式模糊神经网络系统，建立了一个可快速评价洪灾经济损失的模型。

表 8.8 给出了一些经济损失评估模型中损失率判定时考虑的影响因素。

表 8.8 经济损失率判定影响因素

模型	水深	历时	流速	洪水含沙量	水温	财产新旧程度	警报时间	污染物浓度
肖琦等（2009）模型	√	√	√	√	√	√	√	√
杨建明等（2010）模型	√							
王志军等（2014）模型	√	√	√					
刘欣欣等（2016）模型	√	√	√				√	

8.4 国内外常用生态损失评估模型

生态损失的评估方法的研究难点有两点：一是如何将生态价值量化，从而清晰明确地对生命损失进行定量评估；二是如何对风险区生态损失的影响因子进行分析与提炼，如何量化因子并构建完善的指标体系。

王仁钟等（2006）对社会与环境影响要素进行量化，结合风险标准线（*F-N* 线）法初步确定了我国社会与环境风险标准；何晓燕等（2008）根据溃坝的特点，在系统整理溃坝后果的基础上提出了环境影响评价指标体系，并对各评价指标进行评级与量化，初步建立了环境损失评价指标体系；张莹（2010）鉴于生态损失难以测度的困难，引入能值足迹法，将溃坝洪水造成的环境影响、生态损失转化为能值损失，进而建立了基于能值足迹法的溃坝环境与生态损失的评估模型；程莉和周晶（2013）基于模糊数学理论建立了溃坝生态损失评价模型；盛金保等（2017）从物理、化学、生态三个方面分析拆坝对生态环境的影响，阐述了拆坝影响的综合性、矛盾性、时空延续性及不确定性等特点；李奇（2017）基于集对分析理论提出了溃坝环境影响指标体系并建立了评价模型，提炼了植被覆盖率、生物多样性、人文生态环境、污染工业等影响因素；李宗坤等（2019）针对溃坝环境影响研究的复杂性与不确定性，综合考虑植被覆盖、河道形态等因素，构建并细化了溃坝环境影响评价指标体系和评价等级标准，建立了基于集对分析-可变模糊集耦合方法模型评估溃坝环境影响；Wu等（2019）对集对分析法进行了改进并应用于溃坝环境影响评估，以期提高评价结果的精确度。表 8.9 给出了目前生态损失评估方法中常用的指标。

表 8.9　生态损失评估方法常用指标

影响因素	王仁钟等（2006）模型	何晓燕等（2008）模型	张莹（2010）模型	李奇（2017）模型
河道形态	√	√	√	√
植被覆盖				√
人文生态环境				
水环境		√	√	√
土壤环境		√	√	√
污染工业				
生物多样性				√
生态环境		√		
人文生态环境		√		
人文景观	√		√	
生物栖息地	√			
污染工业	√			√
植被破坏			√	
农林渔业减产			√	
自然保护区			√	
空气质量			√	
动物物种破坏			√	

从近些年来的研究可以看出，对于溃坝洪水造成的环境损失的研究，目

前众学者还没有统一的研究方向与研究体系。很多学者将溃坝洪水造成的第三类损失总结为社会影响与环境损失，从而建立相应的评价指标体系。从各评估模型的评价指标体系可以看出，其中很多评价指标与经济损失评估部分有重叠，造成灾害损失的重复计算。所以在评估溃坝造成的生态损失时需注意与溃坝经济损失区分开。生态损失评估的主要方向应在于对生态系统功能价值损失的研究。

8.5 堰塞湖溃决生命损失评估模型

8.5.1 堰塞湖溃决生命损失影响因素分析

本节基于前人的研究成果，并广泛调查分析了有实际溃坝生命损失统计数据的案例，开展生命损失评估影响因子的研究，将影响因子分为主要影响因子和次要影响因子，并构建了各影响因子的定量分析方法，在此基础上建立了堰塞湖溃决生命损失评估方法，为生命损失评估提供定量化的分析方法。

在溃坝风险体系中，最为重要的是研究生命损失与承灾体、致灾因子之间的关系，风险人口是溃坝损失的主要承灾体，也是生命损失致灾因子的直接作用对象。致灾因子是指自然或人为环境中，对人类生命产生不利影响的事件，根据影响因素对生命损失的影响程度的强弱可分为主要影响因素与次要影响因素。

8.5.1.1 生命损失评估主要影响因素分析

通过借鉴 Graham（1999）、周克发（2006）的研究成果，将主要影响因素选定为警报时间、溃坝洪水严重性、风险人口对溃坝理解程度与风险人口密度四大因素。

1）警报时间

警报时间（W_T）是影响生命损失的重要因素，警报时间的长短直接影响着风险人口的撤离与风险决策的制定。目前对于警报时间还没有较为统一的定义，较为常用的有三种（图 8.1）：一是警报发布至洪水到达风险人口原所在地的时间段（周克发，2006）；二是风险人口接收到警报至洪水到达风险人口原所在地的时间段（王志军和宋文婷，2014）；三是风险人口接收到警报至洪水到达风险人口所在地的时间段（Brown and Graham，1988；Heath et al.，2001；张士辰等，2017）。第三种定义综合考虑了风险人口疏散的动态过程，无疑更贴近现实情况，但鉴于统计资料的局限性，本章选取第二种警报时间的定义。

图 8.1　警报时间定义概念

2）溃坝洪水严重性

溃坝洪水严重性（S_D）为洪水对居民与建筑物等破坏程度的参数，也是造成风险人口死亡的直接因素，溃坝洪水的强弱与坝型、库容、溃坝模式、下游地形等因素有关，一般以某计算断面的洪水水深与洪水流速的函数关系表示（周克发，2006）：

$$S_D = H_L \times v \tag{8.1}$$

式中，H_L 为淹没水深；v 为洪水流速。

溃坝洪水的破坏作用主要体现在三个方面：洪水水深、洪水流速及洪水上涨速度。主要的作用体现在对建筑物的破坏及人在水中的活动稳定性、机动性等方面。本章基于国内外常用的经验方法将洪水等级分为如表 8.10 所示的 5 个等级（Timo，2001；周克发，2006）。

表 8.10　洪水等级划分

洪水等级	$S_D/(\text{m}^2/\text{s})$
极低	＜0.5
较低	0.5～4.6
中	4.6～7.0
较高	7.0～12.0
极高	＞12.0

3）风险人口对溃坝理解程度

风险人口对溃坝理解程度（U_D）在很大程度上影响着生命损失的大小，风险人口对溃坝理解程度主要包括对洪水警报的信任，对逃生必要性、措施、路径的认识，对洪水可能的淹没范围等情况的了解。理解程度的研究是对个体风险研究的重要因素，这些因素与政府的宣传组织和群众受教育程度等有关（Graham，1999）。

本节基于前人研究经验，按照风险人口对溃坝洪水理解人数占比，将理解程度分为如表 8.11 所示的 5 个等级（王志军等，2009）。

表 8.11 理解程度等级划分

理解程度等级	理解人数占比/%
模糊理解	10
半模糊理解	30
一般理解	50
半清晰理解	70
清晰理解	90

4）风险人口密度

风险人口密度（D_P）是指风险人口总数与淹没区域的面积之比：

$$D_P = \frac{P_{AR}}{S_a} \qquad (8.2)$$

式中，S_a 为淹没区域的面积。风险人口密度影响着人员应急疏散及抢险救援等应急救援行动，风险人口密度越大，越不利于人员的应急疏散与抢险避险工作的落实。前人已经对警报时间、溃坝洪水严重性与风险人口对溃坝理解程度等因子进行了较为广泛的研究，但对于风险人口密度对溃坝生命损失的影响研究较少。通过对国内拥有调查资料的 8 个溃坝案例（周克发，2006）进行分析发现（表 8.12 和图 8.2），在警报时间、溃坝洪水严重性等参数条件情况相似情况下，风险人口密度越大，则相应的死亡率越高。所以在建立评估方法时需考虑风险人口密度对生命损失的影响。

表 8.12 人口密度影响因素分析

大坝名称	大坝地区	距坝址距离/km	淹没面积/km²	风险人口/人	死亡率/%	风险人口密度/(人/km²)	平均密度/(人/km²)
洞口庙	浙江省宁海县	0.5～1.0	0.205	1200	2.67	5853.66	3924.84
		1.5～2.0	0.500	3500	4.40	7000.00	
李家咀	甘肃省庄浪县	0.0～0.6	0.168	1034	49.90	6154.76	6154.76
史家沟	甘肃省庄浪县	0.0～0.8	0.204	300	27.00	1470.59	1470.59
沟后	青海省共和县	12.0～13.0	—	30000	1.07	—	—

续表

大坝 名称	大坝 地区	距坝址 距离/km	淹没 面积/km²	风险 人口/人	死亡率 /%	风险人口 密度/(人/km²)	平均密度 /(人/km²)
刘家台	河北省保定市	1.0～7.0	3.300	2784	18.86	843.64	537.73
		7.5～15.0	7.875	3395	10.37	431.11	
		15.0～30.0	＞22.500	11929	0.10	＜530.00	
横江	广东省揭阳市	0.0～2.0	1.500	2500	0.00	1666.67	1004.85
		2.0～6.0	9.750	7500	0.55	769.23	
		6.0～10.0	10.800	45000	1.89	4166.67	
		10.0～15.0	6.500	15000	0.33	2307.69	
		15.0～60.0	115.750	75000	0.00	647.95	
石漫滩	河南省舞阳县	0.0～5.0	11.750	10524	2.09	895.66	795.60
		5.0～10.0	26.900	72422	2.07	2692.27	
		10.0～15.0	60.750	61544	0.81	1013.07	
		15.0～30.0	157.500	60000	0.50	380.95	
板桥	河南省泌阳县	6.0～12.0	16.500	6500	12.72	393.94	1143.79
		12.0～45.0	35.100	180000	8.88	5128.21	
		45.0～60.0	300.300	216000	1.34	719.28	

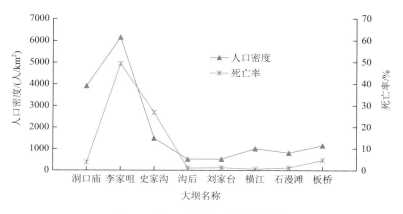

图 8.2　人口密度与死亡率关系图

8.5.1.2 生命损失评估次要影响因素分析

与主要影响因素的影响作用相比,次要影响因素的影响较弱且作用效果不如主要因素清晰,但当次要影响因素在某些极有利或极不利状态下,对溃坝生命损失也有着不可忽略的影响。通过对已知因素进行分析,筛选出影响较大的 7 个因素建立次要影响因素集合。

(1)溃坝时间:溃坝时间是指溃坝事故发生的时间,影响着警报时间的长短与风险人口对溃坝理解程度。若溃坝发生在节假日或群众休息时间,则由于人员聚集不利于群众应急避险;若溃坝发生在夜间,则不利于群众对于突发事故采取应急避险措施与分辨灾害情况与寻找避险路径(王志军和宋文婷,2014)。

(2)天气:天气影响着溃坝洪水的演进与风险人口的应急避险行为。在台风、暴雨天气中,警报率与撤离成功率都会大大降低。

(3)与坝址距离:一般来说风险区距坝址距离越远,洪水严重性越低,警报时间越长。

(4)应急预案/救援能力:是否具备应急预案及其实施情况直接关系着死亡人口的数量。

(5)坝高:坝高对于溃口洪水流量过程具有重要的影响,坝高越大,溃坝洪水具有的势能越大,溃口流量和流速也随之增大。

(6)库容:库容决定着溃坝洪水的演进历程与淹没历时,库容越大,溃坝造成的洪水严重性越强,对下游风险区的破坏作用越强烈。

(7)建筑易损性:建筑类型与坚固程度关系着风险人口的避难成功率。在高强度洪水作用下,结构性差的房屋不仅不能为风险人口避难,反而会因为无法抵抗洪水而倒塌,导致人员伤亡。

8.5.1.3 影响因素敏感性分析

为研究生命损失影响因素的敏感性,便于建立生命损失评价指标体系,对生命损失影响因素进行敏感性分析。由 8.2.1 节可以看出周克发(2006)模型评估效果较好,所以采用该生命损失评估方法对洞口庙、沟后、板桥等案例进行参数敏感性分析,根据敏感性分析的结果可以为参数指标的选取与因素权重赋值提供理论依据。本节中参数的赋值都采用周克发(2006)对参数的量化过程及评价体系。

参数的敏感性分析可采用式(8.3)表示:

$$S_{ij} = \frac{\left| L_{P_i} - L_{P_0} \right|}{L_{P_0}} \tag{8.3}$$

式中，S_{ij} 为第 j 个参数第 i 级敏感性；L_{P_i} 为第 i 级参数对应的死亡率；L_{P_0} 为初始参数对应的死亡率。

1）风险人口密度敏感性分析

为研究风险人口密度的敏感性，选取洞口庙、沟后、板桥三个案例，风险人口密度参数原始值分别为 0.50、0.70、0.90。保持其他参数不变，调整 D_P 的参数取值进行参数敏感性分析，计算结果见表 8.13。由计算结果可以看出，溃坝生命损失受风险人口密度的变化影响不明显，因此风险人口密度的参数敏感性较小。

表 8.13 风险人口密度敏感性分析

案例名称	参数值	死亡率	敏感性/%
洞口庙	1.00	0.0371	8.80
	0.50	0.0341	—
	0.25	0.0326	−4.40
沟后	1.00	0.0356	5.33
	0.70	0.0338	—
	0.35	0.0317	−6.21
板桥	1.00	0.0383	1.59
	0.90	0.0377	—
	0.45	0.0350	−7.16

根据敏感性分析可以看出风险人口数量对于生命损失的敏感性较小，基于灾害系统理论的分析方法，从致灾因子、孕灾环境及承灾体三个方面考虑，风险人口总数只是作为生命损失的基数，也可以视为对承灾体的总体概括，所以决定生命损失的因素实际上是指对死亡率产生作用的因素。

2）溃坝洪水严重性敏感性分析

为研究溃坝洪水严重性的敏感性，同样选取洞口庙、沟后、板桥三个案例，溃坝洪水严重性参数原始值分别为 0.30、0.30、0.30。保持其他参数不变，调整 S_D 的参数取值进行参数敏感性分析，计算结果见表 8.14。由计算结果可以看出，洪水强度的增加对生命损失的影响也在加剧，当溃坝洪水严重性参数取值为 1.00 时，死亡率的评估结果比选择原始值的结果增加了近 30 倍，由此可以看出溃坝洪水严重性对生命损失敏感性较高。在建立损失评估模型与制定应急预案时都应当着重考虑溃坝洪水的不利影响，同时也应当深入开展下游洪水演进的计算研究，准确地计算溃坝洪水的洪水特征。

表 8.14 溃坝洪水严重性敏感性分析

案例名称	参数值	死亡率	敏感性/%
洞口庙	1.00	0.9570	2706.45
	0.60	0.5980	1653.67
	0.30	0.0341	—
	0.15	0.0332	−2.64
沟后	1.00	0.9510	2713.61
	0.60	0.5930	1654.44
	0.30	0.0338	—
	0.15	0.0329	−2.66
板桥	1.00	1.0000	2552.52
	0.60	0.6580	1645.36
	0.30	0.0377	—
	0.15	0.0368	−2.39

3）警报时间敏感性分析

为研究警报时间的敏感性，同样选取洞口庙、沟后、板桥三个案例，警报时间参数原始值分别为 0.90、0.90、0.90。保持其他参数不变，调整 W_T 的取值进行参数敏感性分析，计算结果见表 8.15。由计算结果可以看出，充分警报（参数值取 0.45）比无警报（参数值取 1.00）死亡率评估结果降低了约 4 倍，生命损失对警报时间敏感性较强，警报时间越充裕，生命损失越低。

表 8.15 警报时间敏感性分析

案例名称	参数值	死亡率	敏感性/%
洞口庙	1.00	0.0350	2.64
	0.90	0.0341	—
	0.45	0.0070	−79.47
沟后	1.00	0.0347	2.66
	0.90	0.0338	—
	0.45	0.0070	−79.44
板桥	1.00	0.0386	2.39
	0.90	0.0377	—
	0.45	0.0078	−79.31

4）风险人口对溃坝理解程度敏感性分析

为研究风险人口对溃坝理解程度的敏感性，同样选取洞口庙、沟后、板桥三个案例，风险人口对溃坝理解程度参数原始值分别为 0.70、0.70、0.70。保持其他参数不变，调整 U_D 的取值进行参数敏感性分析，计算结果见表 8.16，由计算结果可以看出，模糊理解（参数值取 0.35）比充分理解（参数值取 1.00）的死亡率评估结果降低了约 3 倍，风险人口对溃坝理解程度越高，生命损失越低。

表 8.16　风险人口对溃坝理解程度敏感性分析

案例名称	参数值	死亡率	敏感性/%
洞口庙	1.00	0.0368	7.92
	0.70	0.0341	—
	0.35	0.0103	−69.80
沟后	1.00	0.0365	7.99
	0.70	0.0338	—
	0.35	0.0102	−69.82
板桥	1.00	0.0404	7.16
	0.70	0.0377	—
	0.35	0.0115	−69.50

5）次要影响因素敏感性分析

由于溃坝灾害致灾因子众多，致灾机理复杂，除上述主要影响因素外，风险人口组成、溃坝时间、应急预案/救援能力、建筑易损性、天气、与坝址距离、坝高、库容、下游坡降等因素同样对生命损失产生较大的影响。对于这些次要影响因素对溃坝生命损失的影响，目前尚无较为全面的研究与探讨。这些因素中，许多因素间都相互关联、相互影响，具有较大的不确定性。例如，库容、坝高、下游坡降、与坝址距离等都与溃坝洪水严重性相关，与坝址距离、应急预案/救援能力等因素又决定着警报时间的长短。为研究各因素对生命损失的影响，本节采用敏感性分析的方法研究这些次要影响因素对生命损失的影响程度。

以洞口庙为例，对次要参数敏感性进行分析，计算结果见表 8.17。按敏感性由大到小将次要影响因素的影响分为四类：一类因素为风险人口组成、溃坝发生时间；二类因素为天气、应急预案/救援能力；三类因素为坝高、库容、下游坡降、建筑易损性；四类因素为与坝址距离。

表 8.17 次要影响因素敏感性分析

参数名称	参数值	死亡率	敏感性/%
	1.00	0.0365	7.04
风险人口组成	0.50	0.0341	—
	0.25	0.0329	3.52
	1.00	0.0353	3.52
天气	0.50	0.0341	—
	0.25	0.0335	1.76
	1.00	0.0346	1.47
溃坝时间	0.90	0.0341	—
	0.45	0.0319	6.45
	1.00	0.0365	7.04
与坝址距离	0.50	0.0341	—
	0.25	0.0323	5.31
	1.00	0.0343	0.59
应急预案/救援能力	0.90	0.0341	—
	0.45	0.0330	3.23
	1.00	0.0347	1.76
坝高	0.50	0.0341	—
	0.25	0.0338	0.88
	0.60	0.0344	0.88
库容	0.30	0.0341	—
	0.15	0.0339	0.59
	1.00	0.0347	1.76
下游坡降	0.50	0.0341	—
	0.25	0.0338	0.88
	1.00	0.0344	0.88
建筑易损性	0.70	0.0341	—
	0.35	0.0337	1.17

由于堰塞湖溃决生命损失统计数据较少,而堰塞湖溃决与水库大坝的溃决情况类似。本章通过对具有统计资料的 16 座大坝溃坝数据进行综合分析,基于双对数坐标,构建了风险人口与生命损失的函数关系;充分考虑警报时间、溃坝洪水严重性、风险人口对溃坝理解程度和风险人口密度 4 个主要影响因素和溃坝时间、天气、与坝址距离、应急预案/救援能力、坝高、库容、建筑易损性 7 个次要影响因素,对建立的风险人口与生命损失的函数关系进行修正,建

立了生命损失评估模型，并通过 16 座已溃大坝的生命损失数据对模型的合理性进行了验证。

8.5.1.4　模型函数关系

风险人口（P_{AR}）是指溃坝洪水淹没范围内的人数，也是溃坝灾害的主要承灾体，参照经验定义风险人口为暴露在洪水深度大于 0.3 m 的居民（Brown and Graham，1988）。本章通过对 16 座水库大坝的溃坝数据收集与分析发现（表 8.18）（周克发，2006；Huang et al.，2017），风险人口与生命损失数据之间存在着一定的函数关系，选择双对数坐标系，通过对数据进行拟合，构建了风险人口与生命损失的函数关系。

表 8.18　16 座大坝风险人口与生命损失统计值

大坝名称	省份	风险人口/人	生命损失/人
沈家坑	浙江	282	11
史家沟	甘肃	300	81
七仙湖	安徽	533	16
李家咀	甘肃	1034	516
大路沟	四川	1529	26
春江	海南	1800	63
大河	安徽	3875	31
茶山坑	广东	4250	34
洞口庙	浙江	4700	186
夹河子	新疆	5333	80
宝盖洞	湖南	13706	466
沟后	青海	30000	320
刘家台	河北	64941	948
横江	广东	145000	941
石漫滩	河南	204490	2517
板桥	河南	402500	19701

风险人口与生命损失的关系式可表示为

$$L_{OL_0} = 10^{A_0 \cdot \lg P_{AR} + 0.06 \cdot (\lg P_{AR})^2} \tag{8.4}$$

式中，L_{OL_0} 为生命损失初步计算值；A_0 为与风险人口密度有关的系数，取值可参考表 8.19。

表 8.19 A_0 取值建议表

$D_P/(人/km^2)$	A_0
≤1000	0.30
1000~3500	0.35
≥3500	$D_P/10^4$

注：在不能确定风险人口密度或需快速评估结果时，A_0 取 0.30。

由于建立风险人口与生命损失关系式时已考虑了风险人口密度，因此在评价溃坝生命损失时还应考虑其他 3 个主要影响因子和 7 个次要影响因子，需要对式（8.4）进行修正。通过修正将无法统一量化的参数用修正系数的形式体现，反映各影响因素对生命损失的影响程度，修正后的生命损失值函数表达式为

$$L_{OL} = A_m \cdot B_n \cdot L_{OL_0} \qquad (8.5)$$

式中，A_m 为主要影响因素修正系数，$A_m = \prod_{i=1}^{3} m_i$，其中 m_i 分别为警报时间、溃坝洪水严重性和风险人口对溃坝理解程度 3 个主要影响因素的修正系数；B_n 为次要影响因素修正系数，$B_n = \prod_{i=1}^{7} n_i$，其中 n_i 分别为溃坝时间、天气、与坝址距离、应急预案/救援能力、坝高、库容、建筑易损性 7 个次要因素的修正系数。

8.5.1.5 主要影响因素修正系数

在生命损失的主要因素中，风险人口密度已在式（8.4）中体现，其他 3 个影响因素的建议修正系数取值见表 8.20。

表 8.20 主要影响因素修正系数取值建议表

严重程度	警报时间（W_T）	溃坝洪水严重性（S_D）	风险人口对溃坝理解程度（U_D）
极低	$1/1250W_T$（>1.5 h）	0.2（<0.5 m^2/s）	0.90（清晰）
低	0.002（1.0~1.5 h）	0.9（0.5~4.6 m^2/s）	0.95（半清晰）
中	0.8（0.8~1.0 h）	1.2（4.6~7.0 m^2/s）	1.00（一般）
高	1.0（0.2~0.8 h）	1.4（7.0~12.0 m^2/s）	1.05（半模糊）
极高	1.3（0.0~0.2 h）	1.6（>12.0 m^2/s）	1.10（模糊）

注：在参数条件不明确时修正系数取 1.0，如需其他情况，可采用差值处理。

8.5.1.6 次要影响因素修正系数

在评估生命损失时不仅仅需要考虑警报时间等主要影响因素的影响，还受到溃坝时间、天气、与坝址距离等次要影响因素的影响，这些次要影响因素的影响虽然没有主要影响因素的影响程度大，但这些次要影响因素在极不利或极有利的情况下对生命损失也有着重要影响。次要影响因素的建议修正系数取值见表 8.21。

表 8.21 次要影响因素修正系数取值建议表

建议值	溃坝时间	天气	与坝址距离/km	应急预案/救援能力	坝高/m	库容	建筑易损性
极有利：0.9	07:00~16:00	晴天	>20	>90%	<10	小型水库	中高层/钢混
一般：1.0	16:00~20:00	中、小雨雪	1~20	10%~90%	10~50	中型水库	砖混结构
极不利：1.1	20:00~07:00	台风、暴雨雪	0~1	<10%	>50	大型水库	低矮砖石房

注：在参数条件不明确时修正系数取 1.0，如需其他情况，可采用差值处理。

8.5.2 生命损失评估模型验证

为验证生命损失评估模型的合理性，对前述的 16 座已溃大坝进行生命损失评估验算，计算结果见表 8.22。对比计算结果与实际值可以看出，有 12 组案例计算结果的相对误差在 ±50% 以内，占比 75%；15 组案例计算结果的相对误差在 ±100% 以内，占比 93.75%。对 4 组计算结果相对误差在 ±50% 外案例进行分析发现，4 组案例实际生命损失数量较少，导致计算结果误差的敏感性较大，生命损失计算结果与实际损失数相差在 60 人以内。总体来说，本章建立的生命损失评估模型较为可信。

表 8.22 实际案例计算结果与实际值对比分析

大坝名称	P_{AR}	A_0	U_D	S_D	W_T	L_{OL} 实际值	L_{OL} 计算值	相对误差/%
沈家坑	282	0.30	0.9	0.9	1.3	11	13	18.18
史家沟	300	0.35	1.1	1.2	1.0	81	37	−54.32
七仙湖	533	0.30	0.9	0.9	1.0	16	15	−6.25
李家咀	1034	0.62	1.1	1.4	1.3	516	520	0.78
大路沟	1529	0.30	1.1	0.9	1.3	26	47	80.77
春江	1800	0.30	1.1	0.9	1.3	63	53	−15.87

续表

大坝名称	P_{AR}	A_0	U_D	S_D	W_T	L_{OL} 实际值	L_{OL} 计算值	相对误差/%
大河	3875	0.30	1.1	1.2	0.8	31	75	141.94
茶山坑	4250	0.30	1.1	0.9	0.8	34	60	76.47
洞口庙	4700	0.39	1.1	0.9	1.3	186	224	20.43
夹河子	5333	0.30	1.1	0.9	1.0	80	89	11.25
宝盖洞	13706	0.30	1.1	1.4	1.3	466	371	−20.39
沟后	30000	0.30	1.1	0.9	1.3	320	452	41.25
刘家台	64941	0.30	0.9	1.2	0.8	937	589	−37.14
横江	145000	0.30	0.9	0.9	1.1	941	1249	32.73
石漫滩	204490	0.30	0.9	0.9	1.3	2517	2032	−19.27
板桥	402500	0.40	1.1	0.9	1.3	19701	17230	−12.54

8.5.3　射月沟水库溃坝生命损失评估

2018 年 7 月 31 日，我国新疆维吾尔自治区哈密市沁城乡射月沟水库遭遇超标准洪水发生漫顶溃坝事故，导致下游二宫村头宫队与二宫队共 16 名群众死亡。由于此次溃坝事故年代较近，拥有完整可信的调查资料，为了进一步检验模型的适用性，采用本章建立的生命损失评估模型对此案例进行计算分析。

8.5.3.1　射月沟水库溃坝案例简介

射月沟水库位于沁城乡二宫村头宫队上游 2 km 处。射月沟水库工程正常蓄水位为 1492.53 m，设计洪水位为 1494.57 m，校核洪水位为 1496.43 m；射月沟水库总库容为 677.9 万 m³，调洪库容为 219.93 万 m³；射月沟水库大坝坝型为沥青砼心墙坝，最大坝高 41 m（哈密地区水利水电勘测设计院，2009）。

射月沟水库所在流域于 2018 年 7 月 31 日凌晨 2:00 开始降雨，5:00 后雨量增大至暴雨，大量洪水涌入库区造成大坝漫顶破坏，上午 10:15 大坝左肩形成溃口，10:50 溃坝结束，最终溃口如图 8.3 所示。由于溃坝洪水流速快，冲击力强，导致下游发生人员伤亡，据统计，此次溃坝造成下游二宫村头宫队与二宫队共 16 名群众死亡。据调查，灾情发生后，当地政府迅速组织救援，出动解放军、武警、公安等五支力量共 1800 余人参与救援，紧急转移安置 5583 人。但当时正值大雨，雨具缺乏，群众也不相信西北地区会有洪水来临，导致部分群众不愿撤离，甚至部分撤离群众不顾劝阻从高地返回，这也是导致人员伤亡的重要原因。

(a) 2018年7月31日9:10

(b) 2018年7月31日9:30

(c) 2018年7月31日9:40

(d) 2018年7月31日10:00

(e) 2018年7月31日10:15

(f) 2018年7月31日10:50

图 8.3　射月沟水库溃坝过程

8.5.3.2　射月沟水库溃坝过程及洪水演进分析

本次采用经验公式计算射月沟水库大坝漫顶溃决后的溃口峰值流量与洪水演进后下游断面处的峰值流量，继而分析下游风险区的洪水淹没情况和严重程度。

选取 Zhong 等（2020a）提出的心墙坝漫顶溃坝参数模型计算射月沟水库溃坝时的溃口峰值流量，模型主要输入参数见表 8.23。同时选取下游群众聚居地（头宫队和二宫队）处的断面，采用经验公式计算洪水特征（李炜，2006），其中，头宫队和二宫队分别位于坝址下游 2 km 和 6 km 处。

表 8.23 射月沟水库溃坝模拟主要参数

参数名称	数值
水库库容/m³	6.78×10^6
坝体高度/m	25.29
溃坝水深/m	25.86
溃口深度/m	32.2

对于溃口峰值流量采用式（8.6）计算（Zhong et al.，2020a）：

$$\frac{Q_{\mathrm{p}}}{V_{\mathrm{w}} g^{0.5} h_{\mathrm{w}}^{-0.5}} = \left(\frac{V_{\mathrm{w}}^{1/3}}{h_{\mathrm{w}}}\right)^{-1.51} \left(\frac{h_{\mathrm{w}}}{h_{\mathrm{b}}}\right)^{-1.09} h_{\mathrm{d}}^{-0.12} e^{-3.61} \quad （8.6）$$

式中，V_{w} 为溃坝时溃口底部以上水库库容；g 为重力加速度，取 9.8 m/s²；h_{w} 为溃坝时溃口底部以上水深；h_{d} 为土石坝坝高；h_{b} 为溃口深度。

由式（8.6）得出，射月沟水库溃坝时溃口的峰值流量为 4856.1 m³/s，这与新疆维吾尔自治区相关部门开展的洪水调查获得的溃坝洪水峰值流量为 4304 m³/s 的结论基本一致，相对误差为 12.8%。

对于下游断面处的洪水峰值流量，可采用式（8.7）计算（李炜，2006）：

$$Q_{L_0} = \frac{v_{\mathrm{w}}}{\dfrac{v_{\mathrm{w}}}{Q_{\mathrm{p}}} + \dfrac{l}{\overline{v}k}} \quad （8.7）$$

式中，Q_{L_0} 为距离坝址 L_0 m 处的洪水峰值流量；l 为断面距坝址的距离；k 为经验系数，其中，山区取 1.1～1.5，丘陵地区取 1.0，平原地区取 0.8～0.9（李炜，2006），本章取 $k = 1.0$；$\overline{v}$ 为断面处的洪水平均流速，其中，山区取 3.0～5.0 m/s，丘陵地区取 2.0～3.0 m/s，平原地区取 1.0～2.0 m/s（李炜，2006），本章取 $\overline{v} = 2.0$ m/s。

将式（8.6）的计算成果代入式（8.7）计算下游断面洪水峰值流量，获得坝址下游 2 km（头宫队）处的洪水峰值流量为 2829.5 m³/s，坝址下游 6 km（二宫队）处的洪水峰值流量为 1542.2 m³/s。洪水的淹没情况和头宫队、二宫队居民点示意图如图 8.4～图 8.6 所示。

图 8.4　洪水淹没范围

图 8.5　头宫队地图

图 8.6　二宫队地图

对于溃坝洪水严重性，除式（8.1）的计算方法外，也可采用式（8.8）计算：

$$S_{\mathrm{D}} = \frac{Q_{l_0}}{w} \tag{8.8}$$

式中，w 为淹没断面的平均宽度。

通过测量发现，下游 2 km（头宫队）处断面的平均宽度为 400 m，计算得出 S_{D} 为 7.1 m²/s，依据表 8.10，可以得出洪水严重程度为较高的结论；下游 6 km（二宫队）处断面的平均宽度为 400 m，计算得出 S_{D} 为 3.9 m²/s，依据表 8.10，可以得出洪水严重程度为较低的结论。

8.5.3.3 射月沟水库溃坝生命损失评估

通过调查确定坝址下游二宫村头宫队与二宫队风险人口总数为 440 人（其中头宫队 234 人，二宫队 206 人），实际死亡人数 16 人，淹没面积 2.4 km²，人口密度 184 人/km²。警报时间较为充分（$W_T = 0.8$ h），但群众理解程度较为"模糊理解"。洪水强度通过计算得到，头宫队处洪水强度为 7.1 m²/s，强度等级为较高；二宫队处洪水强度为 3.9 m²/s，强度等级为较低。由于溃坝发生在上午，群众应急反应能力较强；但溃坝时正值强降雨，不利于人员避难与警报传递。大坝溃决后，当地政府迅速组织救援，紧急疏散大批群众，极大地减小了人员损失。其余影响因素参数不详者均取为 1.0，具体参数取值见表 8.24。

表 8.24　模型计算参数取值表

参数名称	P_{AR}	A_0	W_T	S_D	U_D	T_B
取值	440	0.3	0.8	1.2/0.9	1.1	0.9
参数名称	W_B	D_D	E_C	H_D	V_W	V_B
取值	1.1	1.0	0.9	1.0	1.0	1.0

注：T_B 为溃坝时间因子；W_B 为溃坝时天气因子；D_D 为与坝址距离因子；E_C 为应急预案/救援能力因子；H_D 为坝高因子；V_W 为库容因子；V_B 为建筑易损性因子。对于溃坝洪水严重性 S_D，依据表 8.20，头宫队取 1.2，二宫队取 0.9。

对于头宫队，将参数条件代入式（8.4）可得 $L_{OL_0} = 11.15$。另外，主要影响因素修正系数 $A_m = 1.056$，次要影响因素修正系数 $B_n = 0.891$，将 L_{OL_0} 和 A_m、B_n 代入式（8.5）可得 $L_{OL} = 11.15 \times 1.056 \times 0.891 = 10.49$ 人 ≈ 10 人。

对于二宫队，同理可得：$L_{OL_0} = 8$，主要影响因素修正系数 $A_m = 0.792$，次要影响因素修正系数 $B_n = 0.891$，将 L_{OL_0} 和 A_m、B_n 代入式（8.5）可得 $L_{OL} = 8 \times 0.792 \times 0.891 = 5.65$ 人 ≈ 6 人。

通过计算得到头宫队与二宫队的死亡人数为 16 人，与实际情况相符。

另外，选择国内外常用的其他模型与本章模型的计算结果进行比较，各模型的计算结果对比情况见表 8.25。

表 8.25　各模型计算结果对比

模型	计算分区	死亡人数/人	合计/人	相对误差/%
Brown 和 Graham（1988）模型	头宫队	14	26	62.50
	二宫队	12		
Dekay 和 McClelland（2010）模型	头宫队	7	8	−50.00
	二宫队	1		

模型	计算分区	死亡人数/人	合计/人	相对误差/%
Graham（1999）模型	头宫队	9	11	−31.25
	二宫队	2		
周克发（2006）模型	头宫队	34	36	125.00
	二宫队	2		
王志军等（2009）模型	头宫队	26	27	68.75
	二宫队	1		
赵一梦等（2016）模型	头宫队	32	32	100.00
	二宫队	0		
本章模型	头宫队	10	16	0.00
	二宫队	6		

通过各模型计算结果的对比发现，本章模型可较好地评估射月沟水库溃坝案例的生命损失情况，表明本章模型的适用性和可靠性。

8.6　河道堰塞生命损失评估模型

河道堰塞会导致河道上游雍水，形成堰塞湖，淹没上游土地，并对公众生命及财产安全造成严重威胁。1933 年，四川叠溪因地震导致河道堰塞，地震和水位抬升造成当地 300 余人遇难（刘宁等，2016）；2019 年，浙江永嘉县因超强台风"利奇马"的影响造成当地山早村发生山体滑坡，堵塞河流，由于堰塞湖灾害发生在凌晨，事发突然，当地群众都在休息中，而当时正值暴雨，堰塞湖水位上升迅速，在 10 分钟内，水位上涨近 10 m，群众应急反应时间短，未能及时疏散撤离，此次因堰塞湖淹没及溃决共造成 28 人死亡、20 人失联的重大损失（网易新闻，2019）。

国内外对于河道堰塞生命损失的研究较少，使灾害应急预案制定及实施缺少必要的理论支持。因此，为完善河道堰塞灾害应急管理体系、保护河道雍水区域公众生命安全、合理预测堰塞湖形成后水位抬升可能造成的生命损失、建立河道堰塞生命损失评估方法对防灾减灾显得尤为必要。

8.6.1　河道堰塞生命损失影响因素

8.6.1.1　主要影响因素

1）风险人口数量

风险人口数量指最大淹没范围内的人员，是生命损失的主要承载体，主要特征包括了人口密度、人员组成等（Brown and Graham，1988）。生命损失的计算公式可表示为（Graham，1999）

$$L_{OL} = P_{AR} \times f \tag{8.9}$$

式中，f 为风险人口死亡率。

2）警报时间

警报时间指风险人口接收到警报至洪水到达风险人口所在地的时间段（Brown and Graham，1988），充足的警报时间有利于风险人口转移避难，能够有效减少人员伤亡。临界警报时间可由水位-库容曲线求得

$$W_T = \frac{dV_1}{dQ_{in}} \tag{8.10}$$

3）堰塞湖水位上涨速度

造成人员伤亡的直接因素是堰塞湖湖水对风险人口的淹没作用，在水位快速上涨时，不仅会对人民群众造成危害，也会减少风险人口的应急反应时间，降低风险人口生存率。水位上涨速度主要与天气、集雨面积、上游地形、上游来水流量等因素有关。

$$v_1 = \frac{Q_{in}}{f'(h)} \tag{8.11}$$

式中，v_1 为堰塞湖水位上涨速度；$f'(h)$ 为水位-库容曲线对水深的一阶导数。

4）风险人口高程

风险人口高程（H_0）是指风险人口所处区域高程，风险人口高程距离河流初始水位越近，水位上涨速度越快，则应急响应时间越短，风险越高。

5）淹没水深

淹没水深（H_L）是河道堰塞导致生命损失的主要致灾因素，本章所用淹没水深是指堰塞湖水位高程与风险人口高程的差值。

$$H_L = H_W - H_0 = \frac{Q_{in} \cdot t}{f'(h)} \tag{8.12}$$

式中，H_W 为堰塞湖水位高程；H_0 为风险人口高程。

6）风险人口对河道堰塞理解程度

与 8.5.1.1 节风险人口对溃坝理解概念基本一致，风险人口对河道堰塞理解程度（UD）也在很大程度上影响着生命损失的大小。

7）风险人口密度

风险人口密度（D_P）是指风险人口总数与淹没区域面积之比（王志军等，2009），风险人口密度影响着人员应急疏散及抢险救援行动的实施，风险人口密度越大，越不利于人员应急疏散工作的落实。当 D_P 小于 2000 人/km² 时为低人口密度，反之为高人口密度。

8.6.1.2　其他影响因素

此外，河道堰塞造成的生命损失的影响因素还包括集雨面积、天气、上游河水入库流量、上游地形、应急预案/救援能力、堰塞体形成时间、堰塞体高度等因素。其中集雨面积与天气条件影响着上游来流量；上游地形与堰塞体高度确定了堰塞湖的体积大小。

8.6.2　基于过程机理的贝叶斯网络生命损失评估模型

贝叶斯网络于 1985 年由 Judea Pearl 首先提出。在贝叶斯网络中，用节点表示一组随机变量 $x = \{x_1, \cdots, x_k\}$，本章中这些随机变量指代生命损失影响参数，参数间作用强度则用条件概率表示。对于网络内任意参数的联合概率都满足：

$$P(x_1, \cdots, x_k) = P(x_k | x_1, \cdots, x_{k-1}) \cdots P(x_2 | x_1) P(x_1) \tag{8.13}$$

8.6.2.1　生命损失评估贝叶斯网络

通过对河道堰塞生命损失致灾因子的提炼，并基于 Hugin 程序建立了生命损失评估网络（图 8.7）。图 8.7 的网络共由 13 个节点、15 个有向弧组成，通过构建应急疏散、淹没水深、生命损失三个子系统对各影响因素进行量化评估。当河道堰塞灾害发生时，风险人口首先会进行应急疏散，此时需根据应急疏散网络评估风险人口可及时疏散的概率，而未能及时撤离的风险群众将会面临上涨湖水的危险，此时需根据淹没水深网络进行风险个体在湖水中的稳定性判定。若个体能在上涨湖水中保持稳定，就可以及时纵向撤离避险，而不能保持稳定的个体将会面临淹没危险，从而丧失生命。

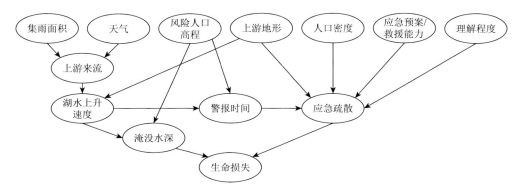

图 8.7　生命损失影响因素贝叶斯网络

8.6.2.2 应急疏散网络

图 8.8 显示了影响应急疏散的因素及其相互作用关系，在面临河道堰塞风险时，风险群众及当地各级政府都会采取应急避险措施，转移安置人民群众，从而避免或减少人员伤亡。理解程度因素主要表示风险群众对警报时间的信任与避险行动的认识程度。同时，完善的应急预案与较小的人口密度都能够有效地提高应急疏散效率。

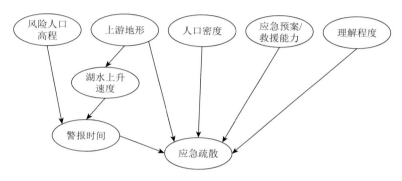

图 8.8 应急疏散因素网络

由贝叶斯网络对应急疏散参数进行量化评估：

$$P(E_{\mathrm{eva}}) = \sum_{i=1}^{2}\sum_{j=1}^{2}\sum_{k=1}^{2} P\left(E_{\mathrm{eva}}=E, W_{\mathrm{T}}=W, D_{\mathrm{p}}=D_i, E_{\mathrm{C}}=E_j, U_{\mathrm{D}}=U_k\right) \quad （8.14）$$

$$P(E_{\mathrm{eva}}) = P\left(E_{\mathrm{eva}}=E, W_{\mathrm{T}}=W, U_{\mathrm{n}}=U\right) = P(W_{\mathrm{T}}=W) \times P(U_{\mathrm{n}}=U)$$
$$\times P\left(E_{\mathrm{eva}}=E \,\middle|\, W_{\mathrm{T}}=W, U_{\mathrm{n}}=U\right) \quad （8.15）$$

式中，E_{eva} 为疏散参数；U_{n} 为非警报时间联合参数，由人口密度、应急预案/救援能力、理解程度三个参数组成。

在河道堰塞风险中，风险人口应急疏散影响因素众多，为简化计算，精简模型体系，将应急疏散影响参数划分为警报时间参数与非警报时间参数集合两部分。由于警报时间参数与非警报时间参数集合相互独立，所以式（8.15）可简化如下：

$$P(E_{\mathrm{eva}}) = P(W_{\mathrm{T}}=W) \times P(U_{\mathrm{n}}=U) \quad （8.16）$$

警报时间的联合概率为

$$P(W) = \sum_{a=1}^{n}\sum_{b=1}^{m}\sum_{c=1}^{l} P\left(W_{\mathrm{T}}=W, H_0=H_a, v_{\mathrm{L}}=v_b, T=T_c\right) \quad （8.17）$$

代入式（8.13）中得

$$P(W_T = W, H_0 = H_a, v_L = v_b, T = T_c)=$$

$$P(H_0 = H_a)P(v_L = V_b)P(W_T = W \mid H_0 = H_a, v_L = v_b)P(v_L = v_b \mid T = T_c) \qquad (8.18)$$

式中，T 为上游地形参数。

警报时间对风险人口应急疏散影响较大，Rogers 和 Sorensen（1988）、Sorensen 和 Mileti（1988）研究了警报时间与警报速率对应急疏散效果的关系，王志军和宋文婷（2014）建立了警报时间与撤离率之间的函数关系图。赵一梦等（2016）根据风险区的撤离路径、交通状况等因素，对农村与城镇地区分别建立了警报时间与撤离率函数关系式。本章中采取王志军和宋文婷（2014）提出的警报时间与撤离率的函数关系对警报时间参数进行量化（图8.9）。

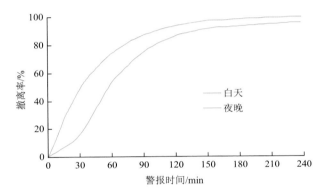

图8.9 警报时间与撤离率关系曲线（王志军和宋文婷，2014）

非警报时间因素对风险人口应急疏散作用程度的量化表达式如下：

$$P(U_n) = \sum_{i=1}^{2}\sum_{j=1}^{2}\sum_{k=1}^{2} P(U_n = U, D_P = D_i, E_P = E_j, U_D = U_k) \qquad (8.19)$$

代入式（8.13）中得

$$P(U_n = U, D_P = D_i, E_P = E_j, U_D = U_k)$$

$$=P(D_P = D)P(E_P = E_j)P(U_D = U_k)P(E_{eva} = E \mid D_P = D_i, E_P = E_j, U_D = U_k) \qquad (8.20)$$

其中，

$$P(U_n = U \mid D_P = D_i, E_P = E_j, U_D = U_k)=\frac{P(E_{eva} = E,\ D_P = D_i, E_P = E_j, U_D = U_k)}{P(D_P = D_i, E_P = E_j, U_D = U_k)}$$

$$=\frac{\sum_{i=1}^{2}\sum_{j=1}^{2}\sum_{k=1}^{2} P(E_{eva} = E,\ D_P = D_i, E_P = E_j, U_D = U_k)}{\sum_{z=1}^{2}\sum_{i=1}^{2}\sum_{j=1}^{2}\sum_{k=1}^{2} P(E_{eva} = E_z, D_P = D_i, E_P = E_j, U_D = U_k)}$$

$$(8.21)$$

式中，E_z、D_i、E_j、U_k 分别表示不同参数的离散状态，正是不同离散状态下参数的复杂作用条件构成了生命损失评估的不确定性。

根据图 8.8，通过贝叶斯公式可以对应急疏散参数进行量化。为了简化计算，借鉴王志军和宋文婷（2014）的研究成果，对节点参数影响程度量化建立非警报时间联合参数取值建议表（表 8.26）。

表 8.26 非警报时间联合参数条件下应急疏散参数建议值

人口密度	应急预案	理解程度	$P(U_n)/\%$	
			建议范围	建议值
高	完善	明确	83～92	85
		模糊	65～78	70
	不完善	明确	57～65	59
		模糊	34～43	40
低	完善	明确	90～100	95
		模糊	78～89	85
	不完善	明确	67～78	70
		模糊	45～60	53

8.6.2.3 淹没水深网络

淹没水深是造成生命损失的直接因素，而堰塞湖湖区水位上升速度与上游来流量和上游地形密切相关，迅速上升的湖水意味着风险人口可用警报时间缩短，极易增加风险人口的生命损失（图 8.10）。

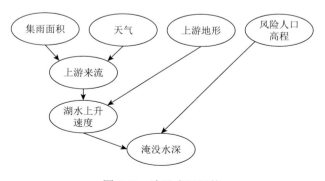

图 8.10 淹没水深网络

在河道堰塞灾害发生时，未能及时疏散的风险群众将会直面上涨湖水的危险。

在堰塞湖淹没风险中，风险个体在湖水中的稳定性受水流流速与水深影响，若在湖水冲击作用中失稳，则直接面临湖水淹没风险，从而丧失生命。风险个体在堰塞湖风险中受力情况如图 8.11 所示，风险个体在淹没风险中受到自身重力、浮力、与地面摩擦力以及湖区水流冲击力的综合影响。在浅水区中，波浪与水流相互作用下的垂线流速分布均匀，所以个体受到的水流冲击力和摩擦力可由式（8.22）和式（8.23）求得（Jonkman and Penning-Rowsell，2008）

$$F_v = 0.5\rho_w C_D B_s H v^2 \qquad (8.22)$$

$$F_{摩} = \mu\left(F_{重} - F_{浮}\right) = \mu\left(mg - 2\rho_w gHB_s d\right) \qquad (8.23)$$

式中，F_v 为湖区水流冲击力；$F_{摩}$ 为水流产生的摩擦力；$F_{重}$ 为风险个体的重力；$F_{浮}$ 为水流产生的浮力；ρ_w 为水的密度；C_D 为阻力系数，一般取 1.1；B_s 为风险个体直面水流冲击的平均宽度；H 为溃口处水深；v 为洪水流速；μ 为摩擦系数；m 为风险个体的质量；d 为风险个体重心距边缘的距离。

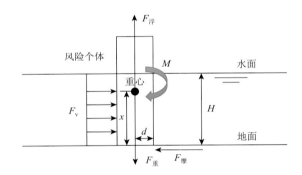

图 8.11　风险个体在淹没风险中的受力分析

在淹没水位较低时（低于人体重心），风险个体在湖水中稳定的极限平衡状态满足式（8.24），即人体所受水流冲击力与地面摩擦力相等；而在高水位条件下，还需要考虑高水位冲击力对人体的扭矩作用[见式（8.25）]，即风险个体在水位较低时易受摩擦失稳，在水位较高时易受扭矩失稳。

$$F_v = \mu\left(F_{重} - F_{浮}\right) = \mu\left(mg - 2\rho_w gHB_s d\right) \qquad (8.24)$$

$$M = \frac{F_v}{H} \times \frac{H - x}{2} - \left(mg - \rho_w gHB_s d\right)d \qquad (8.25)$$

式中，x 为风险个体重心距地面的距离。

同时，考虑到堰塞湖上游地形可能存在山高坡陡的情况，地面一般存在一定坡度。而坡度越陡，风险个体越易摩擦失稳，但利于风险个体竖向撤离避难，能够增加避难成功率。考虑坡度的风险个体受力分析如图 8.12 所示。

$$F_{\mathrm{v}} = \mu\left(F_{\text{重}} - F_{\text{浮}}\right)\sin\alpha_0 = \mu\left(mg - 2\rho_{\mathrm{w}}gHB_{\mathrm{s}}d\right)\sin\alpha_0 \qquad (8.26)$$

$$M = \frac{F_{\mathrm{v}}}{H} \times \frac{H-x}{2} - \left(mg + F_{\mathrm{v}}\cos\alpha_0 - \rho_{\mathrm{w}}gHB_{\mathrm{s}}d\right)d \qquad (8.27)$$

式中，α_0 为地面坡度。

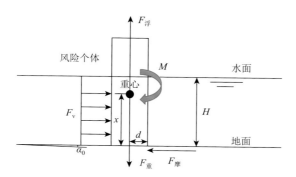

图 8.12　考虑坡度的风险个体受力分析

　　根据风险个体在湖区中的稳定平衡分析可以看出，风险人口在湖区中易受水流冲击作用，若个体在水中能够保持稳定则会迅速撤离避险，若失稳则易溺亡，造成生命损失。Jonkman 和 Penning-Rowsell（2008）通过对水深与相应死亡率的回归分析，发现在低洪水风险下风险人口死亡率与淹没水深分布符合正态分布规律：

$$F_{\mathrm{D}}(H) = \begin{cases} 0 & F_{\mathrm{v}} - F_{\text{浮}} < 0 \text{且} M < 0 \\ \Phi\left(\dfrac{\ln H - \mu_{\mathrm{N}}}{\delta_{\mathrm{N}}}\right) & \text{其他} \end{cases} \qquad (8.28)$$

式中，F_{D} 为与水深相关的死亡率函数；μ_{N} 为均值；δ_{N} 为方差。

　　王志军和宋文婷（2014）根据不同水位上升速率及不同水平流速条件确定了不同灾害模式下函数的期望值与标准差的值。相较于溃决洪水的流速，河道堰塞产生的堰塞湖湖区水流流速较小。所以在风险个体失稳状态下，河道堰塞生命损失的概率分布可看作低洪水严重性下的正态函数分布：

$$F_{\mathrm{D}}(h) = \Phi\left(\frac{\ln H - 7.159}{2.59}\right) \qquad (8.29)$$

8.6.2.4　生命损失定量评估网络

　　图 8.13 给出了生命损失评估网络，从图中可以看出，在河道堰塞风险中，风险人口要么被成功转移，要么滞留风险区中面临上涨湖水的危险。所以河道堰塞

风险人口死亡率评估公式可表示为

$$L_{\text{OL}} = P_{\text{AR}} \times f = P_{\text{AR}} \times F_{\text{D}}(h) \times (1 - P_{\text{eva}}) \tag{8.30}$$

其中，

$$f = F_{\text{D}}(h) \times (1 - P_{\text{eva}}) \tag{8.31}$$

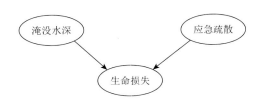

图 8.13　生命损失评估网络

8.6.3　牛栏江河道堰塞生命损失评估

8.6.3.1　牛栏江河道堰塞概况

2014 年 8 月 3 日 16:30，云南省昭通市鲁甸县发生 6.5 级地震，地震造成牛栏江干流两岸山体发生崩塌，堵塞牛栏江，形成堰塞湖。堰塞体位于红石岩水电站大坝下游 600 m 处，堰塞体顶部高程 1216 m，河底高程 1120 m，后由于余震不断，右侧山体时有崩塌，最终堰塞体顶部高程达到 1222 m（刘宁，2014）。堰塞体总方量约 1200×10⁴m³，堰塞湖最大容积 2.6×10⁸m³。堰塞湖流域面积 11545 km²，最大回水长度 25 km（刘宁，2014）。在堰塞湖形成初期，湖区水位以 0.6～0.8 m/h（王琳等，2015）的速度快速上涨，堰塞湖蓄水直接威胁上游会泽县两个乡镇 1015 人的生命安全。为解除堰塞湖威胁，利用上游德泽水库拦截上游入湖河水，并向其他流域调出一定水量，极大地减小了入库流量（宋昭义等，2016），缓解了应急抢险的压力，为上游人员疏散争取了时间。

8.6.3.2　牛栏江河道堰塞生命损失评估

在堰塞湖灾害发生后，云南省应急部门立即对堰塞湖灾害进行评估，确定风险范围，通过短信、电视等方式对群众进行预警，同时各级部门组织群众进行转移，及时有效地疏散群众，利用上游水库截流河流，开挖泄流槽等措施，减缓了湖区水位上升速度，最低时水位上升速度降至几厘米每小时，为群众撤离争取了时间。同时对两岸边坡进行加固，避免了二次滑坡灾害，又由于两岸地势狭窄陡峭，湖区涌浪小。牛栏江河道堰塞生命损失评估参数见表 8.27。

表 8.27 牛栏江河道堰塞生命损失评估参数

参数	数值	参数	数值
风险人口/人	1015	应急预案/救援能力	完善
堰塞体顶部高程/m	1216	理解程度	清晰
警报时间/h	>72	淹没水深/m	2.1
堰塞湖容积/$10^8 m^3$	2.6	集雨面积/km^2	11545
来流量/(m³/s)	64.6~579	堰塞体高度/m	83~96
水位上涨速度/(m/h)	0.6~0.8	人口密度/(人/km²)	<1000

应急疏散网络：

$$P(E_{eva})=P(W_T=W)\times P(U_n=U)=1.0\times 0.95=0.95$$

由于警报时间充分，所以大部分的风险人口得以疏散转移，而未能及时转移的风险人口将直面湖水上涨的危险。

淹没水深网络：

$$F_v - F_{摩} = 0.5\rho_w C_D B_s H v^2 - \mu(mg - 2\rho_w gHB_s d)=455.28\,\text{kN} > 0$$

$$M = \frac{F_v}{H}\times\frac{H-x}{2}-(mg-\rho_w gHB_s d)d=73.5\,\text{kN}\cdot\text{m} > 0$$

因为 $F_v - F_{摩} > 0$，$M > 0$，风险人口在湖区中已完全失稳。所以暴露在湖水危险中人口死亡率为

$$F_D(h) = \Phi\left(\frac{\ln 2.1 - 7.159}{2.59}\right)=0.0072$$

代入式（8.30）可求得牛栏江堰塞生命损失为

$$L_{OL} = P_{AR}\times f = P_{AR}\times F_D(h)\times(1-P_{eva}) = 0.37 \approx 0$$

在此次灾害事件中，由于应急预警及时，警报时间充分，当地政府及应急管理部门及时疏散群众，所以并未造成人员伤亡。本章模型评估结果与实际情况相符。

8.7 基于数理统计的堰塞湖溃决经济损失评估模型

堰塞湖溃决对下游区域的破坏是多层次和多维度的。溃决洪水不仅对下游区域群众的生命安全造成威胁，也对财产与社会经济造成极为严重的破坏。目前，国内外对于堰塞湖溃决经济损失的研究较少，较为常用的方法是以普通洪水条件下经济产业损失率评估堰塞湖溃决经济损失，但这种方法忽略了堰塞湖溃决洪水相较于普通洪水的高流速和高冲击性等特点。本章根据数据库中的案例数据，综合溃决洪水特征与警报时间等参数条件，确定了不同经济产业在不同受灾模式下的产业损失率。

8.7.1 经济损失致灾环境分析

堰塞湖溃决造成大量的经济损失,相较于普通洪水灾害,溃决洪水的峰值流量更大、流速更高,洪水破坏性更强,造成的经济损失也更为严重。另外,堰塞湖一般多位于山区,交通不便,救援及生产恢复耗时长等不利因素造成的间接经济损失较大。

传统的洪灾经济损失注重经济产业本身的损失,而忽略了对致灾环境的分析,对于堰塞湖溃决经济损失应当着重分析承载体与致灾因子、孕灾环境之间的关系,堰塞湖溃决造成的经济损失主要因子包括四个方面:淹没水深、洪水流速、淹没历时、警报时间。其中,淹没水深、洪水流速、淹没历时是造成经济产业损失的直接因素。而在不同风险区中,不同因素作用程度也不相同。一般来说,不同区域各因素作用程度存在如下分布规律。在完全破坏区及部分破坏区:淹没水深>洪水流速>淹没历时;在淹没区:淹没水深>淹没历时>洪水流速。在洪水破坏性较大的区域,洪水的冲击破坏性强于洪水的淹没作用,而且这种冲击作用造成的损失往往是毁灭性的;而在洪水破坏性较小的区域,洪水的冲击破坏作用远远小于洪水的淹没作用。在建立溃决洪水经济损失评估模型时需要梳理各因素对经济产业的作用。图 8.14 给出了直接经济损失的网络模型图。

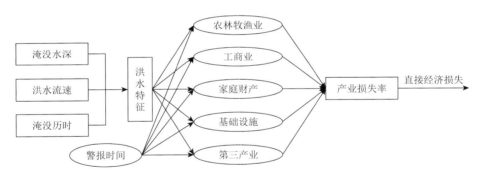

图 8.14　直接经济损失的网络模型图

8.7.1.1　堰塞湖溃决洪水特征分析

堰塞湖溃决造成的洪水具有极大的破坏性,洪水流速大,洪水严重程度高。由于堰塞湖的规模不同,溃决洪水强度差异较大。相较于普通洪水灾害,堰塞湖溃决后形成的洪水具有更强的冲击性与破坏性,所以常规的洪水灾害损失率已不适用于堰塞湖溃决经济损失评估。溃决洪水造成破坏的机理主要包括三个部分:淹没水深、洪水流速、淹没历时。在洪水高度破坏区中可用溃坝洪水严重性(S_D)代替淹没水深与洪水流速,函数表达式见式(8.1)。

洪水破坏区域划分借鉴国内外研究经验，当流速小于 2 m/s 时为淹没区域；S_D 值在 3～7 m²/s 时为部分破坏区，低矮砖房有倒塌破坏危险；S_D 值大于 7 m²/s 时为完全破坏区（Wahlstrom et al.，1999）。

在完全破坏区中，高流速洪水的冲击性、破坏性强，但随着堰塞体溃决过程的发展与堰塞湖水位的降低，高流速洪水持续时间相对较短，对于高严重性洪水流速衰减对损失率的影响还有待研究。

淹没历时也是造成经济损失的主要因素，淹没历时不仅对直接经济损失造成严重影响，对间接经济损失的影响也不能忽视。淹没时间越长，行业损失率越高，经济损失越大。

8.7.1.2　警报时间分析

警报时间对经济损失有着有利影响，充足的警报时间有利于人员疏散、可移动财产的转移及固定财产的加固等应急避险措施的实施。

当警报时间不足 1 h 时，溃决洪水会造成较大的生命损失；当警报时间大于 1 h 时，生命损失将大量减少。所以在警报时间不足 1 h 时，优先以疏散人员为主；当警报时间大于 1 h 时，在政府组织下开始有计划地转移财产。同时，随着警报时间的增加，人员与财产转移量也在增加，会带来更多的人员及财产安置费与企业停减产的费用。

对于警报时间对损失率的影响，一般认为随着警报时间的加长，财产损失率越低，当警报时间到一定程度后损失率不变，警报时间与损失率的关系如图 8.15 所示。图中 T_1 表示转移所有可移动财产所需时间；N 表示固定资产占总资产的比例，按照国内研究经验，工商业产品与库存都可搬移，N 取 0.8，工业制造业设备较多，N 取 0.2，居民财产，N 取 0.4。表 8.28 给出了不同情况下 N 的建议值（刘欣欣等，2016）。

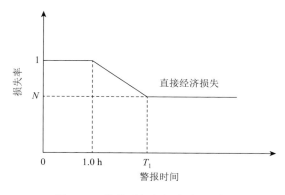

图 8.15　警报时间与损失率关系图

表 8.28　N值建议表

参数	完全不可转移	极少数可转移	少数可转移	多数可转移	绝大部分可转移	完全可转移
N	1.0	0.8	0.6	0.4	0.2	0.0

警报时间折减系数 f_n 可采用分段函数形式（表 8.29）。

表 8.29　警报时间折减系数取值建议表

警报时间 W_T/h	警报时间折减系数 f_n
$W_T < 1.0$	1.0
$1.0 < W_T < T_1$	$(W_T-1)(N-1)/(T_1-1)+1$
$W_T > T_1$	N

8.7.2　堰塞湖溃决经济损失评估模型

堰塞湖溃决经济损失评估以损失率为基础对各行业进行损失评估，包括直接经济损失与间接经济损失两个部分。直接经济损失包括实物性损失与收益性损失（施国庆等，1998），实物性损失主要包括基础设施、工业设备、房屋等实物性财产的损失；收益性损失主要包括工商业、农业、旅游业等效益性产业减产造成的损失。

由于各经济产业的耐灾程度与受灾条件的不同，直接经济损失的评估需根据不同行业在不同受灾条件下分别计算。间接经济损失包括采取各种措施产生的费用，一般由直接经济损失乘以折减系数计算。直接经济损失、间接经济损失和总经济损失的表达式分别见式（8.32）、式（8.33）和式（8.34）。

直接经济损失：

$$S_{直} = \sum_{i=1}^{n}\sum_{j=1}^{m} W_{ij}a_{ij} \tag{8.32}$$

间接经济损失：

$$S_{间} = K_s \cdot S_{直} + C_P \tag{8.33}$$

总经济损失：

$$S_{总} = S_{直} + S_{间} \tag{8.34}$$

式（8.32）～式（8.34）中，$S_{直}$ 为直接经济损失；$S_{间}$ 为间接经济损失，$S_{总}$ 为总经济损失；W_{ij} 为第 j 类地区的第 i 类经济产业；a_{ij} 为第 j 类地区的第 i 类经济产业的损失率；K_s 为间接经济损失折减系数；C_P 为抗洪救灾抢险费用。

对于间接经济损失折减系数 K_s，国内外学者开展过一定的研究，Wahlstrom 等（1999）建议了一个取值范围，见表 8.30。

表 8.30　间接经济损失折减系数取值

国家	K_S 值
美国	住宅区 15%，商业 37%，工业 45%，公共事业 10%，公共产业 34%，农业 10%，公路 25%，铁路 23%
俄罗斯	统一 20%～25%
澳大利亚	住宅区 15%，商业 37%，工业 45%
中国	农业 15%～28%，工业 16%～35%

8.7.2.1　风险区经济产业分类

由于经济损失评估体系复杂，评估内容繁多，为便于社会经济与经济产业调查，并根据统计习惯与各行业财产的耐灾程度，对经济产业进行划分。现将经济产业分为农林牧渔业（农渔、林牧）、工商业、建筑业、旅游业、行政事业单位、基础设施、金融业、农村居民家庭财产、城市居民家庭财产等（图 8.16）。

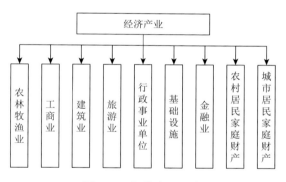

图 8.16　经济产业分类

8.7.2.2　经济损失率分析

经济损失率是指洪灾地区各类财产的损失值与受灾前各类财产的原有价值或正常年份价值之比（康相武等，2006）。目前，各国在评估洪水灾害时常用损失率-水深曲线表示，这种方法操作简单，但没有反映出经济损失所遭受的多因素耦合作用，导致在评估时存在较大误差。究其原因，应是这种损失率曲线往往建立在灾后统计的基础上，对于除水深、历时以外的其他因素（如流速、水温、污染物、泥沙含量等）都无法考虑在内。通过对洪水经济损失的致灾环境分析，经济损失的主要影响因素为洪水流速、淹没水深、淹没历时及警报时间。下面按经济产业的分类分析其损失率。

1）农业、渔业损失率

农业、渔业是农村地区主要的经济产业，分布广、体量大，但脆弱性高，在溃决洪水冲击下容易遭受毁灭性的打击。结合历史统计资料的分析，给出了堰塞湖溃决后农业、渔业损失率的取值建议表（表 8.31）。

表 8.31　农业、渔业损失率取值建议表

产业名称	洪水严重性		历时/d	损失率/%	历时/d	损失率/%	历时/d	损失率/%
	水深/m	流速/(m/s)						
农业、渔业	高		<0.5	100	0.5~1	100	2~3	100
	中		<0.5	95	0.5~1	100	2~3	100
	<0.5	0~2	1~2	60	3~4	67	5~6	85
	0.5~1.0	0~2	1~2	70	3~4	80	5~6	95
	1.0~2.0	0~2	1~2	85	3~4	95	5~6	100
	2.0~3.0	0~2	1~2	90	3~4	95	5~6	100

2）林业、牧业损失率

相较于农业和渔业，林业与牧业具有较强的抗冲击性，但脆弱性依旧较高，耐淹能力弱，在长时间淹没状态中也容易遭受毁灭性的破坏。在洪水的冲刷作用下，地表营养质土容易被水流冲刷带走，造成土地沙化。结合历史统计资料的分析，给出了堰塞湖溃决后林业、牧业损失率的取值建议表（表 8.32）。

表 8.32　林业、牧业损失率取值建议表

产业名称	洪水严重性		历时/d	损失率/%	历时/d	损失率/%	历时/d	损失率/%
	水深/m	流速/(m/s)						
林业、牧业	高		<0.5	40	0.5~1	45	2~3	50
	中		<0.5	35	0.5~1	40	2~3	45
	<0.5	0~2	1~2	12	3~4	19	5~6	23
	0.5~1.0	0~2	1~2	19	3~4	28	5~6	35
	1.0~2.0	0~2	1~2	27	3~4	42	5~6	50
	2.0~3.0	0~2	1~2	30	3~4	45	5~6	50

3）工商业、家庭财产损失率

工业、制造业、商业、家庭财产等是我国现阶段经济结构的主要组成成分，产业具有一定的抗洪能力，但由于第二产业所依赖的生产机械以及电子器械等不耐洪水浸泡，所以在溃决洪水破坏下易遭受较为严重的损失。家庭财产不仅对洪水的淹没历时敏感，也对淹没水深较为敏感。结合历史统计资料的分析，给出了堰塞湖溃决后工商业、家庭财产损失率的取值建议表（表8.33）。

表8.33　工商业、家庭财产损失率取值建议表

产业名称	洪水严重性		损失率/%				
	水深/m	流速/(m/s)	房屋	农村居民家庭财产	城市居民家庭财产	基础设施	工商业
工商业、家庭财产	高		90	90	63	45	70
	中		85	88	62	40	60
	0.0～0.5	0～2	11	15	11	7	10
	0.5～1.0	0～2	28	47	33	15	27
	1.0～2.0	0～2	60	68	48	20	53
	2.0～3.0	0～2	80	85	60	30	60

4）第三产业损失率

第三产业主要包括交通运输、邮政业、信息传输、金融业、房地产业、租赁和商务服务业等。由于这些产业的特殊性，洪水造成的直接经济损失较少，但洪水作用造成的企业停产减产及灾后恢复的间接经济损失较高。结合历史统计资料的分析，给出了堰塞湖溃决后第三产业损失率的取值建议表（表8.34）。

表8.34　第三产业损失率取值建议表

产业名称	洪水严重性		损失率/%
	水深/m	流速/(m/s)	
第三产业	高		50
	中		45
	<0.5	0～2	16
	0.5～1.0	0～2	21
	1.0～2.0	0～2	30
	2.0～3.0	0～2	39

8.8　堰塞湖溃决生态损失评估模型

在堰塞湖溃决损失评估体系中，生态损失也是极为重要的组成部分。但由于历史的局限性，目前对于堰塞湖溃决生态损失的研究较少。在现有的研究中，还

没有统一的生态损失衡量标准，在现有的评价指标体系中，一些参数指标与经济损失参数指标重复，容易造成重复评估的问题。本节以生态系统类别为主要评价对象，将生态系统服务价值损失作为生态损失的衡量标准，根据堰塞湖溃决洪水对不同生态系统的破坏作用建立生态损失评估模型。

8.8.1　模型函数关系

生态系统给人类提供服务的路径有两种：直接介入经济社会的直接价值与未介入经济社会的间接价值，直接价值由经济社会衡量，间接价值采用条件价值法、影子工程法、市场价格法、替代成本法、机会成本法等方法计算。堰塞湖溃决洪水对下游生态环境的破坏作用是巨大的。生态损失的评估首先是对各区域生态系统的服务价值进行量化，不考虑生态恢复时的生态损失可表示为

$$E = V - V'　　　　　　　　　　（8.35）$$

式中，E 为生态损失；V 为风险区受灾前的总生态服务价值；V' 为风险区受灾后的总生态服务价值。

考虑生态恢复时的生态损失可表示为

$$E = \int_0^{t_1} V - F(t)\,\mathrm{d}t　　　　　　　　（8.36）$$

式中，t_1 为生态系统受损后恢复到稳定状态的时间；$F(t)$ 为生态服务价值在恢复过程中随时间变化的函数。

生态系统损失网络模型如图 8.17 所示。

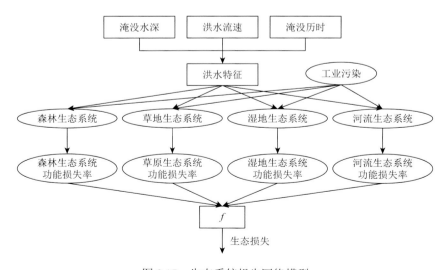

图 8.17　生态系统损失网络模型

众所周知,在一次洪水风险中,不同风险区域的洪水特征不尽相同,而不同的洪水特征对生态环境的破坏作用也有很大差别,为精确评估结果,应当针对不同洪水区域分别评估。同时,除了政府的灾后救援与重建工作,社会也会对受灾地区的生态系统进行恢复与改善,在此期间所投入的资金也应计算到生态损失当中。所以对于下游生态环境损失的计算公式如下:

$$E = \sum_{i=1}^{n} \sum_{j=1}^{m} L_{ij} M_{ij} V_{ij} A_{ij} + C_{R} \qquad (8.37)$$

式中,L_{ij} 为第 i 类淹没地区的第 j 类生态系统的功能服务价值损失率;M_{ij} 为第 i 类淹没地区的第 j 类生态系统的淹没面积;V_{ij} 为第 i 类淹没地区的第 j 类生态系统的单位生态系统服务价值;A_{ij} 为第 i 类淹没地区的第 j 类生态系统的恢复时间,一般取值为 1 个标准年;C_{R} 为人工采取恢复生态措施的费用。由于生态系统在恢复其生态结构与功能时,各生态系统的服务价值是变化着的,而这种变化着的服务价值也是难以确定的,所以在本章中生态损失以 1 个标准年内为准。

由于生态系统是生命体的集合,具有自愈性与自我发展的生态特性,所以生态恢复的终点、生态恢复时间与生态系统服务价值在生态恢复中的动态变化过程都难以明确确定。在生态学中,生态恢复的终点存在多种可能。第一种是完全复原,即生态系统的结构与功能完全恢复到破坏前的状态;第二种是修复,即生态系统的部分结构与功能得到修复,具体表现在生态系统的服务价值不如受灾前的服务价值;第三种是增强,顾名思义是较原状态的生态系统更加强大,生态系统的服务功能价值也比原生态系统的服务价值大;第四种是创造,即在人工干预的情况下产生了一种新的生态系统组成方式,此时的生态系统的服务价值则需要重新进行调查与计算。由于生态恢复终点的未知,生态恢复所需时间也难以确定。

8.8.2 生态系统损失率分析

生态系统损失率是指生态系统遭受洪水灾害后的生态系统服务价值与受灾前系统服务价值的比值:

$$L_{R} = \frac{V'}{V} \qquad (8.38)$$

式中,L_{R} 为生态系统损失率。

生态系统损失率主要是由于洪水对生态系统的冲击作用以及河流沿岸的化工产业遭受洪水冲击破坏而溢出污染物污染生态环境。在考虑各类影响因素作用的生态系统损失率公式可表示为

$$L_{R} = \sum_{i=1}^{n} S_{i} \theta_{i} \qquad (8.39)$$

式中，S_i 为第 i 种影响因素对生态系统影响程度值；θ_i 为第 i 种因素的权重，$i = 1, 2, \cdots, n$。

8.8.3　生态损失影响因素分析

生态系统损失主要影响因素包括：洪水流速、淹没水深、淹没历时、工业污染。对于不同参数的权重利用层次分析法（AHP）计算。不同于生命损失与经济损失，生态环境对于外部条件的变化更为敏感，尤其是对于化工产业、农药、重金属等污染物极为敏感，而由于现代经济社会的化工行业的高度发展，在分析溃决洪水对生态的破坏作用时，还应当考虑化工等产业因洪水破坏导致工业污染物外流造成的生态损失。表 8.35 给出了污染因素取值建议表。

表 8.35　污染因素取值建议表

严重程度	损失率	淹没水深/m	淹没历时/h	洪水流速/(m/s)	工业污染
较低	0.0～0.2	<0.1	<0.5	<0.5	小规模小型化工厂、农药厂
低	0.2～0.4	0.1～0.5	0.5～1	0.5～2	小规模中型化工厂、农药厂
中等	0.4～0.6	0.5～1.5	1～3	2～3	小规模大型化工厂、农药厂
严重	0.6～0.8	1.5～3.0	4～6	3～5	中规模小型化工厂、农药厂
极严重	0.8～1.0	>3.0	>6	>5	大规模大型化工厂、农药厂

8.8.4　影响因素权重赋值分析

在致灾环境中，不同影响因素对生态系统破坏作用大小不同，而且各影响因素与生态损失间的关系难以完全定量分析，本节采用层次分析法对不同生态系统进行权重赋值。在评估生态环境的损失时，评价指标体系主要包括淹没水深、淹没历时、洪水流速和工业污染 4 个参数，具体权重赋值见表 8.36。

表 8.36　影响因素权重赋值表

生态系统	淹没水深	淹没历时	洪水流速	工业污染
森林	0.3	0.3	0.2	0.2
草地	0.2	0.3	0.2	0.3
湿地	0.2	0.3	0.2	0.3
河流	0.2	0.1	0.3	0.4

8.9 模型应用

以"11·03"白格堰塞湖溃决案例为例,利用本章建立的灾害损失评估模型进行分析研究。2018 年 11 月 3 日白格堰塞湖险情发生,11 月 7 日云南省防汛抗旱指挥部组织相关部门进行会商并下发堰塞湖下游防范工作的紧急通知,及时部署防范工作,落实风险人员疏散工作。11 月 8 日 14:45 时,第一台反铲车抵达堰塞体上方开始引流槽的挖掘工作,11 日上午引流槽已开挖贯通;11 月 12 日 4:45,上游江水开始流入引流槽中,同日 10:50,引流槽开始过流,此时堰塞湖蓄水量约 $5.24 \times 10^8 \mathrm{m}^3$;11 月 13 日 18:00 堰塞湖溃决洪水达到峰值流量 31000 m^3/s;11 月 15 日 12:30 梨园水库出现最大入库流量 7200 m^3/s,溃决洪水安全入库,至此,白格堰塞湖险情基本解除,此次堰塞湖溃决灾害被截断在丽江市以上。由于应急处置及时,各级政府处置妥当,此次堰塞湖溃决并未造成人员伤亡与失联。

8.9.1 "11·03"白格堰塞湖溃决生命损失评估

结合下游洪水演进结果评估白格堰塞湖溃决生命损失,主要影响因素分析如下。

（1）警报时间。在堰塞湖风险发生后,长江防汛抗旱总指挥部立即成立应急指挥部,各省市及时疏散人群,在溃决洪水来临时已及时疏散所有风险人员,警报时间充裕。

（2）溃坝洪水严重性。经过应急指挥部对堰塞体的应急处置,减少堰塞湖泄洪量约 $2.6 \times 10^8 \mathrm{m}^3$,有效削减了洪峰流量,通过对主要受灾区域截取断面,计算洪水严重性,各断面洪水严重性计算结果见表 8.37。

表 8.37 云南省内主要淹没城镇参数

断面名称	洪痕高程/m	洪峰流量/(m³/s)	淹没面积/km²	断面平均宽度/m	$S_\mathrm{D}/(\mathrm{m}^2/\mathrm{s})$
奔子栏镇	2019	15700	0.35	210	74.76
其春大桥	1911	12400	0.45	290	42.76
塔城乡	1895	8700		195	44.62
巨甸镇	1876	11000	0.28	630	17.46
黎明乡	1848	8820	0.50	365	24.16
石鼓镇	1827	7170	1.76	1000	7.17

（3）风险人口对溃坝理解程度。根据国家防汛抗旱总指挥部的要求及长江防

汛抗旱总指挥部与各省防汛抗旱指挥部制定的应急处置预案，各级政府均派遣人员深入一线，组织堰塞湖防汛处置工作，向群众宣传汛情信息。同时划定完全撤离、警戒、安置标识线，在三线标识内停止了一切生产作业，通过广泛宣传让群众深刻认识了溃决洪水的危害性。

（4）风险人口密度。通过计算，洪水风险主要影响到云南省迪庆藏族自治州与丽江市，所以对两地进行生命损失评估。迪庆藏族自治州金沙江流域 10 个乡镇共转移安置 19177 人，其中香格里拉市转移 12393 人，德钦县转移 3910 人，维西傈僳族自治县转移 637 人，香格里拉经济开发区转移 2237 人。丽江市临江区域 24 个乡镇受到洪水风险影响，需准备转移安置 21373 人，其中，玉龙纳西族自治县 18379 人，永胜县 2796 人，华坪县 198 人。迪庆藏族自治州和丽江市风险人口分布情况见表 8.38。根据上述条件，代入式（8.4）和式（8.5）中计算迪庆藏族自治州和丽江市因堰塞湖溃决造成的生命损失，评估结果见表 8.39。

表 8.38　　迪庆藏族自治州和丽江市风险人口分布

行政地区		风险人口/人	合计/人
迪庆藏族自治州	香格里拉市	12393	
	德钦县	3910	
	维西傈僳族自治县	637	19177
	香格里拉经济开发区	2237	
丽江市	玉龙纳西族自治县	18379	
	永胜县	2796	21373
	华坪县	198	

表 8.39　　迪庆藏族自治州和丽江市生命损失评估

行政地区		P_{AR}/人	W_T/h	S_D	U_D	β	L_{OL}/人
迪庆藏族自治州	香格里拉市	12393	78.0	极高	清晰	0.97	0
	德钦县	3910	78.0	极高	清晰	0.97	0
	维西傈僳族自治县	637	78.0	极高	清晰	0.88	0
	香格里拉经济开发区	2237	78.0	中	清晰	0.88	0
丽江市	玉龙纳西族自治县	18379	78.0	高	清晰	0.88	0
	永胜县	2796	78.0	低	清晰	0.88	0
	华坪县	198	78.0	低	清晰	0.88	0

由于警报发布及时，各级政府部门应急处置得当，警报时间充裕，成功避免了

堰塞湖溃决而造成人员伤亡。但是在制定应急抢险预案时，应当考虑多种警报时间的情况，假定警报时间 0.0 h、0.5 h、1.0 h 和 1.5 h，分别计算此种工况下的生命损失，评估结果显示若在无警报时间的情况下，生命损失将达到 932 人（表 8.40）。

表 8.40 不同警报时间下的生命损失

行政地区		P_{AR}/人	W_T/h	L_{OL}/人	W_T/h	L_{OL}/人	W_T/h	L_{OL}/人	W_T/h	L_{OL}/人
迪庆藏族自治州	香格里拉市	12393	0.0	311	0.5	239	1.0	191	1.5	0
	德钦县	3910	0.0	129	0.5	99	1.0	79	1.5	0
	维西傈僳族自治县	637	0.0	34	0.5	26	1.0	21	1.5	0
	香格里拉经济开发区	2237	0.0	59	0.5	45	1.0	36	1.5	0
丽江市	玉龙纳西族自治县	18379	0.0	338	0.5	260	1.0	208	1.5	1
	永胜县	2796	0.0	52	0.5	40	1.0	32	1.5	0
	华坪县	198	0.0	9	0.5	7	1.0	6	1.5	0
合计	—	40550	—	932	—	716	—	573	—	1

8.9.2 "11·03"白格堰塞湖溃决经济损失评估

此次堰塞湖溃决，溃口洪峰较大，严重威胁下游群众生命财产和水电站、公路、桥梁等基础设施的安全。中央及各级政府迅速做出响应，及时疏散群众并采取了开挖引流渠、拆除围堰等工程措施，极大地减轻了溃决洪水的破坏性。金沙江上游流域经四川进入云南后，地形由高山峡谷区逐渐转变为平坦丘陵区，云南省迪庆藏族自治州和丽江市沿江地形平坦，居民相对集中，该地区由堰塞湖溃决造成的损失最为严重。

通过各级政府紧急动员，迪庆藏族自治州和丽江市紧急转移人员 40550 人，其中迪庆藏族自治州紧急调拨 720 顶帐篷、6972 条棉被、1190 张折叠床、100 张钢架床、2480 张床垫、800 件彩布条、3760 件大衣等物资。尽管风险人员得到紧急转移，但洪水依旧对当地基础设施与经济造成严重破坏。洪水灾害后，迪庆藏族自治州与丽江市进行了灾后损失统计。

1）迪庆藏族自治州

（1）居民家庭财产受损。被洪水冲毁、受损、浸泡的房屋达 1459 间，其中 51 户房屋被冲毁；畜圈受损 150 余间；洪水还冲毁了奔子栏镇叶日村撒色叶咱搬迁点的公共用地近 10 亩[①]。

---

① 1 亩≈666.67 m²。

（2）交通基础设施受损。国道 214 线沿江段、国道 215 线尼塔段被洪水冲毁严重，影响长度达 56 km；省道羊拉公路多处被毁，累计受损 35 km（图 8.18）；此外，还有 8 条县道公路损毁严重，累计受损 134.3 km，其中 5 条已完全中断；多条乡村公路受损共 42 km；在建省道德巴公路毁坏严重，将对德巴公路的工期造成较大的延误。不仅仅是公路遭受严重毁坏，金沙江沿途跨江桥梁也受到洪水的冲击破坏（图 8.19）。经有关部门统计，金沙江沿江受灾桥梁共 18 座：已冲毁桥梁 13 座；严重损坏桥梁 1 座；其余 4 座有待进一步评估。其中塔城其春大桥严重受损，已成危桥；除受损待评估的 4 座桥梁外，其他设施包括金沙江沿线渡口、船舶等都受到了不同程度的破坏。

图 8.18　羊拉乡通往奔子栏镇道路中断

图 8.19　迪庆藏族自治州被毁桥梁

（3）农林牧渔业受损。农作物受灾 22609 亩，其中成灾 20707 亩、绝收 1902 亩；经济作物受灾 850 亩。死亡牲畜 82 头（只）。

（4）水利设施受损。因洪水冲毁的金沙江防洪堤达到 55 km；农田灌溉设施也有 31 处受到不同程度破坏；沟渠受损 2850 m；人畜饮水管道受损 1.6 km；冲毁泵站 27 座、水池 1 座。

（5）电力通信设施受损。拖顶乡变电站被洪水冲毁；香格里拉市吉仁河、麦地河电站进水严重；羊拉乡格亚顶电站被淹没导致羊拉乡电力中断；冲毁电杆约 300 根、电线受损 71 km 以上。受洪水影响，羊拉乡及拖顶乡通信完全中断。

2）丽江市

（1）居民家庭财产受损。玉龙纳西族自治县民房倒塌 8000 间，房屋受损 16330 间；畜圈受损 2600 余间；农机具和运输工具受损 1002 套（图 8.20）。

图 8.20　丽江市房屋受损

（2）交通基础设施受损（图 8.21 和图 8.22）。国道 353 线（德龙加油站至巨甸段）受损 82.361 km；省道 228 线（巨甸至塔城段）受损 32 km；农村公路受灾共计 15 条，累计受损 285.46 km。同时玉龙纳西族自治县共有 12 座桥梁冲淹受损，分别为省道公路桥 10 座、县道公路桥 1 座和跨江桁架便桥 1 座。

图 8.21　桥梁受损　　　　　　　图 8.22　丽江市公路被淹没

（3）农林牧渔业受损。玉龙纳西族自治县农田受损 27075 亩，其中成灾 21660 亩，农业绝收 5415 亩；林业受灾面积 1620 亩，渔业受灾面积 195 亩。

（4）水利设施受损。玉龙纳西族自治县塔城乡、巨甸镇、金庄乡、石鼓镇、龙蟠乡等地共出现 14 个金沙江护岸险段，共计 85075 m；沿江 42 座抽水站全部淹没；灌渠水毁总计超过 95 km；冲毁人畜饮水管道 620 km。

（5）电力通信设施受损。玉龙纳西族自治县电厂受淹 1 个；电力设施受损 1026 台（套），电线损失 130 km。通信设施受损 56 台（套）。

在此次堰塞湖灾害中共计倒塌民房 8051 间，房屋受损 17789 间，畜圈受损 2750 间；公路累计受损 632.12 km，跨江桥梁冲毁 13 座、受损 13 座、待评估 4 座；农业受灾面积 50500 亩，其中成灾 43200 亩、绝收 21900 亩，冲毁农田 13500 亩。牲畜死亡 82 头（只），林业受灾 1600 亩，渔业受灾 200 亩；金沙江防洪堤 55 km 受损；农田灌溉设施受损 31 处；沟渠损坏 97.85 km；人畜饮水管道受损 636 km；冲毁泵站 27 座、水池 1 座，损坏水文站 2 座。电站、电厂被淹 4 个，冲毁电杆约 300 根，电线受损 201 km，通信设施受损 56 台（套）。

通过经济损失评估结果（表 8.41）可以看出，在此次洪水灾害中经济损失的主要构成是两地的基础设施遭受的损失。其中迪庆藏族自治州经济损失最大，丽江市的房屋与农林牧渔业损失较多。

表 8.41　"11·03"白格堰塞湖溃决经济损失评估　　　　　（单位：万元）

经济产业	迪庆藏族自治州	丽江市	合计
农业	26672.1	31982.7	58654.8
渔业	0	190.5	190.5
林业	0	1251.6	1251.6
房屋	5447.3	61206.6	66653.9
基础设施	303101.8	205909.3	509011.1
合计	335221.2	300540.7	635761.9

8.9.3　"11·03"白格堰塞湖溃决生态损失评估

金沙江上游与中游地区多是高山深谷，溃决洪水行进大都在原生河道内，总体来说，对生态破坏整体较小，本节不做评估。

9 堰塞湖致灾预警与风险评估平台应用

9.1 平 台 概 述

为了直观地展示堰塞湖风险评估的成果，并对堰塞湖的致灾风险进行预警预报，集成堰塞湖溃决过程与下游洪水演进模拟软件、堰塞湖溃决损失评估模型，基于 GIS 技术，通过高性能软件研发与系统集成，构建了开放式堰塞湖溃决洪水致灾预警与风险评估平台。

该平台的主要功能包括堰塞湖致灾风险评估数据的管理和展示，基于 GIS 的各行政区域洪水到达时间、面积、流速、水深、洪水强度等水情数据的计算、管理和展示，基于 GIS 的堰塞湖溃决洪水演进二维图形动态展示，基于 GIS 的堰塞湖溃决洪水预警与损失评估。

9.2 开发、测试与运行环境

本系统包括展示前台应用程序,管理后台应用程序,测试运行环境为 Windows 10 操作系统，最低配置为酷睿 i7 CPU，16G 内存，GTX 1050Ti 显卡，500G 硬盘。本系统开发工具为 VS2010。

9.3 平 台 设 计 说 明

9.3.1 总体框架

平台的总体框架如图 9.1 所示，整个平台分为桌面端前台应用程序和桌面端后台应用程序。前台应用程序主要用于案例展示，后台应用程序主要用于数据管理和录入。

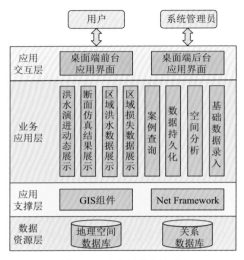

图 9.1　平台总体框架图

9.3.2　展示前台设计

9.3.2.1　登录及初始化界面

平台运行后将首先看到登录界面（图 9.2），输入用户名和密码后单击"登录"按钮显示目前平台中已经存储的堰塞湖案例列表（图 9.3）。可通过输入案例名称，单击"搜索"进行查询，或在页面列表中直接选取；选择一个案例后，单击"打开"，则可打开此案例，弹出一个加载界面（图 9.4）。

图 9.2　系统登录界面

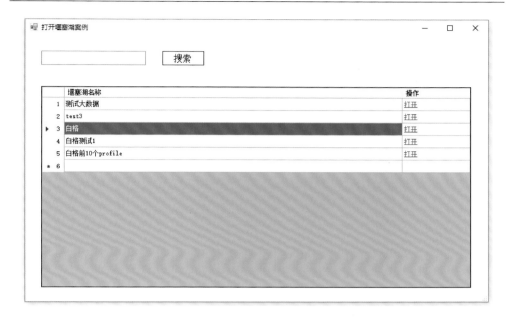

图 9.3　堰塞湖案例列表

图 9.4　堰塞湖案例加载界面

9.3.2.2　主界面框架

　　进入案例后，可以看到平台的主界面分为几块区域：菜单栏、工具栏、图层控制区、图层展示区、播放控制区、鹰眼功能区、数据展示区（图 9.5）。其中图层控制区显示了要素图层和栅格图层列表，通过单击各图层名前的选中框可以控制该图层是否显示在展示区中。

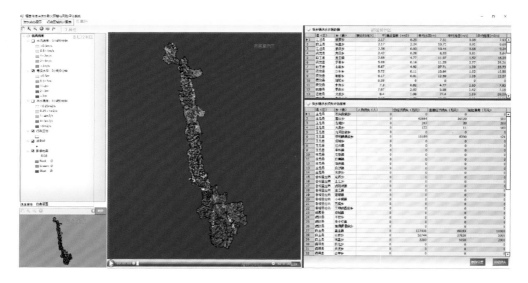

图 9.5　展示前台应用程序界面

9.3.2.3　鹰眼功能区

　　鹰眼功能区用于在大视野范围内提示和设置图层展示区的显示范围(图 9.6)。在鹰眼功能区中的红色方框提示的是图层展示区的显示范围在大视野中的区域范围。鼠标右键拖动可以画出一个方框,图层展示区中将以该方框的中心位置为中心,方框中的画面范围将以最大的尺寸显示在图层展示区中。当图层展示区放大或者缩小时,鹰眼功能区的红色方框会自适应其位置和大小,以提示当前显示的区域在大视野中的位置和范围。单击鹰眼功能区"同步"按钮左边的

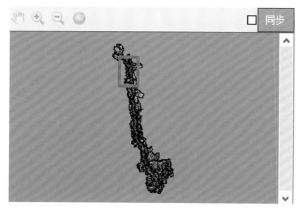

图 9.6　鹰眼功能区

复选框可以激活鹰眼功能区的工具条，包含平移、缩放和居中显示等。单击鹰眼功能区"同步"按钮，可以将鹰眼功能区中显示的内容与图层控制区中设置的图层显示方式一致。

9.3.2.4　河道断面数据展示

洪水下游演进仿真过程中要求输入一个河道中心线的地理要素，并且每隔一段距离设置一个河道断面地理要素，本平台将河道中心线、各个断面的形状与每个断面的洪水仿真数据保存到数据库中。

单击图层控制区中的"仿真设置"选项卡，可以查看河道中心线和河道断面横切线图层。放大地图显示区域后，单击河道断面，则选中的河道断面会高亮显示，并且在数据展示区显示该断面的仿真结果。仿真设置界面如图9.7所示。

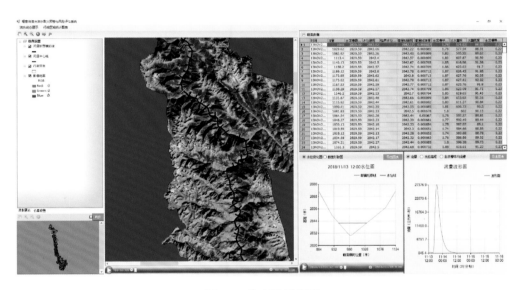

图9.7　仿真设置界面

图9.7的数据展示区中上部显示的是各个时间点的断面洪水演进仿真数据表格，数据包括流量、主深槽最低点高程、水位高程、临界水位高程、能量线高程、能量线坡度、主深槽平均流速、过水面积、水面宽度和主深槽弗劳德数。

图9.7的数据展示区下部的左边以图形化的形式显示断面的水位变化动态及河道断面形状。单击播放按钮后，将根据时间变化动态显示水位在河道断面中的位置（图9.8）。选择断面形状图，将显示完整的该河道断面的形状（图9.9）。单击"导出图表"按钮可以导出图片。

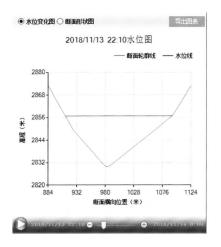

图 9.8　水位变化图

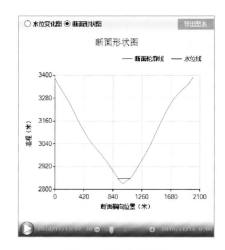

图 9.9　断面形状图

图 9.7 的右下部以图形化的形式显示了断面的几个重要仿真数据随时间变化的曲线：流量波形图（图 9.10）、水位高程波形图（图 9.11）和主深槽平均流速波形图（图 9.12）。

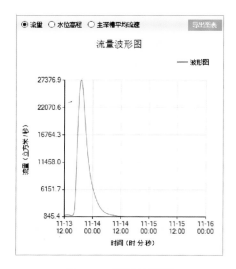

图 9.10　流量波形图

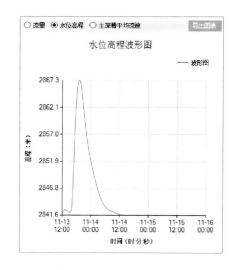

图 9.11　水位高程波形图

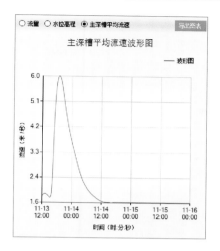

图 9.12　主深槽平均流速波形图

9.3.2.5　洪水演进动态展示

单击图层控制区中的"洪水展示"选项卡，将显示水流速度、淹没水深、洪水强度、行政区划、监测点和影像地图图层（图 9.13）。由于显示区域相互叠加，水流速度、淹没水深和洪水强度这三个图层只有一个图层能显示。图层展示区的下部是播放控制区，包括播放按钮、播放滑块、播放进度条、微调按钮和播放速度设置按钮（图 9.14）。

图 9.13　洪水展示选项卡　　　　　　　　　图 9.14　播放控制区

选择水流速度、淹没水深和洪水强度中的一个图层，然后单击播放按钮，图层展示区将按一定速度依次显示每个仿真时刻的栅格图层（即时间序列栅格图层）（图 9.15）。拖动播放滑块或者播放进度条左右的微调按钮定位需要显示的时间序列栅格图层。单击"播放速度设置"按钮将弹出播放速度设置窗口，可以在 10 挡速度中选择（图 9.16）。

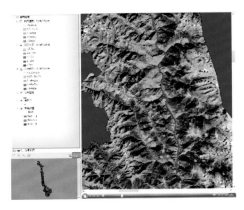

图 9.15　洪水演进动态展示

图 9.16　调节播放速度

动态展示时图层默认跟随洪水水头移动，始终保持图层展示区的中心位置为洪水水头位置。单击工具栏中的旗帜形状的按钮（图 9.17），可以在"图层位置跟随洪水水头移动"和"图层位置固定"两种模式中切换。

单击菜单栏的"洪水动态展示"下的子菜单也可以展示洪水演进动态播放功能。

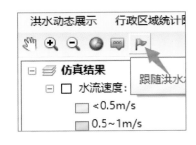

图 9.17　演进模式切换

9.3.2.6　行政区域预警信息展示

单击图层控制区中的"洪水展示"选项卡，数据显示区的上部将显示行政区域水情预警信息（图 9.18），包括县（区）名、乡（镇）名、到达时间、淹没面积、平均水深、平均流速和平均强度。其中到达时间表示多久以后洪水水头将进入该乡镇。数据显示的是各个乡镇在当前显示图层对应时间的水情预警数据，数据行的排列顺序按照洪水即将到达的时间由短到长排列。当洪水演进动态展示时，该水情数据会随着当前时间的变化而更新。

各乡镇洪水水情数据

	县（区）	乡（镇）	到达时间(h)	淹没面积（km2）	平均水深(m)	平均流速(m/s)	平均强度(m2/s)
▶1	香格里拉市	尼西乡	0.65	2.28	9.46	1.6	14.99
2	德钦县	拖顶傈僳族乡	1.5	2.87	9.23	0.96	8.81
3	香格里拉市	五境乡	2.5	7.62	9.26	0.91	8.34
4	维西县	塔城镇	4.45	0.24	8.87	0.42	3.25
5	玉龙县	塔城乡	5.1	0.35	4.46	0.8	4.12
6	香格里拉市	上江乡	5.4	9.6	3.16	0.73	2.51
7	玉龙县	巨甸镇	6.43	3.75	2.03	0.61	1.28
8	香格里拉市	金江镇	8.82	23.89	7.69	0.43	2.08
9	玉龙县	黎明傈僳族乡	9.98	0.2	1.63	0.96	1.53
10	玉龙县	石鼓镇	11.98	8.92	9.19	0.17	1
11	香格里拉市	虎跳峡镇	13.5	6.19	15.2	0.14	2.73
12	玉龙县	龙蟠乡	13.55	9.2	17.25	0.13	2.47
13	香格里拉市	三坝纳西族乡	16.58	13.49	107.83	0.2	30.56

图9.18　各乡镇水情预警数据

当将鼠标移动到图层展示区时，默认情况下会提示当前位置所在乡镇的洪水
预警信息，包括乡镇名、洪水到达时间、淹没面积、最大水深、最大流速和最大
洪水强度，并且乡镇区域边界会高亮显示（图9.19）。单击工具栏中的提示样式按
钮（图9.20），可以在"鼠标移动时显示乡镇水情信息"和"鼠标移动时不显示乡
镇水情信息"两种模式中切换。

单击菜单栏的"行政区域统计图表"下的子菜单，可以显示各乡镇的"淹没
面积"、"最大水深"、"最大流速"和"最大洪水强度"随时间变化的曲线图
（图9.21）。

尼西乡
洪水到达时间: 0h 39min
淹没面积: 2284813m^2
最大水深: 25.57605m
最大流速: 4.178256m/s
最大洪水强度: 68.21152m^2/s

图9.19　鼠标移动时显示信息

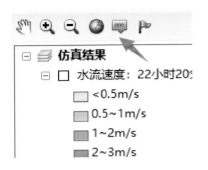

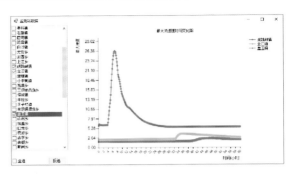

图 9.20　水情提示模式切换按钮　　　　　图 9.21　最大流量随时间变化曲线

9.3.2.7　洪水损失评估

当单击图层控制区中的"洪水展示"选项卡后，数据显示区的下部将显示各乡镇洪水损失评估结果（图 9.22），包括县（区）、乡（镇）、人员损失、总经济损失、直接经济损失和抢险费用。

1）详细损失

单击右下角的"详细损失"按钮，显示损失详情界面，展示详细的洪水损失数据。左边列出是行政区域（图 9.23）和乡镇列表，用于选择特定区域的损失数据。右边分两部分显示各乡镇的详细损失如图 9.24 所示。

图 9.22　各乡镇洪水损失评估结果　　　　　图 9.23　行政区域结构

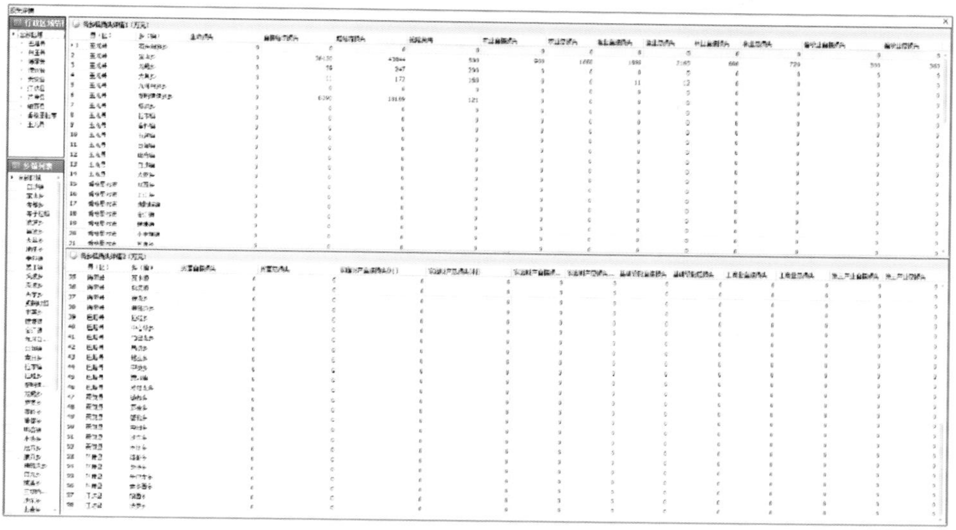

图 9.24   洪水损失详情

　　行政区域中的最上层是全部区域，下层是各县区，单击县区名前的+，会展开显示该县区下的乡镇名称。单击不同的行政区域会显示对应行政区域下的乡镇的洪水损失数据。

　　乡镇列表中列出了所有乡镇，单击其中一行，将显示该乡镇的损失数据。

　　详细损失数据包含生命损失和经济损失，其中经济损失包括抢险费用和 10 种经济或财产类型的直接损失和总损失，包含的 10 种经济或财产类型为农业、渔业、林业、畜牧业、房屋、家庭财产（村）、家庭财产（城）、基础设施、工商业和第三产业。

　　2）参数设置

　　单击右下角的"参数设置"按钮，显示参数设置界面（图 9.25）。洪水损失数据依据评估模型计算得到，评估模型需要使用的参数在此输入。包括四部分窗格，左上部分的窗格用于设置堰塞湖溃坝信息，左下部分的窗格用于选择区县名称，右上部分的窗格用于设置各经济产业参数，右下部分的窗格用于设置其余参数。

　　左上部分的窗格设置的参数包括坝高（取值为"＜10 m"、"10～50 m"、"＞50 m"和"未知"四种）、库容类型、溃坝时间（取值为"8:00～16:00"、"16:00～20:00"和"20:00～8:00"三种）和理解程度（取值为"清晰"、"半清晰"、"一般"、"半模糊"和"模糊"五种）。单击"保存"按钮可以将设置的值保存到数据库中。

　　左下部分的窗格中的行政区域中的层次结构与详细损失界面中的行政区域界面的形式相同。单击不同行政区域将在右边显示该行政区域下的所有设置项。

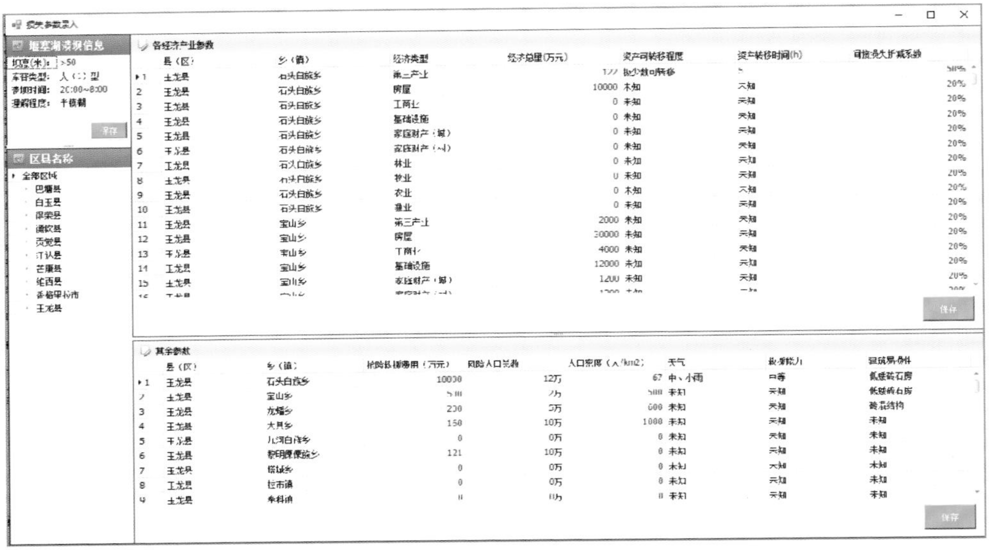

图 9.25　洪水损失模型参数设置窗口

　　右上部分的窗格中设置 10 种经济或财产类型（同详细损失中的 10 种经济或财产类型）的参数，以及经济总量、资产可转移程度、资产转移时间和间接损失折减系数。单击"保存"按钮可以将设置的值保存到数据库中。

　　右下部分的窗格中设置其余参数，包括抢险救援费用、风险人口总数、人口密度、天气（取值为"晴天"、"中、小雨"、"暴雨"和"未知"四种）、救援能力（取值为"强"、"中等"、"弱"和"未知"四种）和建筑易损性（取值为"中高层钢混"、"砖混结构"、"低矮砖石房"和"未知"四种）。单击"保存"按钮可以将设置的值保存到数据库中。

　　关闭参数设置窗口后，若损失参数有修改，则会对损失结果重新评估，数据显示区的损失评估结果中会显示更新后的损失结果。

9.3.2.8　堰塞湖上游水情展示

　　堰塞湖上游水情展示包含淹没水深图层和库容水位变化显示。其中淹没水深图层显示部分包含了每个仿真时间点上游的淹没范围和水深信息在二维地图上的渲染效果。库容水位变化展示了上游的库容水位随时间变化的曲线。

9.3.3　管理后台设计

　　管理后台用于案例数据的录入、删除、空间分析等，为展示前台准备完备的案例数据。所有后台录入的地理数据将保存到地理数据库中，非地理数据保存到关系数据库中。

9.3.3.1　初始界面及数据录入界面

打开管理后台软件后，首先显示的是平台中录入的案例列表（图9.26），可以新增案例、删除案例或者编辑案例。选择一个案例，单击"编辑"，然后进入案例数据设置界面（图9.27）。需要设置的案例数据包括：基本信息、仿真结果、行政区域地理信息、河道地理信息和损失评估参数，还需要对数据进行持久化。

图 9.26　案例列表

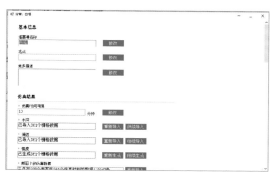
图 9.27　案例数据设置界面

9.3.3.2　基本信息录入

基本信息录入包括：堰塞湖名称、地点和更多描述。单击每一项右边的"修改"按钮后会弹出一个录入数据对话框（图9.28），即可将相应信息修改录入数据库中。

图 9.28　基本信息录入

9.3.3.3　仿真结果录入

录入仿真时间间隔、水深、流速和强度这四个仿真结果的时间序列图层文件，以及断面上的仿真数据（图 9.29）。水深、流速和强度这三个仿真结果的时间序列图层文件的形式为 GIS 栅格文件，每个仿真时刻对应一个 GIS 栅格文件。

图 9.29　仿真结果录入

水深、流速和强度时间序列图层的录入方式相同，以水深时间序列图层的录入为例，初次录入的时候需要单击右边的"重新导入"按钮，此时将弹出一个导入栅格数据对话框（图 9.30）。可以直接选取"自由选取"按钮，然后选择需要导入的栅格数据图层文件，单击"添加"按钮，此时选择的文件将会出现在下面的文件列表中（图 9.31）。单击"上移"或者"下移"按钮以使得按照时间序列的先后顺序排列文件列表中的文件，确保从上往下的文件顺序和时间先后顺序一致。最后单击"导入"按钮后，会显示导入进度。导入结束后在水深数据栏会提示已导入的栅格图层数量。

图 9.30　导入栅格数据窗口

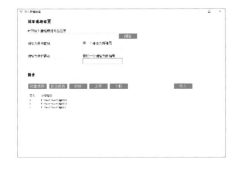

图 9.31　即将导入的栅格数据文件列表

直接单击"重新导入"按钮录入断面上的仿真数据，按时间顺序选择仿真结果文件。此处录入的是每个断面在某个仿真时刻的洪水水情数据，每个仿真时刻对应一个文件，这个文件中包含各个断面在这个时刻的洪水水情数据。

9.3.3.4 仿真区域地理信息录入

录入行政区域、水文监测点、影像和数字高程（可选）这四个地理数据文件（图 9.32）。其中行政区域是包含各乡镇边界的 GIS 面要素文件，以 SHP 文件格式最佳，文件中除了包含乡镇边界要素以外，还需包含省、市、县（区）、乡镇名称的信息，具体以地理数据库中保存的表格形式为准。水文监测点为 GIS 点要素文件。影像和数字高程为 GIS 栅格文件。单击每个数据项后面的"重新导入"按钮后选择对应文件就可以录入相应数据。

图 9.32 仿真区域地理信息录入

9.3.3.5 河道设置

录入河道中心线、河岸线（可选）、河道断面横切线、流路线（可选）、分段河道上下游关系配置文件和河道各断面形状（图 9.33）。其中河道中心线、河岸线、河道断面横切线、流路线是仿真计算时用到的 GIS 要素文件，以 SHP 文件格式最佳，单击数据项后面的"重新导入"按钮后选择对应文件就可以录入相应数据。

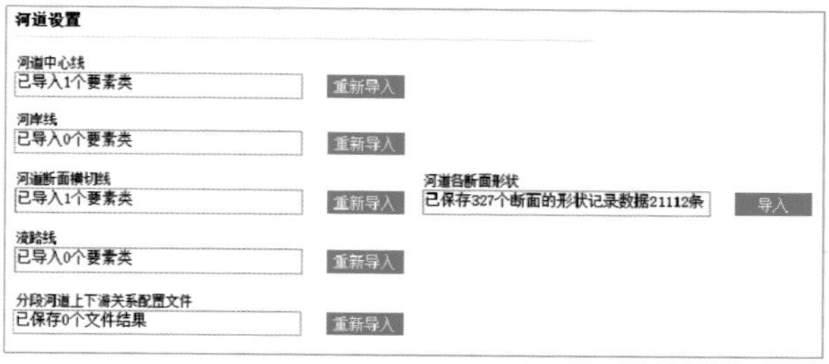

图 9.33 河道地理信息录入

　　河道断面形状在录入之前需要先录入河道中心线和河道断面横切线，单击河道各断面形状数据项后面的"导入"按钮后显示"导入河道断面形状"界面（图 9.34）。窗口左边显示了当前案例中的河系名称和河段名称，窗口中间显示的是当前案例中的河道断面的里程。单击窗口右下部的"添加数据"按钮，选择断面形状文件所在的文件夹后，程序会在该文件夹中寻找与断面里程同名的文件，进而读取文件中的断面形状数据。添加数据后，窗口右部将显示河道断面形状（图 9.35）。有折线（两点连线）和波形图（插值样条）两种图形化显示方式。确认无误后，单击"全部导入"按钮，将断面形状数据导入数据库中。

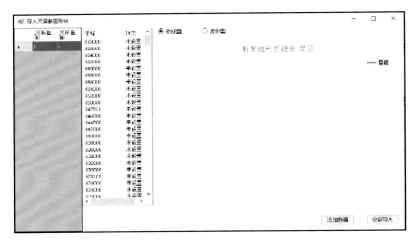

图 9.34　导入河道断面形状

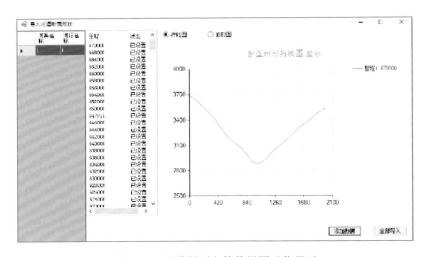

图 9.35　河道断面文件数据图形化显示

9.3.3.6　地理分析

地理分析界面如图 9.36 所示。地理分析主要包括区域统计、洪水到达时间统计和行政区域与溃坝位置之间的距离计算，其中洪水到达时间统计和行政区域与溃坝位置之间的距离计算合并为一个按钮。

地理分析

* 水深区域统计
已保存1套分析结果　　　　　重新分析

* 流速区域统计
已保存1套分析结果　　　　　重新分析

* 强度区域统计
已保存1套分析结果　　　　　重新分析

* 洪水到达时间统计
　　　　　　　　　　重新分析

图 9.36　地理分析界面

对录入的行政区域，以及水深、流速和强度这三个仿真结果的时间序列图层文件进行区域统计分析，得到每个仿真时刻的各个行政区域的水情统计数据，包括：淹没面积、平均水深、平均流速、平均强度、最大水深、最大流速和最大强度。

洪水到达时间的计算方法如下。

（1）分析各个断面流量时间曲线，求得各个断面的洪水到达时间。

（2）将各个河段的中心线上每隔一定距离取一个点，按照从上游到下游的顺序依次计算每个点与行政区域的最短距离，找到第一个满足最短距离小于阈值的点，则将该点作为该县镇与河道的唯一交点。从而求得各个河段与行政区域的交点，没有交点的行政区域用特殊值标记。

（3）用线性插值方法，由各个断面位置和洪水到达时间计算各个行政区域与各个河段的交点的洪水到达时间。各个交点的洪水到达时间的最小值为各个行政区域的洪水到达时间。

在计算洪水到达时间的过程中，由行政区域与河段的交点、河道中心线和上下游关系，求得各个行政区域与溃坝位置之间的距离。

9.3.3.7　持久化

图层对象持久化界面如图 9.37 所示。对时间序列栅格图层（水深、流速和强度）对象、影像图层对象、高程栅格图层对象、行政区域图层对象、仿真设置要素图层对象（河道中心线、河岸线、河道断面横切线、流路线）、水文站图层对象进行持久化，并将持久化后的数据保存到数据库中。持久化的目的是加快展示前台应用程序加载这些对象的速度。

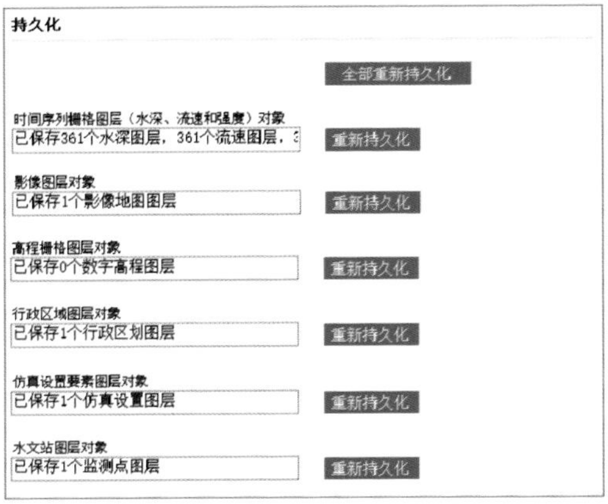

图 9.37　图层对象持久化界面

9.3.3.8　损失参数编辑

损失参数的编辑同 9.3.2.7 中的参数设置。

9.4　平　台　应　用

以白格堰塞湖溃决案例为例，在管理后台中录入各项相关数据，在展示前台予以展示。

9.4.1　案例介绍

白格堰塞湖位于西藏自治区昌都市江达县和四川省甘孜藏族自治州白玉县交界的金沙江河道区域。本案例展示了堰塞湖溃决后的洪水下游演进及损失情况。洪水下游演进计算了 60 h 内的间隔 10 min 的水情变化，得到了从白格到梨园水电站之间的 670 km 河道内间隔 2 km 左右的 327 个断面的以 10 min 为间隔的水情数据。洪水沿河谷流经下游 3 省 4 州市 10 个县的 45 个乡镇。案例主要的数据包括：361 个水深时间序列栅格文件、361 个流速时间序列栅格文件、361 个洪水强度时间序列栅格数据、327 个断面的 361 个时刻的水情数据 118047 条、1 个行政区域要素文件、1 个地理影像栅格文件、1 个河道中心线要素文件、1 个河道断面横切线要素文件、分段河道上下游关系配置文件、各行政区域的水深统计表、各行政区域的流速统计表、各行政区域的强度统计表、各行政区域的洪水到达时间表、各行政区域与溃坝位置之间的距离、洪水损失计算模型的参数等。

9.4.2　案例录入

打开管理后台，单击"新增堰塞湖溃坝案例"按钮，输入堰塞湖名称为"白格"，然后单击"编辑"按钮编辑白格堰塞湖案例，按照下列顺序依次输入案例数据。

（1）在"基本信息"中输入名称为"白格"。

（2）在"仿真结果"中输入仿真时间间隔为 10 min。单击水深数据项后面的"重新导入"按钮打开"导入栅格数据"对话框，单击"自由选取"按钮选择 361 个水深栅格文件（图 9.38）。单击"添加"（图 9.39），然后单击"导入"。流速栅格文件的导入操作与水深栅格数据的操作相似，361 个流速栅格文件如图 9.40 所示，添加后的界面如图 9.41 所示。水深栅格数据和流速栅格数据导入成功后，才可以生成强度栅格数据。单击强度数据项后面的"重新生成"按钮，则会根据水深和流速计算生成 361 个洪水强度栅格数据。导入"断面上的仿真数据"时，按照时间先后顺序选择 361 个断面仿真文件，如图 9.42 所示。断面仿真文件的格式如图 9.43 所示，每个文件包含了 327 个断面的水情数据。

图 9.38　水深栅格数据选择

图 9.39 待导入的水深栅格数据列表

图 9.40 流速栅格数据选择

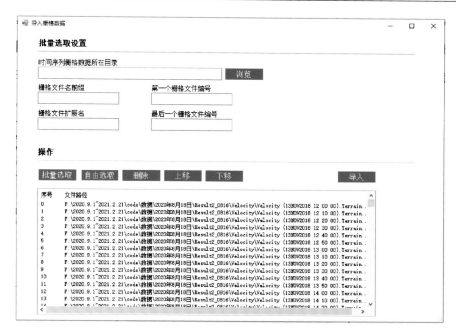

图 9.41 待导入的流速栅格数据列表

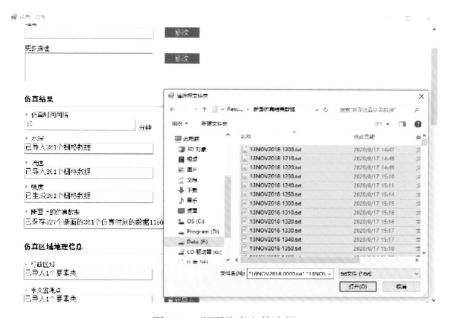

图 9.42 断面仿真文件选择

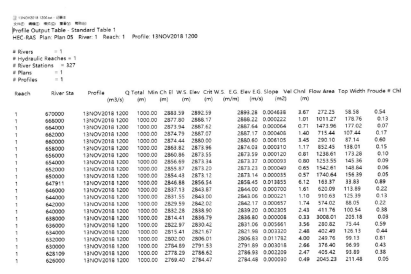

图 9.43　断面仿真文件格式

（3）在"仿真区域地理信息"中导入 1 个行政区域要素文件（图 9.44），导入一个影像栅格文件（图 9.45）。

图 9.44　选择行政区域要素文件

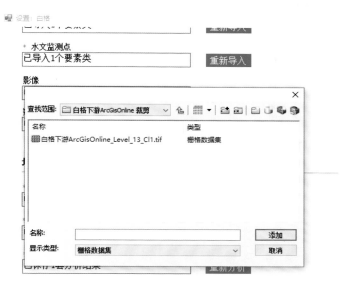

图 9.45　选择影像栅格文件

（4）在"河道设置"中导入 1 个河道中心线要素文件数据（图 9.46），导入一个河道断面横切线要素文件（图 9.47），导入 327 个河道断面的形状文件（图 9.48），其中河道断面的形状文件格式如图 9.49 所示；导入一个分段河道上、下游关系配置文件（图 9.50），该文件的格式如图 9.51 所示。当前案例中只有一个河段，上、下游关系在配置文件中不需要体现，若案例中有多个河段，则此时需要体现上、下游关系，则文件格式如图 9.52 所示。

图 9.46　选择河道中心线要素文件

图 9.47　选择河道断面横切线要素文件

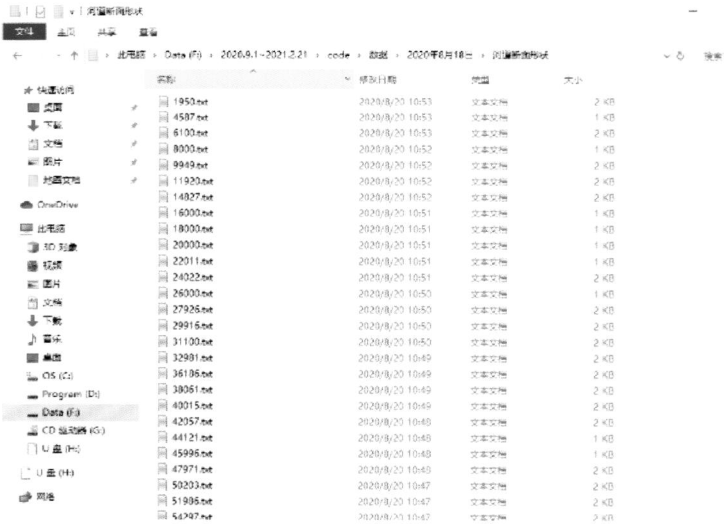

图 9.48　327 个河道断面的形状文件

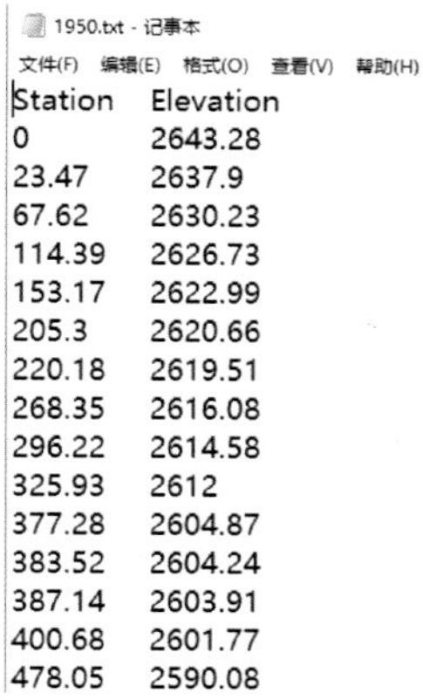

图 9.49 河道断面的形状文件格式

图 9.50 河道上、下游关系配置文件

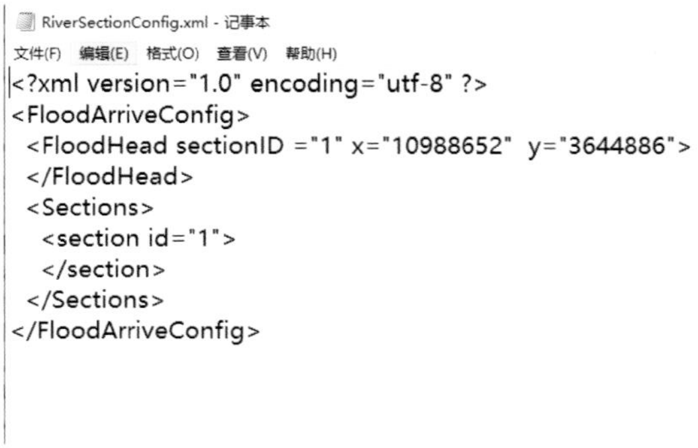

```
RiverSectionConfig.xml - 记事本
文件(F) 编辑(E) 格式(O) 查看(V) 帮助(H)
<?xml version="1.0" encoding="utf-8" ?>
<FloodArriveConfig>
 <FloodHead sectionID ="1" x="10988652" y="3644886">
 </FloodHead>
 <Sections>
  <section id="1">
  </section>
 </Sections>
</FloodArriveConfig>
```

图 9.51 河道上、下游关系配置文件格式

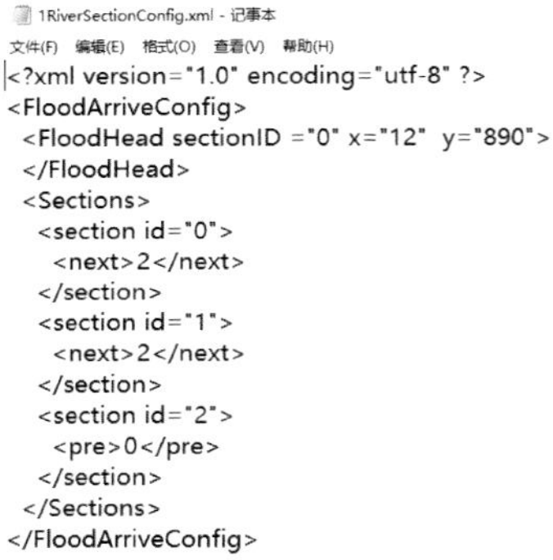

```
1RiverSectionConfig.xml - 记事本
文件(F) 编辑(E) 格式(O) 查看(V) 帮助(H)
<?xml version="1.0" encoding="utf-8" ?>
<FloodArriveConfig>
  <FloodHead sectionID ="0" x="12" y="890">
  </FloodHead>
  <Sections>
    <section id="0">
      <next>2</next>
    </section>
    <section id="1">
      <next>2</next>
    </section>
    <section id="2">
      <pre>0</pre>
    </section>
  </Sections>
</FloodArriveConfig>
```

图 9.52　多河段情况下的河道上、下游关系文件格式

（5）在"地理分析"中依次单击四个"重新分析"按钮，得到各区域的水深、流速、强度、洪水到达时间和行政区域与溃坝位置之间的距离。

（6）在"持久化"中，单击"全部重新持久化"按钮。

（7）在"损失参数"中，编辑堰塞湖溃坝信息和各行政区域的洪水损失模型参数。

9.4.3　案例展示

运行前台程序，在案例列表中，选择打开"白格"案例。依次进行以下操作。

（1）在鹰眼控制区中拖动右键画出一个小方框将图层展示区放大到合适的大小（图 9.53）。

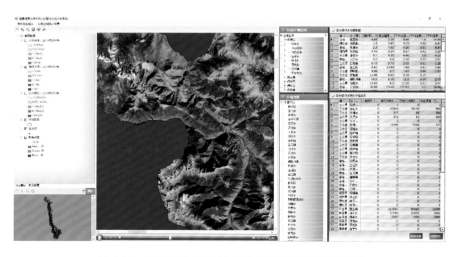

图 9.53　通过操作鹰眼放大指定区域到图层展示区

（2）单击播放控制区的"播放"按钮，此时图层展示区的图层位置会随着洪水水头的推进而变化：图层的中心位置始终对准洪水水头位置。如图 9.54 所示，两个时刻下洪水位置向前推进，图层显示的中心位置随着改变。

(a) 堰塞湖溃决 14h40min 后的图层位置　　　　　(b) 堰塞湖溃决 14h50min 后的图层位置

图 9.54　图层中心位置跟随洪水水头

（3）单击工具栏中旗帜形状的按钮，此时将固定图层展示区的图层位置，可以看到展示区域的洪峰来临，洪水淹没区域增加，水深加深（图 9.55）。

(a) 堰塞湖溃决 13h10min 后的洪水形态和水深　　　(b) 堰塞湖溃决 40h 后的洪水形态和水深

图 9.55　图层中心位置固定

（4）单击播放控制区的"播放"按钮，暂停播放，将鼠标移动到图层展示区，会提示当前位置所在乡镇的水情数据，包括乡镇名、洪水到达时间、淹没面积、最大水深、最大流速和最大洪水强度，并且乡镇区域边界会高亮显示（图9.56）。

图9.56　鼠标移动时显示各行政区域的水情信息

（5）查看数据展示区，可以查看到当前时刻各乡镇的洪水预警信息，最上面一行是洪水最早将到达的乡镇（图9.57）。拖动数据展示区的左边框，可以显示行政区域列表，单击某一个县或者乡镇，可以看到对应行政区域的洪水预警数据（图9.58）。

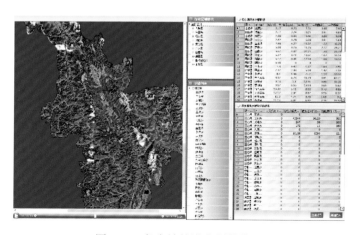

图9.57　各乡镇的洪水预警数据

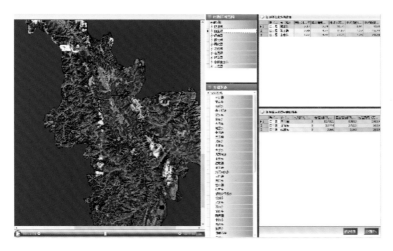

图 9.58   指定县或者乡镇的洪水预警数据

（6）单击图层控制区的"仿真设置"选项卡，鼠标单击图层展示区的河道断面，被选中的断面将高亮显示，在数据展示区中会显示该断面的 361 个仿真时刻的水情数据（图 9.59）。单击数据展示区下部的断面形状图单选按钮，将显示该断面的形态（图 9.60）。单击数据展示区下部的水位变化图单选按钮，然后单击播放按钮，将动态展示该断面的水位随时间的变化（图 9.61）。在数据展示区的右下部可以看到选中的断面的流量、水位高程和主深槽平均流速的时间变化波形图（图 9.62）。

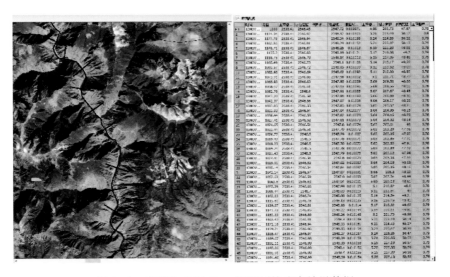

图 9.59   里程为 528140 m 的断面的仿真结果数据

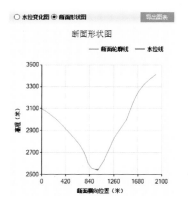

图 9.60 里程为 528140 m 的断面的形状

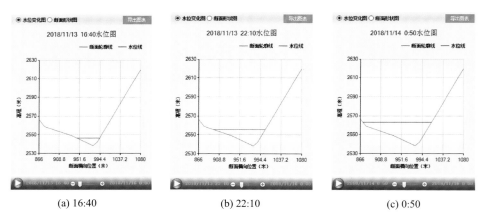

(a) 16:40   (b) 22:10   (c) 0:50

图 9.61 里程为 528140 m 的下游断面水位变化图

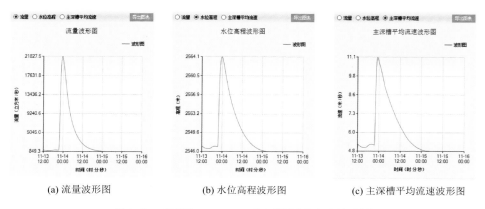

(a) 流量波形图   (b) 水位高程波形图   (c) 主深槽平均流速波形图

图 9.62 里程为 528140 m 的下游断面水情波形图

（7）单击图层控制区的"洪水展示"选项卡，在数据展示区的下部表格会显示本案例的洪水损失评估结果，单击左边的行政区域结构，可以查看指定行政区域的洪水损失评估结果（图9.63）。单击"详细损失"后可以看到分项损失评估结果（图9.64）。单击"参数设置"按钮后可以修改本案例的损失评估参数（图9.65）。修改损失评估参数后，损失评估结果将重新计算后显示在数据展示区的下部表格中（图9.66）。

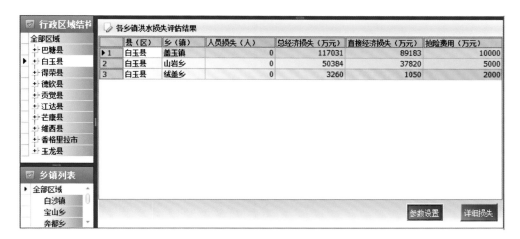

图 9.63　白玉县洪水损失评估结果

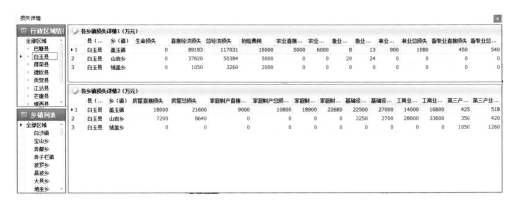

图 9.64　白玉县洪水损失详细评估结果

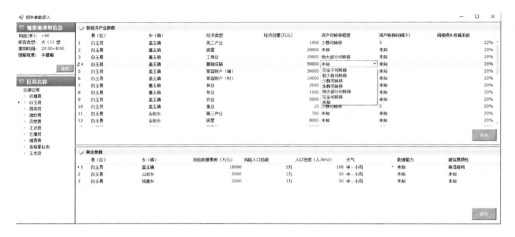

图 9.65　白玉县洪水损失评估参数设置界面

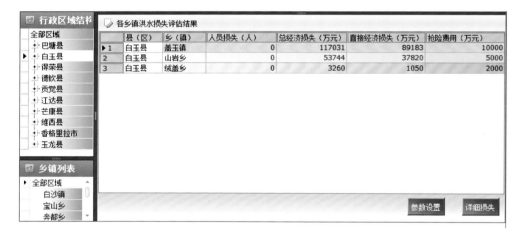

图 9.66　修改了山岩乡的工商业间接损失折减系数为 32% 后的白玉县洪水损失评估结果

参 考 文 献

白玉川，王鑫，曹永港. 2013. 双向暴露度影响下的非均匀大粒径泥沙起动[J]. 中国科学：技术科学，43（9）：1010-1019.

蔡耀军，栾约生，杨启贵，等. 2019.金沙江白格堰塞体结构形态与溃决特征研究[J]. 人民长江，50（3）：15-22.

蔡耀军，杨兴国，张利民，等. 2020a. 堰塞湖风险评估快速检测与应急抢险技术和装备研发研究构想与成果展望[J]. 工程科学与技术，52（2）：10-18.

蔡耀军，金兴平，杨启贵，等. 2020b. 金沙江白格堰塞湖风险统合管理与应急处置[M]. 武汉：长江出版社.

柴贺军，刘汉超，张倬元. 1995.中国滑坡堵江事件目录[J]. 地质灾害与环境保护，6（4）：1-9.

常东升，张利民，徐耀，等. 2009. 红石河堰塞湖漫顶溃坝风险评估[J]. 工程地质学报，17（1）：50-58.

陈生水. 2012. 土石坝溃决机理与溃决过程模拟[M]. 北京：中国水利水电出版社.

陈生水，陈祖煜，钟启明. 2019. 土石坝和堰塞坝溃决机理与溃坝数学模型研究进展[J]. 水利水电技术，50（8）：27-36.

陈生水，徐光明，顾行文，等. 2018. 土石坝溃坝离心模型试验中水流控制与测量[J]. 水利学报，49（8）：901-906.

陈生水，徐光明，钟启明，等. 2012. 土石坝溃坝离心模型试验系统研制及应用[J]. 水利学报，43（2）：241-245.

陈生水，赵天龙，钟启明. 2015.堰塞坝溃坝数学模型研究与应用[J]. 水利水运工程学报，（3）：1-8.

陈晓清，崔鹏，赵万玉，等. 2010. "5·12"汶川地震堰塞湖应急处置措施的讨论——以唐家山堰塞湖为例[J]. 山地学报，28（3）：350-357.

陈有华，白玉川. 2013. 平衡输沙条件下非均匀推移质运动特性[J]. 应用基础与工程科学学报，21（4）：657-669.

陈祖煜，张强，侯精明，等. 2019."10·10"白格堰塞湖溃坝洪水反演分析[J]. 人民长江，50（5）：1-4.

程海云. 2019. "11·3"金沙江白格堰塞湖水文应急监测预报[J]. 人民长江，50（3）：23-27.

程莉，周晶. 2013. 基于模糊数学理论的溃坝环境影响分析[J]. 价值工程，32（15）：290-292.

程谦恭，彭建兵，胡广韬. 1999. 高速岩质滑坡动力学[M]. 成都：西南交通大学出版社.

崔鹏，韩用顺，陈晓清. 2009. 汶川地震堰塞湖分布规律与风险评估[J]. 四川大学学报（工程科学版），41（3）：35-42.

窦国仁，赵士清，黄亦芬. 1987. 河道二维全沙数学模型的研究[J]. 水利水运工程学报，（2）：3-14.

哈密地区水利水电勘测设计院. 2009. 射月沟水库二期工程初设报告[R]. 哈密：哈密地区水利水电勘测设计院.

韩其为. 1982. 泥沙起动规律及起动流速[J]. 泥沙研究，7（2）：11-26.

何秉顺，丁留谦，王玉杰，等. 2009. 四川安县肖家桥堰塞湖稳定性初步评估[J]. 岩石力学与工程学报，28（z2）：3626-3631.

何文杜，杨具瑞. 2002. 泥沙颗粒暴露度与等效粒径研究[J]. 水利学报，33（11）：44-48.

何晓燕，孙丹丹，黄金池. 2008. 大坝溃决社会及环境影响评价[J]. 岩土工程学报，30（11）：1752-1757.

侯保灯. 2012. 基于灰色关联分析法的溃坝生命损失综合评价模型[J]. 水力发电，38（10）：76-80.

胡四一，谭维炎. 1991. 一维不恒定名流计算的三种高性能差分格式[J]. 水科学进展，2（1）：11-21.

胡卸文，黄润秋，施裕兵，等. 2009. 唐家山滑坡堵江机制及堰塞坝溃坝模式分析[J]. 岩石力学与工程学报，28（1）：181-189.

姜振翔，徐镇凯，彭圣军，等. 2014. 基于贝叶斯支持向量机的溃坝生命损失风险评价方法[J]. 水力发电，40（4）：31-34.

蒋明子. 2018. 滑坡涌浪作用下堰塞坝稳定性研究[D]. 上海：同济大学.

金菊良，魏一鸣. 1998. 基于遗传算法的洪水灾情评估神经网络模型探讨[J]. 灾害学，（2）：6-11.

康相武，吴绍洪，戴尔阜，等. 2006. 大尺度洪水灾害损失与影响预评估[J]. 科学通报，51（z2）：155-164.

李奔，郜国明，程天矫. 2012. 黄河下游滩区分类财产洪灾损失率计算方法[J]. 人民黄河，34（12）：12-14.

李宏. 2004. 高分辨率间断有限元法[J]. 计算物理，21（4）：367-376.

李奇. 2017. 基于集对分析的大坝风险后果评价模型研究[D]. 郑州：郑州大学.

李守定，李晓，张军，等. 2010. 唐家山滑坡成因机制与堰塞坝整体稳定性研究[J]. 岩石力学与工程学报，29（z1）：2908-2915.

李炜. 2006. 水力计算手册[M]. 北京：中国水利水电出版社.

李翔，周诚，高肖俭，等. 1993. 我国灾害经济统计评估系统及其指标体系的研究[J]. 自然灾害学报，（1）：5-15.

李宗坤，李巍，葛巍，等. 2019. 基于集对分析-可变模糊集耦合方法的溃坝环境影响评价[J]. 天津大学学报（自然科学与工程技术版），52（3）：269-276.

林秉南. 1956. 明渠不恒定流的解法和验证[J]. 水利学报，1（1）：3-16.

刘怀湘，王兆印，刘乐. 2011. 河床结构对堰塞坝稳定性的影响研究[J]. 水力发电学报，30（3）：98-103.

刘来红，彭雪辉，李雷，等. 2014. 溃坝风险的地域性、时变性与社会性分析[J]. 灾害学，（3）：48-51.

刘宁. 2001. 可靠度随机有限元法及其工程应用[M]. 北京：中国水利水电出版社.

刘宁. 2014. 红石岩堰塞湖排险处置与统合管理[J]. 中国工程科学，16（10）：39-46.

刘宁，程尊兰，崔鹏，等. 2013. 堰塞湖及其风险控制[M]. 北京：科学出版社.

刘宁，杨启贵，陈祖煜. 2016. 堰塞湖风险处置[M]. 武汉：长江出版社.

刘森，李永明，栗端付，等. 2015. 洪灾经济总损失按产值估算方法探讨[J]. 灾害学，（3）：29-32.

刘伟. 2002. 西藏易贡巨型超高速远程滑坡地质灾害链特征研析[J]. 中国地质灾害与防治学报，13（3）：9-18.

刘小生，旷雄. 2015. 基于空间信息格网与 BP 神经网络的灾损快速评估系统[J]. 江西理工大学学报，（3）：19-24.

刘欣欣，顾圣平，赵一梦，等. 2016. 修正损失率的溃坝洪水经济损失评估方法研究[J]. 水利经济，34（3）：36-40.

陆永军，张华庆. 1993. 清水冲刷宽级配河床粗化机理试验研究[J]. 泥沙研究，（1）：68-77.

孟晓路，张利，石凤君. 2016. 基于洪灾损失率的北沙河洪水影响损失估算分析[J]. 农业科技与装备，（3）：33-35.

倪晋仁，王光谦. 1992. 泥沙悬浮的特征长度和悬移质浓度垂线分布[J]. 水动力学研究与进展（A辑），7（2）：167-175.

彭铭，蒋明子. 2017. 滑坡涌浪作用下堰塞坝稳定性研究[C]//2017 中国地球科学联合学术年会论文集（十五），北京：435-437.

钱宁，万兆慧. 1983. 泥沙运动力学[M]. 北京：科学出版社.

曲丽英. 2015. GIS 在水库溃坝直接经济损失评估中的作用研究[J]. 水利科技，（3）：10-12.

沙玉清. 1965. 泥沙运动学引论[M]. 北京：中国工业出版社.

盛金保，赵雪莹，王昭升. 2017. 水库报废生态环境影响及其修复[J]. 水利水电技术，48（7）：95-101.

施国庆，朱淮宁，荀厚平. 1998. 水库溃坝损失及其计算方法研究[J]. 灾害学，（4）：28-33.

石振明，刘思言，彭铭. 2014a. 堰塞坝坝体材料渗流特性研究现状及展望[C]//2014 年全国工程地质学术年会，太原：88-93.

石振明，马小龙，彭铭，等. 2014b. 基于大型数据库的堰塞坝特征统计分析与溃决参数快速评估模型[J]. 岩石力学与工程学报，33（9）：1780-1790.

石振明，熊曦，彭铭，等. 2015. 存在高渗透区域的堰塞坝渗流稳定性分析——以红石河堰塞坝为例[J]. 水利学报，46（10）：1162-1171.

石振明，郑鸿超，彭铭，等. 2016. 考虑不同泄流槽方案的堰塞坝溃决机理分析——以唐家山堰塞坝为例[J]. 工程地质学报，24（5）：741-751.

舒安平，费祥俊. 2008. 高含沙水流挟沙能力[J]. 中国科学：G 辑，38（6）：653-667.

宋明瑞. 2016. 基于数值模拟的溃坝生命损失研究[D]. 天津：天津大学.

宋昭义，谢开荣，肖军，等. 2016. 鲁甸"8·03"地震牛栏江红石岩堰塞湖水文预报误差及成因分析[J]. 水利水电技术，47（1）：6-11.

孙东坡，刘明潇，王鹏涛，等. 2015. 双峰型非均匀沙推移运动特性及输移规律[J]. 水科学进展，26（5）：660-667.

孙玉贤. 2018. 河南省滞洪区洪灾损失率的计算[J]. 河南水利与南水北调，47（10）：62-63.

孙志林，邵凯，许丹，等. 2012. 浑水推移质分组输沙研究[J]. 水利学报，43（1）：99-105.

谭维炎. 1999. 浅水动力学的回顾和当代前沿问题[J]. 水科学进展，10（3）：296-303.

童煜翔. 2008. 山崩引致之堰塞湖天然坝稳定性之量化分析[D]. 桃园：台湾中央大学.

王宝华，付强，冯艳. 2008. 洪灾经济损失快速评估的混合式模糊神经网络模型[J]. 东北农业大学学报，39（6）：47-51.

王宝华，付强，谢永刚，等. 2007. 国内外洪水灾害经济损失评估方法综述[J]. 灾害学，（3）：

95-99.

王君, 袁永博. 2012. 基于可变模糊聚类迭代模型的溃坝生命损失预测[J]. 水电能源科学, （6）: 82-85.

王琳, 李守义, 于沭, 等. 2015. 红石岩堰塞湖应急处置的关键技术[J]. 中国水利水电科学研究院学报, 13（4）: 284-289.

王琳. 2017. 堰塞湖溃决洪水分析方法及侵蚀试验研究[D]. 西安: 西安理工大学.

王仁钟, 李雷, 盛金保. 2006. 水库大坝的社会与环境风险标准研究[J]. 安全与环境学报, 6（1）: 8-11.

王少伟, 包腾飞, 陈兰. 2011. 基于模糊物元分析的溃坝生命损失模糊预测模型[J]. 水电能源科学, 29（8）: 46-49.

王延红, 丁大发, 韩侠. 2001. 黄河下游大堤保护区洪灾损失率分析[J]. 水利经济, （2）: 42-46.

王志军, 顾冲时, 刘红彩. 2009. 基于模糊物元与指数平滑法的溃坝生命损失估算[J]. 长江科学院院报, 26（1）: 25-28.

王志军, 宋文婷. 2014. 溃坝生命损失评估模型研究[J]. 河海大学学报（自然科学版）, 42（3）: 205-210.

王志军, 宋文婷, 马小童. 2014. 溃坝经济损失评估方法研究[J]. 长江科学院院报, 31（2）: 30-34.

网易新闻. 2019. 浙江永嘉堰塞湖决堤已致 28 人遇难 20 人失联[EB/OL]. https://news.163.com/ photoview/00AP0001/2303422.html#p = EM9507AE00AP0001NOS[2019-12-11].

魏一鸣, 万庆, 周成虎. 1997. 基于神经网络的自然灾害灾情评估模型研究[J]. 自然灾害学报, （2）: 3-8.

吴欢强, 傅琼华, 董建良. 2010. 我国溃坝生命损失估算方法探讨[J]. 珠江现代建设, （3）: 24-26.

武靖源, 韩文秀, 徐杨, 等. 1998a. 洪灾经济损失评估模型研究（Ⅰ）——直接经济损失评估[J]. 系统工程理论与实践, （11）: 54-57.

武靖源, 韩文秀, 徐杨, 等. 1998b. 洪灾经济损失评估模型研究（Ⅱ）——间接经济损失评估[J]. 系统工程理论与实践, （12）: 85-89.

肖琦, 陈洁茹, 周文魁. 2009. 洪灾经济损失评估方法研究[J]. 科教文汇, （5）: 180.

谢任之. 1993. 溃坝水力学[M]. 济南: 山东科学技术出版社.

徐冬梅, 陈守煜, 邱林. 2010. 洪水灾害损失的可变模糊评价方法[J]. 自然灾害学报, 19（4）: 158-162.

许强, 郑光, 李为乐, 等. 2018. 2018 年 10 月和 11 月金沙江白格两次滑坡-堰塞堵江事件分析研究[J]. 工程地质学报, 26（6）: 1534-1551.

严容. 2006. 岷江上游崩滑堵江次生灾害及环境效应研究[D]. 成都: 四川大学.

严祖文, 魏迎奇, 蔡红. 2009. 堰塞坝形成机理及稳定性分析[J]. 中国地质灾害与防治学报, 20（4）: 55-59.

阎志坤. 2019. 尾矿库漫顶溃决离心模型试验技术及溃决过程模拟方法研究[D]. 南京: 南京水利科学研究院.

杨奉广, 刘兴年, 黄尔, 等. 2009. 唐家山堰塞湖下游河床泥沙起动流速研究[J]. 四川大学学报（工程科学版）, 41（3）: 84-89.

杨建明, 冯民权, 芦绮玲, 等. 2010. 文峪河水库溃坝洪灾损失预测研究[J]. 武汉理工大学学报（信息与管理工程版）, 32（4）: 598-601.

杨兴国，李海波，廖海梅，等. 2018. 滑坡-堰塞湖应急处理与引流泄水优化技术[J]. 工程科学与技术，50（3）：95-104.

张大伟. 2014. 基于 Godunov 格式的堤坝溃决水流数值模拟[M]. 北京：中国水利水电出版社.

张根广，周双，王愉乐，等. 2019. 泥沙输移问题研究进展与展望[J]. 水利与建筑工程学报，17（4）：8-15.

张家驹. 1963. 水力学方程间断解的差分方法[J]. 应用数学与计算数学，3（1）：12-29.

张婧，曹叔尤，杨奉广，等. 2010. 堰塞坝泄流冲刷试验研究[J]. 四川大学学报（工程科学版），42（5）：191-196.

张士辰，王晓航，厉丹丹，等. 2017. 溃坝应急撤离研究与实践综述[J]. 水科学进展，28（1）：140-148.

张莹. 2010. 基于能值足迹法的溃坝环境、生态损失评价[D]. 南京：南京水利科学研究院.

赵安，王婷君. 2013. 基于过程机理的洪灾生命损失评价模型框架初探[J]. 自然灾害学报，22（1）：38-44.

赵天龙，陈生水，付长静，等. 2017. 堰塞坝泄流槽断面型式离心模型试验研究[J]. 岩土工程学报，39（10）：1943-1948.

赵天龙，陈生水，王俊杰，等. 2016. 堰塞坝漫顶溃坝离心模型试验研究[J]. 岩土工程学报，38（11）：1965-1972.

赵天龙，马廷森，付长静，等. 2020. 非恒定流条件下宽级配土石料冲刷过程试验研究[J]. 重庆交通大学学报（自然科学版），39（10）：93-99.

赵万玉，陈晓清，高全，等. 2011. 不同横断面泄流槽的地震堰塞湖溃决实验研究[J]. 泥沙研究，（4）：29-37.

赵万玉，陈晓清，高全. 2010. 地震堰塞湖人工排泄断面优化初探[J]. 灾害学，25（2）：26-29.

赵一梦，顾圣平，刘欣欣，等. 2016. 基于过程机理的溃坝生命损失估算模型[J]. 水电能源科学，（5）：69-72.

郑鸿超，石振明，彭铭，等. 2020. 崩滑碎屑体堵江成坝研究综述与展望[J]. 工程科学与技术，52（2）：19-28.

郑委，郭庆超，陆琴. 2011. 高含沙水流基本理论综述[J]. 泥沙研究，36（2）：75-80.

郑云鹤. 1989. 分洪区洪灾经济损失估算[J]. 水利经济，（1）：27-32.

钟启明，陈生水，单熠博. 2020a. 考虑材料冲蚀性沿深度变化的堰塞体漫顶溃决模拟[J]. 人民长江，51（1）：180-186.

钟启明，陈生水，单熠博. 2020b. 金沙江白格堰塞湖溃决过程数值模拟[J]. 工程科学与技术，52（2）：29-37.

钟启明，陈生水，邓曌. 2018. 堰塞坝漫顶溃决机理与溃坝过程模拟[J]. 中国科学：技术科学，48（9）：959-968.

钟启明，钱亚俊，单熠博. 2021. 崩滑堰塞湖的"形成-孕灾-致灾"机理与模拟方法[J]. 人民长江，52（2）：90-98.

周宏伟，杨兴国，李洪涛，等. 2009. 地震堰塞湖排险技术与治理保护[J]. 四川大学学报（工程科学版），41（3）：96-101.

周克发. 2006. 溃坝生命损失分析方法研究[D]. 南京：南京水利科学研究院.

周克发，李雷. 2008. 基于社会经济发展的溃坝洪水损失动态预测评价模型[J]. 长江流域资源与环境，17（S1）：145-148.

周蕾，吴先华，吉中会. 2017. 考虑恢复力的洪涝灾害损失评估研究进展[J]. 自然灾害学报，（2）：13-23.

周亦良，姚令侃，艾洪舟，等. 2017. 地震力与共振动水压力综合作用下冰碛堰塞坝失稳机制研究[J]. 岩石力学与工程学报，36（7）：1726-1735.

Anderson J D. 2007. 计算流体力学基础及其应用[M]. 吴颂平，刘赵淼，译. 北京：机械工业出版社.

Abdulwahid W M，Pradhan B. 2017. Landslide vulnerability and risk assessment for multi-hazard scenarios using airborne laser scanning data[J]. Landslides，14（3）：1057-1076.

Alexander S. 2010. Landslide dams in Central Asia region[J]. Journal of the Japan Landslide Society，47（6）：309-324.

Al-Madhhachi A S T，Hanson G J，Fox G A，et al. 2013. Deriving parameters of a fundamental detachment model for cohesive soils from flume and Jet Erosion Tests[J]. Transactions of the ASABE，56（2）：489-504.

Annandale G W. 2006. Scour Technology-Mechanics and Engineering Practice[M]. New York：McGraw-Hill.

Arulanandan K，Loganathan P，Krone R B. 1975. Pore and eroding fluid influences on surface erosion of soil[J]. Journal of the Geotechnical Engineering Division，Proceedings of the ASCE，101（GT1）：51-65.

ASCE/EWRI Task Committee on Dam/Levee Breach. 2011. Earthen embankment breaching[J]. Journal of Hydraulic Engineering，137（12）：1549-1564.

Assaf H，Hartford D N D，Cattanach J D. 1997. Estimating dam breach flood survival probabilities[R]. Canberra：ANCOLD Bulletin：23-42.

Aureli F，Mignosa P，Tomorotti M. 2000. Numerical simulation and experimental verification of dam-break flows with shocks[J]. Journal of Hydraulic Research，38（3）：197-206.

Azimi R，Vatankhah A R，Kouchakzadeh S. 2015. Predicting peak discharge from breached embankment dams[C]//36th IAHR World Congress. New York：Curran Associates.

Becker J S，Johnston D M，Paton D，et al. 2007. Response to landslide dam failure emergencies：Issues resulting from the October 1999 Mount Adams Landslide and dam-break flood in the Poerua River，Westland，New Zealand[J]. Natural Hazards Review，8（2）：35-42.

Bombar G，Elci S，Tayfur G，et al. 2011. Experimental and numerical investigation of bedload transport under unsteady flows[J]. Journal of Hydraulic Engineering，137（10）：1276-1282.

Bonnard C. 2011. Technical and human aspects of historic rockslide-dammed lakes and landslide dam breaches[M]//Evans S G，Hermanns R L，Storm A，et al. Natural and Artificial Rockslide Dams，Lecture Notes in Earth Sciences. Berlin：Springer：101-122.

Brown C A，Graham W J. 1988. Assessing the threat to life from dam failure[J]. Journal of the American Water Resources Association，24（6）：1303-1309.

Cai H B，Rasdorf W，Tilley C. 2007. Approach to determine extent and depth of highway flooding[J]. Journal of Infrastructure Systems，31（2）：157-167.

Cai Y J，Cheng H Y，Wu S F，et al. 2020. Breaches of the Baige barrier lake：Emergency response and dam breach flood[J]. Science China: Technological Sciences, 63 (7): 1164-1176.

Cantero-Chinchilla F N, Castro-Orgaz O, Dey S, et al. 2016. Nonhydrostatic dam break flows. II: One-dimensional depth-averaged modeling for movable bed flows[J]. Journal of Hydraulic Engineering, 142 (12): 04016069.

Cao Z X, Peng H U, Gareth P, et al. 2016. Non-capacity transport of non-uniform bed load sediment in alluvial rivers[J]. Journal of Mountain Science, 13 (3): 377-396.

Cao Z X, Yue Z X, Pender G. 2011a. Landslide dam failure and flood hydraulics. Part I: Experimental investigation[J]. Natural Hazards, 59 (2): 1003-1019.

Cao Z X, Yue Z Y, Pender G. 2011b. Landslide dam failure and flood hydraulics. Part II: Coupled mathematical modelling[J]. Natural Hazards, 59 (2): 1021-1045.

Casagli N, Ermini L, Rosati G. 2003. Determining grain size distribution of the material composing landslide dams in the Northern Apennines: Sampling and processing methods[J]. Engineering Geology, 69: 83-97.

Casagli N, Ermini L. 1999. Geomorphic analysis of landslide dams in the Northern Apennine[J]. Transactions of the Japanese Geomorphological Union, 20 (3): 219-249.

Chang D S, Zhang L M. 2010. Simulation of the erosion process of landslide dams due to overtopping considering variations in soil erodibility along depth[J]. Natural Hazards and Earth System Sciences, 10 (4): 933-946.

Chang D S, Zhang L M, Xu Y, et al. 2011. Field testing of erodibility of two landslide dams trigged by the 12 May Wenchuan earthquake[J]. Landslides, 8 (3): 321-332.

Chapius R P, Gatien T. 1986. An improved rotating cylinder technique for quantitative measurements of the scour resistance of clays[J]. Canadian Geotechnical Journal, 23 (1): 83-87.

Chen C, Zhang L M, Xiao T, et al. 2020a. Barrier lake bursting and flood routing in the Yarlung Tsangpo Grand Canyon in October 2018[J]. Journal of Hydrology, 583: 124603.

Chen Z Y, Zhang Q, Chen S J, et al. 2020b. Evaluation of barrier lake breach floods: Insights from recent case studies in China[J].Wiley Interdisciplinary Reviews: Water, 7 (2): e1408.

Chen S J, Chen Z Y, Tao R. 2018. Emergency response and back analysis of the failures of earthquake triggered cascade landslide dams on the Mianyuan River, China[J]. Natural Hazards Review, 19 (3): 05018005.

Chen S S, Zhong Q M, Cao W. 2012. Breach mechanism and numerical simulation for seepage failure of earth-rock dams[J]. Science China: Technological Sciences, 55 (6): 1757-1764.

Chen S S, Zhong Q M, Shen G Z. 2019. Numerical modeling of earthen dam breach due to piping failure[J]. Water Science and Engineering, 12 (3): 169-178.

Chen Z Y, Ma L Q, Yu S, et al. 2015. Back analysis of the draining process of the Tangjiashan barrier lake[J]. Journal of Hydraulic Engineering, 141 (4): 05014011.

Cheng N S, Law W K, Lim S Y. 2003. Probability distribution of bed particle instability[J]. Advances in Water Resources, 26 (4): 427-433.

Cockburn B, Hou S, Shu C W. 1990. TVB Rung-Kutta local projection discontinuous Galerkin finite element method for scalar conservation laws IV: The multidimensional case[J]. Mathematics of Computation, 54: 545-581.

Cockburn B，Hou S，Shu C W. 1998. TVB Rung-Kutta local projection discontinuous Galerkin finite element method for scalar conservation laws Ⅴ：Multidimensional system[J]. Journal of Computational Physics，141：199-224.

Costa J E. 1985. Floods from dam failures[R]. Washington D C：U.S. Geological Survey，Open-File Report：85-560.

Costa J E，Schuster R L. 1988. The formation and failure of natural dams[J]. Geological Society of America Bulletin，100（7）：1054-1068.

Costa J E，Schuster R L. 1991. Documented historical landslide dams from around the world[R]. Washington D C：U.S. Geological Survey，Open-File Report：91-239.

Cristo C D，Evangelista S，Greco M，et al. 2018. Dam-break waves over an erodible embankment：Experiments and simulations[J]. Journal of Hydraulic Research，56（2）：196-210.

Cristofano E A. 1965. Method of computing erosion rate for failure of earthfill dams[R]. Denver：U.S. Bureau of Reclamation.

Cruden D M，Varnes D J. 1996. Landslide types and processes[M]//Turner A K，Schuster R L. Landslides investigation and mitigation. Washington D C：Transportation Research Board：36-75.

Cui P，Han Y S，Chao D，et al. 2011. Formation and treatment of landslide dams emplaced during the 2008 Wenchuan earthquake，Sichuan，China[M]//Evans S G，Hermanns R L，Storm A，et al. Natural and Artificial Rockslide Dams. Berlin：Springer：295-321.

Cui P，Zhu Y Y，Han Y S，et al. 2009. The 12 May Wenchuan earthquake-induced landslide-dammed lakes：Distribution and preliminary risk evaluation[J]. Landslides，7（6）：209-223.

Das S，Lee R. 1988. A nontraditional methodology for flood stage-damage calculations[J]. Journal of the American Water Resources Association，24（6）：1263-1272.

Davies T R，Manville V，Kunz M，et al. 2007. Modeling landslide dambreak flood magnitudes：Case study[J]. Journal of Hydraulic Engineering，133（7）：713-720.

De Lorenzo G，Macchione F. 2014. Formulas for the peak discharge from breached earthfill dams[J]. Journal of Hydraulic Engineering，140（1）：56-67.

Dekay M L，McClelland G H. 2010. Predicting loss of life in cases of dam failure and flash flood[J]. Insurance Mathematics and Economics，13（2）：193-205.

Dong J J，Tung Y H，Chen C C，et al. 2011a. Logistic regression model for predicting the failure probability of a landslide dam[J]. Engineering Geology，117：52-61.

Dong J J，Li Y S，Kuo C Y，et al. 2011b. The formation and breach of a short-lived landslide dam at Hsiaolin Village，Taiwan-Part I：Post event reconstruction of dam geometry[J]. Engineering Geology，123：40-59.

Dunning S A，Rosser N J，Petley D N，et al. 2006. Formation and failure of the Tsatichhu landslide dam，Bhutan[J]. Landslides，3（2）：107-113.

Einstein H A. 1950. The bed-load function for sediment transportation in open channel flow[R]. Washington D.C：U.S. Department of Agriculture，Technical Bulletin，No. 1026.

Ellingwood B，Corotis R B，Boland J，et al. 1993. Assessing cost of dam failure[J].Journal of Water Resources Planning and Management，119（1）：64-82.

Ermini L，Casagli N. 2003. Prediction of the behaviour of landslide dams using a geomorphological dimensionless index[J]. Earth Surface Processes and Landforms，28（1）：31-47.

Evans S G，Hermanns R L，Strom A，et al. 2011. Natural and artificial rockslide dams[M]. Berlin：Springer.

Evans S G. 1986. The maximum discharge of outburst floods caused by the breaching of man-made and natural dams[J]. Canadian Geotechnical Journal，23（3）：385-387.

Fan X M，Dufresne A，Subramanian S S，et al. 2020. The formation and impact on landslide dams – State of the art[J]. Earth-Science Reviews，203：103116.

Fan X M，Xu Q，Alonso-Rodriguez A，et al. 2019. Successive landsliding and damming of the Jinsha River in eastern Tibet，China：Prime investigation，early warning，and emergency response[J]. Landslides，16（5）：1003-1020.

Fan X M，Xu Q，van Westen C J，et al. 2017. Characteristics and classification of landslide dams associated with the 2008 Wenchuan earthquake[J]. Geoenvironmental Disasters，4：12.

Fenton G A，Griffiths D V. 2008. Risk assessment in geotechnical engineering[M]. Hoboken：John Wiley and Sons，Inc.

Fread D L. 1984. DAMBREAK：The NWS dam break flood forecasting model[R]. Silver Spring：National Weather Service，National Oceanic and Atmospheric Administration.

Fread D L. 1988. BREACH：An erosion model for earthen dam failure [R]. Silver Spring：National Weather Service，National Oceanic and Atmospheric Administration.

Froehlich D C. 1995a. Peak outflow from breached embankment dam[J]. Journal of Water Resources Planning and Management，121（1）：90-97.

Froehlich D C. 1995b. Embankment dam breach parameters revisited[C]//1995 Conference On Water Resources Engineering，New York：887-891.

Froehlich D C. 2016. Predicting peak discharge from gradually breached embankment dam[J]. Journal of Hydrologic Engineering，21（11）：04016041.

Gibbs H J. 1962. A study of erosion and tractive force characteristics in relation to soil mechanics properties[R]. Denver：Bureau of Reclamation，U.S. Department of the Interior.

Godunov S K. 1959. Finite difference method for the computation of discontinuous solutions of the equations of fluid dynamics[J]. Sbornik Mathematics，47：271-306.

Graf W H. 1984. Hydraulics of sediment transport[M]. Colorado：Water Resources Publications.

Graham W J. 1999. A procedure for estimating loss of life caused by dam failure[J]. Sedimentation and River Hydraulics，6（5）：1-43.

Gregoretti C，Maltauro A，Lanzoni S. 2010. Laboratory experiments on the failure of coarse homogeneous sediment natural dams on a sloping bed[J]. Journal of Hydraulic Engineering，136（11）：868-879.

Guan M，Wright N G，Sleigh P A. 2014. 2D process-based morphodynamic model for flooding by noncohesive dyke breach[J]. Journal of Hydraulic Engineering，140（7）：04014022.

Hagen V K. 1982. Re-evaluation of design floods and dam safety[C]//14th Congress of International Commission on Large Dams. Paris：International Commission on Large Dams.

Hancox G T，McSaveney M J，Manville V R，et al. 2005. The October 1999 Mt Adams rock avalanche and subsequent landslide dam-break flood and effects in Poerua River，Westland，New

Zealand[J]. New Zealand Journal of Geology and Geophysics，48（4）：683-705.

Hanson G J. 1991. Development of a jet index to characterize erosion resistance soils in earthen spillways[J]. Transactions of the ASAE，34（5）：2015-2020.

Hanson G J，Cook K R. 2004. Apparatus，test procedures，and analytical methods to measure soil erodibility in situ[J]. Applied Engineering in Agriculture，20（4）：455-462.

Hanson G J，Cook K R，Hunt S L. 2005. Physical modeling of overtopping erosion and breach formation of cohesive embankments[J]. Transactions of ASAE，48（5）：1783-1794.

Harten A. 1983. High resolution schemes for hyperbolic systems of conservation laws[J]. Journal of Computational Physics，49：357-393.

Harten A，Engquist B，Osher S，et al. 1986. Some results on uniformly high order accurate essentially non-oscillatory schemes[J]. Applied Numerical Mathematics，2：347-377.

Harten A，Lax P D，Van Leer B. 1983. On upstream differencing and Godunov-Type schemes for hyperbolic conservation laws[J]. SIAM Review，25（1）：35-61.

Heath S E，Kass P H，Beck A M，et al. 2001. Human and pet related risk factors for household evacuation failure during a natural disaster[J]. American Journal of Epidemiology，153（7）：659-665.

Hopeman A R. 1973. Economic analysis of flood damage reduction alternatives in the Minnesota River basin[D]. Minneapolis and St. Paul：University of Minnesota.

Hooshyaripor F，Tahershamsi A，Golian S. 2014. Application of copula method and neural networks for predicting peak outflow from breached embankments[J]. Journal of Hydro-environment Research，8（3）：292-303.

Hsu S M，Holly F M. 1992. Conceptual bed-load transport model and verification for sediment mixtures[J]. Journal of Hydraulic Engineering，118（8）：1135-1152.

Huang D J，Yu Z B，Li Y P，et al. 2017. Calculation method and application of loss of life caused by dam break in China[J]. Natural Hazards，85（1）：39-57.

Hungr O，Leroueil S，Picarelli L. 2014. The Varnes classification of landslide types，an update[J]. Landslides，11（2）：167-194.

Hunt B. 1983. Asymptotic solution for dam break on sloping channel[J]. Journal of Hydraulic Engineering，109（25）：1698-1707.

Iqbal J，Dai F C，Xu L，et al. 2013. Characteristics of large-sized landslide dams around the world[C]//EGU General Assembly Conference Abstracts，Vienna，15.

Javid S，Mohammadi M. 2012. Boundary shear stress in a trapezoidal channel[J]. International Journal of Engineering：Transactions A，25（4）：365-373.

Jennings D N，Webby M G，Parkin D T. 1993. Tunawaea landslide dam，King Country，New Zealand[J]. Landslide News，（7）：25-27.

Jonkman S N，Penning-Rowsell E. 2008. Human instability in flood flows[J]. Journal of the American Water Resources Association，44（4）：1-11.

Kesserwani G，Shamkhalchian A，Zadeh M J. 2014. Fully coupled discontinuous Galerkin modeling of dam-break flows over movable bed with sediment transport[J]. Journal of Hydraulic Engineering，140（4）：06014006.

King J, Loveday I, Schuster R L. 1989. The 1985 Bairaman landslide dam and resulting debris flow, Papua New Guinea[J]. Quarterly Journal of Engineering Geology, 22 (4): 257-270.

Kirkpatrick G W. 1977. Evaluation guidelines for spillway adequacy[C]//The Evaluation of Dam Safety, Engineering Foundation Conference, New York.

Knight D W, Demetrious J D, Homed M E. 1984. Boundary shear in smooth rectangular channels[J]. Agricultural Water Management, 110 (4): 405-422.

Korup O. 2002. Recent research on landslide dams—a literature review with special attention to New Zealand[J]. Progress in Physical Geography, 26 (2): 206-235.

Korup O. 2004. Geomorphometric characteristics of New Zealand landslide dams[J]. Engineering Geology, 73: 13-35.

Lee K L, Duncan J M. 1975. Landslide of April 25, 1974, on the Mantaro River, Peru[R]. Washington D C: Committee on Natural Disasters, Commission on Sociotechnical Systems, National Research Council.

Li Q, Zhou J Z, Liu D H, et al. 2012. Research on flood risk analysis and evaluation method based on variable fuzzy sets and information diffusion[J]. Safety Science, 50 (5): 1275-1283.

Lim S S. 2006. Experimental investigation of erosion in variably saturated clay soil[D]. Sydney: The University of New South Wales.

Liu N, Chen Z Y, Zhang J X, et al. 2010. Draining the Tangjiashan barrier lake[J]. Journal of Hydraulic Engineering, 136 (11): 914-923.

Liu N, Zhang J X, Lin W, et al. 2009. Draining Tangjiashan barrier lake after Wenchuan earthquake and the flood propagation after the dam break[J]. Science China: Technological Sciences, 52 (4): 901-908.

Liu X D, Osher S, Chen T. 1994. Weighted essentially nonoscillatory schemes[J]. Journal of Computational Physics, 115: 200-212.

Lorenzo G D, Macchione F. 2014. Formulas for the peak discharge from breached earthfill dams[J]. Journal of Hydraulic Engineering, 140 (1): 56-67.

MacDonald T C, Langridge-Monopolis J. 1984. Breaching characteristics of dam failure[J]. Journal of Hydraulic Engineering, 110 (5): 567-586.

Marsooli R, Wu W M. 2015. Three-dimensional numerical modeling of dam-break flows with sediment transport over movable beds[J]. Journal of Hydraulic Engineering, 141 (1): 04014066.

McClelland D M, Bowles D S. 2000. Towards improved life loss estimation methods: Lessons form case histories[R]. Seinajoki: RESCDAM Seminar.

McGrath H, Stefanakis E, Nastev M. 2015. Sensitivity analysis of flood damage estimates: A case study in Fredericton, New Brunswick[J]. International Journal of Disaster Risk Reduction, (14): 379-387.

Mohamed M A A, Samuels P G, Morris M W, et al. 2002. Improving the accuracy of prediction of breach formation through embankment dams and flood embankments[C]//Proceedings of the International Conference on Fluvial Hydraulics(River Flow 2002), Louvain-la-Neuve, Belgium.

Moore W L, Masch F D. 1962. Experiments on the scour resistance of cohesive sediments[J]. Journal of Geophysical Research, 67 (4): 1437-1446.

Mora S，Madrigal C，Estrada J，et al. 1993. The 1992 Rio Toro landslide dam，Costa Rica[J]. Landslide News，（7）：19-22.

Morris M W. 2011. Breaching of earth embankments and dams[D]. London：The Open University.

Nash T，Bell D，Davies T，et al. 2008. Analysis of the formation and failure of Ram Creek landslide dam，South Island，New Zealand[J]. New Zealand Journal of Geology and Geophysics，51（3）：187-193.

Niu Z P，Xu W L，Li N W，et al. 2012. Experimental investigation of the failure of cascade landslide dams[J]. Journal of Hydrodynamics，24（3）：430-441.

O'Connor J E，Beebee R A. 2009. Floods from natural rock-material dams[M]. New York：Cambridge University Press.

Orendorff B D E. 2009. An experimental study of embankment dam breaching[D]. Ottawa：University of Ottawa.

Osher S，Solomon F. 1982. Upwind difference schemes for hyperbolic conservation laws[J]. Mathematics of Computation，158：339-374.

Ouyang C J，An H C，Zhou S，Wet al. 2019. Insights from the failure and dynamic characteristics of two sequential landslides at Baige village along the Jinsha River，China[J]. Landslides，16（7）：1397-1414.

Paintal A S. 1971. A stochastic model of bed load transport[J]. Journal of Hydraulic Research，9（4）：527-554.

Parker G，Klingeman P C，Mclean D G. 1982. Bedload and size distribution in paved gravel bed streams[J]. Journal of the Hydraulics Division，108（4）：544-571.

Peng M，Zhang L M，Chang D S，et al. 2014. Engineering risk mitigation measures for the landslide dams induced by the 2008 Wenchuan earthquake[J]. Engineering Geology，180：68-84.

Peng M，Zhang L M. 2012a. Breaching parameters of landslide dams[J]. Landslides，9（1）：13-31.

Peng M，Zhang L M. 2012b. Analysis of human risks due to dam-break floods-part I：A new model based on Bayesian networks[J]. Natural Hazards，64（1）：903-933.

Peng M，Zhang L M. 2012c. Analysis of human risk due to dam break floods-part II：Application to Tangjiashan landslide dam failure[J]. Natural Hazards，64（2）：1899-1923.

Penning-Rowsell E C，Yanyan W，Watkinson A R，et al. 2013. Socioeconomic scenarios and flood damage assessment methodologies for the Taihu Basin，China[J]. Journal of Flood Risk Management，6（1）：23-32.

Pierce M W，Thornton C I，Abt S R. 2010. Predicting peak outflow from breached embankment dams[J]. Journal of Hydrologic Engineering，15（5）：338-349.

Plaza-Nieto G，Yepes H，Schuster R L. 1990. Landslide dam on the Pisque River，Northern Ecuador[J]. Landslide News，（4）：2-4.

Plaza-Nieto G，Zevallos O. 1994. The 1993 La Josefina rockslide and Rio Paute landslide dam，Ecuador[J]. Landslide News，（8）：4-6.

Reiter P. 2001. Loss of life caused by dam failure，the RESCDAM LOL method and its application to Kyrkosjarvi dam in Seinajoki[R]. Helsinki：PR Water Consulting Ltd.

Rickenmann D，Recking A. 2011. Evaluation of flow resistance in gravel-bed rivers through a large field data set[J]. Water Resources Research, 47 (7): 209-216.

Roe P L. 1981. Approximate Riemann solvers, parameter vectors, and difference schemes[J]. Journal of Computational Physics, 43: 357-372.

Rogers G O, Sorensen J H. 1988. Different of emergency warning[J]. The Environment Professional, 10: 281-294.

Rong G W, Wang X, Xu H, et al. 2020. Multifactor regression analysis for predicting embankment dam breaching parameters[J]. Journal of Hydraulic Engineering, 146 (2): 04019051.

Safran E B, O'Connor J E, Ely L L, et al. 2015. Plugs or flood-makers? The unstable landslide dams of eastern Oregon[J]. Geomorphology, 248: 237-251.

Schuster R L, Costa J E. 1986. A perspective on landslide dams[C]//Landslide Dams: Processes, risk, and mitigation, Geotechnical Special Publication No. 3. New York: ASCE: 1-20.

Schuster R L, Evans S G. 2011. Engineering measures for the hazard reduction of landslide dams[M]. Berlin: Springer Berlin Heidelberg.

Schuster R L. 1985. Landslide dam in the Western United States[R]. Washington D C: U.S. Geological Survey.

Schwanenberg D, Harms M. 2004. Discontinuous Galerkin finite-element method for transcritical two-dimensional shallow water flows[J]. Journal of Hydraulic Engineering, 130 (5): 412-421.

SCS (Soil Conservation Service). 1981. Simplified dam-breach routing procedure[R]. Washington D C: U.S. Department of Agriculture.

Shan Y B, Chen S S, Zhong Q M. 2020. Rapid prediction of landslide dam stability using the logistic regression method[J]. Landslides, 17 (12): 2931-2956.

Shen D Y, Shi Z M, Peng M, et al. 2020a. Longevity analysis of landslide dams[J]. Landslides, 17 (8): 1797-1821.

Shen G Z, Sheng J B, Xiang Y, et al. 2020b. Numerical modeling of overtopping-induced breach of landslide dams[J]. Natural Hazards Review, 21 (2): 04020002.

Shi Z M, Guan S G, Peng M, et al. 2015. Cascading breaching of the Tangjiashan landslide dam and two smaller downstream landslide dams[J]. Engineering Geology, 193: 445-458.

Shi Z M, Zheng H C, Yu S B, et al. 2018. Application of CFD-DEM to investigate seepage characteristics of landslide dam materials[J]. Computers and Geotechnics, 101: 23-33.

Singh V P. 1996. Dam Breach Modeling Technology[M]. Dordrecht: Kluwer Academic Publishes.

Singh K P, Snorrason A. 1984. Sensitivity of outflow peaks and flood stages to the selection of dam breach parameters and simulation models[J]. Journal of Hydrology, 68 (1): 295-310.

Sorensen J H, Mileti D S. 1988. Waring and evacuation: Answering some basic questions[J]. Industrial Crisis Quarterly, 2: 195-209.

Stefanelli C T, Catani F, Casagli N. 2015. Geomorphological investigations on landslide dams[J]. Geoenvironmental Disasters, 2: 21.

Stefanelli C T, Segoni S, Casagli N, et al. 2016. Geomorphic indexing of landslide dams evolution[J]. Engineering Geology, 208: 1-10.

Stephen G E, Reginald L H, Alexander S, et al. 2011. Natural and artificial rockslide dams[M]. Berlin: Springer-Verlag.

Tahata M，Mizuyama K N，Inoue N. 2002. Natural reservoirs and disasters[M]. Tokyo：Ancient and Modern Academy.

Tayfur G，Singh V P. 2006. Kinematic wave model of bed profiles in alluvial channels[J]. Water Resources Research，42（6）：376-389.

Temple D M，Hanson G J，Neilsen M L. 2006. WINDAM-Analysis of overtopped earth embankment dams[C]//ASABE Annual International Meeting，American Society of Agricultural and Biological Engineers，St. Joseph.

Thornton C I，Pierce M W，Abt S R. 2011. Enhanced predictions for peak outflow from breached embankment dams[J]. Journal of Hydrologic Engineering，16（1）：81-88.

Timo M. 2001. REACDAM：development of rescue actions based on dam-break flood analysis[R]. Helsinki：Finland Environment Institute.

Toro E F，Spruce M，Speares W. 1994. Restoration of the contact surface in the HLL-Riemann solver[J]. Shock Waves，4（1）：25-34.

Toro E F. 2000. Shocking Methods for Free Surface Shallow Flows[M]. New York：Wiley.

Turner A K，Schuster R L. 1996. Landslides：Investigation and mitigation[R]. Washington D C：Transportation Research Board，National Research Council.

USBR（U.S. Bureau of Reclamation）. 1988. Downstream hazard classification guidelines[R]. Denver：Bureau of Reclamation，U.S. Department of the Interior，ACER Tech. Memorandum No. 11.

Varnes D J. 1958. Landslide types and processes[M]//Eckel E B. Landslides and Engineering Practice. Washington D C：Transportation Research Board：20-47.

Varnes D J. 1978. Slope movement types and processes[M]//Schuster R L，Krizek R J. Landslides，Analysis and Control. Washington D C：Transportation Research Board：11-33.

Von Thun J L，Gillette D R. 1990. Guidance on breach parameters[R]. Denver：Bureau of Reclamation，U.S. Department of the Interior，Internal Memorandum.

Wahlstrom E，Loagure K，Kyriakidis P C. 1999. Hydrologic response：Kaho'olawe，Hawaii[J]. Journal of Environmental Quality，28（2）：481492.

Walder J S，O'Connor J E. 1997. Methods for predicting peak discharge of floods caused by failure of natural and constructed earthen dams[J]. Water Resources Research，33（10）：2337-2348.

Wan C F，Fell R. 2004. Investigation of rate erosion soils in embankment dams[J]. Journal of Geotechnical and Geoenvironmental Engineering，130（4）：373-380.

Wang G H，Huang R Q，Kamai T，et al. 2013. The internal structure of a rockslide dam induced by the 2008 Wenchuan（M_w 7.9）earthquake，China[J]. Engineering Geology，156：28-36.

Wang G Q，Ni J R. 1990. Kinetic theory for particle concentration distribution in two-phase flow[J]. Journal of Engineering Mechanics，116（12）：2738-2748.

Wang L，Chen Z Y，Wang N X，et al. 2016. Modeling lateral enlargement in dam breaches using slope stability analysis based on circular slip mode[J]. Engineering Geology，209：70-81.

Wilcock P R，Crowe J C. 2003. Surface-based transport model for mixed-size sediment[J]. Journal of Hydraulic Engineering，129（2）：120-128.

Wilcock P R. 1993. Critical shear stress of natural sediments[J]. Journal of Hydraulic Engineering，119（4）：491-505.

Wu M M，Ge W，Li Z K，et al. 2019. Improved set pair analysis and its application to environmental impact evaluation of dam break[J]. Water，11（4）：821.

Wu W M，Marsooli R，He Z G. 2012. Depth-averaged two-dimensional model of unsteady flow and sediment transport due to noncohesive embankment break/breaching[J]. Journal of Hydraulic Engineering，138（6）：503-516.

Wu W M，Wang S S. 2007. One-dimensional modeling of dam-break flow over movable beds[J]. Journal of Hydraulic Engineering，133（1）：48-58.

Wu W M. 2013. Simplified physically based model of earthen embankment breaching[J]. Journal of Hydraulic Engineering，139（8）：837-851.

Xu Q，Fan X M，Huang R Q，et al. 2009. Landslide dams triggered by the Wenchuan earthquake，Sichuan Province，south west China[J]. Bulletin of Engineering Geology and the Environment，68：373-386.

Xu Y，Zhang L M. 2009. Breaching parameters for earth and rockfill dams[J]. Journal of Geotechnical and Geoenvironmental Engineering，135（12）：1957-1969.

Yang X G，Yang Z H，Cao S Y，et al. 2010. Key techniques for the emergency disposal of quake lakes[J]. Natural Hazards，52（1）：43-56.

You Y，Liu J F，Chen X C. 2012. Design of Sluiceway Channel in a landslide dam triggered by the Wenchuan earthquake[J]. Disaster Advances，5（4）：241-249.

Zhang J Y，Li Y，Xuan G X，et al. 2009. Overtopping breaching of cohesive homogeneous earth dam with different cohesive strength[J]. Science China：Technological Sciences，52（10）：3024-3029.

Zhang L M，Peng M，Chang D S，et al. 2016. Dam Failure Mechanisms and Risk Assessment[M]. Singapore：John Wiley and Sons Singapore Pte. Ltd.

Zhang L M，Xiao T，He J，et al. 2019. Erosion-based analysis of breaching of Baige landslide dams on the Jinsha River，China，in 2018[J]. Landslides，16（10）：1965-1979.

Zhao T L，Chen S S，Fu C J，et al. 2018. Influence of diversion channel section type on landslide dam draining effect[J]. Environmental Earth Sciences，77（2）：54-62.

Zhao T L，Chen S S，Fu C J，et al. 2019a. Centrifugal model test on the failure mechanism of barrier dam overtopping[J]. KSCE Journal of Civil Engineering，23（4）：1548-1559.

Zhao T L，Chen S S，Fu C J，et al. 2019b. Centrifugal model tests and numerical simulations for barrier dam break due to overtopping[J]. Journal of Mountain Science，16（3）：630-640.

Zhong Q M，Chen S S，Deng Z. 2018a. A simplified physically-based model for core dam overtopping breach[J]. Engineering Failure Analysis，（90）：141-155.

Zhong Q M，Chen S S，Mei S A，et al. 2018b. Numerical simulation of landslide dam breaching due to overtopping[J]. Landslides，15（6）：1183-1192.

Zhong Q M，Chen S S，Deng Z，et al. 2019a. Prediction of overtopping-induced breach process of cohesive dams[J]. Journal of Geotechnical and Geoenvironmental Engineering，145（5）：04019012.

Zhong Q M，Chen S S，Fu Z Z. 2019b. Failure of concrete face sand-gravel dam due to water flow overtops[J]. Journal of Performance of Constructed Facilities，33（2）：04019007.

Zhong Q M，Chen S S，Fu Z Z. 2020a. New empirical model for breaching of earth-rock dams[J].

Natural Hazards Review，21（2）：06020002.

Zhong Q M，Chen S S，Wang L，et al. 2020b. Back analysis of breaching process of Baige landslide dam[J]. Landslides，17（7）：1681-1692.

Zhong Q M，Chen S S，Shan Y B. 2020c. Prediction of the overtopping-induced breach process of the landslide dam[J]. Engineering Geology，274：105709.

Zhong Q M，Wang L，Chen S S，et al. 2021. Breaches of embankment and landslide dams-State of the art review[J]. Earth-Science Reviews，216：103597.

Zhong Q M，Wu W M. 2016. Discussion of "Back Analysis of the Draining Process of the Tangjiashan Barrier Lake" [J]. Journal of Hydraulic Engineering，142（6）：07016001.

Zhong Q M，Wu W M，Chen S S，et al. 2016. Comparison of simplified physically based dam breach models[J]. Natural Hazards，84（2）：1385-1418.

Zhou G G D，Zhou M J，Shrestha M S，et al. 2019. Experimental investigation on the longitudinal evolution of landslide dam breaching and outburst floods[J]. Geomorphology，334：29-43.

附　　表

附表 1　本书参数含义的汇总说明

序号	参数符号	参数含义	单位
1	a	土体冲蚀率高低判别值	
2	a_0	回归常数	
3	a_{ij}	第 j 类地区的第 i 类经济产业的损失率	
4	a_n	回归系数（ $n=1, 2, \cdots, i$ ）	
5	A	河道断面的过水面积	m^2
6	A_0	与风险人口密度有关的系数	
7	A_b	堰塞湖流域面积	km^2
8	A_b'	堰塞湖流域面积	m^2
9	A_c	顶部溃口的过流面积	m^2
10	A_d	下游坡溃口的过流面积	m^2
11	A_{ij}	第 i 类淹没地区的第 j 类生态系统的恢复时间，取 1	标准年
12	A_m	主要影响因素修正系数	
13	A_n	模型经验系数，取 12	
14	$A_s(z_s)$	堰塞湖湖面面积	m^2
15	b	溃口底宽	m
16	b_{down}	下游坡溃口的底宽	m
17	b_f	溃口最终底宽	m
18	b_{up}	坝顶溃口的底宽	m
19	B	溃口顶宽	m
20	B_c	顶部溃口的水面宽度	m
21	B_f	溃口最终顶宽	m
22	$B_{f(ave)}$	溃口最终平均宽度	m
23	B_n	次要影响因素修正系数	
24	B_r	影响因素修正系数	
25	B_s	风险个体直面水流冲击的平均宽度	m
26	BI	堆积体指标	
27	c_1	修正系数，取 1.7	$\mathrm{m}^{0.5}/\mathrm{s}$

序号	参数符号	参数含义	单位
28	c_2	修正系数，取 1.1	$m^{0.5}/s$
29	c	修正因子	
30	c_b	下游坡修正系数	
31	C	土体的黏聚力	kPa
32	C_D	阻力系数，取 1.1	
33	C_m	考虑颗粒组成的冲蚀因子	
34	C_P	抗洪救灾抢险费用	万元
35	C_r	粒径大于 200 mm 的岩石含量	
36	C_R	人工采取恢复生态措施的费用	万元
37	C_s	粒径小于 200 mm 的岩石与土的含量	
38	C_u	土体的不均匀系数	
39	d	风险个体重心距边缘的距离	m
40	d_5	小于某粒径的质量分数为 5%所对应的颗粒粒径	mm
41	d_{10}	小于某粒径的质量分数为 10%所对应的颗粒粒径	mm
42	d_{16}	小于某粒径的质量分数为 16%所对应的颗粒粒径	mm
43	d_{30}	小于某粒径的质量分数为 30%所对应的颗粒粒径	mm
44	d_{50}	小于某粒径的质量分数为 50%所对应的颗粒粒径	mm
45	d_{60}	小于某粒径的质量分数为 60%所对应的颗粒粒径	mm
46	d_{84}	小于某粒径的质量分数为 84%所对应的颗粒粒径	mm
47	d_{90}	小于某粒径的质量分数为 90%所对应的颗粒粒径	mm
48	d_{95}	小于某粒径的质量分数为 95%所对应的颗粒粒径	mm
49	D_{50}	平均粒径	m
50	d_d	堰塞湖水位下降高度	m
51	D_f	溃口最终深度	m
52	D_P	风险人口密度	人/km^2
53	DBI	无量纲堆积体指标	
54	D_D	与坝址距离因子	
55	e	土体的孔隙比	
56	E	生态损失	万元
57	E_C	应急预案/救援能力因子	
58	E_{eva}	疏散参数	
59	RMSE	均方根误差	

序号	参数符号	参数含义	单位
60	f	风险人口死亡率	
61	f_n	警报时间折减系数	
62	$f'(h)$	水位-库容曲线对水深的一阶导数	m²
63	F_d	驱动力	N
64	F_D	与水深相关的死亡率函数	
65	F_f	两相邻河道断面之间的摩擦阻力	kN
66	F_r	抵抗力	N
67	F_v	湖区水流冲击力	N
68	$F(t)$	生态服务价值在恢复过程中随时间变化的函数	
69	$F_摩$	水流产生的摩擦力	N
70	$F_重$	风险个体的重力	N
71	$F_浮$	水流产生的浮力	N
72	g	重力加速度，取 9.8	m/s²
73	G_x	流向方向的重力分量	kN
74	h_b	溃口深度	m
75	h_c	溃口的临界水深	m
76	h_d	土石坝坝高	m
77	h_f	河道断面 1 和河道断面 2 之间的水头损失	m
78	h_r	土石坝坝高参数，取 15	m
79	h_s	下游坡溃口水深	m
80	h_w	溃坝时溃口底部以上水深	m
81	H	溃口处水深	m
82	H_0	风险人口高程	m
83	H_1	河道断面 1 的水深	m
84	H_2	河道断面 2 的水深	m
85	H_d	堰塞体高度	m
86	H_d'	堰塞体高度	10^2m
87	H_D	坝高因子	
88	HDSI	水力形态学指标	
89	H_r	河道阻塞点对上游的影响距离	m
90	H_z	堰塞体高度参数，取 100	m

序号	参数符号	参数含义	单位
91	H_r'	单位长度，取 1	m
92	H_s	溃口边坡高度	m
93	H_L	淹没水深	m
94	H_W	堰塞湖水位高程	m
95	i	溃坝影响因子	
96	I	堰塞体的高宽比	
97	I_a	basin 指标	
98	I_r	relief 指标	
99	I_s	backstow 指标	
100	k	经验系数	
101	k_d	冲蚀系数	$mm^3/(N\cdot s)$
102	k_{sm}	尾水淹没修正系数	
103	K	流量模数	m^3/s
104	K_1	河道断面 1 的流量模数	m^3/s
105	K_2	河道断面 2 的流量模数	m^3/s
106	K_s	间接经济损失折减系数	
107	l	断面距坝址的距离	m
108	L	土石坝坝长	m
109	L_d	堰塞体长度	m
110	L_{ch}	主河槽两个相邻断面之间的距离	m
111	L_{lo}	左岸漫滩两个相邻断面之间的距离	m
112	L_{ro}	右岸漫滩两个相邻断面之间的距离	m
113	$L_s(PHWL)$	堰塞体稳定性逻辑回归指标	
114	$L_s(AHWL)$	堰塞体稳定性逻辑回归指标	
115	$L_s(AHV)$	堰塞体稳定性逻辑回归指标	
116	$L_s(IVAS)$	堰塞体稳定性评价指标	
117	$L_s(IVAM)$	堰塞体稳定性评价指标	
118	L_{ij}	第 i 类淹没地区的第 j 类生态系统的功能服务价值损失率	
119	L_{OL}	生命损失	人
120	L_{OL_0}	生命损失初步计算值	人
121	L_{P_0}	初始参数对应的死亡率	

序号	参数符号	参数含义	单位
122	L_{P_i}	第 i 级参数对应的死亡率	
123	L_R	生态系统损失率	
124	m	风险个体的质量	kg
125	m_0	溃口边坡系数（水平/垂直）	
126	M_1	各因素矩阵集计算值	
127	M_2	各因素矩阵集计算值	
128	M_3	各因素矩阵集计算值	
129	M_4	各因素矩阵集计算值	
130	M_i	颗粒特征参数	
131	M_{ij}	第 i 类淹没地区的第 j 类生态系统的淹没面积	km²
132	n	糙率	
133	n_{loc}	溃口位置表征参数	
134	N	固定资产占总资产的比例	
135	N_{EXP}	撤离率	
136	P	堰塞湖上游来流峰值流量	m³/s
137	P_1	河道断面 1 的水压力	kN
138	P_2	河道断面 2 的水压力	kN
139	P_{AR}	风险人口	人
140	PE	堰塞湖势能	J
141	P_f	堰塞体失稳概率	
142	P_s	堰塞体稳定概率	
143	P_S	风险人口生还率	
144	$P_{S/C}$	被洪水围困后的生还率	
145	$P_{S/E}$	风险个体撤退到安全地区的生还率	
146	P_T	风险个体被洪水冲倒的概率	
147	q	侧向入流量	m³/s
148	Q	断面洪水流量	m³/s
149	Q_1	河道断面 1 的洪水流量	m³/s
150	Q_2	河道断面 2 的洪水流量	m³/s
151	Q_b	溃口流量	m³/s
152	Q_{in}	入流量	m³/s
153	Q_p	溃口峰值流量	m³/s

续表

序号	参数符号	参数含义	单位
154	Q_{L_0}	距离坝址 L_0 m 处的洪水峰值流量	m^3/s
155	R	水力半径	m
156	R_e	避难率	
157	R_D	暴露风险人口死亡率	
158	R^2	可决系数	
159	S	水库库容	m^3
160	S_0	下游坡溃口的坡比（垂直/水平）	
161	S_a	淹没区域的面积	km^2
162	S_d	颗粒组成指标，$S_d = (d_{90}-d_{60}) / (d_{30}-d_5)$	
163	S_{f1}	河道断面 1 的水力梯度	
164	S_{f2}	河道断面 2 的水力梯度	
165	S_i	第 i 种影响因素对生态系统影响程度值	
166	S_{ij}	第 j 个参数第 i 级敏感性	
167	S_s	被阻塞河道坡度	（°）
168	S_D	溃坝洪水严重性	
169	SSE	误差平方和	
170	SST	离差平方和	
171	$S_直$	直接经济损失	万元
172	$S_间$	间接经济损失	万元
173	$S_总$	总经济损失	万元
174	t	时间	s
175	t_1	生态系统受损后恢复到稳定状态的时间	年
176	t_c	计算时长	s
177	T	上游地形参数	
178	T_1	转移所有可移动财产所需时间	h
179	T_B	溃坝时间因子	
180	T_f	溃坝历时	h
181	T_p	溃口峰值流量出现时间	h
182	T_r	单位时间，取 1	h
183	U_n	非警报时间联合参数	
184	U_D	风险人口对溃坝理解程度	
185	v	洪水流速	m/s

序号	参数符号	参数含义	单位
186	v_1	河道断面1的水流平均流速	m/s
187	v_2	河道断面2的水流平均流速	m/s
188	v_l	堰塞湖水位上涨速度	m/s
189	V	风险区受灾前的总生态服务价值	万元
190	V'	风险区受灾后的总生态服务价值	万元
191	V_0	堰塞湖下泄水量	m^3
192	V_d	堰塞体体积	m^3
193	V_d'	堰塞体体积	$10^6\ m^3$
194	V_{ij}	第i类淹没地区的第j类生态系统的单位生态系统服务价值	万元
195	V_1	堰塞湖体积	m^3
196	V_1'	堰塞湖体积	$10^6\ m^3$
197	V_w	溃坝时溃口底部以上水库库容	m^3
198	V_B	建筑易损性因子	
199	V_W	库容因子	
200	w	淹没断面的平均宽度	m
201	w_{ave}	土石坝平均宽度	m
202	W_d	堰塞体宽度	m
203	W_B	溃坝时天气因子	
204	W_G	滑坡体的重量	kN
205	W_T	警报时间	h
206	x	风险个体重心距地面的距离	m
207	x_p	自变量	
208	y	因变量	
209	y_{mi}	第i个因变量的实测值	
210	z_b	溃口底部高程	m
211	z_s	堰塞湖水位	m
212	z_t	尾水高度	m
213	Z_1	河道断面1的底部高程	m
214	Z_2	河道断面2的底部高程	m
215	α	失稳后溃口边坡的坡角	(°)
216	α_0	地面坡度	(°)
217	α_1	河道断面1的流速系数	

序号	参数符号	参数含义	单位
218	α_2	河道断面 2 的流速系数	
219	β	溃口边坡坡角	(°)
220	β_m	风险人口死亡率修正系数	
221	β_p	模型系数	
222	ρ_s	土体的密度	kg/m³
223	ρ_w	水的密度	kg/m³
224	γ_s	土体的容重	kN/m³
225	φ	土体的内摩擦角	(°)
226	σ	扩展或收缩系数	
227	μ	摩擦系数	
228	μ_N	均值	
229	θ_i	第 i 种因素的权重	
230	τ_b	溃口底床处的水流剪应力	Pa
231	τ_c	堰塞体材料的临界剪应力	Pa
232	Δt	时间步长	s
233	Δv_x	流向方向的流速变化量	m/s
234	$\Delta \varepsilon$	溃口的冲蚀深度增量	m
235	$\overline{L}$	河槽及两岸漫滩两相邻断面之间距离的加权平均值	m
236	$\overline{S}_f$	两相邻河道断面之间的水力梯度	
237	$\overline{Q}_{ch}$	主河槽的平均流量	m³/s
238	$\overline{Q}_{lo}$	左岸漫滩的平均流量	m³/s
239	$\overline{Q}_{ro}$	右岸漫滩的平均流量	m³/s
240	$\overline{v}$	断面处的洪水平均流速	m/s
241	$\hat{y}$	因变量预测值	
242	$\hat{y}_i$	第 i 个因变量的预测值	
243	$\hat{\beta}_0$	预测系数	
244	δ_N	方差	

附表 2　1760 个国内外堰塞湖案例的基础数据信息

序号	国家/地区	名称	堰塞体高度/m	堰塞体长度/m	堰塞体宽度/m	堰塞体体积/10⁶m³	堰塞湖体积/10⁶m³	堰塞湖长度/m	堰塞湖流域面积/km²	被阻塞河道坡度/(°)	形成时间	稳定性	溃口峰值流量/(m³/s)	溃口最终顶宽/m	溃口最终底宽/m	溃口最终深度/m	堰塞体物质组成
1	阿富汗	Ajar River	—	—	—	—	—	—	—	—	20 世纪 60 年代	稳定	—	—	—	—	大量岩块
2	澳大利亚	Lake Elizabeth	36	—	—	—	—	1600	—	—	1952	不稳定	—	—	—	26	碳酸盐岩岩屑
3	奥地利	Brixen Torrent	—	—	—	—	—	—	—	—	1946	—	—	—	—	—	—
4	奥地利	Gail River（1）	—	—	—	—	—	—	—	—	328	不稳定	—	—	—	—	碳酸盐岩岩屑
5	奥地利	Gail River（2）	—	—	—	—	—	—	—	—	1348	不稳定	—	—	—	—	碳酸碎石
6	奥地利	Ill River	—	—	—	—	—	—	—	—	1894	不稳定	—	—	—	—	碳酸盐岩碎屑
7	奥地利	Lavant Valley	—	—	—	—	—	—	—	—	1660	不稳定	—	—	—	—	变质岩岩屑
8	奥地利	Moll River	—	—	—	—	—	—	—	—	1827	稳定	—	—	—	—	低级变质岩屑
9	奥地利	Muhlbach Torrent	25	—	—	—	—	—	—	—	1798	不稳定	—	—	—	—	低级变质岩屑
10	奥地利	Mur River	30	—	—	—	—	—	—	—	1958	不稳定	—	—	—	—	岩屑和原木
11	奥地利	Palten River	—	—	—	—	—	—	—	—	1768	—	—	—	—	—	千枚岩-碳酸盐岩碎屑
12	奥地利	Salzach River（1）	15	—	—	—	—	—	—	—	1947	不稳定	—	—	—	—	碳酸岩碎屑和树木、块状，直径数米

续表

序号	国家/地区	名称	堰塞体高度/m	堰塞体长度/m	堰塞体宽度/m	堰塞体积/10^6m³	堰塞湖体积/10^6m³	堰塞湖长度/m	堰塞湖流域面积/km²	被阻塞河道坡度/(°)	形成时间	稳定性	溃口峰值流量/(m³/s)	溃口最终顶宽/m	溃口最终底宽/m	溃口最终深度/m	堰塞体物质组成
13	奥地利	Salzach River (2)	—	—	—	—	—	3000	—	—	1794	不稳定	—	—	—	—	砾石、黏土、云母、砂和于枝状基岩碎屑
14	奥地利	Velber Brook	—	—	—	—	—	—	—	—	1495	稳定	—	—	—	—	—
15	奥地利	Ziller River	—	—	—	—	—	—	—	—	1908	—	—	—	—	—	—
16	不丹	Tsatichu	100	—	—	—	5.5	—	—	—	—	不稳定	5900	—	—	—	—
17	不丹	Tsatichuu River	110	580	700	5	1.5	1000	—	—	2003	不稳定	6900	—	—	—	以块石为主
18	玻利维亚	Allpacoma landslide dam	—	—	—	—	—	—	—	—	2005	不稳定	—	—	—	—	—
19	加拿大	Attachie	—	—	—	—	—	—	—	—	1973	不稳定	—	—	—	—	—
20	加拿大	Blanche River	8	460	3200	—	—	—	—	—	1898	—	—	—	—	—	敏感海相黏土
21	加拿大	Britannia Creek	—	—	—	—	—	—	—	—	1921	不稳定	—	—	—	—	—
22	加拿大	Cheakamus River (1)	5	—	—	—	—	—	—	—	1958	—	—	—	—	—	—
23	加拿大	Cheakamus River (2)	—	275	3500	—	—	—	—	—	1855~1856	不稳定	—	—	—	15	角状火山岩；淤泥
24	加拿大	Chilcotin River	—	—	—	—	—	—	—	—	1964	不稳定	—	—	—	—	分层的沙和淤泥
25	加拿大	Clinton Creek	26	—	—	3.43	—	—	—	—	1976	不稳定	—	—	—	—	—
26	加拿大	Crowsnest River	10	—	—	—	—	—	—	—	1903	不稳定	—	—	—	—	以石灰岩巨石为主

续表

序号	国家/地区	名称	堰塞体高度/m	堰塞体长度/m	堰塞体宽度/m	堰塞体体积/10⁶m³	堰塞湖体积/10⁶m³	堰塞湖长度/m	堰塞湖流域面积/km²	被阻塞河道坡度/(°)	形成时间	稳定性	溃口峰值流量/(m³/s)	溃口最终顶宽/m	溃口最终底宽/m	溃口最终深度/m	堰塞体物质组成
27	加拿大	Dunvegan Creek	—	—	—	—	—	—	—	—	1959	—	—	—	—	—	—
28	加拿大	Dusty Creek	—	—	—	—	—	—	—	—	1963	不稳定	—	—	—	—	英安岩和固结不良的火山碎屑岩
29	加拿大	Eureka River (1)	—	—	—	—	—	—	—	—	1990	—	—	—	—	—	—
30	加拿大	Eureka River (2)	—	—	—	—	—	—	—	—	1990	—	—	—	—	—	—
31	加拿大	Fraser River	—	—	—	—	—	—	—	—	1921	—	—	—	—	—	—
32	加拿大	Grand River	—	150	137	—	—	—	—	—	1943	不稳定	—	—	—	—	砂和黏土
33	加拿大	Halden Creek	—	—	900	1	—	1100	—	—	1996	—	—	—	—	—	—
34	加拿大	Hines Creek	—	—	—	—	—	—	—	—	1990	—	—	—	—	—	—
35	加拿大	Homathko River	20	—	—	—	—	1000	—	—	1971~1973	不稳定	—	—	—	—	砂石和砾石
36	加拿大	Inklin River	30	—	100	—	—	11000	—	—	1978	不稳定	—	—	—	—	冰川-洪积砂砾石
37	加拿大	Kennedy River	—	—	—	—	—	—	—	—	1970	—	—	—	—	—	—
38	加拿大	Lievre River (1)	7.5	120	600	—	—	—	—	—	1903	—	—	—	—	—	敏感海相黏质和粉质黏土
39	加拿大	Lievre River (2)	2.7	—	—	—	—	—	—	—	1908	不稳定	—	—	—	—	泥质和沙质的莱达黏土

续表

序号	国家/地区	名称	堰塞体高度/m	堰塞体长度/m	堰塞体宽度/m	堰塞体体积/10⁶m³	堰塞湖体积/10⁶m³	堰塞湖长度/m	堰塞湖流域面积/km²	被阻塞河道坡度/(°)	形成时间	稳定性	溃口峰值流量/(m³/s)	溃口最终顶宽/m	溃口最终底宽/m	溃口最终深度/m	堰塞体物质组成
40	加拿大	Maskinonge River	23	—	—	—	—	14400	—	—	1840	不稳定	—	—	—	—	敏感海相黏土
41	加拿大	Meager Creek (1)	—	—	—	—	—	—	—	—	1975	不稳定	—	—	—	—	弱火山碎屑岩、岩屑、冰川冰
42	加拿大	Meager Creek (2)	—	—	—	1.2	—	800	—	—	1998	不稳定	—	—	—	—	以粗粒土为主
43	加拿大	Meager Creek tributary	—	—	—	—	—	—	—	—	1931	—	—	—	—	—	火山灰和碎屑
44	加拿大	Mess Creek	—	—	—	—	—	—	—	—	1947	—	—	—	—	—	—
45	加拿大	Montagneuse River	15.2	1500	—	—	—	4000	—	—	1939	不稳定	—	—	—	—	—
46	加拿大	Ryan River	2.5	—	—	—	—	—	—	—	1984	—	—	—	—	—	粗石英-闪长石
47	加拿大	Saddle River	25	—	800	—	—	—	—	—	1990	—	—	—	—	—	冰湖相粉砂岩和白垩世粉砂质泥岩
48	加拿大	South Nation River	11	200	2450	—	—	—	—	—	1971	不稳定	—	—	—	—	敏感海相黏土
49	加拿大	Spirit River	—	—	—	—	—	—	—	—	1995	—	—	—	—	—	火山碎屑
50	加拿大	Squamish River	—	—	—	—	—	—	—	—	1984	—	—	—	—	—	—
51	加拿大	St. Anne River	—	—	—	—	—	—	—	—	1894	—	—	—	—	—	敏感海相黏土、萨西卡达黏土、砂和莱达黏土

续表

序号	国家/地区	名称	堰塞体高度/m	堰塞体长度/m	堰塞体宽度/m	堰塞体体积/10^6 m³	堰塞湖体积/10^6 m³	堰塞湖长度/m	堰塞湖流域面积/km²	被阻塞河道坡度/(°)	形成时间	稳定性	溃口峰值流量/(m³/s)	溃口最终顶宽/m	溃口最终底宽/m	溃口最终深度/m	堰塞体物质组成
52	加拿大	Tahltan River	—	—	—	—	—	—	—	—	1964	—	—	—	—	—	—
53	加拿大	Thompson River (1)	21.5	274	880	—	65	14000	—	—	1880	不稳定	—	—	—	—	更新世冰川-湖泊沉积物
54	加拿大	Thompson River (2)	—	—	—	—	—	—	—	—	1899	不稳定	—	—	—	—	冰湖淤泥
55	加拿大	Thompson River (3)	6	—	—	—	—	—	—	—	1905	不稳定	—	—	—	—	冰川湖谷填充物
56	加拿大	Thompson River (4)	—	—	—	—	—	—	—	—	1921	不稳定	—	—	—	—	冰湖淤泥
57	加拿大	Turbid Creek	—	—	—	—	—	—	—	—	1963	不稳定	—	—	—	—	英安岩和固结不良的火山碎屑岩
58	加拿大	Unnamed Creek	—	—	—	—	—	—	—	—	1891	不稳定	—	—	—	—	—
59	加拿大	Wolverine Creek	10	—	—	0.07	—	—	21	—	1974	不稳定	—	—	—	—	—
60	加拿大	Yamaska River	3.4	67	330	—	—	—	27	—	1945	不稳定	—	—	—	—	海洋黏土和砂质黏土
61	智利	Lake Pellaifa	8	—	—	—	—	—	—	—	1960	稳定	—	—	—	—	火山岩
62	智利	San Pedro River (1)	—	—	2000	—	—	—	—	—	1575	不稳定	—	—	—	—	—
63	智利	San Pedro River (2)	26	1100	—	—	2.5	—	—	—	1960	不稳定	—	—	—	—	更新世砾岩、砾石、砂土和细颗粒

续表

序号	国家/地区	名称	堰塞体高度/m	堰塞体长度/m	堰塞体宽度/m	堰塞体积/10⁶m³	堰塞湖体积/10⁶m³	堰塞湖长度/m	堰塞湖流域面积/km²	被阻塞河道坡度/(°)	形成时间	稳定性	溃口峰值流量/(m³/s)	溃口最终顶宽/m	溃口最终底宽/m	溃口最终深度/m	堰塞体物质组成
64	智利	Rinihue	—	—	—	—	4800	—	—	—	1960	不稳定	—	—	—	—	以细粒土为主
65	中国	阿蝻地	—	—	—	—	—	—	—	—	1966	—	—	—	—	—	—
66	中国	安家沟	—	—	—	—	—	—	—	—	1951	—	—	—	—	—	—
67	中国	安塞	—	—	—	—	—	—	—	—	1951	—	—	—	—	—	—
68	中国	阿什贡	200	—	—	—	—	—	—	—	第四纪	—	—	—	—	—	—
69	中国	阿图什	—	—	—	—	—	—	—	—	1902	—	—	—	—	—	—
70	中国	八嘎村	150	—	—	—	480	—	—	—	1959	不稳定	—	—	—	—	—
71	中国	白格（1）	61	580	1400	26	290	—	173484	1.122	2018	不稳定	10000	—	—	—	砂砾石夹碎石土，土体含量70%~80%，碎石含量20%~30%
72	中国	白格（2）	96	600	1400	10	790	—	173484	1.122	2018	不稳定	31000	—	—	—	砂砾石夹碎石土，土体含量70%~80%，碎石含量20%~30%
73	中国	白果村	15	200	100	0.4	0.8	—	3564	—	2008	不稳定	—	—	—	—	少量土壤和未固结的石块片
74	中国	白龙江（1）	—	—	—	—	—	—	—	—	1879	—	—	—	—	—	碎屑和少量泥土
75	中国	白龙江（2）	—	—	—	—	—	—	—	—	1879	—	—	—	—	—	—

续表

序号	国家/地区	名称	堰塞体高度/m	堰塞体长度/m	堰塞体宽度/m	堰塞体体积/10⁶m³	堰塞湖体积/10⁶m³	堰塞湖长度/m	堰塞湖流域面积/km²	被阻塞河道坡度(°)	形成时间	稳定性	溃口峰值流量/(m³/s)	溃口最终顶宽/m	溃口最终底宽/m	溃口最终深度/m	堰塞体物质组成
76	中国	白龙江（3）	17	—	—	—	7	—	—	—	1963	—	—	—	—	—	—
77	中国	白龙江（4）	25	—	—	40	19	—	—	—	1981	稳定	—	—	—	—	严重破碎和风化的千枚岩，片岩，黄土
78	中国	白梅垭	—	—	—	—	0.16	—	—	—	1974	不稳定	—	—	—	—	—
79	中国	白沙工业园	30	—	—	—	216	3500	—	—	1988	—	—	—	—	—	—
80	中国	白沙沟（1）	—	—	—	—	—	—	—	—	1919	不稳定	—	—	—	—	—
81	中国	白沙沟（2）	—	—	—	—	—	—	—	—	1953	—	—	—	—	—	—
82	中国	白石云山	—	—	—	—	—	—	—	—	1480	—	—	—	—	—	—
83	中国	白水河	—	100	420	—	—	—	—	—	1984	—	—	—	—	—	—
84	中国	白水河沟	—	—	—	—	—	—	—	—	1983	—	—	—	—	—	—
85	中国	白衣庵	—	—	—	—	—	—	—	—	第四纪	不稳定	—	—	—	—	—
86	中国	白枝大石头	—	—	—	—	—	—	—	—	第四纪	不稳定	—	—	—	—	—
87	中国	宝塔	—	—	—	—	—	—	—	—	公元前1500年	不稳定	—	—	—	—	—
88	中国	八宿	—	—	—	—	—	—	—	—	2000	—	—	—	—	—	—
89	中国	巴塘	—	—	—	—	—	—	—	—	1870	—	—	—	—	—	—
90	中国	巴塘	15	—	—	—	0.05	—	—	—	1997	—	—	—	—	—	—
91	中国	巴瓦峰	—	—	—	—	1	—	—	—	1969	—	—	—	—	—	—
92	中国	霸王山	—	—	—	—	—	—	—	—	第四纪	不稳定	—	—	—	—	—

续表

序号	国家/地区	名称	堰塞体高度/m	堰塞体长度/m	堰塞体宽度/m	堰塞体体积/10⁶m³	堰塞湖体积/10⁶m³	堰塞湖长度/m	堰塞湖流域面积/km²	被阻塞河道坡度(°)	形成时间	稳定性	溃口峰值流量/(m³/s)	溃口最终顶宽/m	溃口最终底宽/m	溃口最终深度/m	堰塞体物质组成
93	中国	八一水库	—	—	—	—	—	—	—	—	1974	—	—	—	—	—	—
94	中国	北关河	—	—	—	—	—	—	—	—	1917	不稳定	—	—	—	—	—
95	中国	北峪河（1）	—	—	—	—	—	—	—	—	1979	—	—	—	—	—	—
96	中国	北峪河（2）	—	—	—	—	—	—	—	—	1980	—	—	—	—	—	—
97	中国	北峪河（3）	—	—	—	—	—	—	—	—	1987	不稳定	—	—	—	—	含0.5～2m的大块石,最大粒径6m×4m×3m
98	中国	毕唐	65	—	—	—	4.2	1000	—	—	1961	—	—	—	—	—	—
99	中国	比落沟	—	—	—	—	1.75	—	—	—	1963	不稳定	—	—	—	—	—
100	中国	柏格堂	—	—	—	—	—	—	—	—	—	—	—	—	—	—	—
101	中国	波戈溪	—	—	—	—	—	—	—	—	—	不稳定	—	—	—	—	—
102	中国	波密古乡	—	—	—	—	—	—	—	—	1953	不稳定	—	—	—	—	—
103	中国	波曲河	—	—	—	—	—	—	—	—	1981	不稳定	—	—	—	—	—
104	中国	柏阳乡	—	—	—	—	—	—	—	—	1978	不稳定	—	—	—	—	以粗粒土为主
105	中国	草坪子	—	—	—	—	—	—	—	—	第四纪	不稳定	—	—	—	—	—
106	中国	查汗都斯	—	—	—	—	—	—	—	—	1961	不稳定	—	—	—	—	—
107	中国	柴家坡	—	—	—	—	—	—	—	—	1982	不稳定	—	—	—	—	—
108	中国	常德	—	—	—	—	—	—	—	—	1631	—	—	—	—	—	—
109	中国	昌化岭	—	—	—	—	—	—	—	—	1623	—	—	—	—	—	—

续表

序号	国家/地区	名称	堰塞体高度/m	堰塞体长度/m	堰塞体宽度/m	堰塞体体积/10⁶m³	堰塞湖体积/10⁶m³	堰塞湖长度/m	堰塞湖流域面积/km²	被阻塞河道坡度/(°)	形成时间	稳定性	溃口峰值流量/(m³/s)	溃口最终顶宽/m	溃口最终底宽/m	溃口最终深度/m	堰塞体物质组成
110	中国	昌马	—	—	—	—	—	—	—	—	1932	不稳定	—	—	—	—	—
111	中国	常田	—	—	—	—	—	—	—	—	1985	不稳定	—	—	—	—	—
112	中国	察隅	—	—	—	—	—	—	—	—	1950	不稳定	—	—	—	—	以粗粒土为主
113	中国	察隅河	—	—	—	—	—	—	—	—	1950	不稳定	—	—	—	—	—
114	中国	城门建沟	—	—	—	—	—	—	—	—	1981	不稳定	—	—	—	—	—
115	中国	成渝公路	—	—	—	—	—	—	—	—	第四纪	不稳定	—	—	—	—	—
116	中国	陈县	—	—	—	—	—	—	—	—	1545	不稳定	—	—	—	—	—
117	中国	车水坝	—	—	—	—	—	—	—	—	—	不稳定	—	—	—	—	—
118	中国	金沙江	—	—	—	—	—	—	—	—	1935	不稳定	—	—	—	—	—
119	中国	青龙佩河	—	—	—	—	—	—	—	—	1927	不稳定	—	—	—	—	—
120	中国	赤溪沟	—	—	—	—	—	—	—	—	1969	不稳定	—	—	—	—	—
121	中国	成县	—	—	—	—	—	—	—	—	1654	不稳定	—	—	—	—	—
122	中国	楚鲁松杰	—	—	—	—	—	—	—	—	2004		—	—	—	—	—
123	中国	慈县	—	—	—	—	—	—	—	—	1830		—	—	—	—	—
124	中国	翠华山	130	—	—	—	7	—	—	—	731	不稳定	—	—	—	—	—
125	中国	翠屏	—	—	—	—	—	—	—	—	1933	稳定	—	—	—	—	—
126	中国	大白泥沟（1）	—	—	—	—	—	—	—	—	1968	不稳定	—	—	—	—	以粗粒土为主
127	中国	大白泥沟（2）	—	—	—	—	—	—	—	—	1980	不稳定	—	—	—	—	以粗粒土为主
128	中国	大白泥沟（3）	—	—	—	—	—	—	—	—	1985	不稳定	—	—	—	—	—

续表

序号	国家/地区	名称	堰塞体高度/m	堰塞体长度/m	堰塞体宽度/m	堰塞体体积/10^6m³	堰塞湖体积/10^8m³	堰塞湖长度/m	堰塞湖流域面积/km²	被阻塞河道坡度/(°)	形成时间	稳定性	溃口峰值流量/(m³/s)	溃口最终顶宽/m	溃口最终底宽/m	溃口最终深度/m	堰塞体物质组成
129	中国	大板桥	300	—	700	—	—	—	—	—	公元前26000年	—	—	—	—	—	—
130	中国	大德沟	—	—	—	—	—	—	—	—	1984	—	—	—	—	—	—
131	中国	大地边	—	—	—	—	—	—	—	—	1984	不稳定	—	—	—	—	—
132	中国	大地河	—	—	—	—	—	—	—	—	1987	—	—	—	—	—	—
133	中国	大渡河	167	—	320	45	1150	—	—	—	1786	不稳定	—	—	—	—	以块石为主
134	中国	大渡河支流	15	—	200	—	—	—	—	—	1971	不稳定	—	—	—	—	—
135	中国	大观河	—	—	—	—	—	—	—	—	1917	—	—	—	—	—	—
136	中国	大观北	—	—	—	—	—	—	—	—	1974	不稳定	—	—	—	—	—
137	中国	大豪连地	—	—	—	—	—	—	—	—	1952	—	—	—	—	—	—
138	中国	大路坝	70	—	—	—	67	—	—	—	1856	稳定	—	—	—	—	—
139	中国	党员池	—	—	—	—	—	—	—	—	1951	—	—	—	—	—	—
140	中国	大坪山	—	—	—	—	—	—	—	—	1985	不稳定	—	—	—	—	—
141	中国	大栗子镇	—	—	—	—	—	—	—	—	1991	—	—	—	—	—	—
142	中国	大湾子	40	—	—	—	0.2	—	—	—	1991	不稳定	—	—	—	—	—
143	中国	大武乡	—	2200	1500	—	—	—	—	—	2004	—	—	—	—	—	—
144	中国	大溪	—	—	—	—	—	—	—	—	第四纪	不稳定	—	—	—	—	—
145	中国	大营盘	—	—	—	—	—	—	—	—	1957	不稳定	—	—	—	—	—
146	中国	灯龙山	—	—	—	—	—	—	—	—	1991	—	—	—	—	—	—

续表

序号	国家/地区	名称	堰塞体高度/m	堰塞体长度/m	堰塞体宽度/m	堰塞体体积/10⁶m³	堰塞湖体积/10⁶m³	堰塞湖长度/m	堰塞湖流域面积/km²	被阻塞河道坡度/(°)	形成时间	稳定性	溃口峰值流量/(m³/s)	溃口最终顶宽/m	溃口最终底宽/m	溃口最终深度/m	堰塞体物质组成
147	中国	吊板垭	—	—	—	—	—	—	—	—	1988	—	—	—	—	—	—
148	中国	叠溪小海子	100	750	2350	200	0.5	—	—	—	1933	稳定	—	—	—	—	以细粒土为主
149	中国	叠溪茂县(1)	—	—	—	—	—	—	—	—	新近纪—第四纪	不稳定	—	—	—	—	—
150	中国	叠溪大海子	100	—	1500	45.5	50	—	—	—	1933	—	—	—	—	—	以细粒土为主
151	中国	叠溪茂县(2)	—	—	1743	46.5	2	—	—	—	1713	不稳定	—	—	—	—	—
152	中国	叠溪小桥	160	—	—	—	80	—	—	—	1933	不稳定	—	—	—	—	以细粒土为主
153	中国	叠溪海子	255	400	1300	132.6	400	—	—	—	1933	不稳定	—	—	—	—	—
154	中国	东江	51	—	650	—	2.7	1000	—	—	1965	不稳定	560	—	—	20	以块石为主
155	中国	东路	—	—	—	—	—	—	—	—	1951	不稳定	—	—	—	—	—
156	中国	东河口	20	500	750	12	6	3000	1236	—	2008	不稳定	900	25	15	10	黏土夹块石，块石直径30~50 cm，个别粒径可达1.5 m以上
157	中国	东亚山垭	—	—	—	—	—	—	—	—	1958	—	—	—	—	—	松散土夹块石
158	中国	东谷庙	—	—	—	—	—	—	—	—	第四纪	不稳定	—	—	—	—	—
159	中国	对扔其阿坝	—	—	—	—	—	—	—	—	1838	不稳定	—	—	—	—	—
160	中国	多佐	120	—	—	—	—	—	—	—	第四纪	—	—	—	—	—	—
161	中国	恩施	—	—	—	—	—	—	—	—	1490	—	—	—	—	—	—

续表

序号	国家/地区	名称	堰塞体高度/m	堰塞体长度/m	堰塞体宽度/m	堰塞体体积/10⁶m³	堰塞湖体积/10⁶m³	堰塞湖长度/m	堰塞湖流域面积/km²	被阻塞河道坡度/(°)	形成时间	稳定性	溃口峰值流量/(m³/s)	溃口最终顶宽/m	溃口最终底宽/m	溃口最终深度/m	堰塞体物质组成
162	中国	二里	—	—	—	—	—	—	—	—	公元前420年	—	—	—	—	—	—
163	中国	二铺	—	—	—	—	—	—	—	—	1979	—	—	—	—	—	—
164	中国	房县	—	—	—	—	—	—	—	—	788	—	—	—	—	—	—
165	中国	范家坪	—	—	—	—	—	—	—	—	第四纪	不稳定	—	—	—	—	—
166	中国	凤凰嘴	—	—	—	—	—	—	—	—	1951	—	—	—	—	—	—
167	中国	凤鸣桥	10	100	300	0.14	1.8	—	442	—	2008	不稳定	500	—	—	—	以土质为主，夹带块石
168	中国	凤山	—	—	—	—	—	—	—	—	1983	—	—	—	—	—	—
169	中国	凤仪	—	—	—	—	—	—	—	—	1925	—	—	—	—	—	—
170	中国	涪陵	—	—	—	0.01	0.5	—	—	—	1824	—	—	—	—	—	—
171	中国	涪滩	—	—	—	—	—	—	—	—	第四纪	不稳定	—	—	—	—	—
172	中国	付威	—	—	—	—	—	—	—	—	1931	—	—	—	—	—	—
173	中国	干海子	—	—	—	—	—	—	—	—	1920	不稳定	—	—	—	—	—
174	中国	干河口	10	—	—	—	—	—	—	—	2008	不稳定	—	—	—	—	—
175	中国	甘松沟	—	—	—	—	—	—	—	—	1984	—	—	—	—	—	以块石为主
176	中国	高松树	12	—	—	—	0.15	—	—	—	1981	不稳定	—	—	—	—	—
177	中国	高知湾	—	—	—	—	0.095	—	—	—	1998	—	—	—	—	—	—
178	中国	耕地眼角	—	—	—	—	—	—	—	—	—	—	—	—	—	—	—
179	中国	公棚	120	—	—	—	10	—	—	—	1933	不稳定	—	—	—	—	—

续表

序号	国家/地区	名称	堰塞体高度/m	堰塞体长度/m	堰塞体宽度/m	堰塞体体积/10⁶m³	堰塞湖体积/10⁶m³	堰塞湖长度/m	堰塞湖流域面积/km²	被阻塞河道坡度(°)	形成时间	稳定性	溃口峰值流量/(m³/s)	溃口最终顶宽/m	溃口最终底宽/m	溃口最终深度/m	堰塞体物质组成
180	中国	荀茂河	—	—	—	—	—	—	—	—	1978	—	—	—	—	—	—
181	中国	固安县（1）	—	—	—	—	—	—	—	—	952	—	—	—	—	—	—
182	中国	关家沟	—	—	—	—	—	—	—	—	1982	不稳定	—	—	—	—	以粗粒土为主
183	中国	关家院子	65	—	—	—	1.9	—	—	—	1981	不稳定	—	—	—	—	—
184	中国	管九坪	10	—	—	—	0.4	—	—	—	1968	—	—	—	—	—	—
185	中国	关庙沟	—	—	—	—	—	—	—	—	1984	—	—	—	—	—	—
186	中国	官潭	60	200	120	1.2	10	2000	226	—	2008	不稳定	—	—	—	—	土含块石
187	中国	固安县（2）	—	—	—	—	—	—	—	—	1930	不稳定	—	—	—	—	—
188	中国	固安县（3）	—	—	—	—	—	—	—	—	公元前10年	不稳定	—	—	—	—	—
189	中国	观音沟	—	—	—	—	—	—	—	—	1989	不稳定	—	—	—	—	—
190	中国	罐子铺	60	390	400	2	5.85	—	243	—	2008	不稳定	—	—	—	—	未固结土含块石
191	中国	古浪	—	—	—	—	—	—	—	—	1927	—	—	—	—	—	—
192	中国	故陵	—	—	—	—	—	—	—	—	第四纪	不稳定	—	—	—	—	—
193	中国	孤石群	—	—	—	—	—	—	—	—	第四纪	—	—	—	—	—	—
194	中国	固原	—	—	—	—	—	—	—	—	1921	—	—	—	—	—	—
195	中国	海原	—	—	—	—	—	—	—	—	1921	—	—	—	—	—	—
196	中国	海子坪	8	50	500	0.67	3	—	357	—	2008	不稳定	—	—	—	—	—

续表

序号	国家/地区	名称	堰塞体高度/m	堰塞体长度/m	堰塞体宽度/m	堰塞体体积/10⁶m³	堰塞湖体积/10⁶m³	堰塞湖长度/m	堰塞湖流域面积/km²	被阻塞河道坡度/(°)	形成时间	稳定性	溃口峰值流量/(m³/s)	溃口最终顶宽/m	溃口最终底宽/m	溃口最终深度/m	堰塞体物质组成
197	中国	汉源（1）	—	—	—	—	—	—	—	—	1880	—	—	—	—	—	—
198	中国	汉源（2）	—	—	—	—	—	—	—	—	1917	—	—	—	—	—	—
199	中国	黑洞崖	65	120	700	0.4	1.8	400	258	—	2008	不稳定	—	—	—	—	以孤块石为主，块径1～2m孤石占50%，0.5～1.0m块石占20%，小于0.5m占30%，结构松散
200	中国	嘿社	—	—	—	—	—	—	—	—	1983	—	—	—	—	—	—
201	中国	黑石沟	—	—	—	—	—	—	—	—	1925	不稳定	—	—	—	—	—
202	中国	河南（1）	—	—	—	—	—	—	—	—	611	—	—	—	—	—	—
203	中国	河南（2）	—	—	—	—	—	—	—	—	公元前413年	—	—	—	—	—	—
204	中国	和田	—	—	—	—	—	—	—	—	1975	不稳定	—	—	—	—	以粗粒土为主
205	中国	合阳县东	—	—	—	—	—	—	—	—	774	—	—	—	—	—	—
206	中国	红村	45	80	—	0.4	1.25	—	—	—	2008	不稳定	—	—	—	—	土壤和碎块岩石
207	中国	红山村	—	—	—	—	—	—	—	—	1990	不稳定	—	—	—	—	松散土夹石
208	中国	红石河	50	400	500	18	4	—	1223	—	2008	不稳定	500	—	9	10	松散土夹石
209	中国	红石岩	83	286	753	12	260	—	11832	—	2014	稳定	—	—	—	—	松散土夹石

续表

序号	国家/地区	名称	堰塞体高度/m	堰塞体长度/m	堰塞体宽度/m	堰塞体体积/10⁶m³	堰塞湖体积/10⁶m³	堰塞湖长度/m	堰塞湖流域面积/km²	被阻塞河道坡度/(°)	形成时间	稳定性	溃口峰值流量/(m³/s)	溃口最终顶宽/m	溃口最终底宽/m	溃口最终深度/m	堰塞体物质组成
210	中国	洪水沟	—	—	—	—	—	—	—	—	1964	—	—	—	—	—	—
211	中国	红土坡	—	—	—	—	—	—	—	—	1990	不稳定	—	—	—	—	—
212	中国		—	—	—	—	—	—	—	—	1609	—	—	—	—	—	—
213	中国	后石沟	120	40	500	2.4	1.5	—	—	—	2008	不稳定	—	—	—	—	—
214	中国	华县	—	—	—	—	—	—	—	—	1556	—	—	—	—	—	—
215	中国	花红园	—	—	—	—	—	—	—	—	1713	不稳定	—	—	—	—	—
216	中国	花莲	—	—	—	—	—	—	—	—	1999	—	—	—	—	—	—
217	中国	化马乡	—	—	—	—	—	—	—	—	1976	不稳定	—	—	—	—	以粗粒土为主
218	中国	黄官漕	—	—	—	—	—	—	—	—	1986	不稳定	—	—	—	—	—
219	中国	黄金坑	3	—	3000	—	—	—	—	—	1998	—	—	—	—	—	—
220	中国	黄粱（1）	—	—	—	—	—	—	—	—		—	—	—	—	—	—
221	中国	黄粱（2）	—	—	—	—	—	—	—	—		—	—	—	—	—	—
222	中国	黄粱（3）	—	—	—	—	—	—	—	—		—	—	—	—	—	—
223	中国	黄粱（4）	—	—	—	—	—	7600	—	—		—	—	—	—	—	—
224	中国	黄连峡	40	—	—	—	20	—	—	—	1982	不稳定	—	—	—	—	—
225	中国	黄土坡	—	—	—	—	—	—	—	—	1995	—	—	—	—	—	—
226	中国	华宁	—	—	—	—	—	—	—	—	1789	—	—	—	—	—	—
227	中国	渭石块	—	—	—	—	—	—	—	—	1996	不稳定	—	—	—	—	—
228	中国	会理县	—	—	—	—	—	—	—	—	1830	不稳定	—	—	—	—	以粗粒土为主

续表

序号	国家/地区	名称	堰塞体高度/m	堰塞体长度/m	堰塞体宽度/m	堰塞体积/10⁶m³	堰塞湖体积/10⁶m³	堰塞湖长度/m	堰塞湖流域面积/km²	被阻塞河道坡度(°)	形成时间	稳定性	溃口峰值流量/(m³/s)	溃口最终顶宽/m	溃口最终底宽/m	溃口最终深度/m	堰塞体物质组成
229	中国	浑水沟	—	—	—	—	—	—	—	—	1982	—	—	—	—	—	—
230	中国	霍布逊湖,青海省	—	—	—	—	—	—	—	—	1962	—	—	—	—	—	—
231	中国	霍山	—	—	—	—	—	—	—	—	1969	—	—	—	—	—	—
232	中国	火石沟	120	40	500	2.4	1.5	—	341	—	2008	不稳定	—	—	—	—	—
233	中国	火焰石	—	—	—	—	—	—	—	—	第四纪	不稳定	—	—	—	—	—
234	中国	枷担湾	60	—	220	8.2	6.1	—	—	—	2008	不稳定	—	—	—	20	花岗岩漂石、块石和碎石土
235	中国	建川	—	—	—	—	—	—	—	—	1948	—	—	—	—	—	—
236	中国	江川	—	—	—	—	—	1250	—	—	1951	—	—	—	—	—	—
237	中国	蒋家沟 (1)	10.5	—	—	—	—	10000	—	—	1919	不稳定	—	—	—	—	—
238	中国	蒋家沟 (2)	—	—	—	—	—	—	—	—	1919	不稳定	—	—	—	—	—
239	中国	蒋家沟 (3)	—	—	—	—	—	10000	—	—	1937		—	—	—	—	—
240	中国	蒋家沟 (4)	—	—	—	—	—	10000	—	—	1937	不稳定	—	—	—	—	—
241	中国	蒋家沟 (5)	10	—	—	—	—	9000	—	—	1954	不稳定	—	—	—	—	以粗粒土为主
242	中国	蒋家沟 (6)	9.5	—	—	—	—	—	—	—	1961	不稳定	—	—	—	—	以粗粒土为主
243	中国	蒋家沟 (7)	—	—	—	—	—	—	—	—	1964	不稳定	—	—	—	—	以粗粒土为主
244	中国	蒋家沟 (8)	—	—	—	—	—	106	—	—	1966	不稳定	—	—	—	—	—
245	中国	蒋家沟 (9)	10	—	—	—	—	10000	—	—	1968	不稳定	—	—	—	—	以粗粒土为主
246	中国	姜家坨	—	—	—	—	—	—	—	—	第四纪	不稳定	—	—	—	—	—

续表

序号	国家/地区	名称	堰塞体高度/m	堰塞体长度/m	堰塞体宽度/m	堰塞体体积/10⁶m³	堰塞湖体积/10⁶m³	堰塞湖长度/m	堰塞湖流域面积/km²	被阻塞河道坡度/(°)	形成时间	稳定性	溃口峰值流量/(m³/s)	溃口最终顶宽/m	溃口最终底宽/m	溃口最终深度/m	堰塞体物质组成
247	中国	江津	—	—	—	—	—	—	—	—	1786	—	—	—	—	—	—
248	中国	江圩（1）	—	—	—	—	—	—	—	—	公元前152年	—	—	—	—	—	—
249	中国	江圩（2）	—	—	—	—	—	—	—	—	公元前35年	—	—	—	—	—	—
250	中国	姜水	—	—	—	—	—	—	—	—	1588	—	—	—	—	—	—
251	中国	焦家集头	—	—	—	—	—	—	—	—	1989	—	—	—	—	—	—
252	中国	甲五村	—	—	—	—	—	—	—	—	1942	不稳定	—	—	—	—	—
253	中国	米林（1）	120	150	300	5.4	590	—	—	—	2018	不稳定	—	—	—	—	以粗粒土为主
254	中国	米林（2）	77~106	415~890	3500	30	326	—	—	—	2018	不稳定	—	—	—	—	以粗粒土为主
255	中国	佳西	—	—	—	—	—	—	—	—	1952	不稳定	—	—	—	—	—
256	中国	结戈	—	—	—	—	—	—	—	—	1950	不稳定	—	—	—	—	—
257	中国	鸡冠岭	—	110	—	—	—	20000	—	—	1994	不稳定	—	—	—	—	—
258	中国	暨南	—	—	—	—	—	—	—	—	1966	不稳定	—	—	—	—	—
259	中国	锦川电厂	—	—	—	—	—	—	—	—	1981	不稳定	—	—	—	—	—
260	中国	精河	—	—	—	—	—	—	—	—	1973	—	—	—	—	—	—
261	中国	鲸鱼沟	—	—	—	—	—	—	—	—	1953	—	—	—	—	—	—
262	中国	金牛河	—	—	—	—	—	—	—	—	1955	—	—	—	—	—	—
263	中国	锦屏电站	—	—	—	—	—	—	—	—	2004	不稳定	—	—	—	—	—

续表

序号	国家/地区	名称	堰塞体高度/m	堰塞体长度/m	堰塞体宽度/m	堰塞体体积/10⁶m³	堰塞湖体积/10⁶m³	堰塞湖长度/m	堰塞湖流域面积/km²	被阻塞河道坡度/(°)	形成时间	稳定性	溃口峰值流量/(m³/s)	溃口最终顶宽/m	溃口最终底宽/m	溃口最终深度/m	堰塞体物质组成
264	中国	鸡扒子	—	—	—	—	—	—	—	—	1982	不稳定	—	—	—	—	—
265	中国	积石峡	200	900	1500	—	—	—	—	—	公元前6000年	不稳定	—	—	—	—	—
266	中国	祭祀阿莫	—	—	—	—	—	—	—	—	—	—	—	—	—	—	—
267	中国	旧县坪	—	—	—	—	—	—	—	—	第四纪	不稳定	—	—	—	—	—
268	中国	巨津州	—	—	—	—	—	—	—	—	1383	—	—	—	—	—	—
269	中国	康定	—	—	—	—	—	—	—	—	1999	不稳定	—	—	—	—	—
270	中国	康乐	—	—	—	—	—	—	—	—	1936	—	—	—	—	—	—
271	中国	垦口屋湾	—	—	—	—	—	—	—	—	1991	—	—	—	—	—	—
272	中国	扣山	265	—	—	—	6937.5	—	—	—	第四纪	不稳定	—	—	—	—	—
273	中国	奎屯	—	—	—	—	—	—	—	—	1987	不稳定	—	—	—	—	—
274	中国	苦竹坝	60	300	200	1.65	2	800	3235	—	2008	不稳定	—	—	—	—	以块石为主
275	中国	狼叫沟	—	—	—	—	—	—	—	—	1956	—	—	—	—	—	—
276	中国	兰强碑	—	—	—	—	—	—	—	—	1988	—	—	—	—	—	—
277	中国	蓝田（1）	—	—	—	—	—	—	—	—	879	—	—	—	—	—	—
278	中国	蓝田（2）	—	—	—	—	—	—	—	—	公元前35年	—	—	—	—	—	—
279	中国	老关口	—	—	—	—	—	—	—	—	1000	不稳定	—	—	—	—	—
280	中国	老金山	11.5	—	—	—	—	—	—	—	1996	不稳定	—	—	—	—	—

续表

序号	国家/地区	名称	堰塞体高度/m	堰塞体长度/m	堰塞体宽度/m	堰塞体体积/10^6m³	堰塞湖体积/10^6m³	堰塞湖长度/m	堰塞湖流域面积/km²	被阻塞河道坡度/(°)	形成时间	稳定性	溃口峰值流量/(m³/s)	溃口最终顶宽/m	溃口最终底宽/m	溃口最终深度/m	堰塞体物质组成
281	中国	老鹰岩	106~140	130	240	4.7	10.1	—	29	—	2008	不稳定	—	—	—	—	孤石和块碎石，孤石占15%~20%，粒径一般为2 m，个别可达6~8 m；块碎石占60%~70%，粒径一般为2~60 cm；其余为碎石土，占10%~25%
282	中国	老座厂	50	100	—	—	—	—	—	—	1989	不稳定					
283	中国	拉月曲	—	—	—	—	—	—	—	—	1967	不稳定					
284	中国	乐都	—	—	—	—	—	—	—	—	847	不稳定					以细粒土为主
285	中国	勒古洛存沟	—	—	—	—	—	—	—	—	1987	不稳定					
286	中国	雷公塘	—	—	—	—	—	—	—	—	—	—					
287	中国	雷家大山	—	—	—	—	—	—	—	—	1998	不稳定					
288	中国	梁家庄	68	—	—	—	1.5	—	—	—	1983	不稳定					
289	中国	两苗地	—	—	—	—	—	—	—	—	1986	不稳定					
290	中国	立把罗	—	—	—	—	—	—	—	—	1984	不稳定					
291	中国	李家池	—	—	—	—	—	—	—	—	1951	—					
292	中国	李界	—	—	—	—	—	—	—	—	1983	—					

续表

序号	国家/地区	名称	堰塞体高度/m	堰塞体长度/m	堰塞体宽度/m	堰塞体体积/10⁶m³	堰塞湖体积/10⁶m³	堰塞湖长度/m	堰塞湖流域面积/km²	被阻塞河道坡度/(°)	形成时间	稳定性	溃口峰值流量/(m³/s)	溃口最终顶宽/m	溃口最终底宽/m	溃口最终深度/m	堰塞体物质组成
293	中国	凌子口	—	—	—	—	—	—	—	—	公元前18000年	不稳定	—	—	—	—	—
294	中国	临洮	—	—	—	—	—	—	—	—	1461	不稳定	—	—	—	—	—
295	中国	理塘	—	—	—	—	—	—	—	—	1948	不稳定	—	—	—	—	以细粒土为主
296	中国	六顶沟	60	50	500	1.5	3	—	296	—	2008	不稳定	—	20	12	—	—
297	中国	刘家沟	—	—	—	—	—	—	—	—	1952	不稳定	—	—	—	—	—
298	中国	刘家坪	—	—	—	—	—	—	—	—	1989	不稳定	—	—	—	—	—
299	中国	刘家屋场	—	—	—	—	—	—	—	—	第四纪	不稳定	—	—	—	—	—
300	中国	流来观	—	—	—	—	—	—	—	—	第四纪	不稳定	—	—	—	—	—
301	中国	柳市	—	—	—	—	—	—	—	—	1950	—	—	—	—	—	—
302	中国	柳埔镇	—	—	—	1.5	—	—	—	—	1998	不稳定	—	—	—	—	—
303	中国	澧县（1）	—	—	—	—	—	—	—	—	1708	—	—	—	—	—	—
304	中国	澧县（2）	—	—	—	—	—	—	—	—	1858	—	—	—	—	—	—
305	中国	澧县（3）	—	—	—	—	—	—	—	—	1984	—	—	—	—	—	—
306	中国	李玉坪	—	—	—	—	—	—	—	—	1955	不稳定	—	—	—	—	—
307	中国	利子依达沟	—	—	—	—	—	—	—	—	1981	不稳定	—	—	—	—	—
308	中国	龙门沟	—	—	—	—	—	—	—	—	1983	不稳定	—	—	—	—	以粗粒土为主
309	中国	龙田乡	—	—	—	—	—	—	—	—	1991	—	—	—	—	—	—
310	中国	龙湾	—	—	—	—	—	—	—	—	—	—	—	—	—	—	—

续表

序号	国家/地区	名称	堰塞体高度/m	堰塞体长度/m	堰塞体宽度/m	堰塞体积/10⁶m³	堰塞湖体积/10⁶m³	堰塞湖长度/m	堰塞湖流域面积/km²	被阻塞河道坡度/(°)	形成时间	稳定性	溃口峰值流量/(m³/s)	溃口最终顶宽/m	溃口最终底宽/m	溃口最终深度/m	堰塞体物质组成
311	中国	龙湾堡子	—	—	—	—	—	—	—	—	1954	—	—	—	—	—	—
312	中国	龙羊	—	—	—	—	—	—	—	—	700	不稳定	—	—	—	—	—
313	中国	鲁车渡	—	—	—	—	—	—	—	—	1935	不稳定	—	—	—	—	—
314	中国	泸沽铁矿	—	—	—	—	—	—	—	—	1970	—	—	—	—	—	—
315	中国	轮台	—	—	—	—	—	—	—	—	1949	—	—	—	—	—	—
316	中国	罗峪沟	—	—	—	—	—	—	—	—	1965	—	—	—	—	—	—
317	中国	禄劝(1)	—	—	—	—	—	—	—	—	1965	不稳定	—	—	—	—	—
318	中国	禄劝(2)	—	—	—	—	—	—	—	—	1966	—	—	—	—	—	—
319	中国	麓山	10	40	150	—	—	—	—	—	1970	不稳定	—	—	—	—	以块石为主
320	中国	马鞍煤矿	—	—	—	—	—	—	—	—	1983	—	—	—	—	—	—
321	中国	马鞍石	67.6	270	950	11.2	1.15	—	75.1	—	2008	不稳定	2200	—	—	—	石块和泥松散堆积，大孤石较少
322	中国	马边(1)	—	—	—	—	—	—	—	—	1794	—	—	—	—	—	—
323	中国	马边(2)	—	—	—	—	—	—	—	—	1935	—	—	—	—	—	—
324	中国	马边(3)	—	—	—	—	0.1	—	—	—	1936	—	—	—	—	—	—
325	中国	马槽滩下	30	100	60	0.14	0.1	—	53	—	2008	不稳定	—	—	—	—	巨石和块石碎片
326	中国	马槽滩中	45	90	80	0.2	0.25	—	53	—	2008	不稳定	—	—	—	—	巨石和块石碎片

续表

序号	国家/地区	名称	堰塞体高度/m	堰塞体长度/m	堰塞体宽度/m	堰塞体体积/10⁶m³	堰塞湖体积/10⁶m³	堰塞湖长度/m	堰塞湖流域面积/km²	被阻塞河道坡度/(°)	形成时间	稳定性	溃口峰值流量/(m³/s)	溃口最终顶宽/m	溃口最终底宽/m	溃口最终深度/m	堰塞体物质组成
327	中国	马槽滩下	45	160	300	1	0.6	—	53	—	2008	不稳定	—	—	—	—	块石和岩石碎片
328	中国	麻池盖	—	60	—	—	1	—	—	—	208	—	—	—	—	—	—
329	中国	马湖	—	—	—	—	—	—	—	—	1216	不稳定	—	—	—	—	—
330	中国	蚂蟥乡	—	—	—	—	—	—	—	—	1981	不稳定	—	—	—	—	—
331	中国	麦地	—	—	—	—	—	—	—	—	1971	不稳定	—	—	—	—	—
332	中国	麦棚子	—	—	—	—	—	—	—	—	1988	不稳定	—	—	—	—	—
333	中国	马家坝	—	—	—	—	—	—	—	—	1986	不稳定	—	—	—	—	—
334	中国	毛坪	—	—	—	—	—	—	—	—	公元前9500年	不稳定	—	—	—	—	—
335	中国	门狮山	—	—	—	—	—	—	—	—	1971	不稳定	—	—	—	—	—
336	中国	绵远河	—	—	—	—	—	—	—	—	1934	—	—	—	—	—	—
337	中国	岷江（1）	255	400	1300	—	400	17000	—	—	1933	不稳定	—	—	—	—	第四纪冲积岩和变质岩
338	中国	岷江（2）	125	—	—	—	—	—	—	—	1933	不稳定	—	—	—	—	粗岩屑，第四纪变质岩
339	中国	岷江（3）	156	800	1700	—	73	12500	—	—	1933	不稳定	—	—	—	—	粗岩屑，弧石
340	中国	闽丰	—	—	—	—	—	—	—	—	1924	不稳定	—	—	—	—	孤石，至5 m
341	中国	明洞沟	—	—	—	—	—	—	—	—	1986	不稳定	—	—	—	—	以粗粒土为主
342	中国	名山县	—	—	—	—	—	—	—	—	991	—	—	—	—	—	—

续表

序号	国家/地区	名称	堰塞体高度/m	堰塞体长度/m	堰塞体宽度/m	堰塞体体积/10⁶m³	堰塞湖体积/10⁶m³	堰塞湖长度/m	堰塞湖流域面积/km²	被阻塞河道坡度/(°)	形成时间	稳定性	溃口峰值流量/(m³/s)	溃口最终顶宽/m	溃口最终底宽/m	溃口最终深度/m	堰塞体物质组成
343	中国	摩岗岭	—	—	—	—	—	—	—	—	1786	不稳定	—	—	—	—	以块石为主
344	中国	墨脱	—	—	—	—	—	—	—	—	1950	不稳定	—	—	—	—	以细粒土为主
345	中国	磨西面	—	—	—	—	—	—	—	—	1786	不稳定	—	—	—	—	以块石为主
346	中国	木瓜坪	15	100	20	0.2	0.04	—	53	—	2008	不稳定	—	—	20	—	表层堆积土
347	中国	南澳	—	—	—	—	—	—	—	—	1600	—	—	—	—	—	—
348	中国	南坝	50	625	200	5.32	6.86	6000	161	—	2008	不稳定	—	—	—	—	含孤块石碎石土，孤石最大直径可达数米，块石粒径一般为20~80cm，占70%~80%，土的含量20%~30%
349	中国	南部灵山	—	—	—	—	—	—	—	—	1950	不稳定	—	—	—	—	—
350	中国	南沟	—	—	—	—	—	—	—	—	—	不稳定	—	—	—	—	—
351	中国	南关沟	—	—	—	—	—	—	—	—	1989	不稳定	—	—	—	—	—
352	中国	南迦巴瓦山	—	—	—	—	—	—	—	—	1950	不稳定	—	—	—	—	—
353	中国	南江（1）	—	—	—	—	—	—	—	—	—	不稳定	—	—	—	—	—
354	中国	南江（1）	—	200	450	—	—	450	—	—	1975	—	—	—	—	—	—
355	中国	南门湾	—	—	—	—	—	—	—	—	1987	—	—	—	—	—	—

续表

序号	国家/地区	名称	堰塞体高度/m	堰塞体长度/m	堰塞体宽度/m	堰塞体体积/10⁶m³	堰塞湖体积/10⁸m³	堰塞湖长度/m	堰塞湖流域面积/km²	被阻塞河道坡度/(°)	形成时间	稳定性	溃口峰值流量/(m³/s)	溃口最终顶宽/m	溃口最终底宽/m	溃口最终深度/m	堰塞体物质组成
356	中国	南徐村	—	—	—	—	—	—	—	—	1981	—	—	—	—	—	—
357	中国	尼勒克	—	—	—	—	—	—	—	—	1812	—	—	—	—	—	—
358	中国	宁蒗（1）	—	—	—	—	—	—	—	—	1976	—	—	—	—	—	—
359	中国	宁蒗（2）	—	—	—	—	—	—	—	—	1998	—	—	—	—	—	—
360	中国	泥丘	240	—	—	—	—	—	—	—	公元前8700年	不稳定	—	—	—	—	—
361	中国	牛滚凼	—	—	—	—	—	—	—	—	1968	不稳定	—	—	—	—	—
362	中国	牛角洞	40	—	—	—	—	—	—	—	1982	不稳定	—	—	—	—	—
363	中国	牛日河	—	—	—	—	—	—	—	—	1982	—	—	—	—	—	—
364	中国	搭龙沟	—	—	—	—	—	—	—	—	1985	—	—	—	—	—	—
365	中国	平安村	—	—	—	—	—	—	—	—	1955	—	—	—	—	—	—
366	中国	平武（1）	—	—	—	—	—	2000	—	—	1976	—	—	—	—	—	—
367	中国	平武（2）	—	—	—	—	—	—	—	—	1976	—	—	—	—	—	—
368	中国	坪山	—	—	—	—	—	—	—	—	1876	—	—	—	—	—	—
369	中国	皮阳	—	—	—	—	—	—	—	—	1961	—	—	—	—	—	—
370	中国	瀑布沟	9	421	239	0.91	0.11	153	—	—	2010	不稳定	—	—	—	—	—
371	中国	瀑布沟	—	—	—	—	4.75	—	—	—	公元前8000年	不稳定	—	—	—	—	以粗粒土为主
372	中国	蒲城	—	—	—	—	—	—	—	—	1366	不稳定	—	—	—	—	—
373	中国	普洱	—	—	—	—	0.1	—	—	—	1970	—	—	—	—	—	—

续表

序号	国家/地区	名称	堰塞体高度/m	堰塞体长度/m	堰塞体宽度/m	堰塞体体积/10⁶m³	堰塞湖体积/10⁶m³	堰塞湖长度/m	堰塞湖流域面积/km²	被阻塞河道坡度/(°)	形成时间	稳定性	溃口峰值流量/(m³/s)	溃口最终顶宽/m	溃口最终底宽/m	溃口最终深度/m	堰塞体物质组成
374	中国	普福	140	—	—	—	5	—	—	—	1965	—	—	—	—	—	—
375	中国	匐匐沟	—	—	—	—	—	—	—	—	1921	不稳定	—	—	—	—	—
376	中国	浦隔洞	—	—	—	—	—	—	—	—	1850	—	—	—	—	—	—
377	中国	蒲家沟	—	—	—	—	—	—	—	—	1974	—	—	—	—	—	—
378	中国	蒲琴	—	—	—	—	—	—	—	—	1960	—	—	—	—	—	—
379	中国	庆草沱	—	—	—	—	—	—	—	—	第四纪	不稳定	—	—	—	—	—
380	中国	千将坪村	20	1000	1200	—	—	—	—	—	2003	—	—	—	—	—	—
381	中国	巧家（1）	—	—	—	—	—	—	—	—	1918	—	—	—	—	—	—
382	中国	巧家（2）	—	—	—	—	—	—	—	—	1983	不稳定	—	—	—	—	以粗粒土为主
383	中国	期纳	—	—	—	—	—	—	—	—	1966	不稳定	—	—	—	—	—
384	中国	青㠓江	—	40	110	—	—	—	—	—	1979	不稳定	—	—	—	—	—
385	中国	琼山沟	6	—	—	—	2.88	—	—	—	2003	不稳定	—	—	—	—	以粗粒土为主
386	中国	祁山	—	—	—	—	—	—	—	—	公元前780年	—	—	—	—	—	—
387	中国	曲溪	—	—	—	—	—	—	—	—	1970	不稳定	—	—	—	—	—
388	中国	然乌湖	—	—	—	—	—	—	—	—	1800	不稳定	—	—	—	—	—
389	中国	赛米河	—	—	—	—	—	—	—	—	1985	不稳定	—	—	—	—	—
390	中国	洒勒山	—	—	—	—	—	—	—	—	1983	不稳定	—	—	—	—	—
391	中国	三会寺	—	—	—	—	—	—	—	—	1964	—	—	—	—	—	—

续表

序号	国家地区	名称	堰塞体高度/m	堰塞体长度/m	堰塞体宽度/m	堰塞体体积/10⁶m³	堰塞湖体积/10⁶m³	堰塞湖长度/m	堰塞湖流域面积/km²	被阻塞河道坡度(°)	形成时间	稳定性	溃口峰值流量/(m³/s)	溃口最终顶宽/m	溃口最终底宽/m	溃口最终深度/m	堰塞体物质组成
392	中国	沙坝沟	—	—	—	—	—	—	—	—	1935	不稳定	—	—	—	—	—
393	中国	沙底乡	—	—	—	—	—	—	—	—	1976	不稳定	—	—	—	—	—
394	中国	沙岭	20	—	—	—	2	—	—	—	1982	稳定	—	—	—	—	—
395	中国	上白腊寨	20	—	—	—	0.7	—	—	—	1933	稳定	—	—	—	—	—
396	中国	上水磨沟	50	—	—	—	0.8	—	—	—	1933	不稳定	—	—	—	—	—
397	中国	闪口	50	—	—	—	0.8	—	—	—	1982	不稳定	—	—	—	—	—
398	中国	剡溪（1）	—	—	—	—	—	—	—	—	公元前586年	不稳定	—	—	—	—	—
399	中国	剡溪（2）	—	—	—	—	—	—	—	—	公元前25年	不稳定	—	—	—	—	—
400	中国	剡溪（3）	—	—	—	—	—	—	—	—	16	—	—	—	—	—	—
401	中国	山阳	—	—	—	—	—	—	—	—	1990	—	—	—	—	—	—
402	中国	沙湾	—	—	—	—	—	—	—	—	1906	—	—	—	—	—	—
403	中国	舍儿	—	—	—	—	—	—	—	—	1978	—	—	—	—	—	—
404	中国	石敏沟	52.5	450	800	15	11	4000	3546	—	2008	不稳定	—	—	—	8	块石和碎石
405	中国	石膏地	—	—	—	—	—	—	—	—	1881	不稳定	—	—	—	—	—
406	中国	石家坡	100	1060	160	30	—	—	—	—	1981	不稳定	—	—	—	—	—
407	中国	石门沟	—	—	—	—	—	—	—	—	1978	—	—	—	—	—	—
408	中国	石门玫	405	—	—	—	11000	—	—	—	第四纪	不稳定	—	—	—	—	—
409	中国	石坪	—	—	—	—	—	—	—	—	1887	—	—	—	—	—	—

续表

序号	国家/地区	名称	堰塞体高度/m	堰塞体长度/m	堰塞体宽度/m	堰塞体体积/10⁶m³	堰塞湖体积/10⁶m³	堰塞湖长度/m	堰塞湖流域面积/km²	被阻塞河道坡度/(°)	形成时间	稳定性	溃口峰值流量/(m³/s)	溃口最终顶宽/m	溃口最终底宽/m	溃口最终深度/m	堰塞体物质组成
410	中国	石阡县	—	—	—	—	—	—	—	—	1995	—	—	—	—	—	—
411	中国	石漠洛须	—	—	—	—	—	—	—	—	1896	—	—	—	—	—	—
412	中国	双曦村	—	—	—	—	—	—	—	—	1981	不稳定	—	—	—	—	—
413	中国	水竹园	—	—	—	—	—	—	—	—	第四纪	不稳定	—	—	—	—	—
414	中国	顺河	—	—	—	—	—	—	—	—	1967		—	—	—	—	以粗粒土为主
415	中国	树叶乡	—	—	—	—	—	—	—	—	1983	不稳定	—	—	—	—	—
416	中国	司基沟	—	—	—	—	—	—	—	—	1989	不稳定	—	—	—	—	—
417	中国	思纳	—	—	—	—	—	—	—	—	1966		—	—	—	—	—
418	中国	松坪沟	50	200	100	—	—	—	—	—	1933		—	—	—	—	—
419	中国	孙家院子	50	180	400	1.6	5.6	—	1785	—	2008	不稳定	—	—	—	—	松散块石、碎片与土为主
420	中国	苏洼龙	—	—	—	—	—	—	—	—	1997	不稳定	—	—	—	—	—
421	中国	苏州崖	—	—	—	—	—	—	—	—	1957	不稳定	—	—	—	—	—
422	中国	太平驿	—	—	—	—	—	—	—	—	公元前18000年	不稳定	—	—	—	—	—
423	中国	唐不朗沟	—	—	—	—	—	—	—	—	1964	不稳定	—	—	—	—	以粗粒土为主
424	中国	唐房沟	—	—	—	—	—	—	—	—	第四纪	不稳定	—	—	—	—	—

续表

序号	国家/地区	名称	堰塞体高度/m	堰塞体长度/m	堰塞体宽度/m	堰塞体体积/10^6 m³	堰塞湖体积/10^6 m³	堰塞湖长度/m	堰塞湖流域面积/km²	被阻河道坡度/(°)	形成时间	稳定性	溃口峰值流量/(m³/s)	溃口最终顶宽/m	溃口最终底宽/m	溃口最终深度/m	堰塞体物质组成
425	中国	唐古栋(1)	175	—	3000	68	680	53000	—	—	1967	不稳定	53000	—	55	88	粉土占5%~10%,数厘米至30 cm碎石占70%~80%,30 cm以上碎石占10%~25%
426	中国	唐古栋(2)	—	—	—	—	—	—	—	—	1969	不稳定	—	—	—	—	—
427	中国	唐家山	80~120	611.8	802	20.37	316	20000	3550	0.215	2008	不稳定	6500	190	90	42	以碎石土为主,粒径多小于20 cm,其中粉质壤土占60%,碎石占30%,块石(5~20 cm)占5%~10%
428	中国	唐家湾	30	300	600	4	15.2	—	1395	—	2008	不稳定	—	—	—	—	含孤块碎石土
429	中国	唐岩光	—	—	—	—	—	—	—	—	1961	不稳定	—	—	—	—	—
430	中国	滩涝	—	—	—	—	—	—	—	—	第四纪	不稳定	—	—	—	—	—
431	中国	桃园	—	—	—	—	—	—	—	—	第四纪	不稳定	—	—	—	—	—
432	中国	天宝	—	—	—	—	—	—	—	—	1982	不稳定	—	—	—	—	—
433	中国	田家洼	—	—	—	—	—	—	—	—	1962		—	—	—	—	—

续表

序号	国家/地区	名称	堰塞体高度/m	堰塞体长度/m	堰塞体宽度/m	堰塞体体积/10⁶m³	堰塞湖体积/10⁶m³	堰塞湖长度/m	堰塞湖流域面积/km²	被阻塞河道坡度(°)	形成时间	稳定性	溃口峰值流量/(m³/s)	溃口最终顶宽/m	溃口最终底宽/m	溃口最终深度/m	堰塞体物质组成
434	中国	天全	—	—		—	—	—	—	—	公元前181年			—	—	—	—
435	中国	天台乡	—	—		—	200	20000	—	—	2004	—		—	—	—	—
436	中国	天柱县	—	—		—	—	—	—	—	1665	—		—	—	—	—
437	中国	跳石	—	—		—	—	—	—	—	第四纪	不稳定		—	—	—	—
438	中国	铁滩	—	—		—	—	—	—	—	第四纪	不稳定		—	—	—	—
439	中国	铜鼓东	175	—		—	680	—	—	—	1967	不稳定		—	—	—	—
440	中国	通渭	—	—		—	—	—	—	—	1921			—	—	—	—
441	中国	头寨沟	—	—		—	—	—	—	—	1991	不稳定		—	—	—	—
442	中国	团建乡	—	—		—	—	—	—	—	1988			—	—	—	—
443	中国	土巴沟	25	—		—	1	—	—	—	1984	不稳定		—	—	—	—
444	中国	图们	—	—		—	—	—	—	—	1992			—	—	—	—
445	中国	图爬塘	—	—		—	—	—	—	—	1961			—	—	—	—
446	中国	未知	—	—		—	—	—	—	—	1786			—	—	—	—
447	中国	望溪村	—	—		—	—	—	—	—	1991			—	—	—	—
448	中国	万家沟	—	—		—	—	—	—	—	1981			—	—	—	—
449	中国	卫宁	—	—		—	—	—	—	—	1948			—	—	—	—
450	中国	汶川	—	—		—	—	—	—	—	1657			—	—	—	—
451	中国	文家沟	—	—		—	—	—	—	—	1973			—	—	—	—

续表

序号	国家/地区	名称	堰塞体高度/m	堰塞体长度/m	堰塞体宽度/m	堰塞体体积/10⁶m³	堰塞湖体积/10⁶m³	堰塞湖长度/m	堰塞湖流域面积/km²	被阻塞河道坡度(°)	形成时间	稳定性	溃口峰值流量/(m³/s)	溃口最终顶宽/m	溃口最终底宽/m	溃口最终深度/m	堰塞体物质组成
452	中国	五尺坝	—	—	—	—	—	—	—	—	—	不稳定	—	—	—	—	—
453	中国	乌当区	—	—	—	—	—	—	—	—	1963	—	—	—	—	—	—
454	中国	武都（1）	—	—	—	—	—	—	—	—	986	—	—	—	—	—	—
455	中国	武都（2）	—	—	—	—	—	—	—	—	1879	—	—	—	—	—	—
456	中国	吴家湾	—	—	—	—	—	6500	—	—	1887	不稳定	—	—	—	—	—
457	中国	武进河	—	—	—	—	0.1	—	—	—	1982	不稳定	—	—	—	—	—
458	中国	五莲河	—	—	—	—	—	—	—	—	1948	不稳定	—	—	—	—	—
459	中国	下白腊寨	60	—	—	—	0.95	—	—	—	1933	不稳定	—	—	—	—	以细粒土为主
460	中国	咸丰	100	—	600	4	—	—	—	—	1856	—	—	—	—	—	—
461	中国	潇河（1）	—	—	—	—	—	—	—	—	1949	不稳定	—	—	—	—	以粗粒土为主
462	中国	潇河（2）	—	—	—	—	—	—	—	—	1985	不稳定	—	—	—	—	以粗粒土为主
463	中国	小岗剑下游	30	120	400	0.45	7	400	378	1.587	2008	不稳定					由孤石和块石组成，孤石最大达10 m，孤石直径1～3 m，占50%；块石直径30～60 cm，占25%；碎石直径10～20 cm，占10%；其余为细砾石等细粒物质

续表

序号	国家/地区	名称	堰塞体高度/m	堰塞体长度/m	堰塞体宽度/m	堰塞体体积/10⁶m³	堰塞湖体积/10⁶m³	堰塞湖长度/m	堰塞湖流域面积/km²	被阻塞河道坡度/(°)	形成时间	稳定性	溃口峰值流量/(m³/s)	溃口最终顶宽/m	溃口最终底宽/m	溃口最终深度/m	堰塞体物质组成
464	中国	小岗剑上游	95	300	300	2	12	400	376	1.587	2008	不稳定	3950	80	—	30	以块石为主
465	中国	肖家沟	15	500	100	0.75	0.23	150	7.23	—	2010	不稳定	—	—	—	—	以粗粒土为主
466	中国	肖家桥	62	200	200	2.42	20	7000	231	—	2008	不稳定	1000	131.6	8	37.3	由孤石、块石、碎石组成,表层粒径大于1m的孤石占5%~10%,块石占大于0.4m的块石占30%~40%
467	中国	肖家垭	—	—	—	—	—	—	—	—	1935	不稳定	—	—	—	—	—
468	中国	小南海	30	100	1500	—	420	12000	—	—	1856	不稳定	—	—	—	—	—
469	中国	下水磨沟	20	—	—	—	0.2	—	—	—	1933	不稳定	—	—	—	—	—
470	中国	西昌	—	—	—	—	—	—	—	—	624	—	—	—	—	—	—
471	中国	谢家店子	10	70	250	0.12	1	1000	613	—	2008	不稳定	—	—	—	—	—
472	中国	泄流坡(1)	22	—	—	—	13	—	—	—	1981	不稳定	—	—	—	—	—
473	中国	泄流坡(2)	—	—	—	—	—	—	—	—	第四纪	不稳定	—	—	—	—	—
474	中国	泄滩沟	—	—	—	—	—	—	—	—	1991	不稳定	—	—	—	—	—
475	中国	西河村	—	—	—	—	—	—	—	—	1998	—	—	—	—	—	—
476	中国	西集	—	—	—	—	—	5000	—	—	1920	—	—	—	—	—	—
477	中国	西姆拉	—	—	—	—	—	24000	—	—	1819	—	—	—	—	—	—

续表

序号	国家/地区	名称	堰塞体高度/m	堰塞体长度/m	堰塞体宽度/m	堰塞体体积/10⁶m³	堰塞湖体积/10⁶m³	堰塞湖长度/m	堰塞湖流域面积/km²	被阻塞河道坡度(°)	形成时间	稳定性	溃口峰值流量/(m³/s)	溃口最终顶宽/m	溃口最终底宽/m	溃口最终深度/m	堰塞体物质组成
478	中国	新沟	—	—	—	—	—	—	—	—	1972	—	—	—	—	—	—
479	中国	新华乡群	—	—	—	—	—	—	—	—	第四纪	不稳定	—	—	—	—	—
480	中国	新街村	20	350	200	0.7	2	—	3546	—	2008	不稳定	—	—	—	—	未固结土夹块石
481	中国	新浦	—	—	—	—	—	—	—	—	第四纪	不稳定	—	—	—	—	—
482	中国	新滩	—	—	—	—	—	—	—	—	1030	不稳定	—	—	—	—	以粗粒土为主
483	中国	新滩（1）	—	—	—	—	—	—	—	—	101	—	—	—	—	—	—
484	中国	新滩（2）	—	—	—	—	—	—	—	—	378	—	—	—	—	—	—
485	中国	新滩（3）	—	—	—	—	—	—	—	—	1985	不稳定	—	—	—	—	—
486	中国	新滩北	—	—	—	—	—	—	—	—	1543	不稳定	—	—	—	—	—
487	中国	新塘	—	—	—	—	—	—	—	—	1970	—	—	—	—	—	—
488	中国	西西河	12	—	—	—	—	—	—	—	1988	不稳定	—	—	—	—	—
489	中国	西襄口	—	—	—	—	—	—	—	—	1950	不稳定	—	—	—	—	—
490	中国	薛城	—	—	—	—	—	—	—	—	888	—	—	—	—	—	—
491	中国	荀城	—	—	—	—	—	—	—	—	1713	—	—	—	—	—	—
492	中国	新铺	—	—	—	—	7.55	—	—	—	1991	不稳定	—	—	—	—	—
493	中国	盐池河	—	—	—	—	—	—	—	—	1980	—	—	—	—	—	—
494	中国	阴高	4	15	40	—	—	—	—	—	1989	—	—	—	—	—	—
495	中国	杨林	—	—	—	—	—	—	—	—	1833	不稳定	—	—	—	—	—

续表

序号	国家/地区	名称	堰塞体高度/m	堰塞体长度/m	堰塞体宽度/m	堰塞体体积/10⁶m³	堰塞湖体积/10⁶m³	堰塞湖长度/m	堰塞湖流域面积/km²	被阻塞河道坡度/(°)	形成时间	稳定性	溃口峰值流量/(m³/s)	溃口最终顶宽/m	溃口最终底宽/m	溃口最终深度/m	堰塞体物质组成
496	中国	阳平关	—	—	—	—	—	—	—	—	1981	—	—	—	—	—	—
497	中国	长江(1)	—	—	—	—	—	50000	—	—	377	—	—	—	—	—	—
498	中国	长江(2)	—	—	—	—	—	—	—	—	1026	—	—	—	—	—	—
499	中国	长江(3)	—	—	—	—	—	50000	—	—	1880	不稳定	—	—	—	—	—
500	中国	闫家阴坡	—	—	—	—	—	—	—	—	1988	—	—	—	—	—	—
501	中国	堰口	—	—	—	—	—	—	—	—	1996	—	—	—	—	—	—
502	中国	盐圹	—	—	—	—	—	—	—	—	1978	不稳定	—	—	—	—	—
503	中国	岩羊滩	15	150	—	1.6	4	3000	3932	—	2008	不稳定	—	—	—	—	松散土和块石
504	中国	燕子沟	—	—	—	—	—	—	—	—	1989	不稳定	—	—	—	—	—
505	中国	燕子窝	—	—	—	—	—	—	—	—	1986	不稳定	—	—	—	—	以细粒土为主
506	中国	燕子岩(1)	—	—	—	—	—	—	—	—	1988	不稳定	—	—	—	—	—
507	中国	燕子岩(2)	10	40	20	0.006	0.03	—	18	—	2008	不稳定	—	—	20	—	块石和碎石
508	中国	叶城	—	—	—	—	—	—	—	—	1980	—	—	—	—	—	—
509	中国	黄河	—	—	—	—	—	1750	—	—	1943	—	—	—	—	—	—
510	中国	沂洛河	—	—	—	—	—	—	—	—	公元前1800年	—	—	—	—	—	—

续表

序号	国家/地区	名称	堰塞体高度/m	堰塞体长度/m	堰塞体宽度/m	堰塞体积/10⁶m³	堰塞湖体积/10⁶m³	堰塞湖长度/m	堰塞湖流域面积/km²	坡阻塞河道坡度/(°)	形成时间	稳定性	溃口峰值流量/(m³/s)	溃口最终顶宽/m	溃口最终底宽/m	溃口最终深度/m	堰塞体物质组成
511	中国	一把刀	25	120	160	0.15	3.79				2008	不稳定	—	—	15	8	孤石和块碎石。孤石2~4 m，最大可达10 m，占50%；块石20~50 cm，占30%；碎石10~20 cm，占10%；另有少量碎屑物质
512	中国	衣袋	—	—	—	—	—	—	—	—	公元前26年							
513	中国	易贡	60~110	2500	2500	300	3000	215000	13533	0.63	2000	不稳定	124000	—	128	58.39	以砂石夹土为主
514	中国	益门矿	—	—	—	—	—	4000	—	—	1990	—					
515	中国	印江	—	—	—	—	—	—	—	—		—					
516	中国	邕宁	—	—	—	—	—	—	—	—	1960	—					
517	中国	油砟沟	—	—	—	—	—	—	—	—	第四纪	不稳定					
518	中国	塚国梁	—	—	—	—	—	—	—	—	1978	—					
519	中国	原平	—	—	—	—	—	—	—	—	1952	—					
520	中国	鱼儿寨	135	—	—	—	1	—	—	—	1933	稳定					
521	中国	岳西（1）	—	—	—	—	—	—	—	—	623	—					
522	中国	岳西（2）	—	—	—	—	—	—	—	—	1902	—					

续表

序号	国家/地区	名称	堰塞体高度/m	堰塞体长度/m	堰塞体宽度/m	堰塞体体积/10⁶ m³	堰塞湖体积/10⁶ m³	堰塞湖长度/m	堰塞湖流域面积/km²	被阻塞河道坡度/(°)	形成时间	稳定性	溃口峰值流量/(m³/s)	溃口最终顶宽/m	溃口最终底宽/m	溃口最终深度/m	堰塞体物质组成
523	中国	玉龙纳西族自治县	—	—	—	—	—	—	—	—	1991	不稳定	—	—	—	—	以粗粒土为主
524	中国	云阳县	—	—	—	—	—	—	—	—	1896	—	—	—	—	—	
525	中国	杂多	—	—	—	—	—	—	—	—	1971	—	—	—	—	—	
526	中国	旱阳	—	—	—	—	—	—	—	—	1984	不稳定	—	—	—	—	
527	中国	者波祖	51	—	650	29	2.7	1000	—	—	1965	不稳定	560	—	—	—	
528	中国	炸车河	—	—	—	—	—	—	—	—	1900	不稳定	—	—	—	—	
529	中国	扎里木河	—	—	—	—	—	—	—	—	1927	不稳定	—	—	—	—	
530	中国	扎龙沟	—	—	—	—	—	—	—	—	1995	不稳定	—	40	10	—	
531	中国	扎木	—	—	—	—	—	—	—	—	1902	—	—	—	—	—	
532	中国	扎木龙巴	—	—	—	—	—	—	—	—	1902	不稳定	—	—	—	—	以粗粒土为主
533	中国	查纳	—	—	—	—	—	—	—	—	1943	不稳定	—	—	—	—	
534	中国	张家大沟	—	—	—	—	—	—	—	—	第四纪	不稳定	—	—	—	—	
535	中国	张掖	—	—	—	—	—	—	—	—	1548	—	—	—	—	—	
536	中国	诏安	—	—	—	—	—	—	—	—	1600	不稳定	—	—	—	—	
537	中国	赵家塘	—	—	—	—	—	—	—	—	1973	—	—	—	—	—	
538	中国	昭通	—	—	—	—	—	—	—	—	1935	—	—	—	—	—	
539	中国	洽城	67.6	950	—	5.8	1.15	—	—	—	2008	—	—	—	—	—	
540	中国	支那乡	—	—	—	—	—	—	—	—	1983	—	—	—	—	—	

续表

序号	国家/地区	名称	堰塞体高度/m	堰塞体长度/m	堰塞体宽度/m	堰塞体体积/10⁶m³	堰塞湖体积/10⁶m³	堰塞湖长度/m	堰塞湖流域面积/km²	被阻塞河道坡度/(°)	形成时间	稳定性	溃口峰值流量/(m³/s)	溃口最终顶宽/m	溃口最终底宽/m	溃口最终深度/m	堰塞体物质组成
541	中国	治平川	—	—	—	—	—	—	—	—	1718	—		—	—	—	—
542	中国	中宁	—	—	—	—	—	—	—	—	1561	—		—	—	—	—
543	中国	钟亭乡	—	—	600	—	130	—	—	—	1983	—		—	—	—	—
544	中国	中阳村（1）	30	150	600	—	—	—	—	—	1988	—		—	—	—	—
545	中国	中阳村（2）	40	—	200	—	—	10000	—	—	1988	不稳定		—	—	—	—
546	中国	周场坪（1）	10	—	—	—	0.25	—	—	—	1981	不稳定		—	—	—	—
547	中国	周场坪（2）	—	—	—	—	—	—	—	—	1982			—	—	—	—
548	中国	舟曲（1）	—	—	—	—	—	—	—	—	1981	不稳定		—	—	—	以粗粒土为主
549	中国	舟曲（2）	9	140	1500	1.4	1.5	—	—	—	2010			—	—	—	以碎石为主，占50%～60%
550	中国	竹根桥	90	68	500	3	4.5	—	—	—	2008	不稳定		—	—	—	—
551	中国	朱菊河	—	—	—	—	1	—	241	—	1970			—	—	—	—
552	中国	紫牛坡	—	—	—	—	—	—	—	—	1733	不稳定		—	—	—	以块石为主
553	中国	最山崖	—	—	—	—	—	—	—	—	1959			—	—	—	—
554	中国	左一拓	—	—	—	—	—	—	—	—	第四纪	不稳定		—	—	—	—
555	中国	施恩	—	—	—	—	—	—	—	—	2020			—	—	—	—
556	中国	梅龙沟	—	—	—	—	—	—	—	—	2020			—	—	—	—
557	中国	芭蕉坪	—	—	—	—	—	—	—	—	2008			—	—	—	—
558	中国	大光包	690	3200	4200	742	—	—	—	—	2008			—	—	—	—

续表

序号	国家/地区	名称	堰塞体高度/m	堰塞体长度/m	堰塞体宽度/m	堰塞体体积/10⁶m³	堰塞湖体积/10⁶m³	堰塞湖长度/m	堰塞湖流域面积/km²	被阻塞河道坡度/(°)	形成时间	稳定性	溃口峰值流量/(m³/s)	溃口最终顶宽/m	溃口最终底宽/m	溃口最终深度/m	堰塞体物质组成
559	中国	旦家山（1）	—	—	—	—	—	—	—	—	2008	—	—	—	—	—	—
560	中国	旦家山（2）	—	—	—	—	—	—	—	—	2008	—	—	—	—	—	—
561	中国	黄莲头	—	—	—	—	—	—	—	—	2008	—	—	—	—	—	—
562	中国	碱草沟	—	—	—	—	—	—	—	—	2008	—	—	—	—	—	—
563	中国	睡水场	—	—	—	—	—	—	—	—	2008	—	—	—	—	—	—
564	中国	老阴山（1）	—	—	—	—	—	—	—	—	2008	—	—	—	—	—	—
565	中国	老阴山（2）	—	—	—	—	—	—	—	—	2008	—	—	—	—	—	—
566	中国	老阴山（3）	—	—	—	—	—	—	—	—	2008	—	—	—	—	—	—
567	中国	蓼叶沟	—	—	—	—	—	—	—	—	2008	—	—	—	—	—	—
568	中国	马颈项	70	340	350	2	—	—	—	—	2008	—	—	—	—	—	—
569	中国	牛角湾	—	—	—	—	—	—	—	—	2008	—	—	—	—	—	—
570	中国	欧阳观	—	—	—	—	—	—	—	—	2008	—	—	—	—	—	—
571	中国	水坑子（1）	—	—	—	—	—	—	—	—	2008	—	—	—	—	—	—
572	中国	水坑子（2）	—	—	—	—	—	—	—	—	2008	—	—	—	—	—	—
573	中国	王家大沟	—	—	—	—	—	—	—	—	2008	—	—	—	—	—	—
574	中国	易家湾（1）	—	—	—	—	—	—	—	—	2008	—	—	—	—	—	—
575	中国	易家湾（2）	—	—	—	—	—	—	—	—	2008	—	—	—	—	—	—
576	中国	白果村	10～20	200	100	0.4	—	—	3564	—	2008	—	—	—	—	—	—

续表

序号	国家/地区	名称	堰塞体高度/m	堰塞体长度/m	堰塞体宽度/m	堰塞体积/10⁶m³	堰塞湖体积/10⁶m³	堰塞湖长度/m	堰塞湖流域面积/km²	被阻塞河道坡度/(°)	形成时间	稳定性	溃口峰值流量/(m³/s)	溃口最终顶宽/m	溃口最终底宽/m	溃口最终深度/m	堰塞体物质组成
577	中国	曹山沟	—	—	—	—	—	—	—	—	2008	—	—	—	—	—	—
578	中国	陈家坝	—	—	—	—	—	—	—	—	2008	—	—	—	—	—	—
579	中国	灯瓷窝	—	—	—	—	—	—	—	—	2008	—	—	—	—	—	—
580	中国	邓家渡	—	—	—	—	—	—	—	—	2008	—	—	—	—	—	—
581	中国	邓家沟	—	—	—	—	—	—	—	—	2008	—	—	—	—	—	—
582	中国	反台坪	—	—	—	—	—	—	—	—	2008	—	—	—	—	—	—
583	中国	干溪沟（1）	—	—	—	—	—	—	—	—	2008	—	—	—	—	—	—
584	中国	干溪沟（2）	—	—	—	—	—	—	—	—	2008	—	—	—	—	—	—
585	中国	干溪沟（3）	—	—	—	—	—	—	—	—	2008	—	—	—	—	—	—
586	中国	桂溪沟（1）	—	—	—	—	—	—	—	—	2008	—	—	—	—	—	—
587	中国	桂溪沟（2）	—	—	—	—	—	—	—	—	2008	—	—	—	—	—	—
588	中国	黄连树	—	—	—	—	—	—	—	—	2008	—	—	—	—	—	—
589	中国	黄土梁	—	—	—	—	—	—	—	—	2008	—	—	—	—	—	—
590	中国	金凤桥	—	—	—	—	—	—	—	—	2008	—	—	—	—	—	—
591	中国	金盆村	—	—	—	—	—	—	—	—	2008	—	—	—	—	—	—
592	中国	旧宫山	—	—	—	—	—	—	—	—	2008	—	—	—	—	—	—
593	中国	开坪	—	—	—	—	—	—	—	—	2008	—	—	—	—	—	—
594	中国	老场口河（1）	—	—	—	—	—	—	—	—	2008	—	—	—	—	—	—
595	中国	老场口河（2）	—	—	—	—	—	—	—	—	2008	—	—	—	—	—	—

续表

序号	国家/地区	名称	堰塞体高度/m	堰塞体长度/m	堰塞体宽度/m	堰塞体体积/10⁶m³	堰塞湖体积/10⁶m³	堰塞湖长度/m	堰塞湖流域面积/km²	被阻塞河道坡度(°)	形成时间	稳定性	溃口峰值流量/(m³/s)	溃口最终顶宽/m	溃口最终底宽/m	溃口最终深度/m	堰塞体物质组成
596	中国	老场口河 (3)	—	—	—	—	—	—	—	—	2008	—	—	—	—	—	—
597	中国	老场口河 (4)	—	—	—	—	—	—	—	—	2008	—	—	—	—	—	—
598	中国	老场口河 (5)	—	—	—	—	—	—	—	—	2008	—	—	—	—	—	—
599	中国	老场口河 (6)	—	—	—	—	—	—	—	—	2008	—	—	—	—	—	—
600	中国	老场口河 (7)	—	—	—	—	—	—	—	—	2008	—	—	—	—	—	—
601	中国	老场口河 (8)	—	—	—	—	—	—	—	—	2008	—	—	—	—	—	—
602	中国	老屋基	—	—	—	—	—	—	—	—	2008	—	—	—	—	—	—
603	中国	李家弯	—	—	—	—	—	—	—	—	2008	—	—	—	—	—	—
604	中国	楼房坪	—	—	—	—	—	—	—	—	2008	—	—	—	—	—	—
605	中国	马滚岩	—	—	—	—	—	—	—	—	2008	—	—	—	—	—	—
606	中国	马家坪	—	—	—	—	—	—	—	—	2008	—	—	—	—	—	—
607	中国	猫鼻子	—	—	—	—	—	—	—	—	2008	—	—	—	—	—	—
608	中国	毛平盖	—	—	—	—	—	—	—	—	2008	—	—	—	—	—	—
609	中国	茅坝	—	—	—	—	—	—	—	—	2008	—	—	—	—	—	—
610	中国	七星沟	—	—	—	—	—	—	—	—	2008	—	—	—	—	—	—
611	中国	骑骡顶	—	—	—	—	—	—	—	—	2008	—	—	—	—	—	—
612	中国	沙坝	—	—	—	—	—	—	—	—	2008	—	—	—	—	—	—
613	中国	双土地沟 (1)	—	—	—	—	—	—	—	—	2008	—	—	—	—	—	—
614	中国	双土地沟 (2)	—	—	—	—	—	—	—	—	2008	—	—	—	—	—	—

续表

序号	国家/地区	名称	堰塞体高度/m	堰塞体长度/m	堰塞体宽度/m	堰塞湖体积/10^6 m^3	堰塞湖长度/m	堰塞湖流域面积/km^2	被阻塞河道坡度/(°)	形成时间	稳定性	溃口峰值流量/(m^3/s)	溃口最终顶宽/m	溃口最终底宽/m	溃口最终深度/m	堰塞体物质组成
615	中国	双土地沟（3）	—	—	—	—	—	—	—	2008	—	—	—	—	—	—
616	中国	双土地沟（4）	—	—	—	—	—	—	—	2008	—	—	—	—	—	—
617	中国	双土地沟（5）	—	—	—	—	—	—	—	2008	—	—	—	—	—	—
618	中国	铜钱沟	—	—	—	—	—	—	—	2008	—	—	—	—	—	—
619	中国	阴山	—	—	—	—	—	—	—	2008	—	—	—	—	—	—
620	中国	杨家沟（1）	—	—	—	—	—	—	—	2008	—	—	—	—	—	以孤块夹石和碎石土为主，最大孤石达5m以上，块径大于0.8m的孤石占10%，0.2~0.8m占40%，0.05~0.2m占30%，小于0.05m占20%
621	中国	杨家沟（2）	—	—	—	—	—	—	—	2008	—	—	—	—	—	—
622	中国	杨家沟（3）	—	—	—	—	—	—	—	2008	—	—	—	—	—	—
623	中国	阴山河（1）	—	—	—	—	—	—	—	2008	—	—	—	—	—	—
624	中国	阴山河（2）	—	—	—	—	—	—	—	2008	—	—	—	—	—	—
625	中国	阴山河（3）	—	—	—	—	—	—	—	2008	—	—	—	—	—	—
626	中国	阴山河（4）	—	—	—	—	—	—	—	2008	—	—	—	—	—	—
627	中国	阴山河（5）	—	—	—	—	—	—	—	2008	—	—	—	—	—	—

续表

序号	国家/地区	名称	堰塞体高度/m	堰塞体长度/m	堰塞体宽度/m	堰塞体体积/10⁶m³	堰塞湖体积/10⁶m³	堰塞湖长度/m	堰塞湖流域面积/km²	被阻塞河道坡度/(°)	形成时间	稳定性	溃口峰值流量/(m³/s)	溃口最终顶宽/m	溃口最终底宽/m	溃口最终深度/m	堰塞体物质组成
628	中国	阴山河（6）	—	—	—	—	—	—	—	—	2008	—	—	—	—	—	—
629	中国	阴山河（7）	—	—	—	—	—	—	—	—	2008	—	—	—	—	—	—
630	中国	阴山河（8）	—	—	—	—	—	—	—	—	2008	—	—	—	—	—	—
631	中国	冶城	67.6	950	—	5.8	—	—	—	—	2008	—	—	—	—	—	—
632	中国	钟灵寺	—	—	—	—	—	—	—	—	2008	—	—	—	—	—	—
633	中国	棕树坪	—	—	—	—	—	—	—	—	2008	—	—	—	—	—	—
634	中国	川主坪	—	—	—	—	—	—	—	—	2008	—	—	—	—	—	—
635	中国	二道河	—	—	—	—	—	—	—	—	2008	—	—	—	—	—	—
636	中国	碾坪沟	—	—	—	—	—	—	—	—	2008	—	—	—	—	—	—
637	中国	椒子坪沟	—	—	—	—	—	—	—	—	2008	—	—	—	—	—	—
638	中国	连三坎	—	—	—	—	—	—	—	—	2008	—	—	—	—	—	—
639	中国	木厂沟	—	—	—	—	—	—	—	—	2008	—	—	—	—	—	—
640	中国	南天门	—	—	—	—	—	—	—	—	2008	—	—	—	—	—	—
641	中国	杉树坪	—	—	—	—	—	—	—	—	2008	—	—	—	—	—	—
642	中国	王爷庙	—	—	—	—	—	—	—	—	2008	—	—	—	—	—	—
643	中国	银洞子沟	30	100	480	0.8	—	—	—	—	2008	—	—	—	—	—	—
644	中国	袁家沟	—	—	—	—	—	—	—	—	2008	—	—	—	—	—	—
645	中国	长坪	—	—	—	—	—	—	—	—	2008	—	—	—	—	—	—
646	中国	白洋坪	—	—	—	—	—	—	—	—	2008	—	—	—	—	—	—

续表

序号	国家/地区	名称	堰塞体高度/m	堰塞体长度/m	堰塞体宽度/m	堰塞体体积/10⁶m³	堰塞湖体积/10⁶m³	堰塞湖长度/m	堰塞湖流域面积/km²	被阻塞河道坡度/(°)	形成时间	稳定性	溃口峰值流量/(m³/s)	溃口最终顶宽/m	溃口最终底宽/m	溃口最终深度/m	堰塞体物质组成
647	中国	百家坡	—	—	—	—	—	—	—	—	2008	—	—	—	—	—	—
648	中国	回水湾村（1）	—	—	—	—	—	—	—	—	2008	—	—	—	—	—	—
649	中国	回水湾村（2）	—	—	—	—	—	—	—	—	2008	—	—	—	—	—	—
650	中国	回水湾村（3）	—	—	—	—	—	—	—	—	2008	—	—	—	—	—	—
651	中国	回水湾村（4）	—	—	—	—	—	—	—	—	2008	—	—	—	—	—	—
652	中国	回水湾村（5）	—	—	—	—	—	—	—	—	2008	—	—	—	—	—	—
653	中国	回水湾村（6）	—	—	—	—	—	—	—	—	2008	—	—	—	—	—	—
654	中国	回水湾村（7）	—	—	—	—	—	—	—	—	2008	—	—	—	—	—	—
655	中国	回水湾村（8）	—	—	—	—	—	—	—	—	2008	—	—	—	—	—	—
656	中国	梁上村（1）	—	—	—	—	—	—	—	—	2008	—	—	—	—	—	—
657	中国	梁上村（2）	—	—	—	—	—	—	—	—	2008	—	—	—	—	—	—
658	中国	梁上村（3）	—	—	—	—	—	—	—	—	2008	—	—	—	—	—	—
659	中国	山后头	—	—	—	—	—	—	—	—	2008	—	—	—	—	—	—
660	中国	五仙洞	—	—	—	—	—	—	—	—	2008	—	—	—	—	—	—
661	中国	熊家沟口	—	—	—	—	—	—	—	—	2008	—	—	—	—	—	—
662	中国	红水沟	—	—	—	—	—	—	—	—	2008	—	—	—	—	—	—
663	中国	垮达寨	—	—	—	—	—	—	—	—	2008	—	—	—	—	—	—
664	中国	孟董沟	—	—	—	—	—	—	—	—	2008	—	—	—	—	—	—
665	中国	南沟村	—	—	—	—	—	—	—	—	2008	—	—	—	—	—	—

续表

序号	国家/地区	名称	堰塞体高度/m	堰塞体长度/m	堰塞体宽度/m	堰塞体体积/10⁶m³	堰塞湖体积/10⁶m³	堰塞湖长度/m	堰塞湖流域面积/km²	被阻塞河道坡度(°)	形成时间	稳定性	溃口峰值流量/(m³/s)	溃口最终顶宽/m	溃口最终底宽/m	溃口最终深度/m	堰塞体物质组成
666	中国	蒲溪沟	—	—	—	—	—	—	—	—	2008	—	—	—	—	—	—
667	中国	一颗印村	—	—	—	—	—	—	—	—	2008	—	—	—	—	—	—
668	中国	安家坪	—	—	—	—	—	—	—	—	2008	—	—	—	—	—	—
669	中国	槽木村	—	—	—	—	—	—	—	—	2008	—	—	—	—	—	—
670	中国	龙池村	—	—	—	—	—	—	—	—	2008	—	—	—	—	—	—
671	中国	水磨沟	—	—	—	—	—	—	—	—	2008	—	—	—	—	—	—
672	中国	文镇沟（1）	—	—	—	—	—	—	—	—	2008	—	—	—	—	—	—
673	中国	文镇沟（2）	—	—	—	—	—	—	—	—	2008	—	—	—	—	—	—
674	中国	文镇沟（3）	—	—	—	—	—	—	—	—	2008	—	—	—	—	—	—
675	中国	文镇沟（4）	—	—	—	—	—	—	—	—	2008	—	—	—	—	—	—
676	中国	文镇沟（5）	—	—	—	—	—	—	—	—	2008	—	—	—	—	—	—
677	中国	文镇沟（6）	—	—	—	—	—	—	—	—	2008	—	—	—	—	—	—
678	中国	文镇沟（7）	—	—	—	—	—	—	—	—	2008	—	—	—	—	—	—
679	中国	文镇沟（8）	—	—	—	—	—	—	—	—	2008	—	—	—	—	—	—
680	中国	雨亭沟	—	—	—	—	—	—	—	—	2008	—	—	—	—	—	—
681	中国	宗渠沟	—	—	—	—	—	—	—	—	2008	—	—	—	—	—	—
682	中国	新街村	20	350	200	—	—	—	3546	—	2008	—	—	—	—	—	—
683	中国	白溪河	—	—	—	—	—	—	—	—	2008	—	—	—	—	—	—
684	中国	茶园坪	—	—	—	—	—	—	—	—	2008	—	—	—	—	—	—

续表

序号	国家/地区	名称	堰塞体高度/m	堰塞体长度/m	堰塞体宽度/m	堰塞体体积/10⁶ m³	堰塞湖体积/10⁶ m³	堰塞湖长度/m	堰塞湖流域面积/km²	被阻塞河道坡度/(°)	形成时间	稳定性	溃口峰值流量/(m³/s)	溃口最终顶宽/m	溃口最终底宽/m	溃口最终深度/m	堰塞体物质组成
685	中国	大水沟	—	—	—	—	—	—	—	—	2008	—	—	—	—	—	—
686	中国	二道金河（1）	—	—	—	—	—	—	—	—	2008	—	—	—	—	—	—
687	中国	二道金河（2）	—	—	—	—	—	—	—	—	2008	—	—	—	—	—	—
688	中国	二道金河（3）	—	—	—	—	—	—	—	—	2008	—	—	—	—	—	—
689	中国	二道金河（4）	—	—	—	—	—	—	—	—	2008	—	—	—	—	—	—
690	中国	海心沟（1）	—	—	—	—	—	—	—	—	2008	—	—	—	—	—	—
691	中国	海心沟（2）	—	—	—	—	—	—	—	—	2008	—	—	—	—	—	—
692	中国	海心沟（3）	—	—	—	—	—	—	—	—	2008	—	—	—	—	—	—
693	中国	海心沟（4）	—	—	—	—	—	—	—	—	2008	—	—	—	—	—	—
694	中国	红绸梁子	—	—	—	—	—	—	—	—	2008	—	—	—	—	—	—
695	中国	金河磷矿（1）	—	—	—	—	—	—	—	—	2008	—	—	—	—	—	—
696	中国	龙形沟（1）	—	—	—	—	—	—	—	—	2008	—	—	—	—	—	—
697	中国	龙形沟（2）	—	—	—	—	—	—	—	—	2008	—	—	—	—	—	—
698	中国	梅子沟（1）	—	—	—	—	—	—	—	—	2008	—	—	—	—	—	—
699	中国	梅子沟（2）	—	—	—	—	—	—	—	—	2008	—	—	—	—	—	—
700	中国	梅子沟（3）	—	—	—	—	—	—	—	—	2008	—	—	—	—	—	—
701	中国	梅子沟（4）	—	—	—	—	—	—	—	—	2008	—	—	—	—	—	—
702	中国	梅子沟（5）	—	—	—	—	—	—	—	—	2008	—	—	—	—	—	—
703	中国	篾棚子	—	—	—	—	—	—	—	—	2008	—	—	—	—	—	—

续表

序号	国家/地区	名称	堰塞体高度/m	堰塞体长度/m	堰塞体宽度/m	堰塞体体积/10⁶m³	堰塞湖体积/10⁶m³	堰塞湖长度/m	堰塞湖流域面积/km²	被阻塞河道坡度/(°)	形成时间	稳定性	溃口峰值流量/(m³/s)	溃口最终顶宽/m	溃口最终底宽/m	溃口最终深度/m	堰塞体物质组成
704	中国	楠木沟	—	—	—	—	—	—	—	—	2008	—	—	—	—	—	—
705	中国	平水河（1）	—	—	—	—	—	—	—	—	2008	—	—	—	—	—	—
706	中国	平水河（2）	—	—	—	—	—	—	—	—	2008	—	—	—	—	—	—
707	中国	平水河（3）	—	—	—	—	—	—	—	—	2008	—	—	—	—	—	—
708	中国	烧坊沟（1）	—	—	—	—	—	—	—	—	2008	—	—	—	—	—	—
709	中国	烧坊沟（2）	—	—	—	—	—	—	—	—	2008	—	—	—	—	—	—
710	中国	天池乡	—	—	—	—	—	—	—	—	2008	—	—	—	—	—	—
711	中国	铜罐沟（1）	—	—	—	—	—	—	—	—	2008	—	—	—	—	—	—
712	中国	铜罐沟（2）	—	—	—	—	—	—	—	—	2008	—	—	—	—	—	—
713	中国	吴家沟	—	—	—	—	—	—	—	—	2008	—	—	—	—	—	—
714	中国	五家沟	—	—	—	—	—	—	—	—	2008	—	—	—	—	—	—
715	中国	大水沟	—	—	—	—	—	—	—	—	2008	—	—	—	—	—	—
716	中国	龚家湾	—	—	—	—	—	—	—	—	2008	—	—	—	—	—	—
717	中国	牛圈沟（1）	—	—	—	—	—	—	—	—	2008	—	—	—	—	—	—
718	中国	牛圈沟（2）	—	—	—	—	—	—	—	—	2008	—	—	—	—	—	—
719	中国	牛圈沟（3）	—	—	—	—	—	—	—	—	2008	—	—	—	—	—	—
720	中国	牛圈沟（4）	—	—	—	—	—	—	—	—	2008	—	—	—	—	—	—
721	中国	牛圈沟（5）	—	—	—	—	—	—	—	—	2008	—	—	—	—	—	—
722	中国	谢家坡	—	—	—	—	—	—	—	—	2008	—	—	—	—	—	—

续表

序号	国家/地区	名称	堰塞体高度/m	堰塞体长度/m	堰塞体宽度/m	堰塞体体积/10⁶m³	堰塞湖体积/10⁶m³	堰塞湖长度/m	堰塞湖流域面积/km²	被阻塞河道坡度/(°)	形成时间	稳定性	溃口峰值流量/(m³/s)	溃口最终顶宽/m	溃口最终底宽/m	溃口最终深度/m	堰塞体物质组成
723	中国	草鞋沟	—	—	—	—	—	—	—	—	2008	—	—	—	—	—	—
724	中国	洪溪沟（1）	—	—	—	—	—	—	—	—	2008	—	—	—	—	—	—
725	中国	洪溪沟（2）	—	—	—	—	—	—	—	—	2008	—	—	—	—	—	—
726	中国	洪溪沟（3）	—	—	—	—	—	—	—	—	2008	—	—	—	—	—	—
727	中国	洪溪沟（4）	—	—	—	—	—	—	—	—	2008	—	—	—	—	—	—
728	中国	洪溪沟（5）	—	—	—	—	—	—	—	—	2008	—	—	—	—	—	—
729	中国	洪溪沟（6）	—	—	—	—	—	—	—	—	2008	—	—	—	—	—	—
730	中国	洪溪沟（7）	—	—	—	—	—	—	—	—	2008	—	—	—	—	—	—
731	中国	洪溪沟（8）	—	—	—	—	—	—	—	—	2008	—	—	—	—	—	—
732	中国	洪溪沟（9）	—	—	—	—	—	—	—	—	2008	—	—	—	—	—	—
733	中国	黄连树村	—	—	—	—	—	—	—	—	2008	—	—	—	—	—	—
734	中国	雷打树	—	—	—	—	—	—	—	—	2008	—	—	—	—	—	—
735	中国	麻池湾	—	—	—	10	—	—	—	—	2008	—	—	—	—	—	—
736	中国	桥头上村	—	—	—	—	—	—	—	—	2008	—	—	—	—	—	—
737	中国	沙湾	—	—	—	—	—	—	—	—	2008	—	—	—	—	—	—
738	中国	柏树湾沟（1）	—	—	—	—	—	—	—	—	2008	—	—	—	—	—	—
739	中国	柏树湾沟（2）	—	—	—	—	—	—	—	—	2008	—	—	—	—	—	—
740	中国	杜家岩	—	—	—	—	—	—	—	—	2008	—	—	—	—	—	—
741	中国	坟坝溪（1）	—	—	—	—	—	—	—	—	2008	—	—	—	—	—	—

续表

序号	国家/地区	名称	堰塞体高度/m	堰塞体长度/m	堰塞体宽度/m	堰塞体体积/10⁶m³	堰塞湖体积/10⁶m³	堰塞湖长度/m	堰塞湖流域面积/km²	被阻塞河道坡度/(°)	形成时间	稳定性	溃口峰值流量/(m³/s)	溃口最终顶宽/m	溃口最终底宽/m	溃口最终深度/m	堰塞体物质组成
742	中国	坟坝溪 (2)	—	—	—	—	—	—	—	—	2008	—	—	—	—	—	—
743	中国	红花地	—	—	—	—	—	—	—	—	2008	—	—	—	—	—	—
744	中国	璜厂沟 (1)	—	—	—	—	—	—	—	—	2008	—	—	—	—	—	—
745	中国	璜厂沟 (2)	—	—	—	—	—	—	—	—	2008	—	—	—	—	—	—
746	中国	璜厂沟 (3)	—	—	—	—	—	—	—	—	2008	—	—	—	—	—	—
747	中国	璜厂沟 (4)	—	—	—	—	—	—	—	—	2008	—	—	—	—	—	—
748	中国	李子坪	—	—	—	—	—	—	—	—	2008	—	—	—	—	—	—
749	中国	茅坡子	—	—	—	—	—	—	—	—	2008	—	—	—	—	—	—
750	中国	刨地里	—	—	—	0.2	—	—	—	—	2008	—	—	—	—	—	—
751	中国	蒲家沟	—	—	—	—	—	—	—	—	2008	—	—	—	—	—	—
752	中国	齐足沟 (1)	—	—	—	—	—	—	—	—	2008	—	—	—	—	—	—
753	中国	齐足沟 (2)	—	—	—	—	—	—	—	—	2008	—	—	—	—	—	—
754	中国	齐足沟 (3)	—	—	—	—	—	—	—	—	2008	—	—	—	—	—	—
755	中国	齐足沟 (4)	—	—	—	—	—	—	—	—	2008	—	—	—	—	—	—
756	中国	齐足沟 (5)	—	—	—	—	—	—	—	—	2008	—	—	—	—	—	—
757	中国	齐足沟 (6)	—	—	—	—	—	—	—	—	2008	—	—	—	—	—	—
758	中国	齐足沟 (7)	—	—	—	—	—	—	—	—	2008	—	—	—	—	—	—
759	中国	齐足沟 (8)	—	—	—	—	—	—	—	—	2008	—	—	—	—	—	—
760	中国	齐足沟 (9)	—	—	—	—	—	—	—	—	2008	—	—	—	—	—	—

续表

序号	国家地区	名称	堰塞体高度/m	堰塞体长度/m	堰塞体宽度/m	堰塞体体积/10⁶m³	堰塞湖体积/10⁶m³	堰塞湖长度/m	堰塞湖流域面积/km²	被阻塞河道坡度/(°)	形成时间	稳定性	溃口峰值流量/(m³/s)	溃口最终顶宽/m	溃口最终底宽/m	溃口最终深度/m	堰塞体物质组成
761	中国	石公坪	—	—	—	—	—	—	—	—	2008	—	—	—	—	—	—
762	中国	双河口	—	—	—	—	—	—	—	—	2008	—	—	—	—	—	—
763	中国	田坝里	—	—	—	—	—	—	—	—	2008	—	—	—	—	—	—
764	中国	围子坪	—	—	—	—	—	—	—	—	2008	—	—	—	—	—	—
765	中国	屋基里	—	—	—	—	—	—	—	—	2008	—	—	—	—	—	—
766	中国	五一村	—	—	—	—	—	—	—	—	2008	—	—	—	—	—	—
767	中国	先锋村	—	—	—	—	—	—	—	—	2008	—	—	—	—	—	—
768	中国	小屋基	—	—	—	—	—	—	—	—	2008	—	—	—	—	—	—
769	中国	银洞沟（1）	—	—	—	—	—	—	—	—	2008	—	—	—	—	—	—
770	中国	银洞沟（2）	—	—	—	—	—	—	—	—	2008	—	—	—	—	—	—
771	中国	银洞沟（3）	—	—	—	—	—	—	—	—	2008	—	—	—	—	—	—
772	中国	银洞沟（4）	—	—	—	—	—	—	—	—	2008	—	—	—	—	—	—
773	中国	周家村	—	—	—	—	—	—	—	—	2008	—	—	—	—	—	—
774	中国	茨竹坪	—	—	—	—	—	—	—	—	2008	—	—	—	—	—	—
775	中国	洞河响	—	—	—	—	—	—	—	—	2008	—	—	—	—	—	—
776	中国	二道金河（5）	—	—	—	—	—	—	—	—	2008	—	—	—	—	—	—
777	中国	二道金河（6）	—	—	—	—	—	—	—	—	2008	—	—	—	—	—	—
778	中国	二道金河（7）	—	—	—	—	—	—	—	—	2008	—	—	—	—	—	—

续表

序号	国家/地区	名称	堰塞体高度/m	堰塞体长度/m	堰塞体宽度/m	堰塞体体积/10⁶m³	堰塞湖体积/10⁶m³	堰塞湖长度/m	堰塞湖流域面积/km²	被阻塞河道坡度(°)	形成时间	稳定性	溃口峰值流量/(m³/s)	溃口最终顶宽/m	溃口最终底宽/m	溃口最终深度/m	堰塞体物质组成
779	中国	红松	40～50	100	60	0.26	1	—	10	—	2008	不稳定	—	—	—	—	以粗粒土为主
780	中国	火焰山（1）	—	—	—	—	—	—	—	—	2008	—	—	—	—	—	—
781	中国	火焰山（2）	—	—	—	—	—	—	—	—	2008	—	—	—	—	—	—
782	中国	火焰山（3）	—	—	—	—	—	—	—	—	2008	—	—	—	—	—	—
783	中国	火焰山（4）	—	—	—	—	—	—	—	—	2008	—	—	—	—	—	—
784	中国	火焰山（5）	—	—	—	—	—	—	—	—	2008	—	—	—	—	—	—
785	中国	金河磷矿（2）	—	—	—	—	—	—	—	—	2008	—	—	—	—	—	—
786	中国	梅子林	—	—	—	—	—	—	—	—	2008	—	—	—	—	—	—
787	中国	三坪	—	—	—	—	—	—	—	—	2008	—	—	—	—	—	—
788	中国	水磨沟	—	—	—	—	—	—	—	—	2008	—	—	—	—	—	—
789	中国	通溪河（1）	—	—	—	—	—	—	—	—	2008	—	—	—	—	—	—
790	中国	通溪河（2）	—	—	—	—	—	—	—	—	2008	—	—	—	—	—	—
791	中国	头道金河（1）	—	—	—	—	—	—	—	—	2008	—	—	—	—	—	—
792	中国	头道金河（2）	—	—	—	—	—	—	—	—	2008	—	—	—	—	—	—
793	中国	头道金河（3）	—	—	—	—	—	—	—	—	2008	—	—	—	—	—	—
794	中国	头道金河（4）	—	—	—	—	—	—	—	—	2008	—	—	—	—	—	—
795	中国	头道金河（5）	—	—	—	—	—	—	—	—	2008	—	—	—	—	—	—
796	中国	头道金河（6）	—	—	—	—	—	—	—	—	2008	—	—	—	—	—	—

续表

序号	国家/地区	名称	堰塞体高度/m	堰塞体长度/m	堰塞体宽度/m	堰塞体体积/10⁶m³	堰塞湖体积/10⁶m³	堰塞湖长度/m	堰塞湖流域面积/km²	被阻塞河道坡度(°)	形成时间	稳定性	溃口峰值流量/(m³/s)	溃口最终顶宽/m	溃口最终底宽/m	溃口最终深度/m	堰塞体物质组成
797	中国	头道金河（7）	—	—	—	—	—	—	—	—	2008	—	—	—	—	—	—
798	中国	头道金河（8）	—	—	—	—	—	—	—	—	2008	—	—	—	—	—	—
799	中国	头道金河（9）	—	—	—	—	—	—	—	—	2008	—	—	—	—	—	—
800	中国	头道金河（10）	—	—	—	—	—	—	—	—	2008	—	—	—	—	—	—
801	中国	头坪	—	—	—	—	—	—	—	—	2008	—	—	—	—	—	—
802	中国	小梅子林	—	—	—	—	—	—	—	—	2008	—	—	—	—	—	—
803	中国	茶园沟（1）	—	—	—	—	—	—	—	—	2008	—	—	—	3	3.3	—
804	中国	茶园沟（2）	—	—	—	—	—	—	—	—	2008	—	—	—	2.9	3.1	—
805	中国	茶园沟（3）	—	—	—	—	—	—	—	—	2008	—	—	—	3.1	3.4	—
806	中国	大石包	—	—	—	—	—	—	—	—	2008	—	—	—	—	—	—
807	中国	大水沟（1）	—	—	—	—	—	—	—	—	2008	—	—	—	—	—	—
808	中国	大水沟（2）	—	—	—	—	—	—	—	—	2008	—	—	—	—	—	—
809	中国	干沟	—	—	—	—	—	—	—	—	2008	—	—	—	—	—	—
810	中国	关上沟	—	—	—	—	—	—	—	—	2008	—	—	—	—	—	—
811	中国	核桃坪	—	—	—	—	—	—	—	—	2008	—	—	—	—	—	—
812	中国	红水沟	—	—	—	—	—	—	—	—	2008	—	—	—	—	—	—
813	中国	家新浩	—	—	—	—	—	—	—	—	2008	—	—	—	—	—	—
814	中国	老虎嘴	—	—	—	—	—	—	—	—	2008	—	—	—	—	—	—
815	中国	两河口	—	—	—	—	—	—	—	—	2008	—	—	—	—	—	—

续表

序号	国家/地区	名称	堰塞体高度/m	堰塞体长度/m	堰塞体宽度/m	堰塞体体积/10⁶ m³	堰塞湖体积/10⁶ m³	堰塞湖长度/m	堰塞湖流域面积/km²	被阻塞河道坡度/(°)	形成时间	稳定性	溃口峰值流量/(m³/s)	溃口最终顶宽/m	溃口最终底宽/m	溃口最终深度/m	堰塞体物质组成
816	中国	龙台号	—	—	—	—	—	—	—	—	2008	—	—	—	—	—	—
817	中国	麻溪沟	—	—	—	—	—	—	—	—	2008	—	—	—	—	—	—
818	中国	毛洞沟	—	—	—	—	—	—	—	—	2008	—	—	—	—	—	—
819	中国	幺棚子	—	—	—	—	—	—	—	—	2008	—	—	—	—	—	—
820	中国	牛圈沟（1）	—	—	—	—	—	—	—	—	2008	—	—	—	—	—	—
821	中国	牛圈沟（2）	—	—	—	—	—	—	—	—	2008	—	—	—	—	—	—
822	中国	牛圈沟（3）	—	—	—	—	—	—	—	—	2008	—	—	—	—	—	—
823	中国	埔登	—	—	—	—	—	—	—	—	2008	—	—	—	—	—	—
824	中国	七盘沟	—	—	—	—	—	—	—	—	2008	—	—	—	—	—	—
825	中国	青冈坡	—	—	—	—	—	—	—	—	2008	—	—	—	—	—	—
826	中国	沙排村	—	—	—	—	—	—	—	—	2008	—	—	—	—	—	—
827	中国	烧香洞	—	—	—	—	—	—	—	—	2008	—	—	—	—	—	—
828	中国	唐房	—	—	—	—	—	—	—	—	2008	—	—	—	—	—	—
829	中国	香家沟	—	—	—	—	—	—	—	—	2008	—	—	—	—	—	—
830	中国	小沟	—	—	—	—	—	—	—	—	2008	—	—	—	—	—	—
831	中国	蟹子沟	—	—	—	—	—	—	—	—	2008	—	—	—	—	—	—
832	中国	新梁子沟	—	—	—	—	—	—	—	—	2008	—	—	—	—	—	—
833	中国	烟灯村	—	—	—	—	—	—	—	—	2008	—	—	—	—	—	—
834	中国	羊香儿沟	—	—	—	—	—	—	—	—	2008	—	—	—	—	—	—

续表

序号	国家地区	名称	堰塞体高度/m	堰塞体长度/m	堰塞体宽度/m	堰塞体积/10⁴m³	堰塞湖体积/10⁴m³	堰塞湖长度/m	堰塞湖流域面积/km²	被阻塞河道坡度/(°)	形成时间	稳定性	溃口峰值流量/(m³/s)	溃口最终顶宽/m	溃口最终底宽/m	溃口最终深度/m	堰塞体物质组成
835	中国	鹦哥嘴道班	—	—	—	—	—	—	—	—	2008	—	—	—	—	—	—
836	中国	中滩堡村	—	—	—	—	—	—	—	—	2008	—	—	—	—	—	—
837	中国	干河口	10	—	—	0.01	—	—	—	—	2008	—	—	—	—	—	—
838	中国	彭州涌江上游	—	—	—	1.6	—	—	—	—	2008	—	—	—	—	—	—
839	中国	小渔坪	—	—	—	—	—	—	—	—	2008	—	—	—	—	—	—
840	中国	映秀湾与太平驿电站之间堰塞湖	—	—	—	1	—	—	—	—	2008	—	—	—	—	—	—
841	中国	御军门	—	—	—	—	—	—	—	—	2008	—	—	—	—	—	—
842	中国	鸡尾山	100	—	—	—	—	—	—	—	2009	—	—	—	—	—	—
843	中国	神木村	—	—	—	—	—	—	—	—	2009	—	—	—	—	—	—
844	中国	梅山村	—	—	—	—	—	—	—	—	2009	—	—	—	—	—	—
845	中国	梅兰村	—	—	—	—	—	—	—	—	2009	—	—	—	—	—	—
846	中国	宝山村	—	—	—	—	—	—	—	—	2009	—	—	—	—	—	—
847	中国	那玛夏乡	—	—	—	—	—	—	—	—	2009	—	—	—	—	—	—
848	中国	春日乡	—	—	—	—	—	—	—	—	2009	—	—	—	—	—	—
849	中国	包盛社	—	—	1200	—	—	—	—	—	2009	—	—	—	—	—	—
850	中国	庙坝镇	18	50	100	0.1	—	—	—	—	2010	—	—	—	—	—	—
851	中国	四季乡	—	—	—	0.1	—	—	—	—	2010	—	—	—	—	—	—

续表

序号	国家/地区	名称	堰塞体高度/m	堰塞体长度/m	堰塞体宽度/m	堰塞体积/10⁶m³	堰塞湖体积/10⁶m³	堰塞湖长度/m	堰塞湖流域面积/km²	被阻塞河道坡度/(°)	形成时间	稳定性	溃口峰值流量/(m³/s)	溃口最终顶宽/m	溃口最终底宽/m	溃口最终深度/m	堰塞体物质组成
852	中国	联合乡	—	—	—	—	—	—	—	—	2010	—	—	—	—	—	—
853	中国	五峰乡	—	60	150	0.5	—	—	—	—	2011	—	—	—	—	—	—
854	中国	319国道潜江段	—	—	—	0.02	—	—	—	—	2011	—	—	—	—	—	—
855	中国	上凳乡	35	70	100	—	—	—	—	—	2011	—	—	—	—	—	—
856	中国	神木村	—	—	—	—	—	—	—	—	2012	—	—	—	—	—	—
857	中国	思旸镇	25	—	—	12	—	—	—	—	2012	—	—	—	—	—	—
858	中国	仁大乡	—	80	100	0.05	—	—	—	—	2012	—	—	—	—	—	—
859	中国	新哨镇宿丫村	—	40~50	300	0.6	—	—	—	—	2012	—	—	—	—	—	—
860	中国	云龙县诺邓镇	—	—	—	1.3	—	—	—	—	2012	—	—	—	—	—	—
861	中国	鹿谷乡溪头镇	—	—	—	—	—	—	—	—	2013	—	—	—	—	—	—
862	中国	三交乡永定桥	—	—	—	1.6	—	—	—	—	2013	—	—	—	—	—	—
863	中国	信义乡神木村	—	—	—	—	—	—	—	—	2013	—	—	—	—	—	—
864	中国	新晃侗族自治县米贝乡	—	—	—	0.05	—	—	11832	—	2014	—	—	—	—	—	—
865	中国	无山村	200	150	3000	10	—	—	—	—	2014	—	—	—	—	—	—

续表

序号	国家/地区	名称	堰塞体高度/m	堰塞体长度/m	堰塞体宽度/m	堰塞体积/$10^6 m^3$	堰塞湖体积/$10^6 m^3$	堰塞湖长度/m	堰塞湖流域面积/km^2	被阻塞河道坡度/(°)	形成时间	稳定性	溃口峰值流量/(m^3/s)	溃口最终顶宽/m	溃口最终底宽/m	溃口最终深度/m	堰塞体物质组成
866	中国	岔河村	—	—	—	—	—	—	—	—	2014	—	—	—	—	—	—
867	中国	里东村	—	—	—	—	—	—	—	—	2015	—	—	—	—	—	—
868	中国	井园村	—	—	—	0.1	—	—	—	—	2016	—	—	—	—	—	—
869	中国	青草岭下游	—	—	—	0.01	—	—	—	—	2016	—	—	—	—	—	—
870	中国	太洪村	40	80	230	0.5	—	—	—	—	2016	—	—	—	—	—	—
871	中国	苏村	20	—	—	0.45	—	—	—	—	2016	—	—	—	—	—	—
872	中国	万兴村	—	—	—	—	—	—	—	—	2017	—	—	—	—	—	—
873	中国	洛哈村	—	—	100	0.25	—	—	—	—	2017	—	—	—	—	—	—
874	中国	新磨村	—	—	2000	4.5	—	—	—	—	2017	—	—	—	—	—	—
875	中国	林家田村	—	—	—	0.22	—	—	—	—	2017	—	—	—	—	—	—
876	中国	两河村	—	—	—	—	—	—	—	—	2017	—	—	—	—	—	—
877	中国	思阳大村	—	—	—	0.04	—	—	—	—	2017	—	—	—	—	—	—
878	中国	彝良县龙海乡	—	—	—	0.045	—	—	—	—	2012	—	—	—	—	—	—
879	中国	Ching-Shui (1)	217	—	—	—	157	—	—	—	—	不稳定	5360	—	—	200	—
880	中国	Ching-Shui (2)	90	—	—	—	40	—	—	—	—	不稳定	7780	—	—	90	—
881	中国	Hsiaolin Village	56	370	1500	15.4	9.9	—	—	—	2009	不稳定	70649	—	—	43	以粗粒土为主

续表

序号	国家/地区	名称	堰塞体高度/m	堰塞体长度/m	堰塞体宽度/m	堰塞体积/10⁶ m³	堰塞湖体积/10⁶ m³	堰塞湖长度/m	堰塞湖流域面积/km²	被阻塞河道坡度/(°)	形成时间	稳定性	溃口峰值流量/(m³/s)	溃口最终顶宽/m	溃口最终底宽/m	溃口最终深度/m	堰塞体物质组成
882	中国	Tsao-Ling Lake（1）	—	—	—	—	—	—	—	—	1862	不稳定	—	—	—	—	上新世层状砂岩和页岩
883	中国	Tsao-Ling Lake（2）	140	—	—	—	12.8	—	—	—	1941	不稳定	—	—	—	—	上新世砂岩和页岩
884	中国	Tsao-Ling Lake（3）	217	1100	1600	282.1	157	7200	—	—	1942	不稳定	—	—	—	—	上新世砂岩和页岩
885	中国	Tsao-Ling Lake（4）	90	—	—	5	40	—	—	—	1979	不稳定	—	—	—	—	上新世砂岩和页岩
886	中国	Tsao-Ling Lake（5）	50	5000	—	25	46	—	—	—	1999		—	—	—	—	—
887	中国	宝来溪（宝山村）	—	—	—	—	—	180	—	—	2009	不稳定	—	—	—	—	—
888	中国	大安溪内湾段	10	—	—	—	—	—	—	—	1999		—	—	—	—	—
889	中国	大社溪（大社村）	—	—	—	—	—	—	—	—	2009		—	—	—	—	—
890	中国	东埔蚋溪	15	—	—	0.036	—	—	—	—	2000		—	—	—	—	—
891	中国	旱溪	6	—	—	0.018	—	—	—	—	1999		—	—	—	—	—
892	中国	都马夏班溪（神木村）	—	—	—	—	—	—	—	—	2009		—	—	—	—	—
893	中国	和社溪（神木村）	—	—	—	—	—	—	—	—	2009	不稳定	—	—	—	—	—

续表

序号	国家/地区	名称	堰塞体高度/m	堰塞体长度/m	堰塞体宽度/m	堰塞体体积/10⁶m³	堰塞湖体积/10⁶m³	堰塞湖长度/m	堰塞湖流域面积/km²	被阻塞河道坡度/(°)	形成时间	稳定性	溃口峰值流量/(m³/s)	溃口最终顶宽/m	溃口最终底宽/m	溃口最终深度/m	堰塞体物质组成
894	中国	侯硐大粗坑溪	4	—	—	—	—	—	—	—	2000	—	—	—	—	—	—
895	中国	九份二山圭菜湖溪	29	—	—	—	0.68	—	—	—	1999	—	—	—	—	—	—
896	中国	九份二山濯仔坑溪	37.5	—	—	—	1.1	—	—	—	1999	—	—	—	—	—	—
897	中国	拉克斯溪（梅兰村）	—	—	—	—	—	—	—	—	2009	—	—	—	—	—	—
898	中国	苦浓溪（宝来村）	—	—	—	—	—	—	—	—	2009	不稳定	—	—	—	—	—
899	中国	苦浓溪（复兴村）	—	—	—	—	—	—	—	—	2009	—	—	—	—	—	—
900	中国	苦浓溪（梅山村）	—	—	—	—	—	—	—	—	2009	不稳定	—	—	—	—	—
901	中国	苦浓溪（梅山口）	—	—	—	—	—	—	—	—	2009	—	—	—	—	—	—
902	中国	立雾溪	—	—	—	0.005	—	—	—	—	2002	—	—	—	—	—	—
903	中国	平坑（关山村）	—	—	—	—	—	—	—	—	2009	不稳定	—	—	—	—	—
904	中国	旗山溪（那玛夏乡）	9	—	—	—	—	—	—	—	2009	—	—	—	—	—	—
905	中国	汝仍溪（牡丹村）	—	—	—	—	—	—	—	—	2009	—	—	—	—	—	—

续表

序号	国家/地区	名称	堰塞体高度/m	堰塞体长度/m	堰塞体宽度/m	堰塞体体积/10⁶m³	堰塞湖体积/10⁶m³	堰塞湖长度/m	堰塞湖流域面积/km²	被阻塞河道坡度/(°)	形成时间	稳定性	溃口峰值流量/(m³/s)	溃口最终顶宽/m	溃口最终底宽/m	溃口最终深度/m	堰塞体物质组成
906	中国	沙里仙溪（同富村）	—	—	—	—	—	—	—	—	2009	—	—	—	—	—	—
907	中国	沙连河	—	—	—	—	—	—	—	—	1999	—	—	—	—	—	—
908	中国	生毛树溪	—	—	—	—	—	—	—	—	1999	—	—	—	—	—	—
909	中国	石盘溪	—	—	—	—	—	—	—	—	1999	—	—	—	—	—	—
910	中国	土文溪（春日乡）	25	—	—	—	1.85	700	—	—	2009	不稳定	—	—	—	—	—
911	中国	大麻里溪（包盛社）	10	—	1200	—	5.33	—	—	—	2009	不稳定	—	—	17.5	—	—
912	中国	头汴坑溪龙宝桥	5	—	—	0.006	—	—	—	—	1999	—	—	—	—	—	—
913	中国	头汴坑溪—江桥	—	—	—	1.87	—	—	—	—	1999	—	—	—	—	—	—
914	中国	新武吕溪	30	—	—	0.45	—	—	—	—	2002	—	—	—	—	—	—
915	中国	雪山坑溪	15	—	—	0.16	—	—	—	—	1999	—	—	—	—	—	—
916	哥伦比亚	Chicamocha River	15	100	600	—	—	3000	—	—	1979	稳定	—	—	—	—	黏土岩与砂岩互层
917	哥伦比亚	Lagunilla River	25	—	—	3	1.3	1500	—	—	1984	不稳定	—	—	—	—	—
918	哥斯达黎加	Rio Toro River (1)	85	75	600	3	0.5	1200	—	—	1992	不稳定	400	60	—	40	以块石为主

续表

序号	国家/地区	名称	堰塞体高度/m	堰塞体长度/m	堰塞体宽度/m	堰塞体积/10^6m^3	堰塞湖体积/10^6m^3	堰塞湖长度/m	堰塞湖流域面积/km^2	被阻塞河道坡度/(°)	形成时间	稳定性	溃口峰值流量/(m^3/s)	溃口最终顶宽/m	溃口最终底宽/m	溃口最终深度/m	堰塞体物质组成
919	哥斯达黎加	Rio Toro River (2)	52	—	—	—	0.5	—	—	—	—	不稳定	400	—	—	12	—
920	捷克	Handlovka River	6.5	200	300	—	—	—	—	—	—	1961	—	—	—	—	—	—
921	捷克	Unknown	25	—	—	—	—	700	—	—	—	1872	—	—	—	—	—	—
922	厄瓜多尔	Coca River	15	—	—	—	—	—	—	—	—	1987	不稳定	—	—	—	—	砂、碎石和木材碎屑
923	厄瓜多尔	La Josefina	100	300	1100	32	200	10000	—	—	1993	不稳定	10000	—	—	43	以块石为主
924	厄瓜多尔	Pisque River	58	60	450	1	2.5	2600	—	—	1990	不稳定	700	50	—	30	软凝灰岩、角砾和浮石
925	厄瓜多尔	Rio Jadan	—	—	—	—	25	—	—	—	1993	—	—	—	—	—	—
926	厄瓜多尔	Rio Paute	112	—	800	25	210	—	—	—	1993	不稳定	8250	—	—	—	以细粒土为主
927	厄瓜多尔	Rio Pisque	45	—	—	—	3.6	—	—	—	—	不稳定	480	—	—	30	—
928	法国	Arc River	—	—	—	—	—	—	—	—	1740	不稳定	—	—	—	—	—
929	法国	Arve River (1)	—	—	—	—	—	—	—	—	1471	稳定	—	—	—	—	新近纪灰岩和顶岩
930	法国	Arve River (2)	—	—	—	—	—	—	—	—	—	—	—	—	—	—	—
931	法国	Brevon Torrent	—	—	—	—	—	1000	—	—	1943	不稳定	—	—	—	—	—

续表

序号	国家/地区	名称	堰塞体高度/m	堰塞体长度/m	堰塞体宽度/m	堰塞体体积/10⁶m³	堰塞湖体积/10⁶m³	堰塞湖长度/m	堰塞湖流域面积/km²	被阻塞河道坡度/(°)	形成时间	稳定性	溃口峰值流量/(m³s)	溃口最终顶宽/m	溃口最终底宽/m	溃口最终深度/m	堰塞体物质组成
932	法国	Cheran River	20	—	—	—	—	—	—	—	1000~1100	—	—	—	—	—	—
933	法国	Doron River	—	—	—	—	—	—	—	—	1450	—	—	—	—	—	—
934	法国	Drome River (1)	—	600	—	—	—	8000	—	—	1442	稳定	—	—	—	—	岩屑和大块石
935	法国	Drome River (2)	—	—	—	—	—	—	—	—	100~200	—	—	—	—	—	—
936	法国	Giffre River	—	—	—	—	—	—	—	—	1602	—	—	—	—	—	—
937	法国	Grand-Creux Stream	—	—	—	—	—	—	—	—	1635	—	—	—	—	—	—
938	法国	Isere River (1)	—	—	—	—	—	—	—	—	163	—	—	—	—	—	—
939	法国	Isere River (2)	10	—	—	—	—	8000	—	—	1219	不稳定	—	—	—	—	以粗粒土为主
940	法国	Isere River (3)	—	—	—	—	—	—	—	—	1732	—	—	—	—	—	—
941	法国	Romanche River (1)	12.5	—	—	—	3	15000	—	—	1191	不稳定	—	—	—	—	角闪岩碎屑
942	法国	Romanche River (2)	16.5	—	—	—	—	—	—	—	1465	—	—	—	—	—	—
943	法国	Romanche River (3)	—	—	500	—	—	—	—	—	1612	不稳定	—	—	—	—	—
944	法国	St. Claude torrent	—	—	—	—	—	—	—	—	1877	不稳定	—	—	—	—	破碎的砾岩，石英岩和板岩
945	危地马拉	Los Chocoyos River	35	350	800	—	—	300	—	—	1976	稳定	—	—	—	—	更新世碎石

续表

序号	国家/地区	名称	堰塞体高度/m	堰塞体长度/m	堰塞体宽度/m	堰塞体体积/10^6 m^3	堰塞湖体积/10^6 m^3	堰塞湖长度/m	堰塞湖流域面积/km^2	被阻塞河道坡度/(°)	形成时间	稳定性	溃口峰值流量/(m^3/s)	溃口最终顶宽/m	溃口最终底宽/m	溃口最终深度/m	堰塞体物质组成
946	危地马拉	Pixcaya River	20	200	600	—	—	800	—	—	1976	不稳定	—	—	—	—	新近纪安山岩碎块
947	危地马拉	Quemaya River	50	—	400	—	2	250	—	—	1976	不稳定	—	—	—	—	—
948	危地马拉	Rio La Lima	20	—	—	500	—	—	—	—	1998	—	—	—	—	—	—
949	危地马拉	Teculcheya River	15	—	1200	—	—	1000	—	—	1976	不稳定	—	—	—	—	浮石覆盖的凝灰岩
950	匈牙利	Szohony Stream	90	100	400	—	0.15	650	—	—	—	不稳定	—	—	—	—	中新世黏土
951	印度	Alaknanda River	60	—	—	—	—	—	—	—	1970	—	—	—	—	—	—
952	印度	Bhagirathi River	30	—	—	—	—	—	—	—	1978	—	—	—	—	—	—
953	印度	Birehi Ganga River	274	760	2750	286	460	3930	253	—	1893	不稳定	56650	—	—	97.5	白云岩块、巨石、其他细碎屑
954	印度	Delei River	46	—	—	—	—	—	—	—	1948	不稳定	—	—	—	—	花岗岩、片麻岩、巨石、鹅卵石和砂
955	印度	Dihang River	—	—	—	—	—	—	—	—	1950	不稳定	—	—	—	—	—
956	印度	Luhit River tributary	—	—	—	—	—	—	—	—	1950	不稳定	—	—	—	—	以块石为主

续表

序号	国家/地区	名称	堰塞体高度/m	堰塞体长度/m	堰塞体宽度/m	堰塞体体积/10⁶m³	堰塞湖体积/10⁶m³	堰塞湖长度/m	堰塞湖流域面积/km²	被阻塞河道坡度/(°)	形成时间	稳定性	溃口峰值流量/(m³/s)	溃口最终顶宽/m	溃口最终底宽/m	溃口最终深度/m	堰塞体物质组成
957	印度	Para Chu River	20	—	—	—	—	—	—	—	1975	不稳定	—	—	—	—	松散的岩石和冰碛物
958	印度	Pauri Ganga River	350	—	—	—	—	—	—	—	19世纪90年代	稳定	—	—	—	—	破碎的白云石和石灰右
959	印度	Rishiganga River	40	117	183	0.43	—	1000	576	—	1968	不稳定	—	—	—	—	以大块右石为主，最大直径约15m
960	印度	Satluj River (1)	—	—	—	—	—	—	—	—	2000	不稳定	1800	—	—	—	—
961	印度	Satluj River (2)	—	—	—	—	64	2100	—	—	2005	不稳定	2000	—	—	—	—
962	印度	Scob River	—	—	—	—	—	—	—	—	1897	不稳定	—	—	—	—	—
963	印度	Subansiri River	—	—	—	—	—	—	—	—	1950	不稳定	—	—	—	—	—
964	印度	Teesta River	—	—	—	—	—	—	—	—	—	—	—	—	—	—	—
965	印度	Tiding River	25	—	—	—	—	—	—	—	1950	—	—	—	—	—	—
966	印度	Gohna Tal	300	1100	1000	175	250	—	—	—	1893	不稳定	—	—	—	—	以粗粒土为主
967	印度	Tirthan River	—	22.5	—	—	—	1200	—	—	1905	不稳定	—	—	—	—	岩屑
968	印度尼西亚	Baliem River	—	—	—	—	—	—	—	—	1989	—	—	—	—	—	—
969	印度尼西亚	Solo River	10	30	200	—	0.1	800	—	—	1981	不稳定	—	—	—	—	以粗粒土为主
970	印度尼西亚	Unknown	—	—	—	—	—	—	—	—	1006	—	—	—	—	—	—

续表

序号	国家/地区	名称	堰塞体高度/m	堰塞体长度/m	堰塞体宽度/m	堰塞体体积/10⁶m³	堰塞湖体积/10⁶m³	堰塞湖长度/m	堰塞湖流域面积/km²	被阻塞河道坡度/(°)	形成时间	稳定性	溃口峰值流量/(m³/s)	溃口最终顶宽/m	溃口最终底宽/m	溃口最终深度/m	堰塞体物质组成
971	爱尔兰	Clare River	—	—	—	—	—	—	—	—	1745	—	—	—	—	—	—
972	爱尔兰	Jordan River (1)	—	—	—	—	—	—	—	—	1267	不稳定	—	—	—	—	泥灰岩
973	爱尔兰	Jordan River (2)	—	—	—	—	—	—	—	—	1546	不稳定	—	—	—	—	石灰质黏土
974	爱尔兰	Jordan River (3)	—	—	—	—	—	—	—	—	1906	不稳定	—	—	—	—	泥灰岩
975	爱尔兰	Jordan River (4)	—	—	—	—	—	—	—	—	1927	不稳定	—	—	—	—	泥灰岩
976	爱尔兰	Jordan River (5)	—	—	—	—	—	—	—	—	公元前1250年		—	—	—	—	泥灰岩
977	意大利	Acquaviva	12	160	180	0.15	—	—	19	1.2	—	不稳定		—	—	—	以粗粒土为主
978	意大利	Adda river	33	2700	550	—	22	2900	—	—	1987	不稳定		—	—	—	片麻岩,闪长岩,片麻岩和岩屑,表面岩石1~2m
979	意大利	Agordo	20	1200	1800	18	—	—	580	1.5	公元前4000年	稳定		—	—	—	—
980	意大利	Algua	—	—	—	—	—	—	20	3.4	1896	稳定		—	—	—	以粗粒土为主
981	意大利	Alleghe	16	550	1375	5.5	15	4500	248	0.8	1771	稳定		—	—	—	碎屑岩
982	意大利	Ambria Stream	15	—	—	—	—	400	—	—	1888	稳定		—	—	—	—
983	意大利	Antelao	7	350	550	0.6	—	—	294.7	1.2	1814	稳定		—	—	—	以块石为主
984	意大利	Antermoia	10	100	190	0.075	—	—	4.2	2.6	史前	稳定		—	—	—	以块石为主

续表

序号	国家/地区	名称	堰塞体高度/m	堰塞体长度/m	堰塞体宽度/m	堰塞体体积/10⁴m³	堰塞湖体积/10⁴m³	堰塞湖长度/m	堰塞湖流域面积/km²	被阻塞河道坡度/(°)	形成时间	稳定性	溃口峰值流量/(m³/s)	溃口最终顶宽/m	溃口最终底宽/m	溃口最终深度/m	堰塞体物质组成
985	意大利	Anterselva	45	960	1000	7	2.7	—	19.5	6	—	稳定	—	—	—	—	块石夹土
986	意大利	Antrona	50	900	1800	20	6.7	820	40.8	6.4	1642	稳定	—	—	—	—	碎屑和块石
987	意大利	Arno River	15	—	—	0.4	—	—	15	—	1898	不稳定	—	—	—	—	块石夹土
988	意大利	Arsicciola	20	175	250	0.3	—	—	17.3	3.1	1728	不稳定	—	—	—	—	块石夹土
989	意大利	Aurina Torrent	—	—	—	—	—	—	—	—	1867	稳定	—	—	—	—	以粗粒土为主
990	意大利	Baita Caprile	—	—	—	—	—	—	21.9	6.1	1947	不稳定	—	—	—	—	以细粒土为主
991	意大利	Barattano	—	—	—	—	—	—	0.9	3.6	1970	稳定	—	—	—	—	以粗粒土为主
992	意大利	Bardea	5	100	130	0.035	—	—	25	2.4	—	未形成	—	—	—	—	以粗粒土为主
993	意大利	Becca de Luseney	10	300	300	0.405	—	—	84	16.7	1952	不稳定	—	—	—	—	块石夹土
994	意大利	Benedello	10	420	340	0.5	—	—	18	1.7	1979	稳定	—	—	—	—	以粗粒土为主
995	意大利	Bettola	10	50	425	0.21	—	—	256.4	1	1889	未形成	—	—	—	—	碎屑和土
996	意大利	Birbo（Riganati Stream）	30	150	350	0.75	5.668485	830	5	6.6	1783	不稳定	—	—	—	—	块石夹土
997	意大利	Boccassuolo	30	175	700	3.6	—	—	60.8	1.7	1707	稳定	—	—	—	—	以块石为主
998	意大利	Boesimo（1）	20	150	250	0.5	—	—	158.2	0.2	1690	不稳定	—	—	—	—	以块石为主
999	意大利	Boesimo（2）	40	150	300	1.5	—	—	4.7	3.6	1690	稳定	—	—	—	—	破碎的白云石
1000	意大利	Boite Torrent	30	750	750	—	—	—	—	—	1814	不稳定	—	—	—	—	碎屑和土
1001	意大利	Bombiana	25	250	700	4.375	—	—	260	0.4	史前	稳定	—	—	—	—	以块石为主
1002	意大利	Bormio	40	1100	1170	20	—	—	136.9	1			—	—	—	—	

续表

序号	国家/地区	名称	堰塞体高度/m	堰塞体长度/m	堰塞体宽度/m	堰塞体体积/10⁶m³	堰塞湖体积/10⁶m³	堰塞湖长度/m	堰塞湖流域面积/km²	被阻塞河道坡度/(°)	形成时间	稳定性	溃口峰值流量/(m³/s)	溃口最终顶宽/m	溃口最终底宽/m	溃口最终深度/m	堰塞体物质组成
1003	意大利	Borta	70	600	1150	23	91	7000	190	0.5	1692	不稳定	—	—	—	—	碎屑岩碎屑
1004	意大利	Boschi di Valoria	4	190	340	0.15	—	—	77.6	1.7	2001	稳定	—	—	—	—	以细粒土为主
1005	意大利	Bracca	4	530	350	0.4	0.2	—	29.6	2.2	1989	不稳定	—	—	—	—	以粗粒土为主
1006	意大利	Braies	20	540	900	8	5.52483	—	29	4	—	稳定	—	—	—	—	块石夹土
1007	意大利	Budrialto	20	389	600	2.334	—	—	40	0.8	1688	稳定	—	—	—	—	—
1008	意大利	Buonamico River (1)	20	—	—	—	—	—	—	—	1973	不稳定	—	—	—	—	以块石为主
1009	意大利	Buonamico River (2)	90	400	700	21	7.5	1200	—	—	1973	不稳定	—	—	—	50	以块石为主
1010	意大利	Buthier Torrent	—	—	—	—	—	—	—	—	1952	不稳定	—	—	—	—	以细粒土为主
1011	意大利	Cà di Rico	5	95	100	0.025	—	—	2.8	2.7	2005	稳定	—	—	—	—	以细粒土为主
1012	意大利	Cà di Sotto-S.Benedetto V.S.	25	200	450	1.125	0.33	—	15.5	1.2	1994	不稳定	—	—	—	—	
1013	意大利	Ca' Lamone	5	200	75	0.075	—	—	375.5	0.8	1855	未形成	—	—	—	—	
1014	意大利	Caitasso	10	80	250	0.2	—	—	27	1.2	1854	未形成	—	—	—	—	
1015	意大利	Calitri	—	—	—	—	—	—	—	—	1980	不稳定	—	—	—	—	
1016	意大利	Camaro	6	10	100	0.002952	—	—	5.2	5.8	1985	未形成	—	—	—	—	
1017	意大利	Camorone	20	110	230	0.5	—	—	32	1.5	2002	不稳定	—	—	—	—	碎屑岩
1018	意大利	Campiano	35	150	750	3.5	—	—	15.5	1.2	1772	稳定	—	—	—	—	以粒土为主

续表

序号	国家/地区	名称	堰塞体高度/m	堰塞体长度/m	堰塞体宽度/m	堰塞体体积/10⁶m³	堰塞湖体积/10⁶m³	堰塞湖长度/m	堰塞湖流域面积/km²	被阻塞河道坡度/(°)	形成时间	稳定性	溃口峰值流量/(m³/s)	溃口最终顶宽/m	溃口最终底宽/m	溃口最终深度/m	堰塞体物质组成
1019	意大利	Campiglia	—	—	—	—	—	—	31	2.9	史前	稳定	—	—	—	—	块石夹土
1020	意大利	Campigno Creek	15	—	—	0.93	—	—	22	—	1899	—	—	—	—	—	—
1021	意大利	Campo di Grevena	30	160	470	1	—	—	4.2	3.9	史前	不稳定	—	—	—	—	以块石为主
1022	意大利	Campo Tures	—	—	—	—	—	—	521.8	1.1	1931	不稳定	—	—	—	—	以粗粒石为主
1023	意大利	Campogalli	15	150	200	0.4	—	—	15.3	3.5	1898	稳定	—	—	—	—	以块石为主
1024	意大利	Camporella	20	350	250	0.9	—	—	79	1.9	1792	稳定	—	—	—	—	以粗粒石为主
1025	意大利	Caridi	—	—	—	1	—	—	10	6.3	1783	不稳定	—	—	—	—	碎屑和土
1026	意大利	Casa Firrionello	24	125	175	0.260103	—	—	91.6	1.8	1969	未形成	—	—	—	—	以细粒土为主
1027	意大利	Case Santuccio	6.5	25	75	0.006	—	—	4.4	3.5	—	未形成	—	—	—	—	以块石为主
1028	意大利	Caselle	8	110	320	0.2	1.5	—	23.3	0.6	1952	不稳定	—	—	—	—	以粗粒石为主
1029	意大利	Casola Val Senio	10	70	150	0.05495	—	—	126.8	0.6	2015	不稳定	—	—	—	—	以块石为主
1030	意大利	Castagno d'Andrea	30	340	460	2	—	—	11.7	3.1	—	—	—	—	—	—	以粗粒石为主
1031	意大利	Castel dell'Alpi	45	200	460	4	—	—	21.8	1.4	1951	不稳定	—	—	—	—	以块石为主
1032	意大利	Castelfranci	6	200	260	0.16328	—	—	—	0.8	1980	未形成	—	—	—	—	碎屑和土
1033	意大利	Castello di Serravalle	10	180	230	0.2	—	—	54	2.6	1279	不稳定	—	—	—	—	以粗粒土为主
1034	意大利	Cava S. Calogero	40	400	600	1.5	—	—	—	—	—	—	—	—	—	—	—

续表

序号	国家/地区	名称	堰塞体高度/m	堰塞体长度/m	堰塞体宽度/m	堰塞体体积/10⁶m³	堰塞湖体积/10⁶m³	堰塞湖长度/m	堰塞湖流域面积/km²	被阻塞河道坡度(°)	形成时间	稳定性	溃口峰值流量/(m³/s)	溃口最终顶宽/m	溃口最终底宽/m	溃口最终深度/m	堰塞体物质组成
1035	意大利	Cava S. Giuseppe	35	250	500	1.8	—	—	—	—	—	—	—	—	—	—	—
1036	意大利	Cava S. Giuseppe Nord	30	100	375	0.5625	0.1	—	2.8	5	—	稳定	—	—	—	—	以块石为主
1037	意大利	Cava S. Giuseppe Sud	30	100	550	0.825	0.1	—	0.6	—	—	稳定	—	—	—	—	以块石为主
1038	意大利	Cavallerizzo	9	70	600	0.192184	—	—	3	8.4	2005	不稳定	—	—	—	—	块石夹土
1039	意大利	Cavallico	20	150	850	2.5	—	—	2.7	6.4	—	稳定	—	—	—	—	以粗粒土为主
1040	意大利	Cei	—	—	—	—	0.3	—	1.6	—	—	稳定	—	—	—	—	碎屑岩和碎屑
1041	意大利	Cerredolo	35	250	500	4.375	13.188	—	341	0.4	1725	不稳定	—	—	—	—	块石夹土
1042	意大利	Cervarezza	12	70	400	0.17	—	—	156.7	1.3	1832	未形成	—	—	—	—	以块石为主
1043	意大利	Ceusa	10	50	200	0.049233	—	—	1.9	3.4	—	未形成	—	—	—	—	以粗粒土为主
1044	意大利	Chianiello	5	95	160	0.039773	—	—	—	1.4	1980	未形成	—	—	—	—	以粗粒土为主
1045	意大利	Chiesa delle Grazie	10.5	50	200	0.053103	—	—	54.3	2.8	1922	未形成	—	—	—	—	以粗粒土、细粒土为主
1046	意大利	Chiotti Sant'Anna	20	650	850	5	—	—	14.6	9.5	1966	稳定	—	—	—	—	碎屑岩和碎屑
1047	意大利	Chiusa	10	—	—	—	—	—	3156	2.5	1921	不稳定	—	—	—	—	以粗粒土为主
1048	意大利	Ciano	15	200	300	1.4	—	—	464.2	0.2	1725	未形成	—	—	—	—	以粗粒土为主
1049	意大利	Cima Dosdè	30	525	1100	7	—	—	8.5	3.3	史前	稳定	—	—	—	—	以块石为主
1050	意大利	Cimego	60	470	450	4	—	—	255	0.8	—	稳定	—	—	—	—	碎屑岩

续表

序号	国家/地区	名称	堰塞体高度/m	堰塞体长度/m	堰塞体宽度/m	堰塞体体积/10⁶m³	堰塞湖体积/10⁶m³	堰塞湖长度/m	堰塞湖流域面积/km²	被阻塞河道坡度/(°)	形成时间	稳定性	溃口峰值流量/(m³/s)	溃口最终顶宽/m	溃口最终底宽/m	溃口最终深度/m	堰塞体物质组成
1051	意大利	Cimitero di Ragusa (1)	35.5	75	575	1.725	—	—	17.3	5.3	—	稳定	—	—	—	—	碎屑岩
1052	意大利	Cimitero di Ragusa (2)	11.3	25	125	0.017679	—	—	19.4	3.3	—	未形成	—	—	—	—	碎屑岩
1053	意大利	Cinghiarello	10	75	550	0.2	—	—	256	0.3	1902	未形成	—	—	—	—	—
1054	意大利	Codera stream	3	—	—	—	—	200	—	—	1988	—	—	—	—	—	—
1055	意大利	Colle Pizzuto	—	—	—	—	—	—	0.9	2.7	—	稳定	—	—	—	—	碎屑和土
1056	意大利	Colma di Barbiano	—	—	—	—	—	—	3469	1	1837	不稳定	—	—	—	—	以粗粒土为主
1057	意大利	Coluce (Duverso Torrent)	26	170	—	—	3.026775	850	62	2.3	1783	稳定	—	—	—	—	碎屑和土
1058	意大利	Comineto	15	180	450	0.5	—	—	17.6	3.4	1980	不稳定	—	—	—	—	以粗粒土为主
1059	意大利	Contr. Banco (1)	—	—	—	—	—	—	1.1	3.9	—	未形成	—	—	—	—	以块石为主
1060	意大利	Contr. Banco (2)	—	—	—	—	—	—	5.5	2.9	—	未形成	—	—	—	—	以块石为主
1061	意大利	Contr. Barone	13	50	175	0.057213	—	—	6.3	4.1	—	未形成	—	—	—	—	以块石为主
1062	意大利	Contr. Bellicci (1)	75	175	370	2.428125	0.18	—	6.3	3.3	1693	稳定	—	—	—	—	以块石为主
1063	意大利	Contr. Bellicci (2)	7	25	220	0.019604	—	—	5.6	11.1	—	未形成	—	—	—	—	以块石为主
1064	意大利	Contr. Billona	26	225	450	1.31625	—	—	53	0.3	—	稳定	—	—	—	—	以块石为主

续表

序号	国家/地区	名称	堰塞体高度/m	堰塞体长度/m	堰塞体宽度/m	堰塞体体积/10⁶m³	堰塞湖体积/10⁶m³	堰塞湖长度/m	堰塞湖流域面积/km²	被阻塞河道坡度/(°)	形成时间	稳定性	溃口峰值流量/(m³/s)	溃口最终顶宽/m	溃口最终底宽/m	溃口最终深度/m	堰塞体物质组成
1065	意大利	Contr. Boschitello	4	25	775	0.037843	—	—	57.4	1.8	—	未形成	—	—	—	—	以块石为主
1066	意大利	Contr. Bosco Pisano	23	50	275	0.158125	—	—	15.4	2.3	—	未形成	—	—	—	—	以块石为主
1067	意大利	Contr. Bregoliti	20	65	180	0.117	—	—	4.2	4.9	—	—	—	—	—	—	以块石为主
1068	意大利	Contr. Calanca	11.5	50	175	0.050066	—	—	3.5	4	—	未形成	—	—	—	—	以块石为主
1069	意大利	Contr. Canseria	24	75	200	0.180687	—	—	46	3.5	—	未形成	—	—	—	—	以块石为主
1070	意大利	Contr. Casaletto	12	50	375	0.111404	—	—	44.7	1.1	—	未形成	—	—	—	—	以块石为主
1071	意大利	Contr. Civama	17	100	225	0.189256	—	—	7.9	1.9	—	未形成	—	—	—	—	以块石为主
1072	意大利	Contr. Cugno Giovanni	20	75	255	0.16875	—	—	5.9	3.2	—	未形成	—	—	—	—	以块石为主
1073	意大利	Contr. Ficuzza	8	70	2500	0.688883	—	—	114.5	0.5	—	未形成	—	—	—	—	以细粒土为主
1074	意大利	Contr. Franca	12	63	150	0.057316	—	—	11.2	5.7	—	未形成	—	—	—	—	以块石为主
1075	意大利	Contr. La Rocca	35	100	125	0.216408	—	—	16	—	—	未形成	—	—	—	—	以块石为主
1076	意大利	Contr. La Sarculla	14.5	25	800	0.145245	—	—	1.3	8.9	—	未形成	—	—	—	—	以块石为主
1077	意大利	Contr. Lenzevacche	55	150	350	1.44375	1.283333333	—	13.8	0.8	—	稳定	—	—	—	—	以块石为主
1078	意大利	Contr. Madonna delle Grazie	13	50	175	0.057523	—	—	2.1	5.7	—	未形成	—	—	—	—	以块石为主
1079	意大利	Contr. Malfitano	8.5	50	200	0.042057	—	—	7.8	1.7	—	未形成	—	—	—	—	以块石为主

续表

序号	国家/地区	名称	堰塞体高度/m	堰塞体长度/m	堰塞体宽度/m	堰塞体体积/10⁶m³	堰塞湖体积/10⁶m³	堰塞湖长度/m	堰塞湖流域面积/km²	被阻塞河道坡度/(°)	形成时间	稳定性	溃口峰值流量/(m³/s)	溃口最终顶宽/m	溃口最终底宽/m	溃口最终深度/m	堰塞体物质组成
1080	意大利	Contr. Mezzo Gregorio	13	25	225	0.037	—	—	2	6.6	—	未形成	—	—	—	—	以块石为主
1081	意大利	Contr. Monte	60	375	960	10.8	2.2	—	6	0.4	公元前4500年	稳定	—	—	—	—	碎屑岩和碎屑
1082	意大利	Contr. Nocito	6	50	500	0.075597	—	—	5.4	2.3	—	未形成	—	—	—	—	以块石为主
1083	意大利	Contr. Oliva	40	150	575	1.725	0.16~0.26	—	5	3.5	—	稳定	—	—	—	—	以块石为主
1084	意大利	Contr. Parisa	5	45	180	0.020334	—	—	5.6	1.3	—	未形成	—	—	—	—	以块石为主
1085	意大利	Contr. Renna Alta	14.5	50	425	0.152763	—	—	3.2	5.4	—	未形成	—	—	—	—	以块石为主
1086	意大利	Contr. Rocca Fisauli	40	125	500	1.236938	—	—	131.6	0.7	1954	未形成	—	—	—	—	碎屑和土
1087	意大利	Contr. S. Maria	15	90	200	0.15	—	—	4.8	6.1	—	未形成	—	—	—	—	以块石为主
1088	意大利	Contr. S. Nicola	—	—	—	—	—	—	2.8	2	—	未形成	—	—	—	—	以块石为主
1089	意大利	Contr. Salmicella	15	25	175	0.032288	—	—	89.6	2	—	未形成	—	—	—	—	以块石为主
1090	意大利	Contr. San Giovanni	16	95	140	0.106278	—	—	18	2.5	—	未形成	—	—	—	—	以块石为主
1091	意大利	Contr. Saracena	4.5	25	75	0.004265	—	—	14.5	1.3	—	未形成	—	—	—	—	以块石为主
1092	意大利	Contr. Scala Vecchia	17	25	75	0.016034	—	—	63.5	0.4	—	未形成	—	—	—	—	以块石为主
1093	意大利	Contr. Schiavone	10	75	275	0.101609	—	—	14	0.9	1955	未形成	—	—	—	—	碎屑岩和碎屑

续表

序号	国家/地区	名称	堰塞体高度/m	堰塞体长度/m	堰塞体宽度/m	堰塞体体积/10^6m³	堰塞湖体积/10^6m³	堰塞湖长度/m	堰塞湖流域面积/km²	被阻塞河道坡度/(°)	形成时间	稳定性	溃口峰值流量/(m³/s)	溃口最终顶宽/m	溃口最终底宽/m	溃口最终深度/m	堰塞体物质组成
1094	意大利	Contr. Steppenosa	11	25	275	0.037532	—	—	0.2	2	—	未形成	—	—	—	—	以块石为主
1095	意大利	Contr. Terra di Bove	9	50	200	0.044919	—	—	6.4	2.9	—	未形成	—	—	—	—	以块石为主
1096	意大利	Contr. Torazza	17.5	250	100	0.21875	0.375	—	207.5	4	1966	不稳定	—	—	—	—	土和碎屑
1097	意大利	Contr. Ufra	28	125	325	0.56875	—	—	18.2	1.1	—	稳定	—	—	—	—	以块石为主
1098	意大利	Contr. Utra (1)	83	175	275	2	—	—	31.2	2.6	1693	未形成	—	—	—	—	以块石为主
1099	意大利	Contr. Utra (2)	75	150	450	2.53125	2.47275	—	12.1	1	公元前3000年	稳定	—	—	—	—	以块石为主
1100	意大利	Contr. Vettrana	10	100	900	0.45	—	—	140.3	1.6	1922	未形成	—	—	—	—	以粗粒土、细粒土为主
1101	意大利	Cordevole Torrent	80	500	1750	—	—	4000	—	—	1771	稳定	—	—	—	—	泥灰岩-灰岩碎屑
1102	意大利	Corella	6	50	200	0.06	—	—	4.8	3.5	1992	稳定	—	—	—	—	以粗粒土为主
1103	意大利	Corniglio	25	250	500	3.125	—	—	76.9	1.4	1770	不稳定	—	—	—	—	以粗粒土为主
1104	意大利	Corniolo	15	180	350	0.5	0.4	—	47.8	0.9	2010	不稳定	—	—	—	—	以块石为主
1105	意大利	Corsanico creek	—	—	—	0.390625	—	—	—	—	1717	不稳定	—	—	—	—	以细粒土为主
1106	意大利	Costa San Nicola	50	125	125	0.390625	—	—	89.9	1.2	1693	不稳定	—	—	—	—	以块石为主
1107	意大利	Covatta	5	200	400	0.2	—	—	606	0.3	1996	不稳定	—	—	—	—	以细粒土为主

续表

序号	国家/地区	名称	堰塞体高度/m	堰塞体长度/m	堰塞体宽度/m	堰塞体体积/10⁶m³	堰塞湖体积/10⁶m³	堰塞湖长度/m	堰塞湖流域面积/km²	被阻塞河道坡度/(°)	形成时间	稳定性	溃口峰值流量/(m³/s)	溃口最终顶宽/m	溃口最终底宽/m	溃口最终深度/m	堰塞体物质组成
1108	意大利	Cozzo del Ferraro (1)	12	25	225	0.033965	—	—	13.2	2.2	—	未形成	—	—	—	—	以块石为主
1109	意大利	Cozzo del Ferraro (2)	15.5	37	250	0.07235	—	—	13.5	2.7	—	未形成	—	—	—	—	以块石为主
1110	意大利	Cozzo della Difesa	5	25	200	0.012604	—	—	2.2	6.9	1987	未形成	—	—	—	—	—
1111	意大利	Cozzo Pirato Grande	57	175	325	1.620938	—	—	44	1.4	—	稳定	—	—	—	—	以块石为主
1112	意大利	Crespino	15	200	350	1	—	—	22	1	—	稳定	—	—	—	—	以块石为主
1113	意大利	Croce del Vicario	7	25	175	0.015009	—	—	1.9	2.8	—	未形成	—	—	—	—	以块石为主
1114	意大利	Crodo	—	—	—	—	—	—	3.8	16	—	不稳定	—	—	—	—	块石夹土
1115	意大利	Cucco (Serra Torrent)	12	200	270	0.3	1.8349375	550	7	7.8	1783	不稳定	—	—	—	—	碎屑和土
1116	意大利	Cugni di Cassero	—	—	—	—	—	—	1.9	5.4	—	未形成	—	—	—	—	以块石为主
1117	意大利	Cugni Fassio (1)	28	50	700	0.494374	—	—	82.3	0.9	—	未形成	—	—	—	—	以块石为主
1118	意大利	Cugni Fassio (2)	14	25	25	0.004473	—	—	0.2	11.1	—	未形成	—	—	—	—	以块石为主
1119	意大利	Cumi (Lago Stream)	40	560	750	8	28.574	1300	44	2	1783	不稳定	—	—	—	—	碎屑和土
1120	意大利	Daglio	—	—	—	2	—	—	52.8	1.4	1872	不稳定	—	—	—	—	以粗粒土为主

续表

序号	国家/地区	名称	堰塞体高度/m	堰塞体长度/m	堰塞体宽度/m	堰塞体体积/10^6 m^3	堰塞湖体积/10^6 m^3	堰塞湖长度/m	堰塞湖流域面积/km^2	被阻塞河道坡度/(°)	形成时间	稳定性	溃口峰值流量/(m^3/s)	溃口最终顶宽/m	溃口最终底宽/m	溃口最终深度/m	堰塞体物质组成
1121	意大利	De' Preti	—	—	—	—	0.82425	750	17	1.9	1783	不稳定	—	—	—	—	碎屑和土
1122	意大利	Dora di Veny	—	—	—	—	4.5	—	—	—	1920	—	—	—	—	—	—
1123	意大利	Draga	10	550	350	1	0.00785	—	4	3.8	2010	不稳定	—	—	—	—	以细粒土为主
1124	意大利	Dragone River	25	—	—	7	—	—	91	—	1954	—	—	—	—	—	—
1125	意大利	Fadalto	100	730	2400	120	—	—	187.3	1.1	史前	稳定	—	—	—	—	块石夹土
1126	意大利	Farfareta	15	70	200	0.28	—	—	14.8	2.7	史前	稳定	—	—	—	—	以块石为主
1127	意大利	Fenestrelle	40	700	1200	30	—	—	124	1.1	史前	稳定	—	—	—	—	块石夹土
1128	意大利	Fiume Anapo	—	150	200	—	—	—	—	—	1693	不稳定	—	—	—	—	以细粒土为主
1129	意大利	Fondo Barone	3	50	125	0.008341	—	—	3.1	2.4	—	未形成	—	—	—	—	—
1130	意大利	Fontanaluccia	30	75	500	1	—	—	34.7	2	1832	未形成	—	—	—	—	—
1131	意大利	Forni di Sotto	80	1100	1000	20	250	—	131.8	0.8	公元前8000年	不稳定	—	—	—	—	碎屑岩
1132	意大利	Fosso Falterona	20	100	200	0.4	—	—	2.1	10	1960	稳定	—	—	—	—	以粗粒土为主
1133	意大利	Frassineta	5	15	150	0.005625	—	—	1.2	10.5	1992	未形成	—	—	—	—	以粗粒土为主
1134	意大利	Frassinoro	25	250	1000	6.25	—	—	75.2	1.7	1598	稳定	—	—	—	—	碎屑和土
1135	意大利	Gader Torrent	—	—	—	—	—	1000	—	—	1821	不稳定	—	—	—	—	页岩和碳酸盐岩碎屑
1136	意大利	Gallare	20	70	150	0.1125	—	—	109	0.6	1996	未形成	—	—	—	—	—
1137	意大利	Gamberara	15	150	312	0.93	—	—	22.1	2.2	1899	稳定	—	—	—	—	以块石为主

续表

序号	国家/地区	名称	堰塞体高度/m	堰塞体长度/m	堰塞体宽度/m	堰塞体体积/10⁶m³	堰塞湖体积/10⁶m³	堰塞湖长度/m	堰塞湖流域面积/km²	被阻塞河道坡度/(°)	形成时间	稳定性	溃口峰值流量/(m³/s)	溃口最终顶宽/m	溃口最终底宽/m	溃口最终深度/m	堰塞体物质组成
1138	意大利	Gardelletta	12	50	140	0.07	—	—	275.3	0.4	1985	未形成	—	—	—	—	—
1139	意大利	Gerna	—	—	—	—	—	—	23.1	8	1987	不稳定	—	—	—	—	以粗粒土为主
1140	意大利	Ghigo	30	700	400	6	—	—	36.9	1.2	史前	稳定	—	—	—	—	以粗粒土为主
1141	意大利	Giserotta	17	25	150	0.032069	—	—	1.2	2	—	未形成	—	—	—	—	以块石为主
1142	意大利	Gorfigliano	—	80	185	—	—	—	1.4	13.4	1995	稳定	—	—	—	—	以块石为主
1143	意大利	Groppallo	10	30	150	0.045	—	—	21.3	8.5	1888	未形成	—	—	—	—	以粗粒土为主
1144	意大利	Groppo	80	150	875	10.5	5.3	—	147.3	1.2	1786	不稳定	—	—	—	—	块石夹土
1145	意大利	Idro-Cima d'Antegolo	25	450	510	2.5	33.5	—	615.2	0.1	史前	稳定	—	—	—	—	以粗粒土为主
1146	意大利	Illica	40	150	400	1.5	—	—	64.3	0.6	1725	不稳定	—	—	—	—	—
1147	意大利	Isarco River(1)	—	—	—	—	—	1200	—	—	1891	—	—	—	—	—	—
1148	意大利	Isarco River(2)	7	—	—	1	—	—	522	—	1921	不稳定	—	—	—	—	千枚岩碎屑
1149	意大利	Kummersee	50	300	600	6	5.75	—	85	1.1	1401	不稳定	—	—	—	—	块石夹土
1150	意大利	La Marogna	20	550	650	7	—	—	91	0.6	1117	稳定	—	—	—	—	以块石为主
1151	意大利	Laghi	10	620	450	1	—	—	20.6	1.9	史前	稳定	—	—	—	—	以粗粒土为主
1152	意大利	Lago Costantino	100	220	530	6	7	—	41	3.4	1972	稳定	—	—	—	—	碎屑和土
1153	意大利	Lago Morto	40	540	2000	20	23.69	—	17.2	—	史前	稳定	—	—	—	—	块石夹土
1154	意大利	Lago Nero	15	250	350	1.3	—	—	0.5	9	史前	稳定	—	—	—	—	以块石为主

续表

序号	国家/地区	名称	堰塞体高度/m	堰塞体长度/m	堰塞体宽度/m	堰塞体体积/10⁶m³	堰塞湖长度/m	堰塞湖体积/10⁶m³	堰塞湖流域面积/km²	被阻塞河道坡度/(°)	形成时间	稳定性	溃口峰值流量/(m³/s)	溃口最终顶宽/m	溃口最终底宽/m	溃口最终深度/m	堰塞体物质组成
1155	意大利	Lake Passo	14	—	—	—	380	—	—	—	1783	—	—	—	—	—	上新世砂质泥质黏土
1156	意大利	Lama Mocogno	30	300	800	8	—	0.75	218.7	1.1	1879	稳定	—	—	—	—	—
1157	意大利	Laurenzana	8	90	360	0.135	—	—	4	6	2005	未形成	—	—	—	—	以粗粒土为主
1158	意大利	Le Casse	30	480	500	3	—	—	120.3	1.2	史前	稳定	—	—	—	—	以块石为主
1159	意大利	Le Mottacce	10	50	150	0.05	—	—	738	0.2	1987	未形成	—	—	—	—	以粗粒土为主
1160	意大利	Leo River	40	—	—	12.6	—	—	77	—	1590	稳定	—	—	—	—	—
1161	意大利	Lima River	15	—	—	20	—	—	83	—	1814	稳定	—	—	—	—	—
1162	意大利	Lindo River	4	—	—	—	60	—	—	—	1783	不稳定	—	—	—	—	上新世砂质泥质黏土
1163	意大利	Lizzano	15	225	500	2	8.4	—	83	1.5	1814	不稳定	—	—	—	—	以块石为主
1164	意大利	Loppio	40	800	450	4	—	—	14	—	史前	稳定	—	—	—	—	以粗粒土为主
1165	意大利	Lotta	40	300	1050	12.6	2	—	76.7	2	1590	稳定	—	—	—	—	—
1166	意大利	M.Piano del Pozzo (1)	15	50	250	0.095488	—	—	13.8	3.5		未形成	—	—	—	—	以块石为主
1167	意大利	M.Piano del Pozzo (2)	18	50	175	0.080677	—	—	14.6	2.8		未形成	—	—	—	—	以块石为主
1168	意大利	M.Piano del Pozzo (3)	35	100	300	0.53342	—	—	17.1	2.4	—	未形成	—	—	—	—	以块石为主
1169	意大利	Madredonne	14	75	275	0.145	—	—	3.2	2.2	—	未形成	—	—	—	—	以块石为主
1170	意大利	Magrè	5	180	150	0.075	—	—	5.6	18.8	1952	未形成	—	—	—	—	碎屑岩和碎屑

续表

序号	国家/地区	名称	堰塞体高度/m	堰塞体长度/m	堰塞体宽度/m	堰塞体体积/10^6 m³	堰塞湖体积/10^6 m³	堰塞湖长度/m	堰塞湖流域面积/km²	被阻塞河道坡度(°)	形成时间	稳定性	溃口峰值流量/(m³/s)	溃口最终顶宽/m	溃口最终底宽/m	溃口最终深度/m	堰塞体物质组成
1171	意大利	Maranina	7	25	150	0.02	—	—	281.3	0.3	1996	未形成	—	—	—	—	以细粒土为主
1172	意大利	Marecchia River	20	—	—	1.5	—	—	41	—	1945		—	—	—	—	—
1173	意大利	Marro	25	190	470	1.2	9.42	1000	38	1.9	1783	不稳定	—	—	—	—	以粗粒土为主
1174	意大利	Mera River	—	—	—	—	—	—	—	—	1618		—	—	—	—	—
1175	意大利	Miage	—	—	—	—	—	—	25	0.9	1986	稳定	—	—	—	—	以块石为主
1176	意大利	Mineo-SudOvest	16	50	125	0.050521	—	—	12	2.5	1969	未形成	—	—	—	—	以块石为主
1177	意大利	Molveno	30	1300	3200	40	161	—	73.1	3.5	公元前1000年	稳定	—	—	—	—	以块石为主
1178	意大利	Monte Avi	20	650	700	4	—	—	2435.1	0.3	史前	稳定	—	—	—	—	块石夹土
1179	意大利	Monte Gruf	—	—	—	—	—	—	26.2	5.7	1988	不稳定	—	—	—	—	块石夹土
1180	意大利	Monte San Marco	20	75	225	0.161584	—	—	183.8	—	1986	未形成	—	—	—	—	碎屑岩和碎屑
1181	意大利	Monteforca	15	200	1000	3	—	—	33.6	2	1895	不稳定	—	—	—	—	砂岩、白云岩
1182	意大利	Montelago	15	280	310	0.7	—	—	2	6.5	—	稳定	—	—	—	—	块石夹土
1183	意大利	Montignoso	—	—	—	—	—	—	—	15.2	1771	不稳定	—	—	—	—	—
1184	意大利	Moscardo	5	620	950	2.5	—	—	57.7	0.2	1829	不稳定	—	—	—	—	以粗粒土为主
1185	意大利	Nera River	—	—	—	—	—	—	—	—	1906	不稳定	—	—	—	—	以粗粒土为主
1186	意大利	Nibbio	10	100	350	0.4	—	—	2	24.9	2005	未形成	—	—	—	—	—

续表

序号	国家/地区	名称	堰塞体高度/m	堰塞体长度/m	堰塞体宽度/m	堰塞体积/10⁶m³	堰塞湖体积/10⁶m³	堰塞湖长度/m	堰塞湖流域面积/km²	被阻塞河道坡度/(°)	形成时间	稳定性	溃口峰值流量/(m³/s)	溃口最终顶宽/m	溃口最终底宽/m	溃口最终深度/m	堰塞体物质组成
1187	意大利	Nicosia - NordEst	—	—	—	—	—	—	—	—	1973	未形成	—	—	—	—	碎屑岩和碎屑
1188	意大利	Noasca	40	350	800	5	—	—	116.8	6.8	史前	稳定	—	—	—	—	以块石为主
1189	意大利	Noto Antica	60	125	475	1.78125	—	—	0.7	4.3	—	稳定	—	—	—	—	以块石为主
1190	意大利	Novale	60	1100	800	23.76	—	—	113.2	0.6	史前	稳定	—	—	—	—	碎屑岩
1191	意大利	Ospitale Creek	8	—	—	0.08	—	—	23	—	1952	—	—	—	—	—	—
1192	意大利	Ossola (1)	15	180	210	0.3	—	—	42	1.1	1977	不稳定	—	—	—	—	以粗粒土为主
1193	意大利	Ossola (2)	10	85	115	0.09	—	—	42	1.1	1977	稳定	—	—	—	—	以粗粒土为主
1194	意大利	P.ve S.Stefano	25	400	450	4.5	3	—	106.9	0.9	1855	不稳定	—	—	—	—	块石夹土
1195	意大利	Palagione	10	100	270	0.15	—	—	11	1.2	—	不稳定	—	—	—	—	以细粒土为主
1196	意大利	Pantana	—	—	—	—	—	600	12	4.5	1783	不稳定	—	—	—	—	以粗粒土为主
1197	意大利	Parma River	30	—	—	8.37	—	—	151	—	1902	—	—	—	—	—	—
1198	意大利	Pasconi	—	—	—	—	—	—	578	1	1980	未形成	—	—	—	—	以块石为主
1199	意大利	Passirio River	50	—	—	4.5	—	1000	85	—	1404	稳定	—	—	—	—	以块石为主
1200	意大利	Perarolo	—	400	600	—	—	—	389.5	1.5	1820	稳定	—	—	—	—	—
1201	意大利	Pertusio	10	400	600	1	—	—	97	3.1	1665	不稳定	—	—	—	—	以粗粒土为主
1202	意大利	Piaggiagrande-Renaio	15	90	100	0.1	0.002	—	1.3	9.5	2014	稳定	—	—	—	—	块石夹土
1203	意大利	Pian de' Romiti	20	160	150	0.6	—	—	13.2	0.5	—	稳定	—	—	—	—	基岩
1204	意大利	Pian di Casale	18.75	50	350	0.315	—	—	260	0.4	—	不稳定	—	—	—	—	—

续表

序号	国家/地区	名称	堰塞体高度/m	堰塞体长度/m	堰塞体宽度/m	堰塞体体积/10⁶m³	堰塞湖体积/10⁶m³	堰塞湖长度/m	堰塞湖流域面积/km²	被阻塞河道坡度/(°)	形成时间	稳定性	溃口峰值流量/(m³/s)	溃口最终顶宽/m	溃口最终底宽/m	溃口最终深度/m	堰塞体物质组成
1205	意大利	Piano degli Angeli (1)	80	225	675	6.075	—	—	9.2	2.8	—	稳定	—	—	—	—	以块石为主
1206	意大利	Piano degli Angeli (2)	3.5	20	250	0.007922	—	—	6.3	2.8	—	未形成	—	—	—	—	以块石为主
1207	意大利	Piazza Armerina-Nord	5	10	75	0.001875	—	—	2.8	2.1	1973	未形成	—	—	—	—	以粗粒土、细粒土为主
1208	意大利	Piazzette-Usseglio	40	1000	1100	18	—	—	93.3	1	史前	稳定	—	—	—	—	以块石为主
1209	意大利	Pieve Santo Stefano	—	—	—	—	—	—	—	—	1855	—	—	—	—	—	—
1210	意大利	Pisciotta	—	20	—	—	—	—	15.4	1.8	—	未形成	—	—	—	—	以块石为主
1211	意大利	Piuro	7	520	800	1.5	—	—	222.8	3.6	—	不稳定	—	—	—	—	碎屑岩和碎屑
1212	意大利	Poggio Vascello	6.5	25	125	0.010235	—	—	60.6	0.3	—	未形成	—	—	—	—	以块石为主
1213	意大利	Poggio Zampiroli	15	110	140	0.12089	—	—	0.5	11.7	2014	未形成	—	—	—	—	块石夹土
1214	意大利	Ponsin	20	550	500	2	—	—	9.6	1.7	史前	稳定	—	—	—	—	碎屑岩
1215	意大利	Ponte Pia	20	200	480	0.85	3.76	—	582.7	1	—	稳定	—	—	—	—	块石夹土
1216	意大利	Popiglio (La Lima)	30	200	275	1.8	—	—	107.8	1.1	1933	稳定	—	—	—	—	以粗粒土为主
1217	意大利	Portella Colla (1)	26	125	725	1.185951	—	—	18.9	7	1931	未形成	—	—	—	—	碎屑、土、岩
1218	意大利	Portella Colla (2)	20	150	320	0.48	—	—	23.3	3.5	1931	不稳定	—	—	—	—	碎屑、土、岩

续表

序号	国家/地区	名称	堰塞体高度/m	堰塞体长度/m	堰塞体宽度/m	堰塞体体积/10^6 m³	堰塞湖体积/10^6 m³	堰塞湖长度/m	堰塞湖流域面积/km²	被阻塞河道坡度/(°)	形成时间	稳定性	溃口峰值流量/(m³/s)	溃口最终顶宽/m	溃口最终底宽/m	溃口最终深度/m	堰塞体物质组成
1219	意大利	Portella del Lupo (1)	9	50	50	0.011491	—	—	4.1	4.4	1963	未形成	—	—	—	—	以细粒土为主
1220	意大利	Portella del Lupo (2)	6	25	100	0.007736	—	—	4.9	—	1963	未形成	—	—	—	—	碎屑岩和碎屑
1221	意大利	Poschiavo	100	—	—	81.56	—	—	198	—	1987	—	—	—	—	—	—
1222	意大利	Pozzadello	15	100	250	0.37	—	—	1.5	—	1903	不稳定	—	—	—	—	块石夹土
1223	意大利	Prà	20	550	850	4	—	—	17.7	1.2	史前	稳定	—	—	—	—	以粗粒土为主
1224	意大利	Prali	30	400	700	7	—	—	47.7	1.2	史前	稳定	—	—	—	—	以粗粒土为主
1225	意大利	Prato Casarile	40	200	450	1.75	0.3	—	1.5	21.8	1953	稳定	—	—	—	—	—
1226	意大利	Quarto di Savio (1)	—	—	—	—	—	—	—	—	1812	—	—	—	—	—	—
1227	意大利	Quarto di Savio (2)	70	400	600	16	24.335	—	214.8	0.7	1812	不稳定	—	—	—	—	碎屑岩和碎屑
1228	意大利	Randazzo - Nord	10	40	125	0.025	—	—	182.6	2.1	1979	未形成	—	—	—	—	—
1229	意大利	Rasciesa	100	700	620	15	—	—	156.8	2.3	史前	稳定	—	—	—	—	块石夹土
1230	意大利	Reggello	5	15	75	0.002813	—	—	25.1	5	—	未形成	—	—	—	—	—
1231	意大利	Reno River (1)	25	—	—	—	—	—	260	—	1996	—	—	—	—	—	—
1232	意大利	Reno River (2)	—	—	—	4.3	—	—	—	—	18 世纪	—	—	—	—	—	—
1233	意大利	Ridanna	35	570	1400	10	—	—	95.9	1.2	史前	稳定	—	—	—	—	碎屑岩

续表

序号	国家/地区	名称	堰塞体高度/m	堰塞体长度/m	堰塞体宽度/m	堰塞体体积/10⁶m³	堰塞湖体积/10⁶m³	堰塞湖长度/m	堰塞湖流域面积/km²	被阻塞河道坡度/(°)	形成时间	稳定性	溃口峰值流量/(m³/s)	溃口最终顶宽/m	溃口最终底宽/m	溃口最终深度/m	堰塞体物质组成
1234	意大利	Rio Amerillo	—	1000	1200	70	4.4	—	—	—	—	—	—	—	—	—	—
1235	意大利	Rio Boesimo Creek	20	—	—	1.5	—	—	5	—	1693	—	—	—	—	—	—
1236	意大利	Rio Brusago	5	270	1500	1	—	—	795.9	6.9	1882	不稳定	—	—	—	—	以粗粒土为主
1237	意大利	Rio Orli	—	—	—	—	—	—	3386	11	1938	不稳定	—	—	—	—	以粗粒土为主
1238	意大利	Rocca	17	50	100	0.043282	—	—	—	3.8	史前	未形成	—	—	—	—	以块石为主
1239	意大利	Rocca Tavo	—	—	—	—	—	—	31.4	2.1	史前	稳定	—	—	—	—	以块石为主
1240	意大利	Roccalbegna	10	170	110	0.075	—	—	9	10.2	2014	不稳定	—	—	—	—	以细粒土为主
1241	意大利	Roccella Valdemone	5	25	500	0.031673	—	—	17	10.4	1928	未形成	—	—	—	—	以细粒土为主
1242	意大利	Roccella Valdemone-Ovest	9	25	200	0.0225	—	—	42.8	3.6	1988	未形成	—	—	—	—	以粗粒土、细粒土为主
1243	意大利	Ronchi	20	160	190	0.3	0.471	—	24.5	1.9	—	稳定	—	—	—	—	以粗粒土为主
1244	意大利	Roncovetro	10	140	180	0.15	—	—	87.4	3.4	—	不稳定	—	—	—	—	以粗粒土为主
1245	意大利	Rosola	6	150	330	0.25	—	—	39.5	3.5	—	未形成	—	—	—	—	以粗粒土为主
1246	意大利	Rotbach Torrent	—	—	—	—	—	—	—	—	1878	不稳定	—	—	—	—	以块石为主
1247	意大利	Rovina	15	400	900	2	1.2	—	17.2	20.9	史前	稳定	—	—	—	—	碎屑岩和碎屑
1248	意大利	S. Bruno (Lindo River)	32	80	—	10	28.07945	1400	4.5	4.1	1783	不稳定	—	—	—	—	碎屑和土

续表

序号	国家/地区	名称	堰塞体高度/m	堰塞体长度/m	堰塞体宽度/m	堰塞体体积/10⁶m³	堰塞湖体积/10⁶m³	堰塞湖长度/m	堰塞湖流域面积/km²	被阻塞河道坡度/(°)	形成时间	稳定性	溃口峰值流量/(m³/s)	溃口最终顶宽/m	溃口最终底宽/m	溃口最终深度/m	堰塞体物质组成
1249	意大利	S. Cristina (Lago Stream)	50	450	850	10	22.431375	1270	21	3	1783	不稳定	—	—	—	—	以粗粒土为主
1250	意大利	S. Giacomo	8	550	900	1.5	—	—	130.2	2.1	867	不稳定	—	—	—	—	以粗粒土为主
1251	意大利	S. Giovanni	10	150	600	0.4	—	—	314.7	1.4	1958	不稳定	—	—	—	—	块石夹土
1252	意大利	S. Martino	—	—	—	—	—	—	192.5	0.4	1878	不稳定	—	—	—	—	以粗粒土为主
1253	意大利	S. Martino di Castrozza	30	260	900	3.5	—	—	7.1	6.6	史前	稳定	—	—	—	—	以块石为主
1254	意大利	S. Agata Feltria	—	200	1300	2	—	—	10.8	4.4	1561	不稳定	—	—	—	—	—
1255	意大利	S. Anna Pelago	40	200	370	1.5	—	—	7.9	4.3	1896	不稳定	—	—	—	—	—
1256	意大利	S. Benedetto in Alpe	15	100	200	0.4	—	—	32.4	1.6	—	稳定	—	—	—	—	基岩
1257	意大利	S. Patrignano	—	—	—	0.06	—	—	41.4	2	1990	未形成	—	—	—	—	以块石为主
1258	意大利	S. Piero in Bagno (1)	15	280	800	1	—	—	81.6	1.2	1855	不稳定	—	—	—	—	以细粒土为主
1259	意大利	S. Piero in Bagno (2)	20	50	350	0.2625	—	—	81.6	1.2	1856	不稳定	—	—	—	—	—
1260	意大利	Salto	10	240	200	0.24	—	—	1.3	3.6	—	稳定	—	—	—	—	块石夹土
1261	意大利	Sambro River (1)	35	—	—	3.5	—	—	15	—	1762	—	—	—	—	—	—
1262	意大利	Sambro River (2)	25	—	—	1.13	0.33	—	15	—	1994	—	—	—	—	—	—

续表

序号	国家/地区	名称	堰塞体高度/m	堰塞体长度/m	堰塞体宽度/m	堰塞体体积/10⁶m³	堰塞湖体积/10⁶m³	堰塞湖长度/m	堰塞湖流域面积/km²	被阻塞河道坡度/(°)	形成时间	稳定性	溃口峰值流量/(m³/s)	溃口最终顶宽/m	溃口最终底宽/m	溃口最终深度/m	堰塞体物质组成
1263	意大利	Sarca River tributary	130	1500	3250	—	—	4500	—	—	—	稳定	—	—	—	—	石灰石和白云石
1264	意大利	Savena River (1)	45	—	—	4	—	—	22	—	1951	—	—	—	—	—	—
1265	意大利	Savena River (2)	15	—	—	0.4	—	—	—	—	—	—	—	—	—	—	—
1266	意大利	Savio River (1)	70	—	—	16	—	—	215	—	1812	—	—	—	—	—	—
1267	意大利	Savio River (2)	15	—	—	1.8	—	—	82	—	1855	—	—	—	—	—	—
1268	意大利	Sazzi	—	—	—	—	—	—	115	1.3	1895	不稳定	—	—	—	—	以块石为主
1269	意大利	Scanno (1)	33.1	500	2000	17	26	—	95	0.6	—	稳定	—	—	—	—	基岩
1270	意大利	Scanno (2)	33.1	—	—	112	—	—	85	—	二世纪	—	—	—	—	—	—
1271	意大利	Scapriano	15	120	350	0.65	0.027475	—	11.2	6.8	—	稳定	—	—	—	—	—
1272	意大利	Scascoli	5	30	70	0.01	0.03925	—	91	0.8	2002	不稳定	—	—	—	—	基岩
1273	意大利	Schiazzano	15	40	65	0.02	0.00883125	—	5.6	1.9	2012	不稳定	—	—	—	—	碎屑和土
1274	意大利	Scoltenna River	30	—	—	8	—	—	219	—	1879	—	—	—	—	—	—
1275	意大利	Secchia River	33	—	—	4.38	26	—	341	—	1960	—	—	—	—	—	—
1276	意大利	Serelli	12	80	50	0.05	—	—	2.8	5	1992	不稳定	—	—	—	—	以块石为主
1277	意大利	Sernio	43	300	930	2	22	—	891	0.9	1807	不稳定	—	—	—	—	以粗粒土为主
1278	意大利	Serrazanetti	10	50	220	0.11	—	—	263.3	0.3	1960	未形成	—	—	—	—	以粗粒土为主
1279	意大利	Serre delle Forche	20	450	500	2.355	—	—	715	0.2	1980	稳定	—	—	—	—	碎屑和土

续表

序号	国家/地区	名称	堰塞体高度/m	堰塞体长度/m	堰塞体宽度/m	堰塞体体积/10⁶m³	堰塞湖体积/10⁶m³	堰塞湖长度/m	堰塞湖流域面积/km²	被阻塞河道坡度/(°)	形成时间	稳定性	溃口峰值流量/(m³/s)	溃口最终顶宽/m	溃口最终底宽/m	溃口最终深度/m	堰塞体物质组成
1280	意大利	Serre la Voute	45	600	1000	20	—	—	559.4	0.9	公元前7500年	稳定	—	—	—	—	块石夹土
1281	意大利	Settefrati	8	75	150	0.06	—	—	2	17.2	—	稳定	—	—	—	—	块石夹土
1282	意大利	Signatico	30	450	620	8.37	8	—	151.5	0.7	—	不稳定	—	—	—	—	以粗粒土为主
1283	意大利	Silvelle	20	175	250	0.5	—	—	151.6	1.3	1619	不稳定	—	—	—	—	以块石为主
1284	意大利	Sorbano	20	250	410	2.6	—	—	309.6	1.1	罗马时期	稳定	—	—	—	—	以块石为主
1285	意大利	Speziale（Duverso Torrent）	12	100	—	—	1.58256	480	41	3.3	1783	不稳定	—	—	—	—	碎屑和土
1286	意大利	Sterpaiolo	20	150	350	0.5495	—	—	4.7	2	1963	稳定	—	—	—	—	—
1287	意大利	Stilves	—	—	—	3	—	—	511.4	0.9	史前	稳定	—	—	—	—	碎屑
1288	意大利	Sturaia di Galiga	15	150	160	0.36	—	—	8.5	2.5	1898	稳定	—	—	—	—	以粗粒土为主
1289	意大利	Succisa	5	75	120	0.025	—	—	19.3	1.9	2009	不稳定	—	—	—	—	块石夹土
1290	意大利	Sulini	—	—	—	—	—	—	31.1	6.3	史前	不稳定	—	—	—	—	以粗粒土为主
1291	意大利	Sutrio	50	1050	1800	40	—	—	149	1	史前	稳定	—	—	—	—	块石夹土
1292	意大利	Tajolo	20	100	900	2.5	—	—	13.2	3.5	1855	稳定	—	—	—	—	以粗粒土为主
1293	意大利	Tassinaro	4	100	170	0.02	—	—	4	2.3	—	未形成	—	—	—	—	以粗粒土为主
1294	意大利	Tenno	50	900	650	10	5	—	19.3	3.2	—	稳定	—	—	—	—	以粗粒土为主
1295	意大利	Terrarossa	15	30	120	0.12	—	—	17.6	1.2	1996	未形成	—	—	—	—	以细粒土为主

续表

序号	国家/地区	名称	堰塞体高度/m	堰塞体长度/m	堰塞体宽度/m	堰塞体体积/10⁶m³	堰塞湖长度/m	堰塞湖体积/10⁶m³	堰塞湖流域面积/km²	被阻塞河道坡度/(°)	形成时间	稳定性	溃口峰值流量/(m³/s)	溃口最终顶宽/m	溃口最终底宽/m	溃口最终深度/m	堰塞体物质组成
1296	意大利	Testi	12.5	90	260	0.149654	—	—	0.7	9.8	—	不稳定	—	—	—	—	以粗粒土为主
1297	意大利	Tevere River	25	—	—	4.5	—	—	107	1.8	1855	—	—	—	—	—	—
1298	意大利	Timpa Sole	14	50	125	0.043484	—	—	14.5	—	—	未形成	—	—	—	—	以块石为主
1299	意大利	Tollara (1)	25	200	800	7	—	—	90.8	4	1886	稳定	—	—	—	—	以细粒土为主
1300	意大利	Tollara (2)	15	75	250	0.18	—	—	9.8	4.7	1895	不稳定	—	—	—	—	以粗粒土为主
1301	意大利	Torre	40	90	320	1.5	—	—	26	4.5	2000	稳定	—	—	—	—	以块石为主
1302	意大利	Torre di Santa Maria	5	230	480	0.2	—	—	26.2	13.5	1987	不稳定	—	—	—	—	以粗粒土为主
1303	意大利	Torrente Pisciarello	60	370	250	—	—	—	—	—	1693	—	—	—	—	—	—
1304	意大利	Tovel	45	1300	1700	40	—	7.37	40.4	5.7	史前	稳定	—	—	—	—	以块石为主
1305	意大利	Tozzi	10	150	325	0.3	—	0.58	110	0.5	1903	未形成	—	—	—	—	—
1306	意大利	Tramarecchia	20	200	450	1.5	—	—	40.8	2	1945	稳定	—	—	—	—	基岩和碎屑
1307	意大利	Tramazzo Creek	15	—	—	30	—	—	34	—	1895	—	—	—	—	—	—
1308	意大利	Trelli	—	—	—	—	—	16	92	1.6	公元前10000年	稳定	—	—	—	—	以块石为主
1309	意大利	Tributary of Fiume Irminio	60	550	1100	—	—	2.2	—	—	公元前3000年	未形成	—	—	—	—	—
1310	意大利	Tricuccio	19	—	—	—	1100	2.0724	3	3.4	1783	不稳定	—	—	—	—	碎屑和土
1311	意大利	Unnamed canyon	30	300	400	1	—	—	—	—	—	—	—	—	—	—	—

续表

序号	国家/地区	名称	堰塞体高度/m	堰塞体长度/m	堰塞体宽度/m	堰塞体体积/10⁶m³	堰塞湖体积/10⁶m³	堰塞湖长度/m	堰塞湖流域面积/km²	被阻塞河道坡度/(°)	形成时间	稳定性	溃口峰值流量/(m³/s)	溃口最终顶宽/m	溃口最终底宽/m	溃口最终深度/m	堰塞体物质组成
1312	意大利	Ussin	—	550	550	—	—	—	110.3	4.1	史前	不稳定	—	—	—	—	以粗粒土为主
1313	意大利	Ussolo	40	600	1250	13.5	—	—	159.5	1.3	史前	稳定	—	—	—	—	块石夹土
1314	意大利	Vajont	90	1000	1200	50	—	—	60.3	—	1963	稳定	—	—	—	—	碎屑岩
1315	意大利	Val Alba	—	—	—	—	—	—	20.3	3.4	1896	不稳定	—	—	—	—	以粗粒土为主
1316	意大利	Val Badia	—	—	—	3	—	—	129.4	3	1821	不稳定	—	—	—	—	碎屑岩
1317	意大利	Val Ferret	—	—	—	0.5	—	—	39.5	4	—	稳定	—	—	—	—	以粗粒土为主
1318	意大利	Val Pola	50	860	1700	35	20	—	540	1.2	—	不稳定	—	—	—	—	以粗粒土为主
1319	意大利	Val Vanoi	40	500	1000	10	18.2	—	167	1.6	1825	不稳定	—	—	—	—	以块石为主
1320	意大利	Val Veni	30	—	—	—	—	—	73.9	1.4	1920	稳定	—	—	—	—	以块石为主
1321	意大利	Val Visdende	30	350	550	2.5	—	—	67.8	1	史前	稳定	—	—	—	—	以粗粒土为主
1322	意大利	Valderchia	9	110	160	0.1	0.0059346	—	4.5	3.1	1997	不稳定	—	—	—	—	碎屑岩
1323	意大利	Valdurma	30	—	—	—	—	—	24.4	4.1	史前	稳定	—	—	—	—	以细粒土为主
1324	意大利	Vallone della Ginestra	30	100	125	0.183789	—	—	22.7	—	1969	不稳定	—	—	—	—	以粗粒土为主
1325	意大利	Vallone San Nicola	11	50	250	0.069881	—	—	23.3	1.5	1959	未形成	—	—	—	—	碎屑和土
1326	意大利	Vallucciole Creek	12	—	—	0.02	—	—	3	—	1992	不稳定	—	—	—	—	—
1327	意大利	Vanoi Creek	40	—	—	10	—	—	167	—	1923	—	—	—	—	—	—
1328	意大利	Vanoi Torrent (1)	—	—	—	—	—	—	—	—	1823	不稳定	—	—	—	—	硅质岩、片岩和花岗岩碎屑

续表

序号	国家/地区	名称	堰塞体高度/m	堰塞体长度/m	堰塞体宽度/m	堰塞体体积/10⁶m³	堰塞湖体积/10⁶m³	堰塞湖长度/m	堰塞湖流域面积/km²	被阻塞河道坡度/(°)	形成时间	稳定性	溃口峰值流量/(m³/s)	溃口最终顶宽/m	溃口最终底宽/m	溃口最终深度/m	堰塞体物质组成
1329	意大利	Vanoi Torrent (2)	—	—	—	—	—	—	—	—	1825	不稳定	—	—	—	—	以粗粒土为主
1330	意大利	Vedana	—	—	—	2.5	—	—	683.6	0.5	史前	稳定	—	—	—	—	块石夹土
1331	意大利	Venola Creek	15	—	—	0.12	—	—	18	—	1996	稳定	—	—	—	—	—
1332	意大利	Viaont Torrent	275	1000	1800	—	—	5000	—	—	1963	不稳定	—	—	—	—	石灰石
1333	意大利	Villar	30	400	1200	6.48	—	—	203.9	1.3	史前	稳定	—	—	—	—	以块石为主
1334	意大利	Villaretto	30	300	1300	5	—	—	94.5	2.8	史前	稳定	—	—	—	—	块石夹土
1335	意大利	Voltre	4	65	110	0.02	—	—	25	0.9	—	未形成	—	—	—	—	碎屑和土
1336	意大利	Zerbion	—	—	—	—	—	—	132.5	1.7	史前	稳定	—	—	—	—	块石夹土
1337	意大利	Zillona	10	110	130	0.1	—	—	240	1.1	—	不稳定	—	—	—	—	块石夹土
1338	意大利	Zuel	30	750	1000	10	—	—	200.3	1.4	—	稳定	—	—	—	—	块石夹土
1339	牙买加	Yallahs River	—	—	—	—	—	—	—	—	1692	不稳定	—	—	—	—	石灰石碎屑，包含30m的块石
1340	日本	Abe River	30	500	650	4.88	4.7	—	19	—	1702	稳定	—	—	—	—	砂岩和板岩
1341	日本	Agatsuma River	60	—	—	—	—	—	—	—	1783	—	—	—	—	—	—
1342	日本	Arida River (1)	10	80	150	0.18	0.047	300	—	—	1953	不稳定	890	—	—	—	砂岩
1343	日本	Arida River (2)	20	170	250	0.3	—	—	—	—	1953	稳定	—	—	—	—	砂岩和板岩
1344	日本	Arida River (3)	60	300	500	2.6	17	5000	—	—	1953	不稳定	750	—	—	—	沉积岩
1345	日本	Asahi River	25	160	300	0.45	0.92	2700	—	—	1889	不稳定	—	—	—	—	沉积岩

续表

序号	国家/地区	名称	堰塞体高度/m	堰塞体长度/m	堰塞体宽度/m	堰塞体体积/10⁶m³	堰塞湖体积/10⁶m³	堰塞湖长度/m	堰塞湖流域面积/km²	被阻塞河道坡度/(°)	形成时间	稳定性	溃口峰值流量/(m³/s)	溃口最终顶宽/m	溃口最终底宽/m	溃口最终深度/m	堰塞体物质组成
1346	日本	Azusa River（1）	4.5	300	600	0.9	0.53	2000	110	—	1915	稳定	—	—	—	—	安山岩
1347	日本	Azusa River（2）	10	600	330	2	1.2	2300	—	—	1926	稳定	—	—	—	—	安山岩
1348	日本	Banjo River	80	400	250	1.5	14	2500	—	—	1943	—	—	—	—	—	沉积岩
1349	日本	Chubetsu River	3	—	—	—	0.2	—	—	—	1980	—	—	—	—	—	—
1350	日本	Haya River	—	—	—	—	—	—	—	—	1910	—	—	—	—	—	—
1351	日本	Hibara River	25	800	—	—	150	9000	—	—	1888	—	—	—	—	—	火山岩屑
1352	日本	Higashi Takezawa	24	350	260	1	—	—	—	—	2004	—	—	—	—	—	火山岩屑
1353	日本	Hime River（1）	60	250	500	1.9	16	4000	360	—	1911	不稳定	1800	—	—	—	安山岩凝灰岩角砾岩
1354	日本	Hime River（2）	—	80	80	—	—	—	—	—	1971	稳定	—	—	—	—	热液蚀变凝灰岩、泥岩、砂岩
1355	日本	Hiramaru River（1）	—	—	—	—	—	—	—	—	1962	—	—	—	—	—	泥岩
1356	日本	Hiramaru River（2）	7	—	—	—	0.0028	200	—	—	1970	—	—	—	—	—	泥岩
1357	日本	Iketsu River	140	400	180	3.4	26	4000	—	—	1889	不稳定	480	—	—	—	沉积岩
1358	日本	Imanishi River（1）	60	250	250	1.1	6.4	2500	—	—	1889	不稳定	—	—	—	—	沉积岩
1359	日本	Imanishi River（2）	75	350	125	1.1	9	1500	—	—	1889	不稳定	—	—	—	—	沉积岩

续表

序号	国家/地区	名称	堰塞体高度/m	堰塞体长度/m	堰塞体宽度/m	堰塞体体积/10^6m³	堰塞湖体积/10^6m³	堰塞湖长度/m	堰塞湖流域面积/km²	被阻塞河道坡度/(°)	形成时间	稳定性	溃口峰值流量/(m³/s)	溃口最终顶宽/m	溃口最终底宽/m	溃口最终深度/m	堰塞体物质组成
1360	日本	Ishikari River tributary	15	—	500	—	—	—	—	—	1969	—	—	—	—	—	新近纪泥岩和砂岩
1361	日本	Kaifu River	45	250	350	2	14	5000	—	—	1892	不稳定	—	—	—	—	沉积岩
1362	日本	Kaminirau River	50	250	500	2	2.2	1500	40	—	1788	不稳定	440	—	—	—	—
1363	日本	Kano River (1)	15	130	130	0.094	1.3	2500	—	—	1889	不稳定	1600	—	—	—	沉积岩
1364	日本	Kano River (2)	20	200	150	0.1	0.6	1600	—	—	1889	不稳定	1300	—	—	—	沉积岩
1365	日本	Kano River (3)	20	100	100	0.15	1	1800	—	—	1889	—	—	—	—	—	沉积岩
1366	日本	Kano River (4)	25	180	200	0.44	1.8	2000	—	—	1889	—	—	—	—	—	沉积岩
1367	日本	Kano River (5)	20	120	110	0.1	15	—	—	—	1889	不稳定	—	—	—	—	—
1368	日本	Kano River, Trib. of Totsu River	15	—	—	0.13	—	—	101	—	1883	不稳定	—	—	—	—	—
1369	日本	Kashiwa River	70	200	450	2.6	1.7	600	—	—	1889	不稳定	—	—	—	—	沉积岩
1370	日本	Kawarabitsu River	80	300	700	13	40	9000	—	—	1889	不稳定	2000	—	—	—	沉积岩
1371	日本	Kawarada river	40	30	—	—	—	—	—	—	2007	—	—	—	—	—	—
1372	日本	Kose River	20	—	90	—	—	500	—	—	1984	稳定	—	—	—	—	泥岩、粉砂岩、凝灰岩

续表

序号	国家/地区	名称	堰塞体高度/m	堰塞体长度/m	堰塞体宽度/m	堰塞体体积/10^6 m³	堰塞湖体积/10^6 m³	堰塞湖长度/m	堰塞湖流域面积/km²	被阻塞河道坡度/(°)	形成时间	稳定性	溃口峰值流量/(m³/s)	溃口最终顶宽/m	溃口最终底宽/m	溃口最终深度/m	堰塞体物质组成
1373	日本	Koshibu River	6	500	800	2.4	0.4	—	—	—	1961	不稳定	—	—	—	—	以粗粒土为主
1374	日本	Imanishi River (1)	60	—	250	1.1	6.4	—	—	—	1889	不稳定	—	—	—	—	—
1375	日本	Imanishi River (2)	75	90	340	1.1	9	—	—	—	1915	不稳定	—	—	—	—	—
1376	日本	Ma River	110	600	200	12	2.6	2000	—	—	1858	不稳定	—	—	—	—	火山和破碎的花岗闪长岩
1377	日本	Matsu River	55	500	230	3.2	3.1	500	—	—	1891	稳定	—	—	—	—	沉积岩
1378	日本	Nagasawa River	10	50	80	—	0.03	300	—	—	1978	—	—	—	—	—	泥岩和凝灰岩
1379	日本	Naka River	80	250	330	3.3	75	10000	—	—	1893	不稳定	5600	—	—	—	沉积岩
1380	日本	Nakatsu River	34	550	—	—	44	4000	—	—	1888	不稳定	—	—	—	—	火山岩屑
1381	日本	Nakaya River	40	100	200	0.4	0.27	400	—	—	1953	不稳定	—	—	—	—	砂岩和板岩
1382	日本	Naruse River	—	—	950	—	—	—	—	—	1984	不稳定	—	—	—	—	页岩碎屑
1383	日本	Nishi River (1)	20	200	250	0.6	1.3	2500	—	—	1889	稳定	980	—	—	—	沉积岩
1384	日本	Nishi River (2)	20	120	160	0.63	0.4	1000	—	—	1889	不稳定	1100	—	—	—	沉积岩
1385	日本	Nishi River (3)	20	200	300	0.6	20	—	—	—	1953	不稳定	—	—	—	—	—
1386	日本	Nishi River (4)	25	200	250	0.63	1.8	3500	—	—	1889	不稳定	1200	—	—	—	沉积岩

续表

序号	国家/地区	名称	堰塞体高度/m	堰塞体长度/m	堰塞体宽度/m	堰塞体体积/10⁶m³	堰塞湖体积/10⁶m³	堰塞湖长度/m	堰塞湖流域面积/km²	被阻塞河道坡度/(°)	形成时间	稳定性	溃口峰值流量/(m³/s)	溃口最终顶宽/m	溃口最终底宽/m	溃口最终深度/m	堰塞体物质组成
1387	日本	Nishi River (5)	25	130	250	0.93	0.11	250	—	—	1889	—	—	—	—	—	—
1388	日本	Nishi River (6)	20	120	100	0.384	0.4	—	—	—	1911	不稳定	—	—	—	—	—
1389	日本	Niu River	15	50	180	0.18	1.3	3000	—	—	1982	稳定	—	—	—	—	板岩
1390	日本	Odokoro River	30	150	200	—	0.9	900	—	—	1967	不稳定	—	—	—	—	砂岩和板岩
1391	日本	Oi River	100	400	150	2.6	2.3	300	—	—	1889	不稳定	—	—	—	—	沉积岩
1392	日本	Ojika River	70	400	700	3.8	64	—	—	—	1683	不稳定	620	—	—	—	以块石为主
1393	日本	Ono River (1)	18	500	—	—	14	4000	—	—	1888	不稳定	—	—	—	—	火山岩屑
1394	日本	Ono River (2)	100	600	700	19	150	—	—	—	1586	不稳定	—	—	—	—	—
1395	日本	Ono River (3)	100	750	400	30	140	—	—	—	1586	不稳定	—	—	—	—	—
1396	日本	Ono River (4)	110	362	350	24	5.9	—	—	—	1662	不稳定	—	—	—	—	—
1397	日本	Oshiro River (1)	60	300	300	1.2	6.4	—	—	—	1586	—	—	—	—	—	以块石为主
1398	日本	Oshiro River (2)	60	250	250	1	6	—	—	—	1586	—	—	—	—	—	以块石为主
1399	日本	Osusawa River	18	—	—	1500	—	5000	—	—	1888	稳定	—	—	—	—	火山岩屑
1400	日本	Otaki River	40	250	2500	12.5	—	1000	120	—	1984	稳定	—	—	—	—	火山岩屑
1401	日本	Oya River	10	50	100	0.0045	0.0033	—	—	—	1949	稳定	—	—	—	—	熔岩渣
1402	日本	Sai River	82.5	1000	650	21	350	23000	2630	—	1847	不稳定	3700	—	—	—	泥岩

续表

序号	国家/地区	名称	堰塞体高度/m	堰塞体长度/m	堰塞体宽度/m	堰塞体体积/10^6m³	堰塞湖体积/10^6m³	堰塞湖长度/m	堰塞湖流域面积/km²	被阻塞河道坡度/(°)	形成时间	稳定性	溃口峰值流量/(m³/s)	溃口最终顶宽/m	溃口最终底宽/m	溃口最终深度/m	堰塞体物质组成
1403	日本	Sakauchi River	38	110	350	0.96	2	2000	—	—	1895	不稳定	—	—	—	—	页岩、砂岩
1404	日本	Shinano River	15	—	230	—	—	—	—	—	1984	—	—	—	—	—	来自泥岩和凝灰质砂岩的胶晶
1405	日本	Shinsei Lake	10	100	200	0.18	0.037	200	—	—	1923	稳定	—	—	—	—	砂、砾、壤土
1406	日本	Shiratani River (1)	190	600	500	10	38	—	—	—	1889	不稳定	580	—	—	—	沉积岩
1407	日本	Shiratani River (2)	25	100	100	0.09	0.06	200	—	—	1953	稳定	—	—	—	—	砂岩和板岩
1408	日本	Shiratani River (3)	25	200	250	1.4	1.3	650	9	—	1965	稳定	—	—	—	—	—
1409	日本	Sho River (1)	100	900	600	19	150	12000	—	—	1586	不稳定	1900	—	—	—	以块石为主
1410	日本	Sho River (2)	90	—	—	20.25	—	—	554	—	1588	不稳定	—	—	—	—	—
1411	日本	Susobana River	54	250	300	1.2	16	2100	—	—	1847	不稳定	510	—	—	—	以粗粒土为主
1412	日本	Tadami River	100	—	—	—	17	—	—	—	—	不稳定	27000	—	—	70	—
1413	日本	Tajiri River	10	20	125	—	—	—	—	—	1978	稳定	—	—	—	—	火山碎屑
1414	日本	Terano landslide dam	25	70	250	1	—	—	—	—	2004	稳定	—	—	—	—	—
1415	日本	Tokonami River	20	50	170	—	0.35	700	—	—	1961	不稳定	—	—	—	—	砂泥岩
1416	日本	Totsu River (1)	18	—	—	0.41	—	—	276	—	1889	不稳定	—	—	—	—	—

续表

序号	国家/地区	名称	堰塞体高度/m	堰塞体长度/m	堰塞体宽度/m	堰塞体体积/10⁶m³	堰塞湖体积/10⁶m³	堰塞湖长度/m	堰塞湖流域面积/km²	被阻塞河道坡度/(°)	形成时间	稳定性	溃口峰值流量/(m³/s)	溃口最终顶宽/m	溃口最终底宽/m	溃口最终深度/m	堰塞体物质组成
1417	日本	Totsu River (2)	10	—	—	0.25	—	—	282	—	1889	不稳定	—	—	—	—	—
1418	日本	Totsu River (3)	50	—	—	0.85	—	—	657	—	1889	不稳定	—	—	—	—	—
1419	日本	Totsu River (4)	25	330	130	0.93	0.11	—	—	—	1889	稳定	—	—	—	—	—
1420	日本	Totsu River (5)	18	100	450	0.036	0.78	2000	—	—	1889	不稳定	3400	—	—	—	沉积岩
1421	日本	Totsu River (6)	10	160	220	0.28	0.52	1600	—	—	1889	不稳定	—	—	—	—	沉积岩
1422	日本	Totsu River (7)	12	200	250	—	0.72	2300	—	—	1889	—	—	—	—	—	沉积岩
1423	日本	Totsu River (8)	7	100	250	0.073	0.65	3000	—	—	1889	不稳定	6900	—	—	—	沉积岩
1424	日本	Totsu River (9)	10	150	150	0.15	0.56	1000	—	—	1889	不稳定	—	—	—	—	沉积岩
1425	日本	Totsu River (10)	10	130	380	0.23	0.93	2800	—	—	1889	不稳定	3500	—	—	—	沉积岩
1426	日本	Totsu River (11)	80	100	350	2.5	17	6000	—	—	1889	不稳定	2400	—	—	—	沉积岩
1427	日本	Totsu River (12)	110	200	690	3.1	42	5000	—	—	1889	不稳定	4800	—	—	—	沉积岩
1428	日本	Totsu River (13)	50	180	300	0.85	1.6	2000	—	—	1889	不稳定	—	—	—	—	沉积岩

续表

序号	国家/地区	名称	堰塞体高度/m	堰塞体长度/m	堰塞体宽度/m	堰塞体体积/10^6 m³	堰塞湖体积/10^6 m³	堰塞湖长度/m	堰塞湖流域面积/km²	被阻塞河道坡度/(°)	形成时间	稳定性	溃口峰值流量/(m³/s)	溃口最终顶宽/m	溃口最终底宽/m	溃口最终深度/m	堰塞体物质组成
1429	日本	Totsu River (14)	6	—	70	—	0.26	1700	—	—	1889	不稳定	—	—	—	—	沉积岩
1430	日本	Totsu River (15)	28	250	500	1.7	3.2	3000	—	—	1889	—	—	—	—	—	沉积岩
1431	日本	Unknown River (1)	20	700	620	12	4.1	—	—	—	1858	不稳定	—	—	—	—	—
1432	日本	Unknown River (2)	50	500	400	2	2.2	—	—	—	1788	不稳定	—	—	—	—	—
1433	日本	Unknown River (3)	65	1000	650	21	350	—	—	—	1847	不稳定	—	—	—	—	—
1434	日本	Unknown River (4)	54	250	300	1.2	16	—	—	—	1847	不稳定	—	—	—	—	—
1435	日本	Unknown River (5)	150	200	600	0.4	3.8	—	—	—	1858	不稳定	—	—	—	—	—
1436	日本	Unknown River (6)	80	350	180	2.5	17	—	—	—	1889	不稳定	—	—	—	—	—
1437	日本	Unknown River (7)	18	450	88	0.036	0.78	—	—	—	1889	不稳定	—	—	—	—	—
1438	日本	Unknown River (8)	48	250	300	3.6	16	—	—	—	1889	不稳定	—	—	—	—	—
1439	日本	Unknown River (9)	110	362	350	24	5.9	—	—	—	1953	不稳定	—	—	—	—	—
1440	日本	Unknown River (10)	30	650	300	4	4.7	—	—	—	1707	稳定	—	—	—	—	—

续表

序号	国家/地区	名称	堰塞体高度/m	堰塞体长度/m	堰塞体宽度/m	堰塞体积/10⁶m³	堰塞湖体积/10⁶m³	堰塞湖长度/m	堰塞湖流域面积/km²	被阻塞河道坡度/(°)	形成时间	稳定性	溃口峰值流量/(m³/s)	溃口最终顶宽/m	溃口最终底宽/m	溃口最终深度/m	堰塞体物质组成
1441	日本	Unknown River (11)	35	250	150	0.65	1.4	—	—	—	1847	稳定	—	—	—	—	—
1442	日本	Yamato River (1)	25	—	—	0.11	—	—	780	—	1931	不稳定	—	—	—	—	—
1443	日本	Yamato River (2)	80	300	350	4.2	12	—	—	—	1889	不稳定	—	—	—	—	沉积岩
1444	日本	Yamato River (3)	28	50	170	0.11	10	—	—	—	1931~1932	稳定	—	—	—	—	砂岩、凝灰岩、黏土
1445	日本	Yanagikubo River (1)	35	150	250	0.65	1.4	500	—	—	1847	—	—	—	—	—	—
1446	日本	Yanagikubo River (2)	35	—	—	0.66	—	—	3	—	1874	稳定	—	—	—	—	—
1447	日本	Yu River	125	600	700	0.4	27	1000	—	—	1858	不稳定	—	—	—	—	火山岩和破碎的花岗闪长岩
1448	日本	宝永·大谷崩れ（西日影沢）	—	—	200	—	0.081	—	—	—	1707	—	—	—	—	—	—
1449	日本	宝永·大谷崩れ（タチ沢）	—	—	120	—	0.044	—	—	—	1707	—	—	—	—	—	—
1450	日本	长野县鬼无里村	40	415	50	0.08	0.21	—	—	—	1997	—	—	—	—	—	—
1451	日本	长野县西部地震·御岳崩れ	40	3300	280	26	3.7	—	—	—	1984	—	—	—	—	—	—

续表

序号	国家/地区	名称	堰塞体高度/m	堰塞体长度/m	堰塞体宽度/m	堰塞体体积/10⁶m³	堰塞湖体积/10⁶m³	堰塞湖长度/m	堰塞湖流域面积/km²	被阻塞河道坡度(°)	形成时间	稳定性	溃口峰值流量/(m³/s)	溃口最终顶宽/m	溃口最终底宽/m	溃口最终深度/m	堰塞体物质组成
1452	日本	福岛·半田新沼	—	—	—	—	—	—	—	—	1901	不稳定	—	—	—	—	—
1453	日本	姬川·小土山	—	150	60	—	—	—	—	—	1971	—	—	—	—	—	—
1454	日本	姬川·真那板山	150	500	200	50	120	—	—	—	1502	—	—	—	—	—	—
1455	日本	浓尾地震·根尾西谷川	60	235	250	1.8	8.1	—	—	—	1891	—	—	—	—	—	—
1456	日本	浓尾地震·水鸟	—	—	—	—	1.4	—	—	—	1891	—	—	—	—	—	—
1457	日本	浓尾地震后·德山白谷	65	150	260	0.98	2	—	—	—	1965	—	—	—	—	—	—
1458	日本	浓尾地震后·越山谷	10	280	450	0.63	0.29	—	—	—	1965	—	—	—	—	—	—
1459	日本	琵琶湖西岸(町居崩れ)	110	350	362	24	5.9	—	—	—	1662	不稳定	—	—	—	—	—
1460	日本	善光寺·当信川	60	250	400	4	8.6	—	—	—	1847	—	—	—	—	—	—
1461	日本	神户市·清水	6	30	7	0.0012	0.0008	—	—	—	1985	—	—	—	—	—	—
1462	日本	天正(庄川下流)	100	400	750	30	140	—	—	—	1586	不稳定	—	—	—	—	—
1463	日本	新潟孙上川村	20	24	90	0.022	0.076	—	—	—	2000	—	—	—	—	—	—

续表

序号	国家/地区	名称	堰塞体高度/m	堰塞体长度/m	堰塞体宽度/m	堰塞体体积/$10^6 m^3$	堰塞湖体积/$10^6 m^3$	堰塞湖长度/m	堰塞湖流域面积/km^2	被阻塞河道坡度/(°)	形成时间	稳定性	溃口峰值流量/(m^3/s)	溃口最终顶宽/m	溃口最终底宽/m	溃口最终深度/m	堰塞体物质组成
1464	日本	有田川·濑一谷	5	120	40	0.024	0.015	—	—	—	1953	—	—	—	—	—	—
1465	日本	有田川·高野谷	10	80	30	0.017	0.03	—	—	—	1953	—	—	—	—	—	—
1466	日本	有田川·箕谷	3	—	50	—	0.04	—	—	—	1953	—	—	—	—	—	—
1467	吉尔吉斯坦	Issyk River (1)	90	—	—	18	—	—	147	—	公元前6000年	不稳定	—	—	—	—	—
1468	吉尔吉斯坦	Issyk River (2)	55	—	—	—	126	—	—	—	—	不稳定	1000	—	—	55	—
1469	吉尔吉斯坦	Tegermach River	90	—	—	—	6.6	—	—	—	—	不稳定	4960	—	—	90	—
1470	墨西哥	Magdalena River	10	—	—	—	48	—	—	—	—	不稳定	11000	—	—	10	—
1471	墨西哥	Naranjo River (Colima)	150	—	—	—	1	—	—	—	—	不稳定	—	—	—	150	—
1472	中东地区	Pamirs-Gunt	50	—	—	50	—	—	5166	—	—	稳定	—	—	—	—	—
1473	中东地区	Pamirs-Murgab	550	—	—	2200	—	—	14166	—	—	稳定	—	—	—	—	—
1474	中东地区	Pamirs-Pianj	250	—	—	1200	—	—	57100	—	—	不稳定	—	—	—	—	—
1475	中东地区	Pamirs-Shiva	500	—	—	2000	—	—	232	—	—	稳定	—	—	—	—	—

续表

序号	国家/地区	名称	堰塞体高度/m	堰塞体长度/m	堰塞体宽度/m	堰塞体体积/10⁶m³	堰塞湖体积/10⁶m³	堰塞湖长度/m	堰塞湖流域面积/km²	被阻塞河道坡度/(°)	形成时间	稳定性	溃口峰值流量/(m³/s)	溃口最终顶宽/m	溃口最终底宽/m	溃口最终深度/m	堰塞体物质组成
1476	中东地区	Tien Shan（1）	350	—	—	1500	—	—	153	—	—	稳定	—	—	—	—	—
1477	中东地区	Tien Shan（2）	400	—	—	2000	—	—	57	—	—	稳定	—	—	—	—	—
1478	中东地区	Tien Shan（3）	250	—	—	150	—	—	83	—	—	稳定	—	—	—	—	—
1479	中东地区	Tien Shan（4）	130	—	—	50	—	—	111	—	—	稳定	—	—	—	—	—
1480	中东地区	Tien Shan-Aksu	400	—	—	1500	—	—	329	—	—	不稳定	—	—	—	—	—
1481	中东地区	Tien Shan-Alamedin	40	—	—	5	—	—	283	—	—	不稳定	—	—	—	—	—
1482	中东地区	Tien Shan-Almatinka	200	—	—	500	—	—	90	—	—	稳定	—	—	—	—	—
1483	中东地区	Tien Shan-Badak	120	—	—	30	—	—	37.5	—	—	稳定	—	—	—	—	—
1484	中东地区	Tien Shan-Chong-Kemin	200	—	—	400	—	—	1093	—	—	不稳定	—	—	—	—	—
1485	中东地区	Tien Shan-Iskanderkui-Daria	150	—	—	700	—	—	752	—	—	稳定	—	—	—	—	—
1486	中东地区	Tien Shan-Issyk	100	—	—	25	—	—	189	—	—	不稳定	—	—	—	—	—

续表

序号	国家/地区	名称	堰塞体高度/m	堰塞体长度/m	堰塞体宽度/m	堰塞体积/10⁶m³	堰塞湖体积/10⁶m³	堰塞湖长度/m	堰塞湖流域面积/km²	被阻塞河道坡度/(°)	形成时间	稳定性	溃口峰值流量/(m³/s)	溃口最终顶宽/m	溃口最终底宽/m	溃口最终深度/m	堰塞体物质组成
1487	中东地区	Tien Shan-Karasu-Left (1)	350	—	—	250	—	—	75	—	—	稳定	—	—	—	—	—
1488	中东地区	Tien Shan-Karasu-Left (2)	200	—	—	300	—	—	1063	—	—	稳定	—	—	—	—	—
1489	中东地区	Tien Shan-Kokomeren	200	—	—	1000	—	—	4946	—	—	不稳定	—	—	—	—	—
1490	中东地区	Tien Shan-Kulun (1)	250	—	—	300	—	—	140	—	—	稳定	—	—	—	—	—
1491	中东地区	Tien Shan-Kulun (2)	70	—	—	6	—	—	353	—	—	稳定	—	—	—	—	—
1492	中东地区	Tien Shan-Mailusuu	150	—	—	200	—	—	46	—	—	稳定	—	—	—	—	—
1493	中东地区	Tien Shan-Naryn	300	—	—	10000	—	—	31300	—	—	不稳定	—	—	—	—	—
1494	中东地区	Tien Shan-Right	250	—	—	6000	—	—	90	—	—	稳定	—	—	—	—	—
1495	中东地区	Tien Shan-Tegermach	100	—	—	25	—	—	107	—	—	不稳定	—	—	—	—	—
1496	中东地区	Tien Shan-Zeravshan	60	—	—	20	—	—	7950	—	—	不稳定	—	—	—	—	—
1497	尼泊尔	Bhairab Kunda Stream	—	—	300	—	—	—	—	—	1996	—	—	—	—	—	—
1498	尼泊尔	Chirling Khola River	6	10	60	—	0.004	100	—	—	1978	不稳定	—	—	—	—	板岩和千枚岩

续表

序号	国家/地区	名称	堰塞体高度/m	堰塞体长度/m	堰塞体宽度/m	堰塞体积/10^6 m^3	堰塞湖体积/10^6 m^3	堰塞湖长度/m	堰塞湖流域面积/km^2	被阻塞河道坡度(°)	形成时间	稳定性	溃口峰值流量/(m^3/s)	溃口最终顶宽/m	溃口最终底宽/m	溃口最终深度/m	堰塞体物质组成
1499	尼泊尔	Dhankuta Khola River	—	—	—	—	—	—	—	—	1974	—	—	—	—	—	变质岩
1500	尼泊尔	Kaligandaki River	—	—	—	—	—	—	—	—	1936	不稳定	—	—	—	—	—
1501	尼泊尔	Labu Khola	60	90	150	—	—	—	—	—	1968	不稳定	—	—	—	—	变质砂岩和橄榄石
1502	尼泊尔	Saptagandaki River	—	—	—	—	—	—	—	—	1930	—	—	—	—	—	沉积岩
1503	尼泊尔	Sunkoshi River (1)	8	300	300	—	2.4	1000	—	—	1984	不稳定	—	—	—	—	石英岩和片岩
1504	尼泊尔	Sunkoshi River (2)	8	300	200	—	1.5	1000	—	—	1984	不稳定	—	—	—	—	石灰石、千晶石和板岩
1505	尼泊尔	Tadi Khola River	—	—	—	—	—	250	—	—	1927	不稳定	—	—	—	—	片岩和片麻岩
1506	尼泊尔	Trisuli River	—	—	—	—	—	2500	—	—	1985	不稳定	2010	—	—	—	—
1507	尼泊尔	Yangma Khola river	—	—	—	—	—	—	—	—	1980	不稳定	—	—	—	—	以块石为主
1508	新西兰	Buller River (1)	—	—	—	—	—	—	—	—	1908	—	—	—	—	—	—
1509	新西兰	Buller River (2)	12	100	250	—	—	6000	—	—	1968	不稳定	—	—	—	—	风化花岗岩和土
1510	新西兰	Buller River (3)	—	100	350	—	—	—	—	—	1971	—	—	—	—	—	风化花岗岩和土

续表

序号	国家/地区	名称	堰塞体高度/m	堰塞体长度/m	堰塞体宽度/m	堰塞体体积/10⁶m³	堰塞湖体积/10⁶m³	堰塞湖长度/m	堰塞湖流域面积/km²	被阻塞河道坡度/(°)	形成时间	稳定性	溃口峰值流量/(m³/s)	溃口最终顶宽/m	溃口最终底宽/m	溃口最终深度/m	堰塞体物质组成
1511	新西兰	Coppermine Creek	10	—	—	—	—	—	—	—	1976	—	—	—	—	—	—
1512	新西兰	Dryale Creek	—	—	—	—	—	—	—	—	1913	—	—	—	—	—	古生代硬砂岩
1513	新西兰	Falls Creek	—	—	—	—	—	—	—	—	1929	—	—	—	—	—	—
1514	新西兰	Glasseye Creek	—	—	—	—	—	—	—	—	1929	—	—	—	—	—	沉积岩
1515	新西兰	Hangaroa River	—	—	—	—	—	6000	—	—	1988	—	—	—	—	—	古近系泥岩
1516	新西兰	Lake Marina	—	—	—	—	—	—	—	—	1929	—	—	—	—	—	—
1517	新西兰	Lower Lindsay Lake	—	—	—	—	—	—	—	—	1929	—	—	—	—	—	侵入沉积岩
1518	新西兰	Maruia River	—	—	—	—	—	—	—	—	1929	不稳定	—	—	—	—	沉积岩
1519	新西兰	Matakitaki River	25	—	—	—	—	5000	—	—	1929	—	—	—	—	—	古近纪泥质砂岩
1520	新西兰	Matiri River	—	—	—	—	—	—	—	—	1929	稳定	—	—	—	—	古近纪砂岩
1521	新西兰	Mokihinui River	23	100	—	—	6	11000	—	—	1929	不稳定	—	—	—	7.6	沉积岩
1522	新西兰	Moonstone Lake	—	—	—	—	—	—	—	—	1929	—	—	—	—	—	—
1523	新西兰	Mt Adams	90	—	700	12.5	6	—	—	—	1999	不稳定	2500	100	30	45	以块石为主
1524	新西兰	Mt Ruapehu Tephra	7	—	—	—	—	—	—	—	2007	不稳定	—	—	—	—	—
1525	新西兰	Poerua	120	450	700	12.5	6	—	—	—	1999	不稳定	2500	125	—	45	以粗粒土为主

续表

序号	国家/地区	名称	堰塞体高度/m	堰塞体长度/m	堰塞体宽度/m	堰塞体体积/10^6 m^3	堰塞湖体积/10^6 m^3	堰塞湖长度/m	堰塞湖流域面积/km^2	被阻塞河道坡度/(°)	形成时间	稳定性	溃口峰值流量/(m^3/s)	溃口最终顶宽/m	溃口最终底宽/m	溃口最终深度/m	堰塞体物质组成
1526	新西兰	Ponui Stream (1)	55	—	570	2.5	2.89	—	—	—	1976	稳定	—	—	—	—	风化严重的砂岩和泥岩
1527	新西兰	Ponui Stream (2)	29	—	—	2.5	—	—	10	—	1976	稳定	—	—	—	—	—
1528	新西兰	Poulter River	248	—	—	2200	—	—	—	—	公元前200年	—	—	—	—	—	—
1529	新西兰	Ram Creek	25	150	1200	2.8	1.1	325	—	—	1968	不稳定	1000	100	30	30	花岗岩和硬砂岩
1530	新西兰	Ruamahanga River	—	—	—	—	—	—	—	—	1855	稳定	—	—	—	—	沉积岩
1531	新西兰	Sandstone Lake	—	—	—	—	—	—	—	—	1929	—	—	—	—	—	沉积岩
1532	新西兰	Stanley River	40	—	—	—	4000	2000	—	—	1929	—	—	—	—	—	包含达7 m的古生代硬砾岩块
1533	新西兰	Tarawera River (1)	118	—	—	—	—	—	—	—	—	不稳定	—	—	—	40	—
1534	新西兰	Tarawera River (2)	91	—	—	—	2440	—	—	—	—	不稳定	700	—	—	3.35	—
1535	新西兰	Te Hoe River	25	—	—	—	5.5	2000	—	—	1931	不稳定	—	—	—	—	沉积岩
1536	新西兰	Thompson Stream (1)	30	—	—	16	—	—	—	—	1905	—	—	—	—	—	—
1537	新西兰	Thompson Stream (2)	30	—	400	—	—	—	—	—	1929	不稳定	—	—	—	—	硬砂岩和泥灰岩

续表

序号	国家/地区	名称	堰塞体高度/m	堰塞体长度/m	堰塞体宽度/m	堰塞体体积/10⁶m³	堰塞湖体积/10⁶m³	堰塞湖长度/m	堰塞湖流域面积/km²	被阻塞河道坡度(°)	形成时间	稳定性	溃口峰值流量/(m³/s)	溃口最终顶宽/m	溃口最终底宽/m	溃口最终深度/m	堰塞体物质组成
1538	新西兰	Tuki Tuki River	15	—	—	—	3	—	—	—	1968	稳定	—	—	9	—	砂岩和泥质岩屑
1539	新西兰	Tunawaea Stream (1)	50	—	—	—	0.9	—	—	—	—	不稳定	160	—	—	18.5	—
1540	新西兰	Tunawaea Stream (2)	70	270	550	4	0.9	—	—	—	1991	不稳定	250	—	—	17.5	以细粒土为主
1541	新西兰	Tunawaea Stream (3)	55	—	—	0.77	—	—	21	—	1991	不稳定	—	—	—	—	—
1542	新西兰	Waikato River (1)	198	—	—	—	—	—	—	—	—	不稳定	22100	—	—	32	—
1543	新西兰	Waikato River (2)	330	—	—	—	—	—	—	—	—	不稳定	100000	—	—	75	—
1544	新西兰	Waikaremoana Lake	248	—	—	2200	—	—	—	—	公元前200年	—	—	—	—	—	—
1545	新西兰	Whangaehu River (1)	—	—	—	—	—	—	—	—	—	不稳定	2000	—	—	7.9	—
1546	新西兰	Whangaehu River (2)	134	—	—	—	13	—	—	—	—	不稳定	530	—	—	6.3	—
1547	挪威	Gaula River	—	7000	1200	—	—	5000	—	—	1345	—	—	—	—	—	敏感海相黏土
1548	挪威	Ulvadal River	2.5	—	—	—	—	—	—	—	1960	稳定	—	—	—	—	巨石、桦树、土
1549	挪威	Vaerdalselven River (1)	—	7000	1200	—	—	5000	—	—	1893	—	—	—	—	—	分层软黏土被15m厚的砂层覆盖

续表

序号	国家/地区	名称	堰塞体高度/m	堰塞体长度/m	堰塞体宽度/m	堰塞体体积/10⁶m³	堰塞湖体积/10⁶m³	堰塞湖长度/m	堰塞湖流域面积/km²	被阻塞河道坡度/(°)	形成时间	稳定性	溃口峰值流量/(m³/s)	溃口最终顶宽/m	溃口最终底宽/m	溃口最终深度/m	堰塞体物质组成
1550	挪威	Vaerdalselven River (2)	—	—	—	—	—	—	—	—	1863	不稳定	—	—	—	—	黏土
1551	巴基斯坦	Ghizar River	30	200	300	—	—	5000	—	—	1980	不稳定	—	—	—	—	粉砂基质中的巨石、鹅卵石和砾石
1552	巴基斯坦	Gilgit River (1)	5	500	—	—	—	—	—	—	1981	—	—	—	—	—	—
1553	巴基斯坦	Gilgit River (2)	—	—	—	—	—	—	—	—	1984	不稳定	—	—	—	—	以粗粒土为主
1554	巴基斯坦	Hattian Bala	—	—	—	—	—	—	—	—	2005	—	—	—	—	—	—
1555	巴基斯坦	Hunza River (1)	100	—	—	500	805	45000	—	—	1858	不稳定	—	—	—	—	以块石为主
1556	巴基斯坦	Hunza River (2)	4	40	—	—	—	—	—	—	1974	不稳定	—	—	—	—	以块石为主
1557	巴基斯坦	Hunza River (3)	20	—	—	—	—	12000	—	—	1976	稳定	—	—	—	—	—
1558	巴基斯坦	Hunza River (4)	160	1300	300	30	450	21000	—	—	2010	—	849.5	—	—	—	—
1559	巴基斯坦	Indus River (1)	224	1600	—	—	—	64000	—	—	1840	不稳定	—	—	—	—	岩石和土壤碎片
1560	巴基斯坦	Indus River (2)	200	—	—	—	—	65000	—	—	1841	—	—	—	—	—	—

续表

序号	国家/地区	名称	堰塞体高度/m	堰塞体长度/m	堰塞体宽度/m	堰塞体体积/10⁶m³	堰塞湖体积/10⁶m³	堰塞湖长度/m	堰塞湖流域面积/km²	被阻塞河道坡度/(°)	形成时间	稳定性	溃口峰值流量/(m³/s)	溃口最终顶宽/m	溃口最终底宽/m	溃口最终深度/m	堰塞体物质组成
1561	巴基斯坦	Indus River (3)	150	—	—	—	12	—	—	—	—	不稳定	57000	—	—	150	—
1562	巴基斯坦	Karli stream	130	—	450	—	86	800	—	—	2005	不稳定	5500	—	—	—	以粗粒土为主
1563	巴基斯坦	Tang stream	22	—	130	—	5	400	—	—	2005	不稳定	—	—	—	—	以粗粒土为主
1564	巴布亚新几内亚	Bairaman River (1)	200	1000	3000	200	50	3000	—	—	1985	不稳定	8000	—	—	70	页岩和石灰石，最大直径3 m
1565	巴布亚新几内亚	Bairaman River (2)	50	500	1000	—	2.1	3500	—	—	1985	稳定	—	—	—	—	—
1566	巴布亚新几内亚	Bairaman River (3)	130	—	—	—	50	—	—	—	—	不稳定	25000	—	—	70	—
1567	巴布亚新几内亚	Bairaman River (4)	200	—	—	120	—	—	100	—	1985	不稳定	—	—	—	—	—
1568	巴布亚新几内亚	Clearwater River	45	100	200	0.9	1	—	—	—	1935	稳定	—	—	—	—	—
1569	巴布亚新几内亚	Ok Ma River	3	100	300	—	0.1	800	—	—	1984	不稳定	—	—	—	—	黏土-板岩冲积层

续表

序号	国家/地区	名称	堰塞体高度/m	堰塞体长度/m	堰塞体宽度/m	堰塞体体积/10⁶m³	堰塞湖体积/10⁶m³	堰塞湖长度/m	堰塞湖流域面积/km²	被阻塞河道坡度/(°)	形成时间	稳定性	溃口峰值流量/(m³/s)	溃口最终顶宽/m	溃口最终底宽/m	溃口最终深度/m	堰塞体物质组成
1570	巴布亚新几内亚	Tiaru River (1)	30	100	300	0.9	0.28	—	—	—	1985	不稳定	—	—	—	—	以粗粒土为主
1571	巴布亚新几内亚	Tiaru River (2)	50	200	500	5	2	1000	—	—	1985	稳定	—	—	—	—	—
1572	巴布亚新几内亚	Undal River	11	137	411	—	—	—	—	—	1941	—	—	—	—	—	砾岩、页岩、砂岩
1573	秘鲁	Huancapara River	20	500	200	—	—	750	—	—	—	不稳定	—	—	—	—	砂岩、灰岩、火山岩
1574	秘鲁	Mantaro River (1)	170	—	—	—	665	—	—	—	—	不稳定	13715	213.41	—	—	—
1575	秘鲁	Mantaro River (2)	160	—	—	304	—	—	45000	—	1974	不稳定	—	—	—	—	—
1576	秘鲁	Mantaro River (3)	—	300	450	—	—	—	—	—	1930	不稳定	—	—	—	—	—
1577	秘鲁	Mantaro River (4)	133	250	580	3.5	301	21000	—	—	1945	不稳定	35400	—	—	56	断裂的和风化的花岗闪长岩块和大量砂粒，岩块最大直径>6 m

续表

序号	国家/地区	名称	堰塞体高度/m	堰塞体长度/m	堰塞体宽度/m	堰塞体体积/10⁶m³	堰塞湖体积/10⁶m³	堰塞湖长度/m	堰塞湖流域面积/km²	被阻塞河道坡度/(°)	形成时间	稳定性	溃口峰值流量/(m³/s)	溃口最终顶宽/m	溃口最终底宽/m	溃口最终深度/m	堰塞体物质组成
1578	秘鲁	Mantaro River (5)	160	100	3800	1300	570	31000	—	—	1974	不稳定	10000	243	30	107	级配良好的黏土、粉砂、砂、砾石和孤石混合料
1579	秘鲁	Maranon River	—	—	—	—	—	—	—	—	1946	不稳定	—	—	—	—	碎裂和蚀变的花岗闪长石块
1580	秘鲁	Nepena River	20	—	—	—	—	480	—	—	1970	稳定	—	—	—	—	破碎的花岗岩
1581	秘鲁	Pelagatos River	—	—	—	—	—	—	—	—	1946	—	—	—	—	—	破碎的花岗岩
1582	秘鲁	Rio Mantaro (1)	96.3	—	—	—	315	—	—	—	—	不稳定	50000	—	—	55.8	—
1583	秘鲁	Rio Mantaro (2)	170	—	—	—	67	—	—	—	—	不稳定	10000	—	—	107	—
1584	秘鲁	Santa River (1)	—	—	—	—	—	—	—	—	1941	不稳定	—	—	—	—	泥石流材料和巨石各达700 t
1585	秘鲁	Santa River (2)	—	300	1300	—	—	—	—	—	1962	不稳定	3000	—	—	—	1~3 m厚的巨石和砾石，2~3 m厚的砂土，最大直径15 m
1586	秘鲁	Santa River (3)	—	150	300	—	—	700	—	—	1970	稳定	—	—	—	—	河流冰川沉积物
1587	秘鲁	Santa River (4)	—	300	3500	—	—	1500	—	—	1970	不稳定	—	—	—	—	砾质泥

续表

序号	国家/地区	名称	堰塞体高度/m	堰塞体长度/m	堰塞体宽度/m	堰塞体体积/10⁶m³	堰塞湖体积/10⁶m³	堰塞湖长度/m	堰塞湖流域面积/km²	被阻塞河道坡度/(°)	形成时间	稳定性	溃口峰值流量/(m³/s)	溃口最终顶宽/m	溃口最终底宽/m	溃口最终深度/m	堰塞体物质组成
1588	秘鲁	Shacsha River	—	—	—	—	—	—	—	—	1970	稳定	—	—	—	—	—
1589	秘鲁	Tincog River	—	—	—	—	—	—	—	—	1967	—	—	—	—	—	—
1590	秘鲁	Yuracyacu River	—	—	—	—	—	—	—	—	1968	—	—	—	—	—	泥灰岩
1591	波兰	Wetlina River	8	27.5	60	—	—	200	—	—	1980	不稳定	—	12.5	—	4	页岩和砂岩碎片
1592	菲律宾	Bued River	10	—	300	—	—	—	—	—	1968	—	—	—	—	—	火山岩和沉积岩
1593	菲律宾	Jalaur River	55	—	—	—	—	8000	—	—	1938	不稳定	—	—	—	—	古近纪砂岩和黏土
1594	菲律宾	Marella River (1)	15	—	—	—	—	—	—	—	—	不稳定	530	—	—	6	—
1595	菲律宾	Marella River (2)	24	—	—	—	75	—	—	—	—	不稳定	650	—	—	6.5	—
1596	菲律宾	Marella River (3)	22	—	—	—	40	—	—	—	—	不稳定	390	—	—	2.5	—
1597	菲律宾	Naporoc River	90	—	—	—	—	5000	—	—	1628	稳定	—	—	—	—	火山岩屑
1598	菲律宾	Pinatubo Caldera	175	—	—	—	161	—	—	—	—	不稳定	3000	—	—	23	—
1599	罗马尼亚	Lake Rosu	—	—	—	—	—	—	—	—	1828	稳定	—	—	—	—	石灰石
1600	所罗门群岛	Mongga River Tributary	30	400	1500	—	12	3000	—	—	1986	不稳定	—	—	—	—	块石至砾石、砂、淤泥

续表

序号	国家/地区	名称	堰塞体高度/m	堰塞体长度/m	堰塞体宽度/m	堰塞体积/10⁶m³	堰塞湖体积/10⁶m³	堰塞湖长度/m	堰塞湖流域面积/km²	被阻塞河道坡度/(°)	形成时间	稳定性	溃口峰值流量/(m³/s)	溃口最终顶宽/m	溃口最终底宽/m	溃口最终深度/m	堰塞体物质组成
1601	西班牙	Velillos River	3	15	35	—	—	—	—	—	1986	稳定	—	—	—	—	页岩和砂岩
1602	斯里兰卡	Unknown River	—	—	—	—	—	—	—	—	1982	不稳定	—	—	—	—	片麻岩和土碎片
1603	瑞典	Gota Alv River	5	110	110	—	—	—	—	—	1950	—	—	—	—	—	敏感海相黏土
1604	瑞士	Biasca	50	—	—	20	—	—	396	—	1513	不稳定	—	—	—	—	—
1605	瑞士	Birse River	9	30	110	—	—	100	—	—	1937	稳定	—	—	—	—	石灰石、泥灰岩和页岩碎屑
1606	瑞士	Birse River Upper	6	25	80	—	—	60	—	—	1937	稳定	—	—	—	—	石灰石、泥灰岩和页岩碎屑
1607	瑞士	Brenno River (1)	50	—	—	—	100	5000	—	—	1513	不稳定	—	—	—	—	片麻岩碎屑
1608	瑞士	Brenno River (2)	—	—	—	—	—	—	—	—	1868	—	—	—	—	—	板岩和石灰石
1609	瑞士	Derborence Torrent	—	—	—	—	—	—	—	—	1749	稳定	—	—	—	—	板岩和石灰岩
1610	瑞士	Grosse Schliere Torrent (1)	—	—	—	—	—	—	—	—	1910	—	—	—	—	—	砂岩板
1611	瑞士	Grosse Schliere Torrent (2)	—	—	—	—	—	—	—	—	1565	不稳定	—	—	—	—	泥质砂岩碎屑
1612	瑞士	Illgraben Torrent	—	—	—	—	—	—	—	—	1961	不稳定	—	—	—	—	蒸发岩和碳酸盐岩碎屑

续表

序号	国家/地区	名称	堰塞体高度/m	堰塞体长度/m	堰塞体宽度/m	堰塞体体积/10⁶m³	堰塞湖体积/10⁶m³	堰塞湖长度/m	堰塞湖流域面积/km²	被阻塞河道坡度/(°)	形成时间	稳定性	溃口峰值流量/(m³/s)	溃口最终顶宽/m	溃口最终底宽/m	溃口最终深度/m	堰塞体物质组成
1613	瑞士	Linth River tributary	—	—	—	—	—	—	—	—	1594	不稳定	—	—	—	—	以块石为主
1614	瑞士	Navisence Torrent	—	—	—	—	—	500	—	—	1200~1300	—	—	—	—	—	片麻岩和片岩碎片
1615	瑞士	Poschiavino River	—	—	—	—	—	—	—	—	1987	—	—	—	—	—	泥石流材料
1616	瑞士	Rhine River	—	—	—	—	—	—	—	—	1585	—	—	—	—	—	—
1617	瑞士	Rhine River Upper (1)	12	—	—	—	—	—	—	—	1807	—	—	—	—	—	—
1618	瑞士	Rhine River Upper (2)	11	—	—	—	—	—	—	—	1868	—	—	—	—	—	—
1619	瑞士	Rhone River (1)	—	—	—	—	—	—	—	—	563	—	—	—	—	—	—
1620	瑞士	Rhone River (2)	—	—	—	—	—	—	—	—	1636	不稳定	—	—	—	—	砂砾石
1621	瑞士	Rhone River (3)	—	—	—	—	—	—	—	—	1926	—	—	—	—	—	石灰石
1622	瑞士	Schachen Torrent	—	—	—	—	—	—	—	—	1887	—	—	—	—	—	片状碎屑
1623	瑞士	Traversagna Torrent	—	—	1500	—	—	—	—	—	1928	—	—	—	—	—	片麻岩和大理石碎片
1624	瑞士	Valais Canton	—	—	—	—	—	—	—	—	1749	—	—	—	—	—	—
1625	瑞士	Vispa	25	—	—	20	—	—	352	—	1991	稳定	—	—	—	—	—

续表

序号	国家/地区	名称	堰塞体高度/m	堰塞体长度/m	堰塞体宽度/m	堰塞体体积/10^6m³	堰塞湖体积/10^6m³	堰塞湖长度/m	堰塞湖流域面积/km²	被阻塞河道坡度/(°)	形成时间	稳定性	溃口峰值流量/(m³/s)	溃口最终顶宽/m	溃口最终底宽/m	溃口最终深度/m	堰塞体物质组成
1626	瑞士	Vorderrhein River	—	—	—	—	—	—	—	—	1683	不稳定	—	—	—	—	片麻岩碎屑
1627	塔吉克斯坦	Murgab River	600	—	5000	2200	17000	—	16506	—	1911	稳定	—	—	—	—	以块石为主
1628	泰国	Haui Sao River	12	75	35	—	—	—	—	—	1988	不稳定	—	—	—	—	破碎的花岗岩基岩
1629	泰国	Tha Di River (1)	6	80	25	—	—	—	—	—	1988	不稳定	—	—	—	—	最大直径达20 m的花岗质碎块
1630	泰国	Tha Di River (2)	3	40	5	—	—	—	—	—	1988	不稳定	—	—	—	—	带鹅卵石的沙子
1631	土耳其	Degirmen River	6	50	130	—	—	300	—	—	1988	稳定	—	—	—	—	崩积岩、泥岩、灰岩、泥灰岩、凝灰岩和玄武岩
1632	土耳其	Gorge from Cehennem-Dere Glacier	—	—	—	—	—	—	—	—	1840	不稳定	—	—	—	—	以块石为主
1633	土耳其	Kıratlı	—	—	—	—	—	—	—	—	1987	—	—	—	—	—	—
1634	土耳其	Sera River	—	—	—	—	1.8	—	—	—	1950	不稳定	—	—	—	—	—
1635	土耳其	Solaklı River	—	—	—	10	10	—	—	—	1929	不稳定	—	—	—	—	—
1636	土耳其	Tortum River	270	1350	1085	180	538	8500	—	—	1700	不稳定	—	—	—	—	—
1637	美国	Aniakchak River	183	—	—	—	3700	—	—	—	—	不稳定	—	—	—	183	—

续表

序号	国家/地区	名称	堰塞体高度/m	堰塞体长度/m	堰塞体宽度/m	堰塞体体积/10⁶m³	堰塞湖体积/10⁶m³	堰塞湖长度/m	堰塞湖流域面积/km²	被阻塞河道坡度(°)	形成时间	稳定性	溃口峰值流量/(m³/s)	溃口最终顶宽/m	溃口最终底宽/m	溃口最终深度/m	堰塞体物质组成
1638	美国	Box Canyon Creek	4	—	—	—	—	—	—	—	1964	稳定	—	—	—	—	石头、鹅卵石和细颗粒
1639	美国	Cache Creek	32	120	240	0.55	14.9	9000	—	—	1906	不稳定	—	—	—	—	白垩纪海相风化页岩和砂岩，无大型岩石
1640	美国	Cascade Creek	—	—	—	—	—	120	—	—	1941	—	—	—	—	—	—
1641	美国	Cedar Creek	3	30	150	1.7	0.053	1300	—	—	1988	不稳定	—	10	8	2	皮尔页岩
1642	美国	Chakachatna River	—	—	—	—	—	8000	—	—	1953	不稳定	—	—	—	4.6	—
1643	美国	Chicken Creek	6	50	—	—	0.02	170	—	—	1984	不稳定	—	—	—	—	页岩碎屑
1644	美国	Claverack Creek	6	—	—	—	—	—	—	—	1915	—	—	—	—	—	奥尔巴尼湖蓝色和棕色黏土
1645	美国	Coldwater Creek	71	—	—	—	83	3500	—	—	1980	稳定	—	—	—	—	火山岩屑
1646	美国	Colorado River (1)	—	—	—	—	—	—	—	—	1923	不稳定	—	—	—	—	以粗粒土为主
1647	美国	Colorado River (2)	—	—	—	—	—	—	—	—	1966	—	—	—	—	—	粗大的巨石和碎屑
1648	美国	Colorado River (3)	302	—	—	—	11000	—	—	—	—	不稳定	—	—	—	302	—
1649	美国	Columbia River	—	—	—	—	—	—	—	—	1450	不稳定	220000	—	—	—	—

续表

序号	国家/地区	名称	堰塞体高度/m	堰塞体长度/m	堰塞体宽度/m	堰塞体体积/10⁶m³	堰塞湖体积/10⁶m³	堰塞湖长度/m	堰塞湖流域面积/km²	被阻塞河道坡度/(°)	形成时间	稳定性	溃口峰值流量/(m³/s)	溃口最终顶宽/m	溃口最终底宽/m	溃口最终深度/m	堰塞体物质组成
1650	美国	Corralitos Creek (1)	7	12.5	20	—	0.006	200	—	—	1989	稳定	—	—	—	—	砂岩碎片和块石
1651	美国	Corralitos Creek (2)	3	25	15	—	0.0012	30	—	—	1989	—	—	—	—	—	—
1652	美国	Cottonwood Creek (1)	5	—	—	—	—	—	—	—	1983	不稳定	—	—	—	—	软沉积岩
1653	美国	Cottonwood Creek (2)	2.5	20	50	—	—	50	—	—	1984	稳定	—	—	—	—	大型石灰石块石
1654	美国	Cowlitz River	5	45	65	—	—	—	—	—	1949	不稳定	—	—	—	—	来自冲积阶地的砂砾
1655	美国	Crater Creek (1)	150	—	—	—	5800	—	—	—	—	不稳定	—	—	—	150	—
1656	美国	Crater Creek (2)	8	—	—	—	—	—	—	—	—	不稳定	20000	—	—	—	—
1657	美国	Crooked Creek	68	—	—	—	40000	—	—	—	—	不稳定	10000	—	—	12	—
1658	美国	Dead Horse Creek	4	100	200	—	0.009	170	—	—	1984	—	—	—	—	—	黏土岩屑夹砂岩和石灰岩块
1659	美国	Dragon Canyon	—	—	—	—	—	—	—	—	1931	不稳定	—	—	—	—	以粗粒土为主
1660	美国	East Fork Hood River	11	100	225	—	0.105	—	11	—	1980	不稳定	850	—	—	—	火山岩屑
1661	美国	Elk Rock Lake	9	65.6	—	—	0.31	—	—	—	1980	不稳定	450	—	—	15.8	火山岩屑
1662	美国	Foreman Creek	7	—	—	—	0.002	—	—	—	—	不稳定	80	—	—	7	—

续表

序号	国家/地区	名称	堰塞体高度/m	堰塞体长度/m	堰塞体宽度/m	堰塞体体积/10⁶m³	堰塞湖体积/10⁶m³	堰塞湖长度/m	堰塞湖流域面积/km²	被阻塞河道坡度/(°)	形成时间	稳定性	溃口峰值流量/(m³/s)	溃口最终顶宽/m	溃口最终底宽/m	溃口最终深度/m	堰塞体物质组成
1663	美国	Fraser River	1.5	—	60	—	—	300	—	—	1985	稳定	—	—	—	—	来自前寒武纪火成岩基岩
1664	美国	Garfield Creek	13	100	350	—	—	200	—	—	1867	不稳定	—	—	—	—	泥石流物质含1m花岗岩巨石
1665	美国	Ginseng Hollow creek	2	5	100	—	0.00014	—	—	—	1969	不稳定	—	—	—	—	以粗粒土为主
1666	美国	Gros Ventre River (2)	70	—	—	—	80	—	—	—	—	不稳定	—	—	—	15	—
1667	美国	Gros Ventre River (1)	25	1000	3500	37.5	—	2000	225	—	1909~1910	稳定	1700	—	—	—	砂岩和石灰石
1668	美国	Gros Ventre River Lower Slide Lake	75	—	—	67.5	—	—	1830	—	—	1923	不稳定	—	—	—	—	—
1669	美国	Gros Ventre River	72.5	600	3000	29.4	80	6500	—	—	1925	不稳定	—	—	—	15	砂岩、灰岩、页岩和土壤碎屑
1670	美国	Grouse Creek (1)	—	—	—	—	—	—	—	—	1955	不稳定	—	—	—	—	土和碎屑
1671	美国	Grouse Creek (2)	—	—	—	—	—	—	—	—	1964		—	—	—	—	土和碎屑
1672	美国	Gualala River	—	—	—	—	—	—	—	—	1906		—	—	—	—	—
1673	美国	Hackberry Creek	10	30	—	—	—	75	—	—	1988	稳定	—	—	—	—	大型砂岩块
1674	美国	Hebgen Lake	—	—	—	—	—	10000	—	—	1959		—	—	—	—	—

续表

序号	国家/地区	名称	堰塞体高度/m	堰塞体长度/m	堰塞体宽度/m	堰塞体积/10⁶m³	堰塞湖体积/10⁶m³	堰塞湖长度/m	堰塞湖流域面积/km²	被阻塞河道坡度/(°)	形成时间	稳定性	溃口峰值流量/(m³/s)	溃口最终顶宽/m	溃口最终底宽/m	溃口最终深度/m	堰塞体物质组成
1675	美国	Hinckley Creek (1)	20	—	—	—	—	—	—	—	1906	—	—	—	—	—	—
1676	美国	Hinckley Creek (2)	5	15	15	—	—	130	—	—	1989	—	—	—	—	—	—
1677	美国	Hurdygurdy Creek	—	—	—	—	—	5000	—	—	1964	—	—	—	—	—	—
1678	美国	Jackson Creek Lake	4.5	975	317.5	0.77	2.47	820	47	—	1980	不稳定	477	—	—	—	火山岩屑
1679	美国	Jap Creek	6.5	—	125	—	—	—	—	—	1964	稳定	—	—	—	—	冰碛
1680	美国	Kolob Creek	6	9	40	—	0.006	400	18	—	1990	不稳定	—	—	—	—	砂岩块石
1681	美国	Lake Bonneville	300	—	—	—	—	—	—	—	—	不稳定	—	—	—	108	—
1682	美国	Lake Fork	40	500	1700	—	—	3000	—	—	1300	—	—	—	—	—	—
1683	美国	Lake Whatcom Tributary	10	—	250	—	—	—	—	—	1983	稳定	—	—	—	—	砂岩
1684	美国	Leigh Creek	—	100	—	—	—	300	—	—	1941	稳定	—	—	—	—	火成岩碎屑
1685	美国	Los Gatos Creek	—	—	—	—	—	—	—	—	1906	—	—	—	—	—	—
1686	美国	Love Creek	6	50	200	—	—	300	—	—	1982	—	—	—	—	—	由薄层页岩和砂岩组成的深风化土
1687	美国	Maacama Creek	—	—	—	—	—	—	—	—	1906	—	—	—	—	—	—

续表

序号	国家/地区	名称	堰塞体高度/m	堰塞体长度/m	堰塞体宽度/m	堰塞体积/10^6m³	堰塞湖体积/10^6m³	堰塞湖长度/m	堰塞湖流域面积/km²	被阻塞河道坡度/(°)	形成时间	稳定性	溃口峰值流量/(m³/s)	溃口最终顶宽/m	溃口最终底宽/m	溃口最终深度/m	堰塞体物质组成
1688	美国	Madison River	65	500	1600	26	—	10000	1181	—	1959	不稳定	—	—	—	—	片麻岩、片岩和白云岩的碎片
1689	美国	Mattole River	12	90	400	—	—	2200	—	—	1983	稳定	—	—	—	—	大型砂岩和砾岩块,以及淤泥
1690	美国	Monument Creek	6	—	—	—	—	—	—	—	1984	—	—	—	—	—	砂岩和冲积碎屑
1691	美国	Monumental Creek	10	—	—	0.3	—	—	—	—	1909	—	—	—	—	—	—
1692	美国	Mosquito Creek	9	—	60	0.023	—	—	—	—	1979~1980	—	—	—	—	—	破碎的片岩和板岩
1693	美国	Muddy Creek	1	30	1000	—	—	—	—	—	1986	稳定	—	—	—	—	古近纪泥岩
1694	美国	N. Fork Toutle Rive (1)	9	—	—	—	0.35	—	—	—	—	不稳定	450	—	—	9	—
1695	美国	N. Fork Toutle River (2)	4.5	—	—	—	2.5	—	—	—	—	不稳定	477	—	—	4.5	—
1696	美国	Navarro River	8.5	—	—	—	0.77	—	—	—	—	不稳定	180	—	—	5.5	—
1697	美国	Nisqually River	7	240	170	—	—	1000	—	—	1990	稳定	—	—	—	—	古近纪细粒火山碎屑岩和威斯康星冰碛土
1698	美国	North Fork of South Branch Potomac River	—	—	—	—	—	—	—	—	1949	—	—	—	—	—	砂岩、沙子、砾石、岩石

续表

序号	国家/地区	名称	堰塞体高度/m	堰塞体长度/m	堰塞体宽度/m	堰塞体体积/10⁶m³	堰塞湖体积/10⁶m³	堰塞湖长度/m	堰塞湖流域面积/km²	被阻塞河道坡度/(°)	形成时间	稳定性	溃口峰值流量/(m³/s)	溃口最终顶宽/m	溃口最终底宽/m	溃口最终深度/m	堰塞体物质组成
1699	美国	North Fork Toutle River	4.5	975	200	0.02	2.47	—	47	—	1980	不稳定	—	—	—	—	—
1700	美国	Otatso Creek (1)	5	100	120	—	—	1000	—	—	1910	稳定	—	—	—	—	石灰石块和碎片
1701	美国	Otatso Creek (2)	5	100	120	—	—	400	—	—	1910	稳定	—	—	—	—	石灰石块和碎片
1702	美国	Ottauqueche River Tributary	2.5	—	—	—	—	—	—	—	1984	不稳定	—	—	—	—	冰川湖沉积
1703	美国	Paulina Creek	78	—	—	—	320	—	—	—	—	不稳定	200	—	—	2	—
1704	美国	Polallie Creek	10.6	—	—	—	0.105	—	—	—	—	不稳定	1130	—	—	10.6	—
1705	美国	Powder River	9	60	200	—	0.29	—	—	—	1984	稳定	—	—	—	—	玄武岩碎片
1706	美国	Presumpscot River	5	60	500	—	—	1000	—	—	1868		—	—	—	—	敏感的冰川-海洋黏土
1707	美国	Provo River (1)	2.5	—	—	—	—	—	—	—	1930	不稳定	—	—	—	—	以粗粒土为主
1708	美国	Provo River (2)	6	—	120	—	—	—	—	—	1931	不稳定	—	—	—	—	—
1709	美国	Provo River (3)	—	—	100	—	—	—	—	—	1938	稳定	—	—	—	—	—
1710	美国	Provo River (4)	4	120	120	0.038	—	2500	—	—	1938		—	—	—	—	—
1711	美国	Purisma Creek	9	—	—	—	—	—	—	—	1906		—	—	—	—	—
1712	美国	Quartz Creek	20	—	—	0.05	—	—	—	—	1995		—	—	—	—	—

续表

序号	国家/地区	名称	堰塞体高度/m	堰塞体长度/m	堰塞体宽度/m	堰塞体体积/10⁶m³	堰塞湖体积/10⁶m³	堰塞湖长度/m	堰塞湖流域面积/km²	被阻塞河道坡度/(°)	形成时间	稳定性	溃口峰值流量/(m³/s)	溃口最终顶宽/m	溃口最终底宽/m	溃口最终深度/m	堰塞体物质组成
1713	美国	San Cristobal Lake	70	—	—	29.4	—	—	—	—	700s		—	—	—	—	—
1714	美国	San Gregorio Creek	2	—	—	—	—	—	—	—	1906		—	—	—	—	—
1715	美国	Santa Maria Lake	152	—	—	389.12	—	—	—	—	史前		—	—	—	—	—
1716	美国	Silver Creek	12	30	92	0.02	0.0574	610	—	—	1988	不稳定	—	—	—	—	辉长岩，少量细粒，$d_{50}=274$ mm，$d_{90}=724$ mm
1717	美国	South Fork American River	15	20	130	0.02	0.395	—	—	—	1983	不稳定	—	—	—	—	火山岩屑
1718	美国	South Fork American River	15	—	—	0.02	—	—	652	—	1983	稳定	—	—	—	—	—
1719	美国	South Fork Castle Creek	37	600	425	—	24	2000	—	—	1980	不稳定	—	—	—	—	火山岩屑
1720	美国	South Fork Kaweah River	20	100	200	—	—	300	—	—	1867	不稳定	—	—	—	—	泥石流物质含1m花岗岩巨石
1721	美国	South Fork of Smith River（1）	15	—	—	0.28	—	—	775	—	1970	不稳定	—	—	—	—	—
1722	美国	South Fork of Smith River（2）	15	75	500	—	2.7	—	—	—	1965	不稳定	—	—	—	—	黏土、岩石，蛇纹石块长达2 m

续表

序号	国家/地区	名称	堰塞体高度/m	堰塞体长度/m	堰塞体宽度/m	堰塞体体积/10⁶m³	堰塞湖体积/10⁶m³	堰塞湖长度/m	堰塞湖流域面积/km²	被阻塞河道坡度/(°)	形成时间	稳定性	溃口峰值流量/(m³/s)	溃口最终顶宽/m	溃口最终底宽/m	溃口最终深度/m	堰塞体物质组成
1723	美国	South Fork of Smith River (3)	13.5	75	400	—	1.7	—	—	—	1970	不稳定	—	—	—	—	黏土、岩石，蛇纹石块长达2 m
1724	美国	Spanish Fork River	63	200	450	—	78	6000	—	—	1983	稳定	—	—	—	—	来自泥质沉积岩的塑性砾质黏土
1725	美国	Spiit Lake	69	—	—	—	330	5000	—	—	1980	稳定	—	—	—	—	来自圣海伦斯山的火山碎屑
1726	美国	Spruce Creek	—	50	200	—	—	—	—	—	1986	—	—	—	—	—	冰碛土
1727	美国	Sweetwater Creek	—	—	—	—	—	—	—	—	1976	—	—	—	—	—	—
1728	美国	Swift Creek	5	25	100	—	—	300	—	—	1984	不稳定	—	—	—	—	白云石、砂岩、黏土岩
1729	美国	Tolt River	—	—	—	—	—	—	—	—	1967	不稳定	—	—	—	—	粉砂与碎石混合
1730	美国	Toutle River (1)	—	—	—	—	—	—	—	—	公元前500年	不稳定	260000	—	—	—	—
1731	美国	Toutle River (2)	9	—	—	0.3	—	—	79	—	1980	不稳定	—	—	—	—	—
1732	美国	Trib. of Granite	26	—	—	—	25.2	—	—	—	—	不稳定	1660	—	—	26	—
1733	美国	Trinity River	—	—	—	—	—	22000	—	—	1890	不稳定	—	—	—	—	闪长岩
1734	美国	Uncompahgre River	—	—	—	—	—	—	—	—	1971	—	—	—	—	—	—

续表

序号	国家地区	名称	堰塞体高度/m	堰塞体长度/m	堰塞体宽度/m	堰塞体体积/10⁶m³	堰塞湖体积/10⁶m³	堰塞湖长度/m	堰塞湖流域面积/km²	被阻塞河道坡度/(°)	形成时间	稳定性	溃口峰值流量/(m³/s)	溃口最终顶宽/m	溃口最终底宽/m	溃口最终深度/m	堰塞体物质组成
1735	美国	Van Duzen River	10	—	—	0.43	2	3000	—	—	1964	不稳定	—	—	—	—	粉砂岩和砂岩
1736	美国	Virgin River (1)	—	—	—	—	—	—	—	—	1923	—	—	—	—	—	—
1737	美国	Virgin River (2)	—	—	—	—	—	—	—	—	1941	—	—	—	—	—	—
1738	美国	Weat Branch Soquel Creek	4	12	25	—	0.00185	75	—	—	1989	不稳定	—	—	—	—	中粒砂岩
1739	美国	Williamson River	21	—	—	—	6500	—	—	—	—	不稳定	13000	—	—	17	—
1740	美国	Wilson River (1)	20	—	135	—	—	—	—	—	1964	稳定	—	—	—	—	泥、树、岩屑
1741	美国	Wilson River (2)	6	50	100	—	—	490	—	—	1991	稳定	—	—	—	—	破碎的始新世火山岩和冲积层
1742	美国	Yakima River	7.5	200	400	—	—	—	—	—	1947	不稳定	—	—	—	—	黏土、粉砂、砂、砾石和巨石
1743	俄罗斯	Amtkel Lake	200	—	—	—	—	—	—	—	1891	—	—	—	—	—	—
1744	苏联	Angren River	55	—	—	—	—	—	—	—	1973	—	—	—	—	—	泥质沉积岩
1745	苏联	Charukha River	90	—	—	—	—	—	—	—	1989	—	—	—	—	—	—

续表

序号	国家/地区	名称	堰塞体高度/m	堰塞体长度/m	堰塞体宽度/m	堰塞体体积/10^6 m³	堰塞湖体积/10^6 m³	堰塞湖长度/m	堰塞湖流域面积/km²	被阻塞河道坡度/(°)	形成时间	稳定性	溃口峰值流量/(m³/s)	溃口最终顶宽/m	溃口最终底宽/m	溃口最终深度/m	堰塞体物质组成
1746	苏联	Chavkhun-Bak River	—	—	—	—	—	—	—	—	1970	—	—	—	—	—	沉积岩
1747	苏联	Dubursa River Tributary	—	—	—	—	—	—	—	—	1949	—	—	—	—	—	变质岩和黄土
1748	苏联	Isfayram River	—	—	—	—	—	—	—	—	1977	不稳定	—	—	—	—	—
1749	苏联	Medeo Dam	110	—	—	—	6.2	—	—	—	1966~1967	稳定	—	—	—	—	—
1750	阿富汗	Murgab River	800	1000	1000	—	16000	53000	—	—	1911	稳定	—	—	—	—	砂岩、页岩和碳质岩块
1751	苏联	Naryn River	55	—	—	—	—	—	—	—	1946	—	—	—	—	—	—
1752	苏联	Obi-Kabut River	—	—	—	—	—	—	—	—	1949	—	—	—	—	—	变质岩和黄土
1753	苏联	Ritseuli River	20	—	—	—	—	—	—	—	1972	稳定	—	—	—	—	渐新世和中新新世的黏土
1754	俄罗斯	Tegermach River	120	—	60	20	6.6	—	—	—	1835	不稳定	4960	310	55	90	碎屑的页岩碎石夹土
1755	苏联	Utch-Terek River	42	1500	295	—	—	—	—	—	1989	稳定	—	—	—	—	—
1756	苏联	Yasman River	—	—	—	—	—	—	—	—	1949	—	—	—	—	—	变质岩和黄土
1757	苏联	Zeravshan River	200	400	1800	—	—	—	—	—	1964	稳定	—	—	—	—	花岗岩、土和岩石
1758	南斯拉夫	Jovatz River	17.5	150	700	—	0.5	2500	—	—	1977	稳定	—	—	—	—	泥灰、黏土、砂岩和粉砂岩碎屑

续表

序号	国家/地区	名称	堰塞体高度/m	堰塞体长度/m	堰塞体宽度/m	堰塞体体积/10⁶m³	堰塞湖体积/10⁶m³	堰塞湖长度/m	堰塞湖流域面积/km²	被阻塞河道坡度/(°)	形成时间	稳定性	溃口峰值流量/(m³/s)	溃口最终顶宽/m	溃口最终底宽/m	溃口最终深度/m	堰塞体物质组成
1759	南斯拉夫	Vatasha River	70	400	800	—	—	—	—	—	1956	稳定	—	—	—	—	上新世和更新世凝灰岩、砾岩和黏土
1760	南斯拉夫	Visotchiza River	35	150	500	—	14	5000	—	—	1963	稳定	—	—	—	—	第四纪黏土夹砂岩块